| 高等学校计算机专业规划教材 |

计算机网络

配置、设计与实战

朱玛 主编

康绯 丁志芳 张连成 武东英 卜文娟 参编

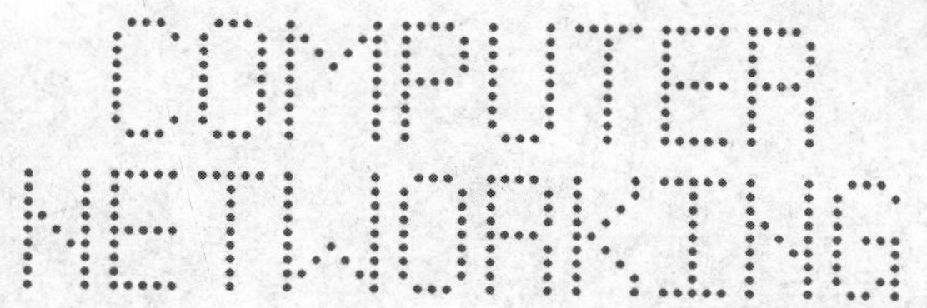

图书在版编目（CIP）数据

计算机网络：配置、设计与实战 / 朱玛主编．—北京：机械工业出版社，2020.1
（高等学校计算机专业规划教材）

ISBN 978-7-111-64341-8

I. 计…　II. 朱…　III. 计算机网络 – 高等学校 – 教材　IV. TP393

中国版本图书馆 CIP 数据核字（2019）第 279259 号

本书以实战方式介绍了 Windows 基本网络操作、配置交换机和路由器、网络协议分析、网络协议实现、配置网络服务、网络编程、网络管理，使学生全面巩固计算机网络方面的相关知识，并在实际工作中灵活运用。

本书可作为通信、计算机和网络工程等相关专业的专科生、本科生和硕士研究生的计算机网络等课程的教材、实验指导书或自学读物，也可作为在职人员的培训教材。

出版发行：机械工业出版社（北京市西城区百万庄大街 22 号　邮政编码：100037）

责任编辑：张梦玲　　责任校对：殷　虹

印　　刷：三河市宏图印务有限公司　　版　　次：2020 年 1 月第 1 版第 1 次印刷

开　　本：185mm × 260mm　1/16　　印　　张：18.25

书　　号：ISBN 978-7-111-64341-8　　定　　价：49.00 元

客服电话：（010）88361066　88379833　68326294　　投稿热线：（010）88379604

华章网站：www.hzbook.com　　读者信箱：hzjsj@hzbook.com

前　言

计算机网络是国内外高校计算机、网络工程及其他信息技术类相关专业都要开设的一门主干课程，其特点是工程性、实践性很强，通过实际动手来加强学生对网络知识的全面理解，提升学生的操作技能，是提高计算机网络课程教学效果的关键环节，对于培养高素质新型网络人才具有重要的现实意义。随着网络系统越来越复杂，越来越庞大，单纯以验证性为主的网络实验已不能满足需求，要想让学生真正学好计算机网络及协议原理，必须通过大量多类型、多模块的实验来加强他们对理论知识的理解。本书编者结合多年一线教学经验，以实用性、可操作性为原则，设计甄选了一系列计算机网络实验题目，每个实验都经过反复的教学验证，在教学过程中收到了良好反馈。我们将这些实验编写成教程，希望能给广大读者提供帮助。

本书共6章。第1章主要介绍 Windows 基本网络操作、常用命令、Windows 10 下的常用网络配置以及接入方式，包含4个实验；第2章以 Cisco 网络设备型号为例，介绍路由器、交换机的基本概况，重点介绍了 Cisco 模拟工具 Packet Tracer，并以该工具为实验环境，设计了7个常用网络设备管理与配置相关实验；第3章主要介绍网络协议分析工具 Wireshark 和路由模拟 Quagga 软件，借助这些软件，选取互联网体系中经常使用的15个协议开展实验，进行典型协议数据包分析、配置和观察；第4章主要以网络协议开发系统 SimplePAD-NetRiver2000 为平台，开展了6个典型协议核心模块的编程实现；第5章介绍 Windows Socket 网络编程基础知识及原理，以3个入门级的实验，通过 API 函数讲解及源程序分析，带领读者进入网络编程之门，如果读者想对网络编程有更深入的了解，可参考其他相关教程；第6章主要介绍网络管理相关理论知识，没有设计专门的实验，主要包含网络管理新技术及网络管理5大功能，该部分内容对实验过程中的数据分析统计、网络性能测试、实验结果评估等网络综合管理提供了理论指导和技术支持，作为完整的实验类教程，不可或缺。

作者在写作中，参考了大量的书籍和互联网资料，同时引入了先进的实验平台，结合解放军信息工程大学多年网络实践教学经验，形成了这套实践教学体系，既是对计算机网络原理课程的有益补充，又能高效地培养学生的网络应用和实践能力。本书每个实验都给出了思考题目，这些题目没有给出具体实现方案和答案，如有需要，请联系编者。

本书可作为通信、计算机和网络工程等相关专业的专科生、本科生和硕士研究生的计算机网络等课程的教材、实验指导书或自学读物，也可作为在职人员的培训教材。对于网络爱好者，本书对解决网络问题和研究网络技术也提供了可借鉴和参考的资料。阅读本书需要读者具备一定的计算机网络和网络协议基础知识。

本书由解放军信息工程大学计算机网络课程组武东英教授和康绯教授构思和策划，朱玛、武东英、张连成、卜文娟和郑州工业应用技术学院的丁志芳完成编写。另外，朱玛还负责全书统稿及整理工作。此外，在本书编写过程中，杨春芳、刘龙对相关实验的设计、验证和完善做了重要贡献，费金龙、罗向阳对本书的内容及实验设计提出了许多宝贵的意见，巩道福、肖达、芦斌、刘彬、林伟、陈志锋、齐保军、谭磊参与了本书的校对工作。在此对他们表示衷心感谢。

由于学识有限，加之本书涉及内容带有很强的尝试性，书中难免有错漏之处，恳请读者批评指正。同时，我们非常欢迎读者对计算机网络实践教学提出更多、更好的建议和意见，设计出更有价值、更丰富的实验题目并与我们交流。编者的电子邮箱是 xdzhuma@163.com。

编　者

2019 年 10 月

目　录

第 1 章 Windows 基本网络操作

在进行网络实验之前，需要读者掌握与实验相关的网络基础知识，并能够将与网络相关的软硬件实验环境配置好。本章首先介绍了网络连接的基础知识，包括有线接入、无线接入，详细介绍了有线传输媒体双绞线的制作方法和流程，随后以 Windows 10 操作系统为例，介绍了基本网络配置方法、网络测试方法、设置文件共享、流媒体共享和打印机共享的方法，包括 Windows 10 常用的网络命令说明和测试。为后续章节开展网络实验做好准备。

1.1 网络连接基础知识

1.1.1 接入网简介

因特网（Internet）是由许多计算机网络互连而成的互联网。这些计算机网络有各种类型，如 DDN 网络、以太网、无线局域网等。将各个网络连接起来的设备是路由器，如图 1-1 所示。

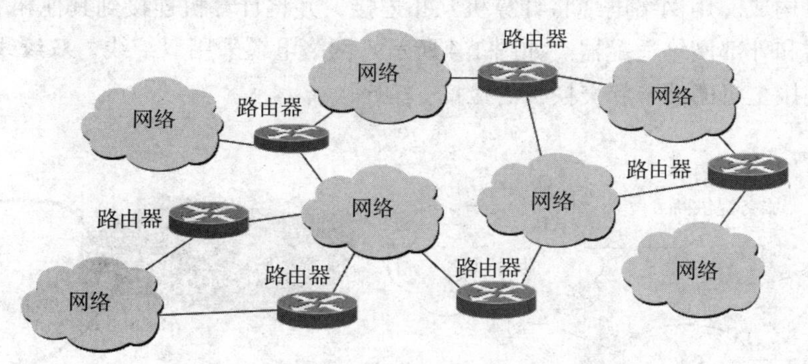

图 1-1 路由器连接网络构成的互联网

连接在因特网上的网络按其所实现的功能可分为两类：传输网络和主机。传输网络主要支持用户数据的传输和转发，其中，作为主要通信干线的传输网络称为主干网络。因特网中的主干网络分为顶级主干、地区主干及本地主干等，如图 1-2 所示。

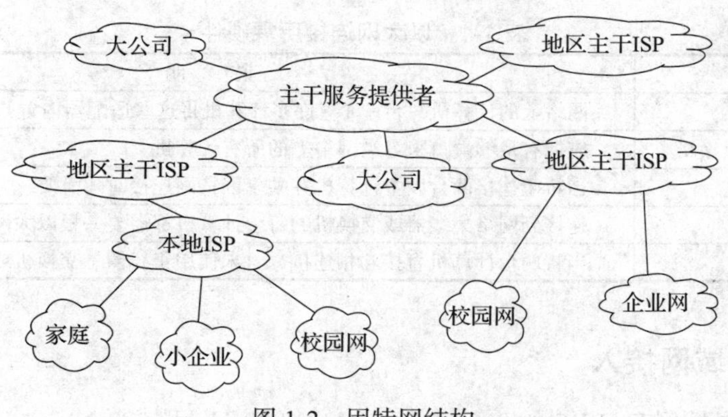

图 1-2 因特网结构

因特网服务提供商（Internet Service Provider，ISP）可以提供低层主干网接入高层主干网的连接服务，也可以提供个人用户、企业网及校园网等接入因特网的连接服务。

个人用户通常通过ISP的接入网接入因特网，该接入网也称为本地接入网或居民接入网。由ISP提供的接入网只是起到让用户与因特网连接的“桥梁”作用。如图1-3所示。

接入网提供的接入技术有Modem（普通调制解调器）、ISDN（一线通）、ADSL（超级一线通）、Cable Modem（电缆调制解调器）、HFC（有线电视网）、公共电力网、局域网、无线接入等。

主机连接网络的主要技术有以太网和无线局域网，以下主要介绍以太网和无线局域网的连接技术。

1.1.2　以太网连接

以太网的数据速率有10Mbit/s、100Mbit/s、1000Mbit/s或10Gbit/s，取决于所使用的电缆类型。常见的电缆类型有光纤和双绞线等，每台计算机通过电缆连接到集线器、交换机或路由器。

应用最广泛的以太网是星形结构的以太网，该结构的以太网由以太网交换机和连接在交换机上的主机构成。用网络电缆将计算机互相连接，并将计算机连接到其他相关硬件，如集线器、路由器和外部网络适配器。如图1-4所示，网络电缆采用双绞线，双绞线两端是RJ45接头，分别连接主机的网卡和交换机的接口。

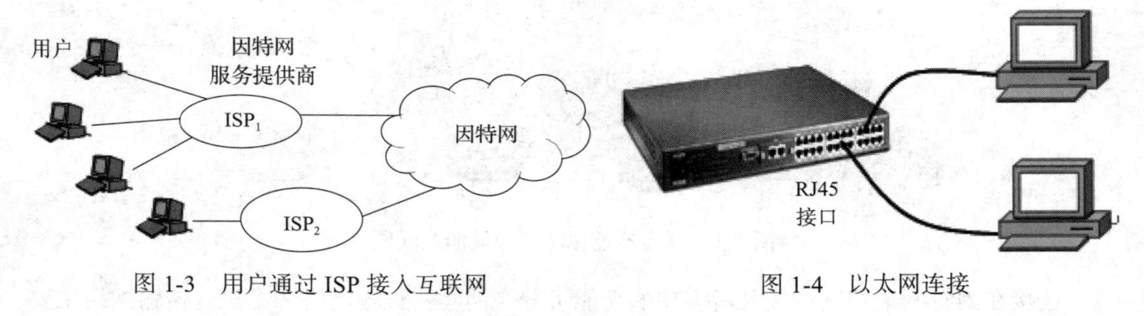

图1-3　用户通过ISP接入互联网　　　　图1-4　以太网连接

以太网组网需要的硬件有网络适配器（网卡）、以太网电缆、以太网交换机或路由器。如表1-1所示。

表1-1　以太网连接所需硬件

硬　件	说　明
以太网网络适配器	网络上的计算机每台一个（许多计算机将这些适配器内置）
以太网集线器或交换机	应拥有足够端口来容纳网络上的所有计算机
以太网路由器	当希望连接两台以上计算机并共享因特网连接时才需要
以太网电缆	连接到网络集线器或交换机的每台计算机都需要一根以太网电缆
交叉电缆	当将两台计算机直接互相连接，且未使用集线器、交换机或路由器时才需要

1.1.3　无线局域网接入

常用的无线局域网有IEEE的802.11b、802.11g、802.11a和802.11n。802.11b的最大数据

传输速率为11Mbit/s，802.11g的最大数据传输速率为54Mbit/s，802.11a的最大数据传输速率为54Mbit/s，802.11n根据硬件所支持的数据流数量，理论上的数据传输速率可达150Mbit/s、300Mbit/s、450Mbit/s或600Mbit/s。但是，在正常情况下，因为硬件、Web服务器、网络流量条件等方面存在差异，不一定能达到这种速度。除理想情况之外，无线局域网的传输的速度通常大约是其标定速度的一半。

无线局域网连接需要的硬件有无线网络适配器、无线接入点或路由器。无线接入点和无线路由器如图1-5所示。

图1-5　无线接入点和无线路由器

通常便携式计算机有内置的无线网络适配器。如果计算机中有多个无线网络适配器，或适配器使用多种标准，则可以为每个网络连接指定要使用的适配器或标准。例如，如果有一台计算机用于将流媒体传输到网络上的其他计算机，则可将其设置为使用802.11a或802.11n连接（如果可用），从而在观看视频或收听音乐时获得较快的数据传输速率。

无线接入点，即无线AP（Access Point），是用于无线网络的无线交换机，也是无线网络的核心。无线接入AP是移动计算机用户进入有线网络的接入点，主要用于宽带家庭、大楼内部以及园区内部，典型距离覆盖几十米至上百米。

无线路由器（wireless router）是带有无线覆盖功能的路由器，它主要用于用户上网和无线覆盖。无线路由器可以看作一个转发器，将家中墙上接出的宽带网络信号通过天线转发给附近的无线网络设备（笔记本电脑、支持Wi-Fi的手机等）。

无线路由器好比是将单纯的无线AP和宽带路由器合二为一的扩展型产品，它不仅具备单纯的无线AP的所有功能，还包括一些扩展功能。例如，无线路由器具有网络管理的功能，支持DHCP服务、NAT防火墙、MAC地址过滤等。无线路由器可以与所有以太网连接的ADSL MODEM或CABLE MODEM直接相连，也可以在使用时通过交换机/集线器、宽带路由器等局域网方式接入。

无线路由器内置有简单的虚拟拨号软件，可以存储用户名和密码，进行拨号上网，可以为拨号接入因特网提供自动拨号功能，而无须手动拨号或占用一台计算机作为服务器使用。

1.1.4　使用无线路由器连接网络

无线路由器既适合于台式计算机的有线以太网连接，又适合于便携式计算机的无线连接，台式计算机或无线网络打印机也可以通过无线路由器使用无线连接，如图1-6所示。

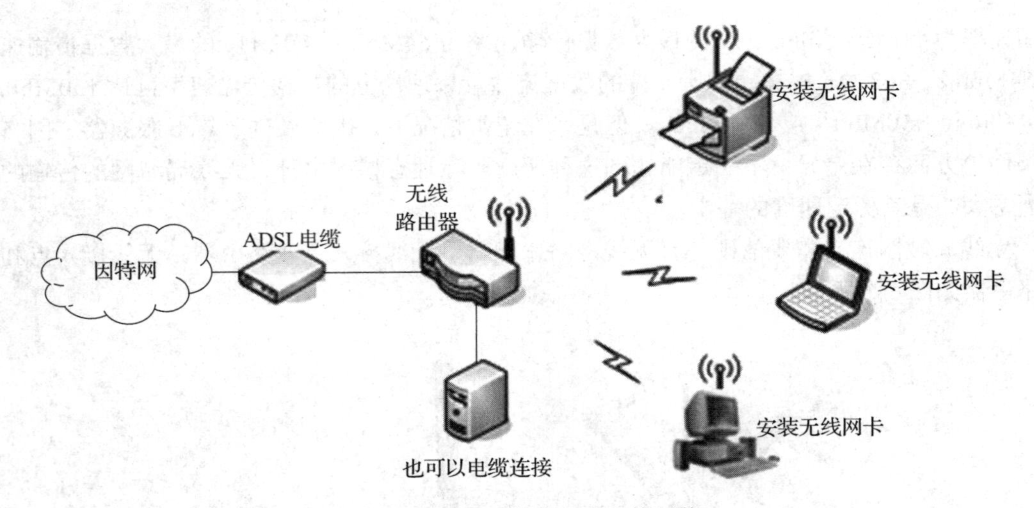

图 1-6　使用无线路由器连接网络

无线连接的设备上需安装无线网卡，无线路由器上通常有一个 WAN（广域网）接口和若干个有线网络接口，通过 WAN 接口接入因特网，如图 1-7 所示。

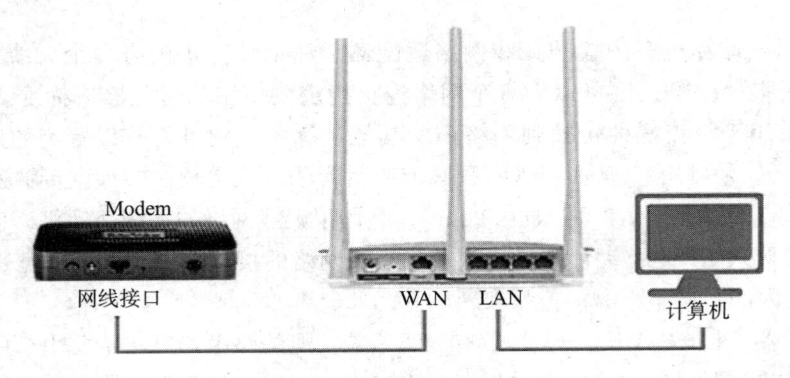

图 1-7　无线路由器接口

计算机可以用网线接入无线路由器的以太网接口，也可以设置无线连接接入网络，用网线将 ISP 提供的接口和无线路由器的 WAN 接口相连，在路由器和计算机中经过适当的配置，计算机就可以正常连接网络了。

思考题目

1. Wi-Fi 工作频率为 2.4GHz 和 5GHz，它们分别有什么优点和缺点？
2. 无线 AP 和无线路由器的区别是什么？
3. 如何选择合适的无线路由器？

1.2　制作双绞线

实验目的

制作 RJ-45 网线插头是组建局域网的基础技能。通过本节内容，读者将了解 RJ-45 水晶头结构、标准 568A 与 568B 网线的线序，掌握双绞线制作工具的使用方法，掌握网线的制作和测试方法。

实验要点

双绞线作为一种价格低廉、性能优良的传输介质，在综合布线系统中广泛应用于水平布线。

双绞线分为屏蔽双绞线（Shielded Twisted Pair，STP）和非屏蔽双绞线（Unshielded Twisted Pair，UTP）。屏蔽双绞线通过屏蔽层减少相互间的电磁干扰；非屏蔽双绞线通过线的对扭减少或消除相互间的电磁干扰。

按电气性能划分，双绞线通常分为三类、四类、五类、超五类、六类、七类，其中三类和四类已基本不使用，数字越大，版本越新，技术越先进，带宽越宽，价格也贵。

双绞线按其绞线对数可分为 2 对、4 对、25 对，其中 2 对的用于电话，4 对的用于网络传输，25 对的用于电信通信大对数线缆。如图 1-8 所示是 4 对的非屏蔽双绞线。

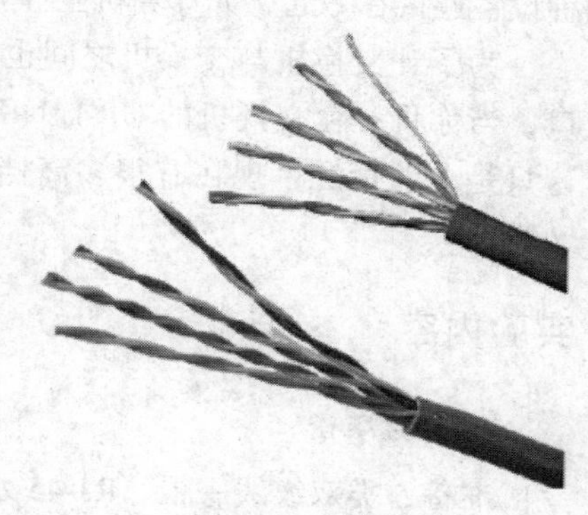

图 1-8　双绞线

网络传输使用的是 4 对的双绞线，双绞线的接口使用 RJ-45 水晶头。RJ-45 水晶头由金属片和塑料构成。当面对金属片时，一般按从左到右的顺序规定引脚序号 1 ～ 8，制作网线时序号不能搞错，如图 1-9a 所示。

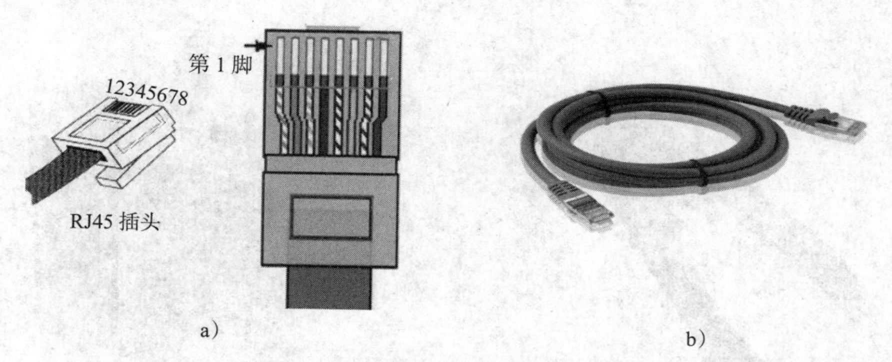

图 1-9　水晶头和做好水晶头的双绞线

RJ-45 水晶头安装在双绞线的两端，如图 1-9b 所示为一段做好水晶头的网线。

EIA/TIA 的布线标准中规定了两种双绞线线序，分别是 568A 和 568B。规定如下：

- 标准 568A：绿白 / 绿 / 橙白 / 蓝 / 蓝白 / 橙 / 棕白 / 棕
- 标准 568B：橙白 / 橙 / 绿白 / 蓝 / 蓝白 / 绿 / 棕白 / 棕

双绞线的连接方法主要有两种，分别为直通线缆和交叉线缆。简单地说，直通线缆就是水晶头两端同时采用 568A 标准或者 568B 的接法，而交叉线缆则是水晶头一端采用 586A 的标准制作，而另一端则采用 568B 标准制作，即 A 水晶头的 1、2 对应 B 水晶头的 3、6，而 A 水晶头的 3、6 对应 B 水晶头的 1、2，如图 1-10 所示。

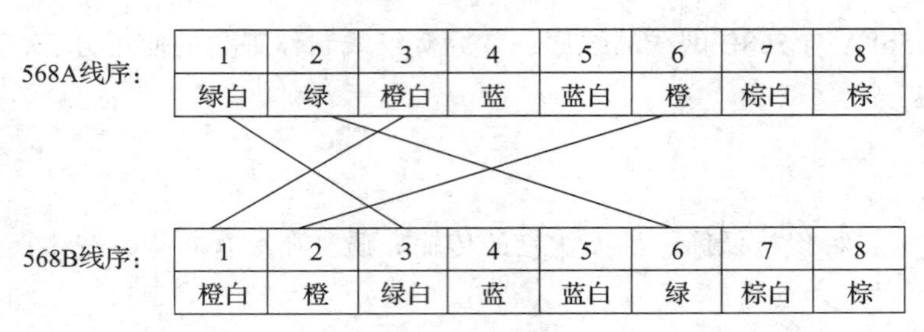

图 1-10　568A 和 568B 线序

直通线缆的作用是将不同设备连接在一起，如计算机至交换机。交叉线缆的作用是将同种设备连接在一起，如计算机至计算机、交换机至交换机。

为了让交换机与交换机之间也能用直通线连接，很多交换机上有一个 UP-LINK 的专用口，当你将一台交换机的 UP-LINK 口接到另一个交换机的普通端口时，可以用直通线。但这只是一般情况，现在有很多高档一点的交换机的端口对线序都是自适应的，很少用到交叉线。

实验内容

1. 实验准备

准备 5 类双绞线一根，RJ-45 水晶头两个，网线压线钳一把，网线测线器一台。

常用的网线压线钳如图 1-11 所示，可以完成剪线、剥线和压线三种功能。

双绞线测试器用来测试制作好水晶头的双绞线是否连通，如图 1-12 所示。

图 1-11　网线压线钳

图 1-12　网线测试器

2. 实验步骤

接下来，我们要按照 568B 标准制作一根直通线缆，并测试网线的连通性。

第 1 步　剥线

用网线压线钳把双绞线的一端剪齐，然后把剪齐的一端插入网线压线钳用于剥线的缺口中。顶住网线压线钳后面的挡位以后，稍微握紧网线压线钳慢慢旋转一圈，让刀口划开双绞线的保护胶皮并剥除外皮，如图 1-13 所示。

注意 网线压线钳挡位距离剥线刀口的长度通常为水晶头长度，这样可以有效避免剥线过长或过短。如果剥线过长往往会造成网线不能被水晶头卡住而容易松动；如果剥线过短，则会造成水晶头插针不能与双绞线完好接触。此外，剥线时不可太用力，否则容易把网线剪断。

第2步 排线

剥除外包皮后会看到双绞线的4对芯线，每对芯线的颜色各不相同。将绞在一起的芯线分开，剥开每一对线，遵循EIA/TIA568B的标准按顺序将颜色排列好：左起一橙白/橙/绿白/蓝/蓝白/绿/棕白/棕，用网线压线钳将线的顶端剪齐，如图1-14所示。

图1-13 将双绞线插入剥线缺口

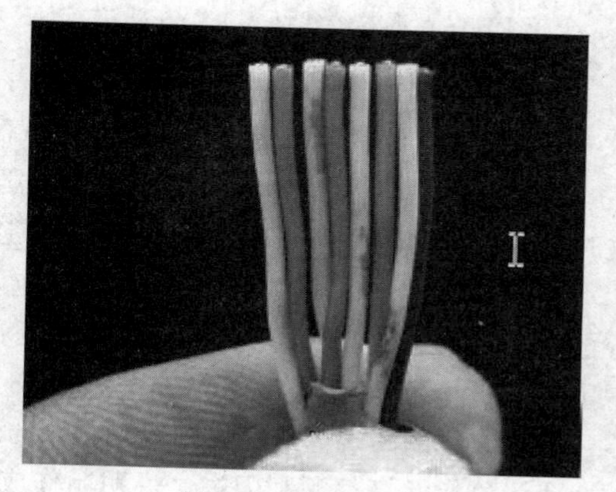

图1-14 排列芯线

按照上述线序排列的每条芯线分别对应RJ-45插头的1、2、3、4、5、6、7、8针脚，如图1-15所示。

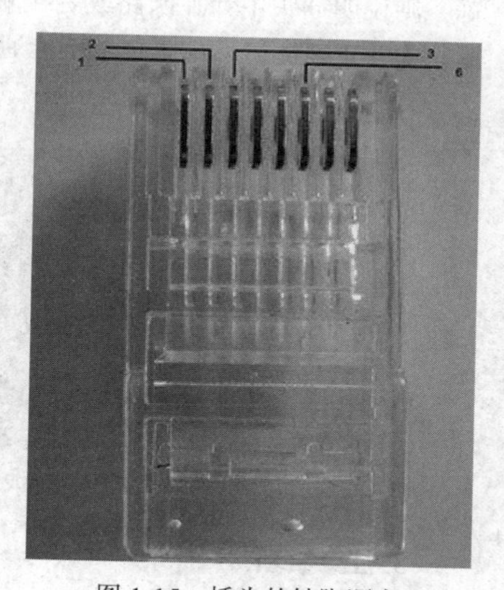

图1-15 插头的针脚顺序

注意 一定要把每根网线捋直，排列整齐。捋线时不要太用力，以免将网线拗断。

第3步 插线

使RJ-45插头的弹簧卡朝下，然后将正确排列的双绞线插入RJ-45插头中。在插的时候一定要将各条芯线都插到底部。由于RJ-45插头是透明的，因此可以观察到每条芯线插入的位置，如图1-16所示。

注意 把网线插入水晶头时，8根线头的每一根都要紧紧地顶到水晶头末端，否则可能造成网线不通。

第4步 压线

将插入双绞线的RJ-45插头插入网线压线钳的压线插槽中，用力压下网线压线钳的手柄，使RJ-45插头的针脚都能接触到双绞线的芯线，如图1-17所示。

第5步 制作另一端

完成双绞线一端的制作工作后，按照相同的方法制作另一端。注意，双绞线两端的芯线排列顺序要完全一致，如图1-18所示。

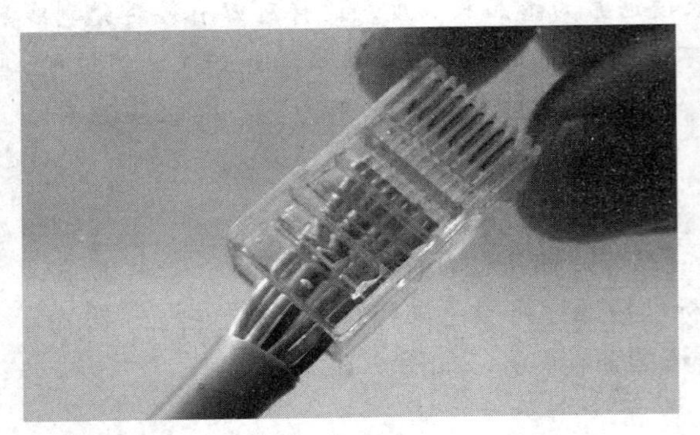

图 1-16　将双绞线插入 RJ-45 插头

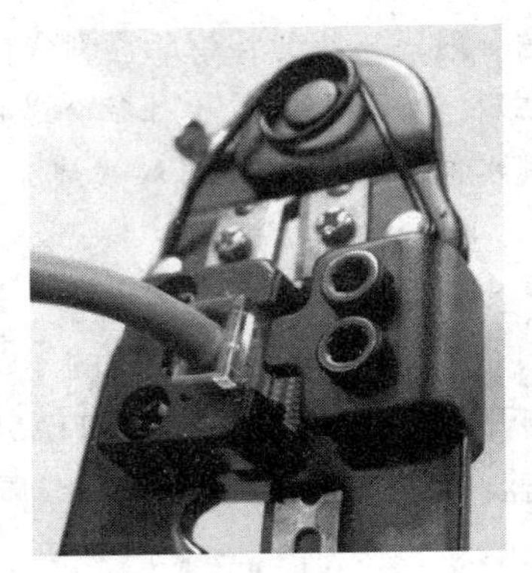

图 1-17　将 RJ-45 插头插入压线插槽

第 6 步　测试

在完成双绞线的制作后，使用网线测试器对网线进行测试。

将网线两端的水晶头分别插入主测试器和远程测试端的 RJ-45 端口，将开关拨到 ON，这时主测试器和远程测试端的指示头就应该逐个闪亮。

测试直通线缆时，主测试器的指示灯应该从 1 到 8 逐个顺序闪亮，而远程测试端的指示灯也应该从 1 到 8 逐个顺序闪亮。如果是这种现象，说明直通线缆的连通性没问题，否则就得重做。

将双绞线的两端分别插入网线测试器的 RJ-45 接口，并接通测试器电源。如果测试器上的 8 个绿色指示灯都顺利闪过，说明制作成功，如图 1-19 所示。如果其中某个指示灯未闪烁，则说明插头中存在断路或者接触不良的现象。此时应再次对网线两端的 RJ-45 插头用力压一次并重新测试，如果依然不能通过测试，则只能重新制作。

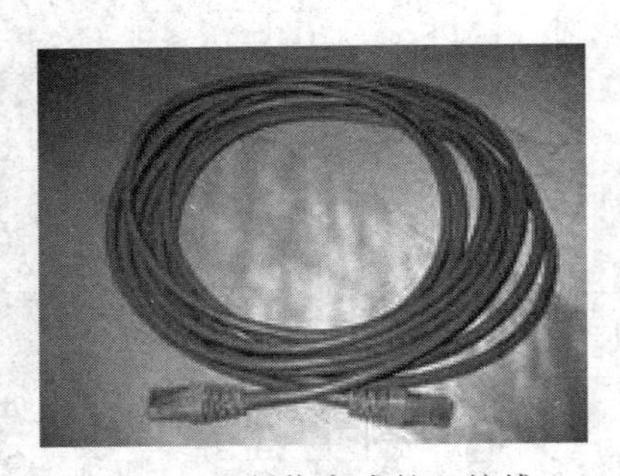

图 1-18　制作完成的双绞线

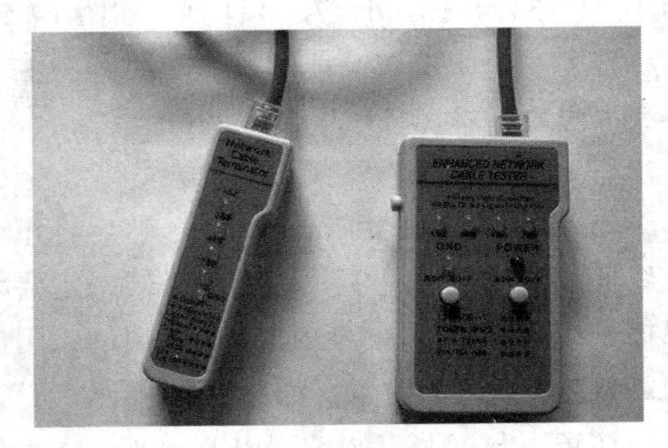

图 1-19　使用测试器测试网线

3. 注意事项

1）实际上在目前的 100Mbit/s 带宽的局域网中，双绞线中的 8 条芯线并没有完全用上，而只有第 1、2、3、6 线有效，分别起着发送和接收数据的作用。因此在测试网线的时候，如果网线测试器上与芯线线序相对应的第 1、2、3、6 指示灯能够被点亮，则说明网线已经具备了通信能力，而不必关心其他的芯线是否连通。

2）易存在的问题：

- 剥线时将铜线剪断；

- 电缆没有整理整齐就插入接头，结果可能使某些铜线并未插入正确的插槽；
- 电缆插入过短，导致铜线并未与铜片紧密接触。

思考题目

1. 双绞线中的线缆为何要成对地绞在一起，其作用是什么？

2. 将两台计算机连接起来通常要使用一条交叉线，测试交叉线的连通情况，其与直连线缆有什么不同？

3. 网线两端的线序不正确时，用网线测试器对网线进行测试，会有什么结果？会影响网络连通吗？

1.3 Windows 10 基本网络配置

实验目的

了解 Windows 10 用户和组的概念，学会在 Windows 10 中配置用户账户、组及 TCP/IP 网络协议。

实验要点

1. 实验环境

用以太网交换机连接起来的已安装 Windows 10 操作系统的计算机。

2. 预备知识

（1）Windows 10 中的用户账户

用户账户是通知 Windows 10 用户可以访问哪些文件和文件夹，可以对计算机和个人首选项（如桌面背景或屏幕保护程序）进行哪些更改的信息集合。通过用户账户，用户可以在拥有自己的文件和设置的情况下与多个人共享计算机。可以为使用计算机的每个人设置一个用户账户，以便他们可以拥有个性化的体验。例如，每个人都可以设置自己的桌面背景和屏幕保护程序，可以使用用户账户来确定用户能够访问的程序和文件以及可以对计算机进行的更改。每个人都可以使用用户名和密码访问其用户账户。

有三种类型的账户：标准账户、管理员账户（administration）和来宾账户（guest）。每种类型为用户提供不同的计算机控制级别。

- 标准账户：标准账户适用于日常计算。可以通过标准账户安装软件或更改系统设计，不会影响其他用户和计算机的安全性；同时能防止用户做出会对该计算机的所有用户造成影响的更改（如删除计算机工作所需要的文件），从而保护计算机。
- 管理员账户：管理员账户可以对计算机进行最高级别的控制，但必须在必要时才使用。管理员账户允许用户进行将影响其他用户的更改。管理员的权限包括更改安全设置、安装软件和硬件、访问计算机上的所有文件。管理员还可以对其他用户账户进行更改。
- 来宾账户：来宾账户主要针对需要临时使用计算机的用户。通过来宾账户，用户可以临时访问计算机，但无法安装软件或硬件，不能更改设置或者创建密码。

设置 Windows 10 时，要求创建用户账户。此账户就是允许设置计算机以及安装想使用的所有程序的管理员账户。完成计算机设置后，建议通过标准用户账户进行日常使用。使用标准用户账户更安全，因为这样可以防止使用者对计算机做出影响使用该计算机的其他用户的更改。没有通过系统验证的用户，都将自动转为来宾用户访问系统，所以从安全角度考虑，来宾用户不要轻易启用。

在 Windows 10 中创建用户账户的步骤如下。

1）在控制面板中单击"用户账户"。

2）单击"管理其他账户"。如果系统提示输入管理员密码或进行确认，请键入该密码或提供确认。

3）单击"在电脑设置中添加新用户"，打开设置面板，选择"家庭和其他用户"，再单击"将其他人添加到这台电脑"，如图 1-20 所示。

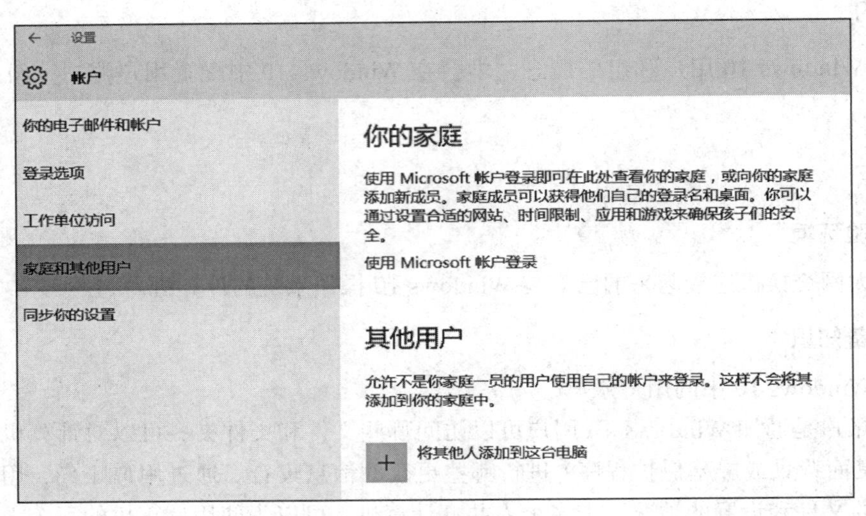

图 1-20　创建新账户

4）单击"我没有这个人的登录信息"，如图 1-21 所示。

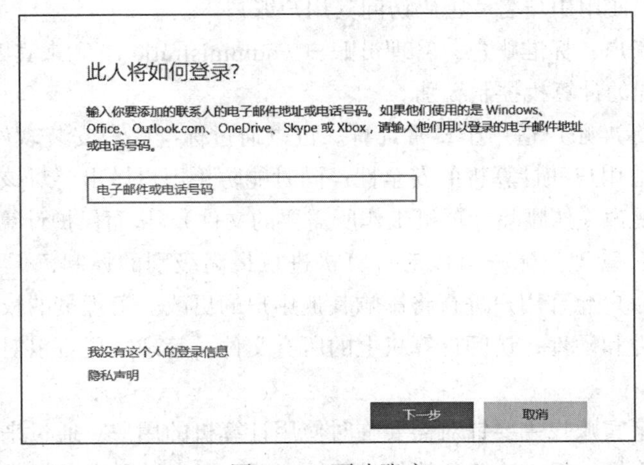

图 1-21　更改账户

5）单击“添加一个没有 Microsoft 账户的用户”，如图 1-22 所示。

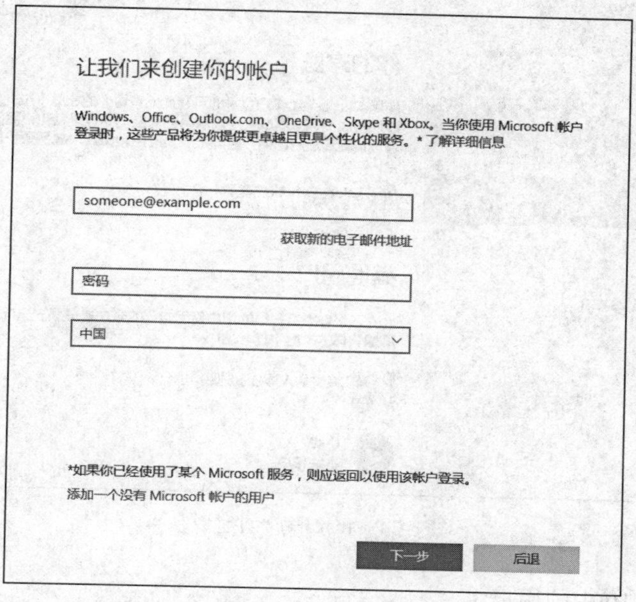

图 1-22　Microsoft 账户登录

6）创建账户，输入用户名，输入设置的密码并再次输入。如果需要，可以键入要使用的密码提示，键入密码提示可以帮助记住该密码，但要注意，使用此计算机的任何人都能够看到密码提示。如图 1-23 所示。

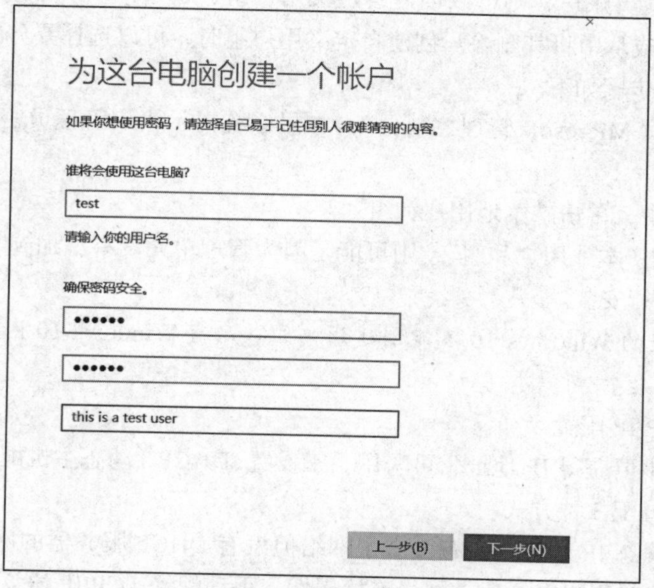

图 1-23　创建新账户

7）创建账户后，点击“下一步”，重新返回至设置面板，这时可以看到在设置面板中已出现了新的账户“test”，如图 1-24 所示。

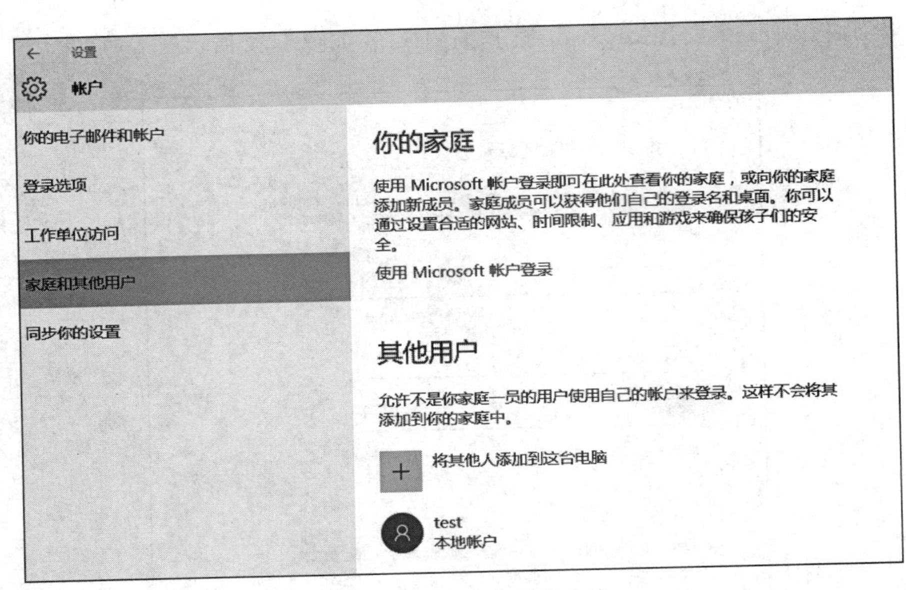

图 1-24　test 账户创建成功

（2）Windows 10 中的用户组

用户组是用户账户的集合，组中所有用户账户具有相同的安全权限。用户组有时也称为“安全组”。

用户账户可以是多个组的成员。最常用的用户组是标准用户组和管理员组，此外，还有其他用户组。用户账户通常按它所在的用户组称呼（例如，标准用户组中的账户称为标准账户）。如果具有管理员账户，则可以创建自定义用户组、将账户从一个组移到另一个组、在其他组中添加账户或从中将其删除。创建自定义用户组时，可以选择要分配的权限。

创建用户组的步骤如下。

1）单击打开“Microsoft 管理控制台”。如果系统提示输入管理员密码或进行确认，请按要求进行操作。

2）在左窗格中，单击“本地用户和组”。

如果没有看到“本地用户和组”，则可能是因为管理单元没有添加到“Microsoft 管理控制台”中，请先进行安装。

注意　*家庭版的 Windows 10 不能创建用户组。只有 Windows 10 Pro（专业版）以上的版本才具有这些功能。*

（3）更改 TCP/IP 配置

在 Windows 中要获得 IP 地址，可采用手工设置、DHCP（动态主机配置协议）动态获取、自动专用 IP 地址分配 3 种方式。

- 手工设置静态 IP 地址：在有多个子网络但没有 DHCP 服务器的网络中，手动配置是必需的。这时用户需要通过网络连接属性，手动配置 TCP/IP 协议的属性，分配 IP 地址、子网掩码、默认网关、DNS 服务器等。对于服务器，一般手工设置静态的 IP 地址，以便用户访问。
- 利用 DHCP 动态获取 IP 地址：通过使用 DHCP，Windows 10 在启动计算机时将自动动态执行 TCP/IP 配置，TCP/IP 主机可以获得 IP 地址、子网掩码、默认网关、DNS 服务器、NETBIOS 节点类型及 WINS 服务器的配置信息。对于中到大型 TCP/IP 网络，客户机常使用 DHCP，以减轻管理负担，这时 DHCP 客户端要配置为“自动获取 IP 地址”方式。

- 自动专用 IP 地址（APIPA）分配：Windows 10 使用了自动专用 IP 地址（APIPA）分配的功能。当 DHCP 客户端无法获得 IP 地址时，Windows 10 可从 169.254.0.1 到 169.254.255.254 范围内的 IP 地址中自动选择一个 IP 地址，子网掩码是 255.255.0.0。由于 APIPA 是为不连接到因特网设计的，仅用于一个网络，因此，没有配置默认网关、DNS 服务器和 WINS 服务器的 IP 地址。

如果主机使用自动动态主机配置协议，并且网络支持 DHCP，则 DHCP 服务器会为网络中的计算机自动分配 IP 地址。如果使用 DHCP，将计算机移动到其他位置时，不必更改 TCP/IP 设置，并且 DHCP 不需要手动配置 TCP/IP 设置中的域名系统（DNS）和 Windows Internet 名称服务（WINS）。

若要启用 DHCP 或需要更改 TCP/IP 信息，则需要运行“更改 TCP/IP 设置”。具体步骤如下。

1）打开“网络连接”。

打开网络连接有多种方式。可以通过控制面板→网络和共享中心→更改适配器设置，然后打开相应的网络连接；也可以右键单击要更改的连接，然后单击“属性”按钮。如果系统提示输入管理员密码或进行确认，则按要求进行操作。

网络连接的设置界面如图 1-25 所示。

在“此连接使用下列项目”下，单击“因特网协议版本 4（TCP/IPv4）”（如果选择“因特网协议版本 6”，则进行 IPv6 相关设置），然后单击“属性”按钮。打开“因特网协议版本 4（TCP/IPv4）属性”对话框，如图 1-26 所示。

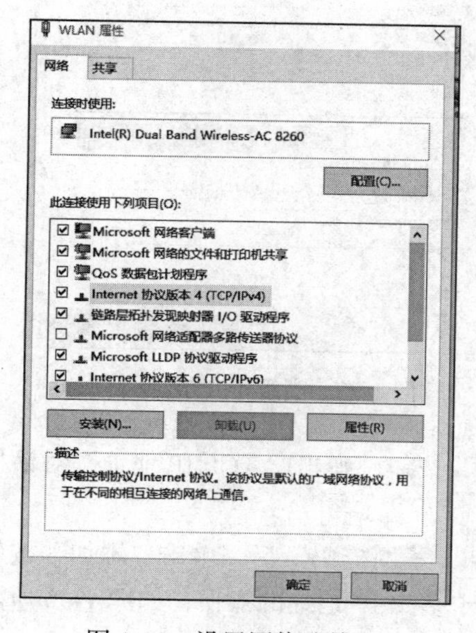

图 1-25 设置网络连接

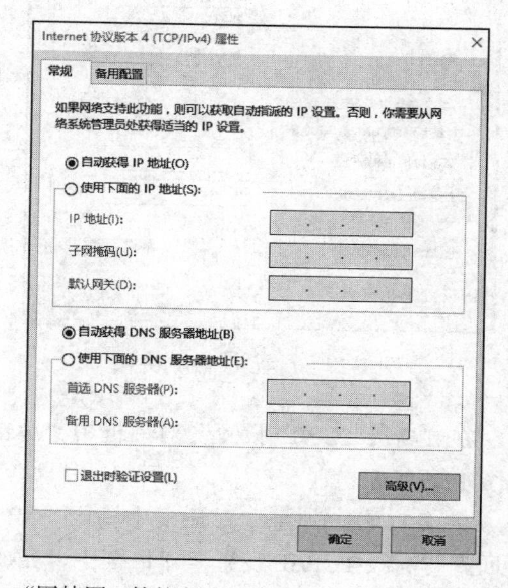

图 1-26 “因特网 协议版本 4（TCP/IPv4）属性”对话框

2）若要指定 IPv4 IP 地址设置，执行下列操作之一。

①使用 DHCP 自动获得 IP 设置。

如果主机使用自动动态主机配置协议，且网络支持 DHCP 服务，则选择“自动获得 IP 地址”和“自动获得 DNS 服务器地址”。选择“自动获得 IP 地址”，然后单击“确定”按钮，如图 1-26 所示。

②指定 IP 地址。

单击“使用下面的 IP 地址”，然后在“IP 地址”“子网掩码”和“默认网关”框中键入 IP 地址设置，如图 1-27 所示。

3）若要指定 DNS 服务器地址，执行下列操作之一。

①使用 DHCP 自动获得 DNS 服务器地址。

选择“自动获得 DNS 服务器地址”，然后单击“确定”按钮。

②指定 DNS 服务器地址。

选择“使用下面的 DNS 服务器地址”，然后在“首选 DNS 服务器”和“备用 DNS 服务器”框中键入主 DNS 服务器和辅助 DNS 服务器的地址。

4）一块网卡上多个 IP 地址的设置。

在“TCP/IPv4 属性”窗口中点击“高级”，进入“高级 TCP/IP 设置”对话框，如图 1-28 所示。

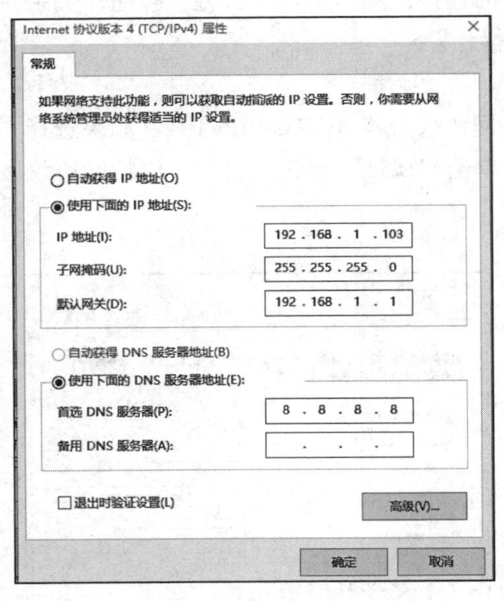

图 1-27　设置 TCP/IP 协议

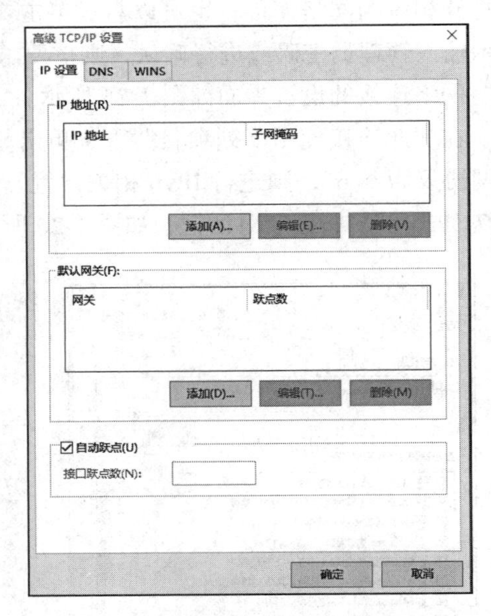

图 1-28　高级 TCP/IP 设置

在“高级 TCP/IP 设置”对话框中，单击“添加”按钮，弹出“TCP/IP 地址”对话框，如图 1-29 所示。

在“TCP/IP 地址”对话框中输入“IP 地址”和“子网掩码”后，单击“添加”按钮，返回到“高级 TCP/IP 设置”对话框中，完成一块网卡多个 IP 地址的操作，如图 1-30 所示。参照此操作过程，可以继续设置多个 IP 地址。

实验内容

1. 创建用户账户

1）创建一个管理员账户，设置密码；

2）创建一个标准账户，设置密码；

3）分别用创建的两个账户登录计算机，观察有什么不同；

4）在一台计算机中创建一个组，在另一台计算机中加入该组。

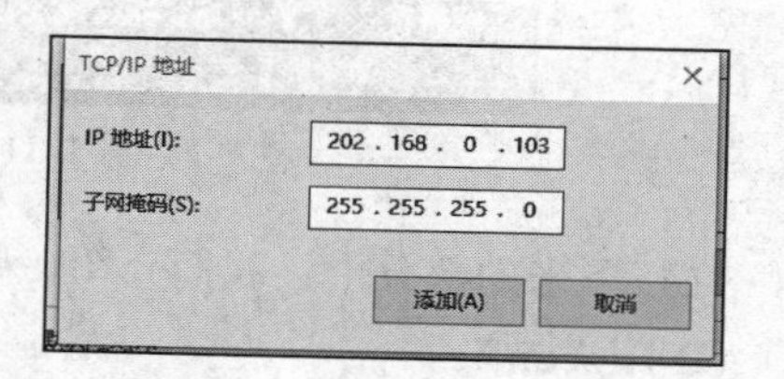

图 1-29 添加新的 IP 地址

2. 设置 TCP/IP 协议

分别选择 IPv4 和 IPv6，进行下列配置：

1）网络中开通 DHCP 服务，设置为“自动获得 IP 地址”；

2）指定 IP 地址和默认网关；

3）指定多个 IP 地址。

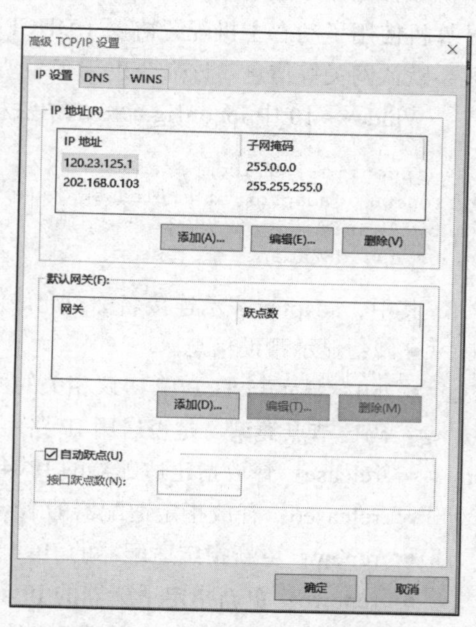

图 1-30 一块网卡上多个 IP 设置

思考题目

1. 什么情况下需要在一块网卡上设置多个 IP 地址？

2. IPv4 和 IPv6 地址的自动配置有什么区别？

1.4 Windows 10 网络测试

实验目的

熟悉 Windows 10 提供的常用网络测试工具；掌握 Windows 10 常用网络测试工具的使用方法；学会通过网络测试工具检测网络工作情况。

实验要点

1. 实验环境

用以太网交换机连接起来的安装了 Windows 10 操作系统的计算机，接入因特网。

2. 预备知识

（1）Windows 10 常用命令行工具

Windows 10 提供了许多在 DOS 命令提示符下运行的网络工具，使用这些工具，可以获取设备的信息、测试设备的工作情况、排除网络故障。

这些工具的应用方式是，右键单击“开始”菜单，在菜单中左键单击“运行”，然后在输入框中输入“cmd”再按回车键，将调出一个 DOS 命令提示符窗口；也可以右键单击“开始”菜单，然后在菜单中左键单击“命令行提示符”，调出 DOS 命令提示符窗口，如图 1-31 所示。在调出的 DOS 窗口下输入相应的命令，并合理设置相关参数，即可完成相应的功能。

图 1-31 Windows 10 命令行窗口

在接下来的部分中，我们介绍一些常用命令。

（2）ipconfig

该命令用于显示本地主机的 TCP/IP 配置信息，检查手工配置的 TCP/IP 是否正确。如果计算机使用了动态主机配置协议（DHCP），ipconfig 可以帮助了解计算机的 IP 地址、子网掩码、默认网关等信息。该命令也用于手动释放和更新 DHCP 服务器指定的 TCP/IP 配置。

Windows 10 中 ipconfig 命令的语法格式如下。

```
ipconfig [/allcompartments] [/? | /all | /renew [adapter] | /release [adapter] | /renew6 [adapter] | /release6 [adapter] | /flushdns | /displaydns | /registerdns | /showclassid adapter | /setclassid adapter [classid] | /showclassid6 adapter | /setclassid6 adapter[classid] ]
```

其中，adapter 表示连接名称，允许使用通配符 * 和？，其他参数的作用如下。

- /?：显示帮助信息。
- /all：显示与 TCP/IP 协议相关的所有细节信息，包括测试的主机名、IP 地址、子网掩码、节点类型、是否启用 IP 路由、网卡的物理地址、默认网关等。
- /release：释放指定适配器的 IPv4 地址。
- /release6：释放指定适配器的 IPv6 地址。
- /renew：更新指定适配器的 IPv4 地址。
- /renew6：更新指定适配器的 IPv6 地址。
- /flushdns：清除 DNS 解析程序的缓存。
- /displaydns：显示 DNS 解析程序的缓存。
- /registerdns：刷新所有 DHCP 租约并重新注册 DNS 名称。
- /showclassid adapter：显示适配器的所有允许的 DHCP 类的 ID。
- /setclassid adapter[classid]：修改 DHCP 类的 ID。
- /showclassid6 adapter：显示适配器的所有允许的 IPv6 DHCP 类的 ID。
- /setclassid6 adapter[classid]：修改 IPv6DHCP 类的 ID。

默认情况下，仅显示绑定到 TCP/IP 的适配器的 IP 地址、子网掩码和默认网关。例如，使用命令 ipconfig，不带任何参数选项，如图 1-32 所示，将显示本机的 IPv4 地址为 192.168.1.100，子网掩码为 255.255.255.0，默认网关为 192.168.1.1。

对于 release 和 renew，如果未指定适配器名称，则会释放或更新所有绑定到 TCP/IP 的适配器的 IP 地址租约。对于 setclassid 和 setclassid6，如果未指定 classid，则会删除 classid。

使用 ipconfig 命令的“/？”选项，可以查看该命令的帮助信息，如图 1-33 所示。

（3）ping

IP 协议是一个无连接的协议，使用 IP 传输数据时，会出现数据包的丢失、损坏。因此，可以使用网际控制报文协议（ICMP）提供差错报告。ping 命令就是一个基于 ICMP 实现的应用程序，使用该程序可以测试源主机和目的主机之间的连通情况，测试内容主要有：IP 数据包能否到达目的主机、数据包是否有丢失、数据包传输延迟有多长、统计丢包率等数据。

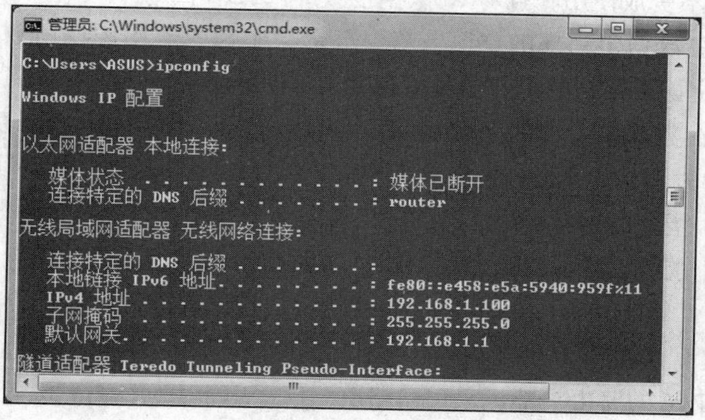

```
管理员: C:\Windows\system32\cmd.exe
C:\Users\ASUS>ipconfig

Windows IP 配置

以太网适配器 本地连接:

   媒体状态  . . . . . . . . . . . . : 媒体已断开
   连接特定的 DNS 后缀 . . . . . . . : router

无线局域网适配器 无线网络连接:

   连接特定的 DNS 后缀 . . . . . . . :
   本地链接 IPv6 地址. . . . . . . . : fe80::e458:e5a:5940:959f%11
   IPv4 地址 . . . . . . . . . . . . : 192.168.1.100
   子网掩码  . . . . . . . . . . . . : 255.255.255.0
   默认网关. . . . . . . . . . . . . : 192.168.1.1

隧道适配器 Teredo Tunneling Pseudo-Interface:
```

图 1-32　用 ipconfig 显示基本网络配置信息

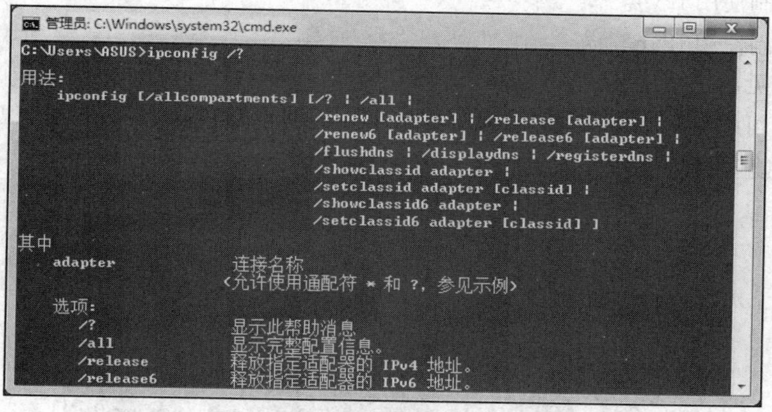

```
管理员: C:\Windows\system32\cmd.exe
C:\Users\ASUS>ipconfig /?
用法:
    ipconfig [/allcompartments] [/? | /all |
                                 /renew [adapter] | /release [adapter] |
                                 /renew6 [adapter] | /release6 [adapter] |
                                 /flushdns | /displaydns | /registerdns |
                                 /showclassid adapter |
                                 /setclassid adapter [classid] |
                                 /showclassid6 adapter |
                                 /setclassid6 adapter [classid] ]
其中
    adapter             连接名称
                       (允许使用通配符 * 和 ?, 参见示例)

    选项:
       /?               显示此帮助消息
       /all             显示完整配置信息。
       /release         释放指定适配器的 IPv4 地址。
       /release6        释放指定适配器的 IPv6 地址。
```

图 1-33　使用 ipconfig 帮助

Windows 10 中 ping 命令的语法格式如下。

```
ping [-t] [-a] [-n count] [-l size] [-f] [-i TTL] [-v TOS] [-r count] [-s count] [[-j host-list] | [-k host-list]] [-w timeout] [-R] [-S srcaddr] [-4] [-6] 目的主机名/IP 地址
```

各参数的作用如下。

- -t：ping 指定主机，直到停止，若要查看统计信息并继续操作，按 Ctrl+Break 组合键；若要结束命令，按 Ctrl+C 组合键。
- -a：将地址解析成主机名，即解析主机的 NetBIOS 主机名。
- -n count：用 count 值指定发送的测试包个数，默认为 4，通过设定这个参数可以自行指定测试包的个数。
- -l size：指定发送缓冲区数据包的大小。默认情况下，Windows 系统的 ping 程序的缓冲区数据包大小为 32 字节，size 的值最大为 65 500 字节。
- -f：在数据包中设置“不分片”标志，仅适用于 IPv4。

- -i TTL：指定数据包的生存时间。
- -v TOS：把 IP 数据包的“服务类型”字段设置为 TOS 设定的值。该设置仅适用于 IPv4，已经不赞成使用，且对 IP 数据包头部没有影响。
- -r count：在数据包头部的“记录路由”选项中记录送出和返回数据包经过的路由，count 值指定记录路由的个数，最大值为 9。仅适用于 IPv4。
- -s count：在数据包头部的“时间戳”选项中记录发出数据包经过的时间戳，不记录返回经过的时间戳。count 值指定记录时间戳的个数，最大值为 4。仅适用于 IPv4。
- -j host-list：指定由 host-list 给出的宽松源路由。仅适用于 IPv4。
- -k host-list：指定由 host-list 给出的严格源路由。仅适用于 IPv4。
- -w timeout：修改 ping 命令的请求超时时间，指定等待每个回送应答的超时时间，单位为毫秒，默认值为 1000 毫秒。
- -R：使用 IPv6 的路由头部记录反向路由。仅适用于 IPv6。
- -S srcaddr：指定数据包的源地址。
- -4：强制使用 IPv4。
- -6：强制使用 IPv6。

ping 最常见的用法是测试网络是否通畅。例如，要测试到 192.168.1.1 这个 IP 地址的网络是否通畅，可以使用“ping 192.168.1.1”，不加任何参数。如果显示数据包的到达时间，则说明数据包能够到达该 IP 地址。结果如图 1-34 所示。

```
管理员: C:\Windows\system32\cmd.exe

C:\Users\ASUS>ping 192.168.1.1

正在 Ping 192.168.1.1 具有 32 字节的数据:
来自 192.168.1.1 的回复: 字节=32 时间=2ms TTL=64
来自 192.168.1.1 的回复: 字节=32 时间=5ms TTL=64
来自 192.168.1.1 的回复: 字节=32 时间=1ms TTL=64
来自 192.168.1.1 的回复: 字节=32 时间=3ms TTL=64

192.168.1.1 的 Ping 统计信息:
    数据包: 已发送 = 4，已接收 = 4，丢失 = 0 (0% 丢失)，
往返行程的估计时间(以毫秒为单位):
    最短 = 1ms，最长 = 5ms，平均 = 2ms
```

图 1-34　ping　测试结果为能到达

如果结果为“time out”或“一般故障”，则表示数据包不能达到该 IP 地址，如图 1-35 所示。

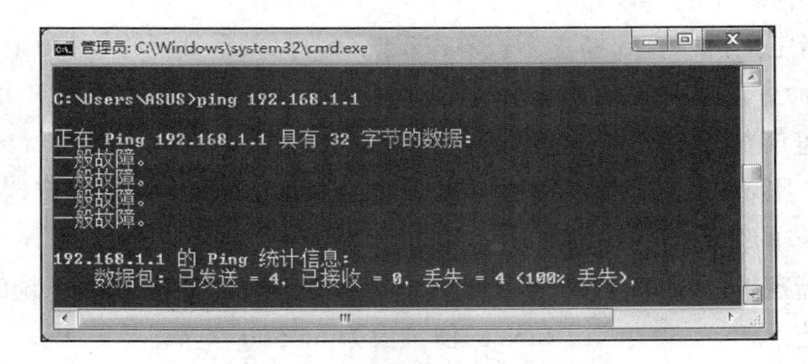

图 1-35　ping 测试结果为不能到达

可以看出，不管数据包是否能够到达，在提示信息中都会有四条重复的信息，这是因为一般 Windows 系统默认每次在 ping 测试时发送四个数据包，并给出这四个数据包的测试情况。可以使用选项 -n 指定发送测试数据包的个数。

注意　防火墙可能会拦截 ping 请求，所以，ping 测试结果为不能到达，并不能说明不能和该主机通信。

（4）hostname

hostname 用于返回本地计算机的主机名。

如图 1-36 所示，运行命令 hostname，得到该主机名为 TEST-PC。

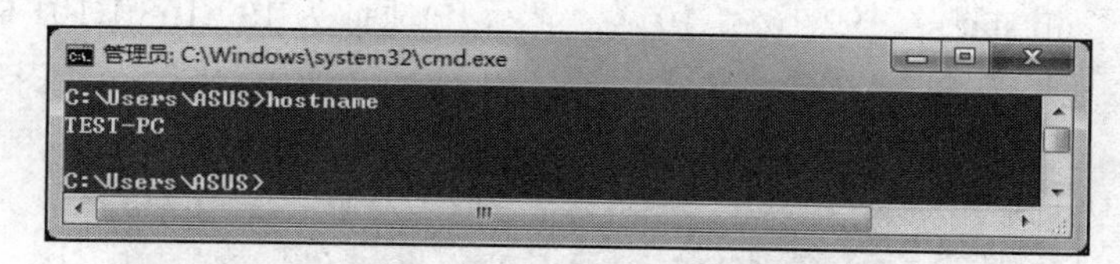

图 1-36　使用 HOSTNAME 命令显示主机名

（5）nbtstat

nbtstat 命令用于查看当前基于 NetBIOS 的 TCP/IP 连接状态，通过该工具可以获得远程或本地机器的组名和机器名。虽然用户使用 ipconfig 工具可以准确地得到主机的网卡地址，但对于一个已建成的比较大型的局域网，要在每台机器上进行这样的操作就显得过于费事了。网管人员通过在自己的联网机器上使用 DOS 命令 nbtstat，就可以获取另一台上网主机的网卡地址。

Windows 10 中 nbtstat 命令的语法格式如下。

```
NBTSTAT [ [-a RemoteName] [-A IP address] [-c] [-n] [-r] [-R] [-RR] [-s][-S]
[interval] ]
```

各参数的作用如下。

- -a RemoteName：说明使用远程计算机的名称并列出其名称表，此参数可以通过远程计算机的 NetBIOS 名来查看它的当前状态。
- -A IP address：说明使用远程计算机的 IP 地址并列出名称表。和 -a 不同的是，-A 只能使用 IP 地址，所以 -a 包括了 -A 的功能。
- -c：列出远程计算机的 NetBIOS 名称的缓存和每个名称的 IP 地址，这个参数可以列出在 NetBIOS 里缓存的连接过的计算机的 IP 地址。
- -n：列出本地机的 NetBIOS 名称，此参数与 netstat 命令中加“-a”参数功能类似，只是这个是检查本地的，如果把 netstat -a 后面的 IP 地址换为本地的就和 nbtstat -n 的效果是一样的了，netstat 命令在后面会详细介绍。
- -r：列出通过广播和经由 WINS 解析的名称。在配置使用 WINS 的 Windows 2000 计算机上，此选项返回通过广播或 WINS 解析的名称数。
- -R：清除 NetBIOS 名称缓存中的所有名称后，重新装入 Lmhosts 文件。这个参数就是清除 nbtstat -c 所能看见的缓存里的 IP 缓存记录。
- -S：在客户端和服务器会话表中只显示远程计算机的 IP 地址。

- -s：显示客户端和服务器会话，并将远程计算机 IP 地址转换成 NetBIOS 名称。此参数和 -S 功能差不多，只是该命令会把对方的 NetBIOS 名称解析出来。
- -RR：释放在 WINS 服务器上注册的 NetBIOS 名称，然后刷新它们的注册。
- interval：每隔 interval 秒重新显示所选的统计，直到按 CTRL+C 键停止重新显示统计。如果省略该参数，nbtstat 将显示一次当前的配置信息。该参数通常配合 -s 和 -S 一起使用。

注意，这个工具中的一些参数是区分大小写的，使用时要特别留心。如果不加参数，显示该命令的帮助。

例如，运行“nbtstat -A 192.168.1.101”，显示 IP 地址为 192.168.1.101 的远程计算机的名称表，其 MAC 地址为 BC-AE-C5-DA-D9-92，如图 1-37 所示。

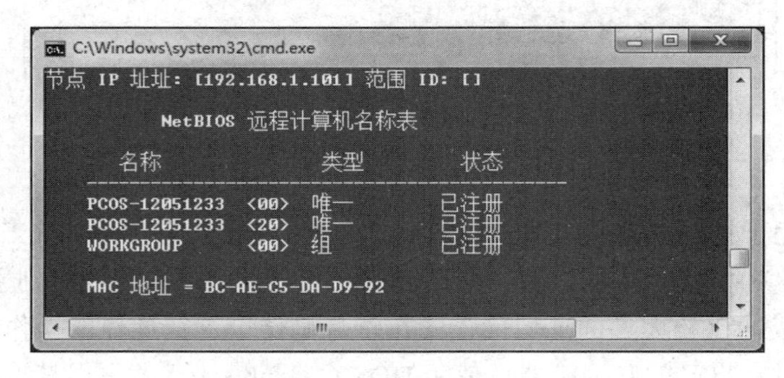

图 1-37　用 nbtstat 命令显示主机信息

（6）getmac

getmac 命令的作用是显示主机中网络适配器上的 MAC 地址，以及每个地址的网络协议列表，既可以从本地返回，也可以通过网络返回。

getmac 命令的语法格式如下。

```
getmac [.exe] [/s computer [/u domainuser [/p password]] [/fo {table|list|csv}]
[/nh] [/v]
```

各参数的作用如下。

- /s computer：指定远程计算机名称或 IP 地址（不能使用反斜杠）。默认值是本地计算机。
- /u domainuser：运行具有由 user 或 domainuser 指定用户的账户权限命令。默认值是当前登录发布命令的计算机的用户权限。
- /p password：指定用户账户的密码，该用户账户在 /u 参数中指定。
- /fo {table|list|csv}：指定查询结果输出的格式。有效值为 table、list 和 csv。输出的默认格式为 table。
- /nh：在输出中压缩列头标，不显示列头标。当将 /fo 参数设置为 table 或 csv 时有效。
- /v：指定输出显示详细信息。
- /?：显示该命令的帮助。

例如，运行 getmac 显示当前的 MAC 地址，如图 1-38 所示。

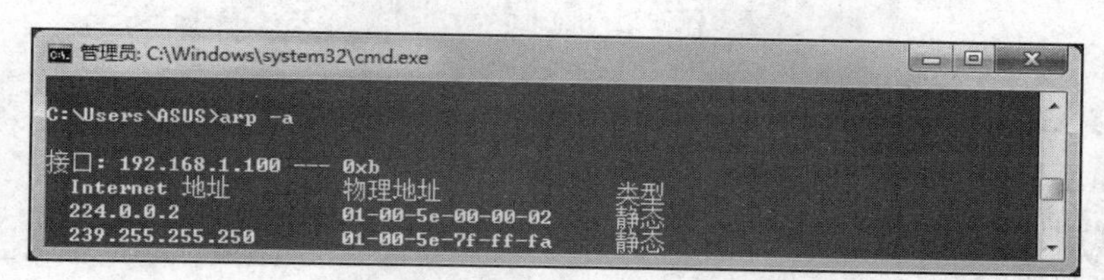

图 1-38　显示本机的 MAC 地址

（7）arp

arp 命令显示或设置地址解析协议（ARP）使用的 IP 地址与 MAC 地址的对应关系。arp 命令的语法格式如下。

```
arp -a [ inet_addr] [-N if_addr] [-v]
arp -s  inet_addr eth_addr [ if_addr]
arp -d  inet_addr [ if_addr]
```

常用参数的功能如下。

- -g 或 -a：查看 arp 缓存。
- inet_addr：指定因特网地址，即 IP 地址。
- eth_addr：指定物理地址。
- if_addr：指定接口的 IP 地址。如果不指定，默认为第一个适用的接口。
- -N if_addr：指定 if_addr 指定的网络接口的 arp 项。
- -v：在详细模式下显示当前 arp 项，所有无效项和环回接口的项也会显示。
- -s：加入 arp 记录。物理地址用连字符分隔的六个十六进制字节。这样添加的 arp 记录是永久的。
- -d：删除 inet_addr 指定的记录。inet_addr 的位置也可以使用通配符 *，这样可以删除所有记录。
- /?：显示 arp 命令的帮助信息。

例如，运行 arp -a 显示当前的 arp 缓存，如图 1-39 所示。

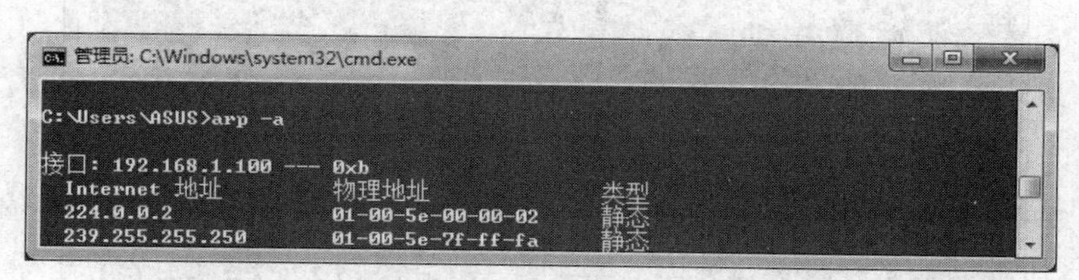

图 1-39　显示当前的 ARP 缓存

（8）route

route 命令用于显示或修改本地路由表。

Windows 10 中该命令的语法格式如下。

```
route [-f] [-p] [-4|-6] command [destination] [MASK netmask] [gateway] [METRIC
metric] [IF interface]
```

该命令常用参数的功能如下。

- -f：清除所有网关项的路由表。如果与某个命令结合使用，则运行该命令前应清除路由表。

- -p：与 ADD 命令结合使用时，将路由设置为在系统引导期间保持不变。默认情况下，系统重新启动时不保存路由。
- -4：强制使用 IPv4。
- -6：强制使用 IPv6。
- command 是下列命令之一。
  - PRINT：显示路由表。
  - ADD：添加路由。
  - DELETE：删除路由。
  - CHANGE：修改现有路由。只用于修改网关和 / 或跃点数。
- destination：指定目标主机。
- MASK：指定下一个参数是“网络掩码”值。
- netmask：指定此路由项的子网掩码值。若未指定此项，则默认设置为 255.255.255.255。
- gateway：指定网关。
- interface：指定路由的接口。
- METRIC：指定跳数。例如到目标的代价。

例如，输入命令 route -print，可以查看主机的路由表，如图 1-40 所示。

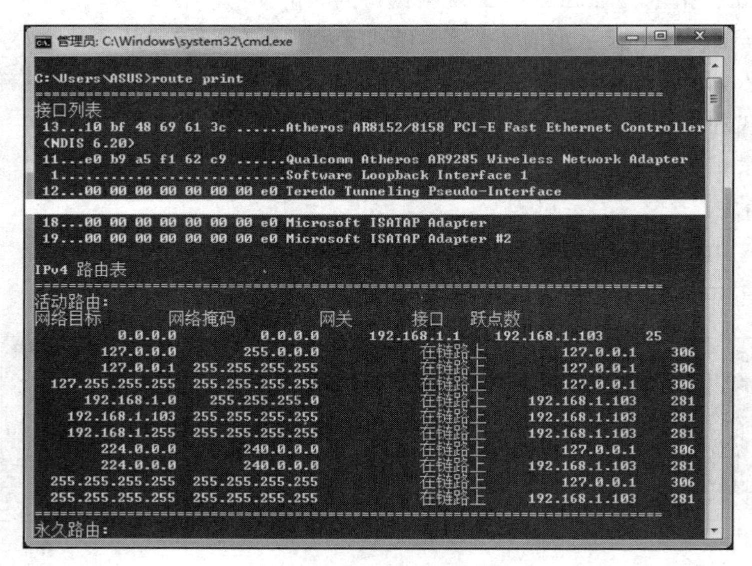

图 1-40　显示本机路由表

这里的网关又称为下一跳路由器。在发送 IP 数据包时，网关定义了针对特定的网络目的地址，数据包发送到的下一跳服务器。如果是本地计算机直接连接到的网络，网关通常是本地计算机对应的网络接口，但是此时接口必须和网关一致；如果是远程网络或默认路由，网关通常是本地计算机所连接到的网络上的某个服务器或路由器。

接口定义了针对特定的网络目的地址，本地计算机用于发送数据包的网络接口。网关必须位于和接口相同的子网（默认网关除外），否则造成在使用此路由项时需调用其他路由项，从而可能会导致路由死锁。

跳数用于指出路由的成本，通常情况下代表到达目标地址所需要经过的跳数，一跳代表经过一个路由器。跳数越低，代表路由成本越低，优先级越高。

（9）netstat

netstat命令可以显示与IP、TCP、UDP和ICMP协议相关的网络连接情况和统计数据。它可以用来获得系统网络连接的信息（使用的端口和在使用的协议等）、收到和发出的数据、被连接的远程系统的端口等。一般用于检验本机各端口的网络连接情况。

Windows 10中netstat命令的语法格式如下。

```
netstat [-a] [-b] [-e] [-f] [-n] [-o] [-p proto] [-r] [-s] [-t] [interval]
```

Windows 10中各参数的作用如下。

- -a：用来显示本地机上的所有连接和侦听端口，它也显示远程连接的系统、本地和远程系统连接时使用和开放的端口，以及本地和远程系统连接的状态。这个参数通常用于获得本地系统开放的端口，以检查系统上是否被安装了非法程序。
- -b：显示在创建每个连接或侦听端口时涉及的可执行程序。在某些情况下，已知可执行程序承载多个独立的组件，则显示创建连接或侦听端口时涉及的组件序列。可执行程序的名称位于底部“[]”中，它调用的组件位于顶部，直至达到TCP/IP。注意，此选项可能很耗时，而且需要足够的权限。
- -e：显示以太网统计信息。列出的项目包括传送的数据报的总字节数、错误数、删除数、数据报的数量和广播的数量。这些统计数据既有发送的数据报数量，也有接收的数据报数量。这个选项可以用来统计一些基本的网络流量，它可以和-s选项结合使用。
- -f：显示外部地址的完全限定域名。
- -n：这个参数基本上是-a参数的数字形式，它是用数字的形式显示以上信息，这个参数通常用于检查本地的IP时使用。
- -o：显示拥有的与每个连接关联的进程ID。
- -p proto：用来显示proto指定的协议的连接。proto可以是TCP、UDP、TCPv6、UDPv6之一。如果与-s选项一起用来显示每个协议的统计信息，则proto可以是IP、IPv6、ICMP、ICMPv6、TCP、TCPv6、UDP或UDPv6之一。如要显示机器上的TCP协议连接情况，可以用netstat -p tcp。
- -r：显示主机的路由表。
- -s：显示机器在默认情况下每个协议的统计信息，包括IP、IPv6、ICMP、ICMPv6、TCP、TCPv6、UDP和UDPv6等协议。
- -t：显示当前连接的卸载状态。
- interval：每隔interval秒重复显示所选协议的统计情况，直到按“CTRL+C”中断。

netstat不带选项，则仅显示活动的连接。如果用-a选项，则显示所有连接，包括所有活动和不活动的连接的情况。

连接状态有下列几种。

- LISTEN：侦听来自远程的 TCP 端口的连接请求。
- SYN-SENT：在发送连接请求后等待匹配的连接请求。
- SYN-RECEIVED：在收到和发送一个连接请求后等待对方确认连接请求。
- ESTABLISHED：代表一个打开的连接。
- FIN-WAIT-1：等待远程 TCP 连接中断请求，或先前的连接中断请求的确认。
- FIN-WAIT-2：从远程 TCP 等待连接中断请求。
- CLOSE-WAIT：等待从本地用户发来的连接中断请求。
- CLOSING：等待远程 TCP 对连接中断的确认。
- LAST-ACK：等待原来的发向远程 TCP 的连接中断请求的确认。
- TIME-WAIT：等待足够的时间以确保远程 TCP 接收到连接中断请求的确认。
- CLOSED：没有任何连接状态。

例如，用 netstat 不带参数，可查看当前的活动连接，如图 1-41 所示。

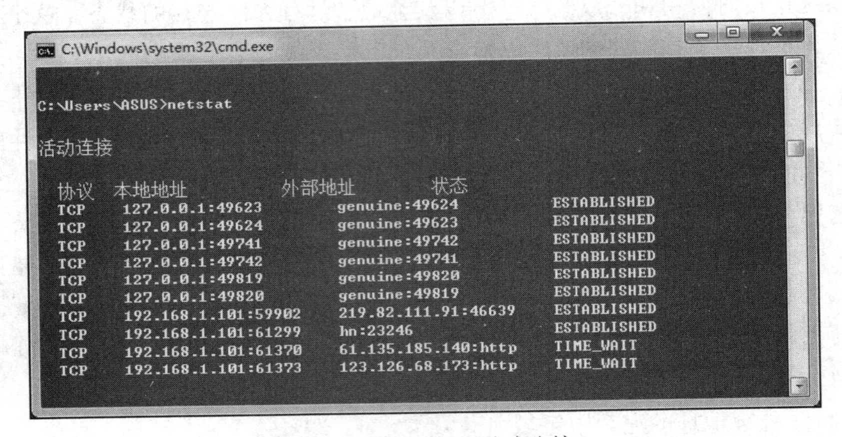

图 1-41 显示本地活动连接

netstat 和 ping 结合使用能解决大部分网络故障。例如，netstat 命令的 -s 参数能够按照各个协议分别显示其统计数据。如果应用程序（如 Web 浏览器）运行速度比较慢，或者不能显示 Web 页之类的数据，那么就可以用该选项查看所显示的信息。然后仔细查看统计数据的各行，找到出错的关键字，确定问题所在。

使用命令 netstat -e 时若接收错和发送错接近为零或全为零，说明网络的接口没有问题。但当这两个字段有多个（例如 100 个以上）出错分组时就可以认为是高出错率了。发送错数值高表示本地网络饱和或在主机与网络之间有不良的物理连接；接收错数值高表示整体网络饱和、本地主机过载或物理连接有问题。可以用 ping 命令统计差错率，进一步确定故障的程度。

（10）tracert

tracert 是路由跟踪程序，用于确定 IP 数据包访问目标所采取的路径。tracert 命令利用 IP 生存时间（Time To Live，TTL）字段和 ICMP 错误消息来确定从一个主机到网络上其他主机的路由。tracert 命令显示将数据包从源主机传送到目标主机的一组路由器的 IP 地址，以及每个跃点所需的时间。如果数据包不能到达目标，则 tracert 显示成功转发数据包的最后一个路由器。

Windows 10 中的 tracert 命令格式如下。

```
tracert [-d] [-h maximum_hops] [-j computer-list] [-w timeout] [-R] [-S srcaddr] [-4] [-6] target_name
```

各参数的功能如下。

- -d：指定不将地址解析为计算机名。
- -h maximum_hops：指定搜索目标的最大跃点数。
- -j host-list：指定回显请求消息将 IP 报头中的松散源路由选项与 hast-list 中指定的中间目标集一起使用（仅当跟踪 IPv4 地址时才使用该参数）。
- -w timeout：等待每个回复的超时时间（以毫秒为单位）。
- -R：跟踪往返行程路径（仅适用于 IPv6）。
- -S srcaddr：要使用的源地址（仅适用于 IPv6）。
- -4：强制使用 IPv4。
- -6：强制使用 IPv6。
- target_name：目标计算机的名称或 IP 地址。

该命令最简单的用法就是 tracert hostname，其中 hostname 是计算机名或想跟踪其路径的计算机的 IP 地址，tracert 将返回到达目的地的各 IP 地址。

例如，要测试到新浪服务器的路由，可用命令 trcert sina.com，如图 1-42 所示。

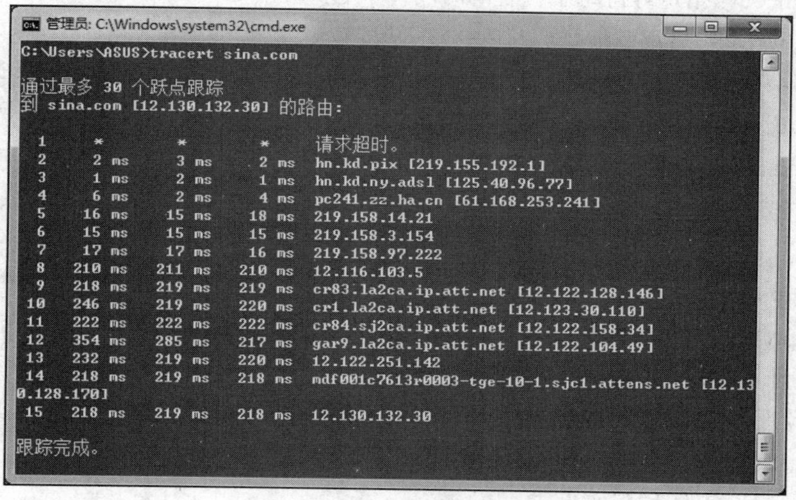

```
管理员: C:\Windows\system32\cmd.exe
C:\Users\ASUS>tracert sina.com

通过最多 30 个跃点跟踪
到 sina.com [12.130.132.30] 的路由:

  1     *        *        *     请求超时。
  2     2 ms     3 ms     2 ms  hn.kd.pix [219.155.192.1]
  3     1 ms     2 ms     1 ms  hn.kd.ny.adsl [125.40.96.77]
  4     6 ms     2 ms     4 ms  pc241.zz.ha.cn [61.168.253.241]
  5    16 ms    15 ms    18 ms  219.158.14.21
  6    15 ms    15 ms    15 ms  219.158.3.154
  7    17 ms    17 ms    16 ms  219.158.97.222
  8   210 ms   211 ms   210 ms  12.116.103.5
  9   218 ms   219 ms   219 ms  cr83.la2ca.ip.att.net [12.122.128.146]
 10   246 ms   219 ms   220 ms  cr1.la2ca.ip.att.net [12.123.30.110]
 11   222 ms   222 ms   222 ms  cr84.sj2ca.ip.att.net [12.122.158.34]
 12   354 ms   285 ms   217 ms  gar9.la2ca.ip.att.net [12.122.104.49]
 13   232 ms   219 ms   220 ms  12.122.251.142
 14   218 ms   219 ms   218 ms  mdf001c7613r0003-tge-10-1.sjc1.attens.net [12.13
0.128.170]
 15   218 ms   219 ms   218 ms  12.130.132.30

跟踪完成。
```

图 1-42　用 tracert 测试路由

（11）pathping

pathping 程序的作用是跟踪数据包到达目标所采取的路由，并显示路径中每个路由器的数据报损失信息，也可用于解决服务质量（QOS）连通性问题。该命令结合了 ping 和 tracert 命令的功能，pathping 在一段时间内将发送多个 ICMP 回送请求。

因为 pathping 显示在任何特定路由器或连接处的数据包的丢失程度，所以用户可据此确定存在网络问题的路由器或子网。pathping 通过识别路径上的路由器来执行与 tracert 命令相同的功能。然后，该命令在一段指定的时间内定期将 ping 命令发送到所有的路由器，并根据每个路由器的返回数值生成统计结果。

Windows 10 中该命令的语法格式如下。

```
pathping [-n] [-h MaximumHops] [-g HostList] [-p Period] [-q NumQueries [-w Timeout] [-i IPAddress] [-4 IPv4] [-6 IPv6][TargetName]
```

主要参数的功能如下。

- -n：阻止 pathping 试图将中间路由器的 IP 地址解析为相应的名称，这有可能加快 pathping 的结果显示。
- -h Maximum_Hops：指定搜索目标（目的）的路径中存在的跃点的最大数。默认值为 30 个跃点。
- -g HostList：指定应答请求消息利用 HostList 中指定的中间目标集在 IP 数据头中使用"稀疏来源路由"选项。使用稀疏来源路由时，相邻的中间目标可以由一个或多个路由器分隔开。HostList 中的地址或名称的最大数为 9。HostList 是一系列由空格分隔的 IP 地址（用带点的十进制符号表示）。
- -p Period：指定两个连续的 ping 之间的时间间隔（以毫秒为单位）。默认值为 250 毫秒（1/4 秒）。
- -q Num_Queries：指定发送到路径中每个路由器的应答请求消息数。默认值为 100 个查询。
- -w Timeout：指定等待每个应答的时间（以毫秒为单位）。默认值为 3000 毫秒（3 秒）。
- -i IPAddress：指定源地址。
- -4 IPv4：强制使用 IPv4。
- -6 IPv6：强制使用 IPv6。
- TargetName：指定目的端的 IP 地址或主机名。

如果不指定参数，则显示该命令的帮助信息。pathping 命令的参数区分大、小写，使用时要特别留心。

（12）nslookup

nslookup 命令的功能是监测网络中 DNS 服务器能否正确实现域名解析，并且查询一台机器的 IP 地址和其对应的域名。它通常需要一台域名服务器来提供域名服务，如果用户已经设置好域名服务器，就可以用这个命令查看不同主机的 IP 地址对应的域名或者域名对应的 IP 地址。

nslookup 命令有四种工作模式。

- nslookup：默认服务器交互模式。
- nslookup -server：指定 server 的交互模式。
- nslookup host：仅查找使用默认服务器的 host。
- nslookup host server：仅查找使用 server 服务器的 host。

任何方式下，可以使用"?"或"help"可查看相关的帮助信息；使用"exit"或"CRTL + C"退出。

例如，要显示百度的域名解析，可用命令"nslookup baidu.com"，如图 1-43 所示。正在工作的 DNS 服务器的主机名为 bogon，它的 IP 地址是 192.168.1.1，域名 www.baidu.com 所对应的 IP 地址有 3 个：123.125.114.144、220.181.111.85、220.181.111.86。

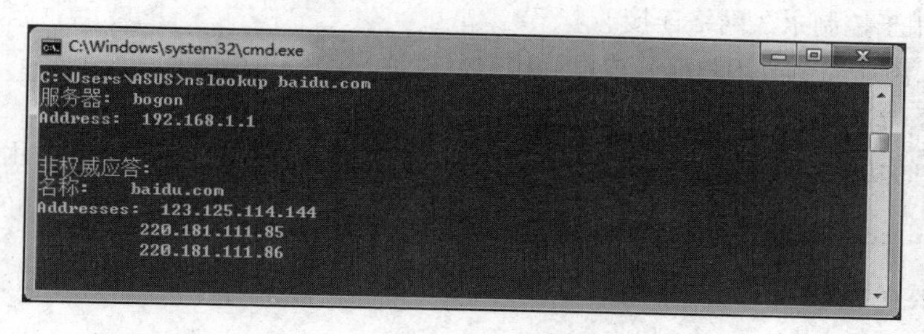

图 1-43 用 nslookup 查看域名解析

(13) net

net 程序是以命令行方式执行的工具，可提供网络资源使用与显示的命令集，主要包括管理网络环境、服务、用户、登录等重要的管理功能。使用它可以轻松管理本地或者远程计算机的网络环境，以及各种服务程序的运行和配置，或者进行用户管理和登录管理等。

Windows 10 中该命令的语法格式如下。

```
net [accounts | compuer | config | continue | file | group | help | helpmsg |
Localgroup | pause | session | share | start | statistics | stop | time | user |
view ]
```

该命令的各参数的功能如下。

- accounts：将用户账户数据库升级并修改所有账户的密码和登录请求。
- computer：从域数据库中添加或删除计算机，所有计算机的添加和删除都会转发到主域控制器。
- config：显示当前运行的可配置服务，或显示并更改某项服务的设置，更改立即并且永久生效。
- file：显示某服务器上所有打开的共享文件名及锁定文件数。该命令也可以关闭个别文件并取消文件锁定。该命令仅在运行服务器的机器上运行。
- group：添加、显示或更改服务器上的全局组。
- help：提供网络命令列表及帮助主题，或提供指定命令或主题的帮助。
- helpmsg：提供错误信息的帮助。
- Localgroup：添加、显示或更改本地组。
- pause service：挂起 Windows 服务或资源，暂停服务，使其等待。service 指暂停的服务，如 net logon、nt lm security support provider、remote access server、schedule、server、simple tcp/ip services 或 workstation 等。
- session：列出或断开本地计算机和与之连接的客户端的会话。
- share：创建、删除或显示共享资源。
- start：启动服务，或显示已启动服务的列表。
- statistics：显示本地工作站或服务器服务的统计记录。
- stop：停止 Windows 网络服务。

- time：使计算机的时钟与另一台计算机或域的时间同步。
- use：连接计算机或断开计算机与共享资源的连接，或显示计算机的连接信息。该命令也用于控制永久网络连接。
- user：添加或更改用户账号或显示用户账号信息。
- view：显示域列表、计算机列表或指定计算机的共享资源列表。

net 命令的功能非常丰富，可以通过 net help 查阅相关的帮助。net help 的用法如下。

```
Net Help command  或者  net command /help
```

例如，要查看 net session 的用法，可用命令 net help session 查看帮助，如图 1-44 所示。

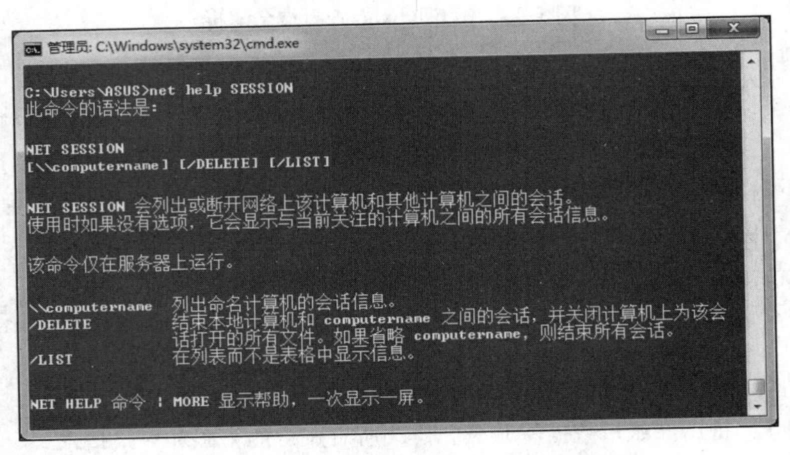

图 1-44 使用 net help 查看 net session 的用法

需要说明的是，在不同的系统中，相应命令参数设置可能有不同之处，但大体功能是一致的，应用时要稍加注意。

实验内容

1. 收集信息

1）使用 hostname 命令获取主机名。

2）使用 nbtnet 获取局域网中其他主机的 MAC 地址。

3）使用 ipconfig 命令获取本机的网络配置信息。

使用命令 ipconfig，不带任何参数选项，得到本机的 IP 地址、子网掩码和默认网关。

再次运行 ipconfig，使用 /all 选项，对比得到的结果。

4）使用 getmac 命令获取主机 MAC 地址，与 ipconfig 得到的结果比较。

5）使用 route 命令查看本机的路由表

使用 route print 查看本机的路由表，分析路由表中的表项，查看是否有下列路由：默认路由、本地环路、直连网段的路由、本地主机路由、本地广播路由、组播路由、广播路由、默认网关等。

增加一条路由，重新使用 route print 查看路由表。

删除一条路由，重新使用 route print 查看路由表。

2. 测试网络运行情况

1）用 ping 命令测试本机的 TCP/IP 协议是否正确安装。

用“ping 127.0.0.1”或 ping 主机名，若收到来自 127.0.0.1 的回复，说明 TCP/IP 正确安装。若返回 time out 或提示“一般故障”，则说明 TCP/IP 的安装或运行存在某些问题。

2）测试网络是否通畅。

ping 本机 IP 地址，测试本机网络配置。正常情况下，计算机应该对该命令应答。如果不通，则表示本地安装或配置存在问题。

ping 网关 IP 地址，测试网络是否通畅。若收到应答，说明本地网络运行正确。

断开网络连接，再次使用该命令，对比测试结果。

3）测试域名服务器配置是否正确。

用 nslookup 命令解析已知网站的域名 www.sina.com，如果得到域名解析结果，说明域名服务器配置正确。

直接 ping 一个已知网站的域名。ping 网站域名时，域名必须要经过域名解析服务器 DNS 将域名解析为 IP 地址，如果出现故障，有可能是 DNS 服务器地址配置不正确或 DNS 服务器故障。

4）测试路由。

用 tracert 命令测试到达目标主机的路由。多测试几个地址，分析得到的结果。

用 pathping 命令重新测试，比较和 tracert 命令的不同。分析为什么 pathping 命令运行时间比 tracert 长。

5）测试网络连接。

用 netstat -ab 命令查看打开的网络连接和打开连接对应的程序，分析是否存在非法连接。

用 netstat -es 显示以太网每个协议的统计信息，分析得到的结果。

3. 故障分析

1）将两台主机的 IP 地址设为相同，测试网络的连通状态。

2）将两台主机的 MAC 地址设为相同，测试网络的连通状态。

3）两人一组，采用某种方法将对方的网络断开，如松动网线接头、断开网络连接、设置错误的地址等。相互查找出错的原因。

出现错误提示的情况时，要仔细分析出现网络故障的原因和可能有问题的网络节点，一般不要急着检查物理线路，先从以下几个方面来着手：一是查看被测试计算机是否已安装了 TCP/IP 协议；二是检查被测试计算机的网卡安装是否正确且是否已经连通；三是查看被测试计算机的 TCP/IP 协议是否与网卡有效地绑定（具体方法是通过选择“开始→控制面板→网络”来查看）；四是检查 Windows 服务器的网络服务功能是否已启动（可通过选择“开始→控制面板→服务”，在出现的对话框中找到“ Server”一项，看“状态”下所显示的是否为“已启动”）。如果通过以上四个步骤还没有发现问题的症结，这时再检查物理连接，可以借助查看目标计算机所接 HUB 或交换机端口的指示灯状态来判断目标计算机网络的连通情况。

思考题目

1. 如何使用 ping 命令粗略判断操作系统类型？
2. ping 本机 IP 地址和 ping 127.0.0.1 有什么不同？请通过实验验证你的答案。
3. ping 不到某主机，是否就不能与该主机通信？请通过实验验证你的结论。
4. 如何防止 ping 攻击？
5. pathping 命令和 tracert 命令在实现原理上有什么不同？

1.5 在 Windows 10 中实现共享

实验目的

熟悉 Windows 10 域和组的概念；掌握在 Windows 10 中设置文件共享、流媒体共享和打印机共享的方法。

实验要点

1. 实验环境

用以太网交换机连接起来的安装了 Windows 10 操作系统的计算机，组成局域网。

2. 预备知识

（1）Windows 10 中的域、工作组和家庭组

域、工作组和家庭组表示在网络中组织计算机的不同方法。它们之间的主要区别是对网络中的计算机和其他资源的管理方式的不同。网络中基于 Windows 的计算机必须属于某个工作组或某个域。网络中基于 Windows 的计算机也可以属于某个家庭组，但不是必需的。

1）在工作组中：

- 所有的计算机都是对等的，没有计算机可以控制另一台计算机。
- 每台计算机都具有一组用户账户。若要登录到工作组中的任何计算机，用户必须具有该计算机上的账户。
- 通常情况下，计算机的数量不超过 20 台。
- 工作组不受密码保护。
- 所有的计算机必须在同一本地网络或子网中。

2）在家庭组中：

- 家庭网络中的计算机必须属于某个工作组，但它们也可以属于某个家庭组。使用家庭组，可轻松与家庭网络中的其他人共享图片、音乐、视频、文档和打印机。
- 家庭组受密码保护，但在将计算机添加到家庭组时，只需要键入一次密码即可。

3）在域中：

- 有一台或多台计算机为服务器。网络管理员使用服务器控制域中所有计算机的安全和权限。这使得更改更容易进行，因为更改会自动应用到所有的计算机。域用户在每次访问域时必须提供密码或其他凭据。

- 如果具有域上的用户账户，用户可以登录到域中的任何计算机，而无须具有该计算机上的账户。
- 网络管理员要确保计算机之间的一致性，因此，对计算机的设置更改是有限制的。
- 一个域中可以有几千台计算机。
- 计算机可以位于不同的本地网络中。

（2）在 Windows 10 中设置共享

共享用户可以是本计算机上的其他用户，也可以是其他计算机。访问其他计算机上的文件或打印机之前，必须将该计算机加入相应的家庭或工作组，属于该家庭或工作组的计算机将显示在 Windows 10 资源管理器中。

在 Windows 10 系统中，除传统的文件和打印机共享外，Windows 10 还允许以播放列表的形式提供对媒体文件的共享支持。共享用户能看到的文件选项取决于共享的文件和计算机连接到的网络类型（家庭组、工作组或域）。

设置文件和打印机共享的方法相似，这里仅给出共享文件或文件夹的步骤。

1）开启 guest 账户。

要实现共享，首先需要开启 guest 账户。开启方法是：在命令行提示符下输入 net user guest/active yes 命令，开启 guest 账户。

2）更改高级共享设置。

单击“控制面板—网络和共享中心”，进入网络共享中心窗口，如图 1-45 所示。

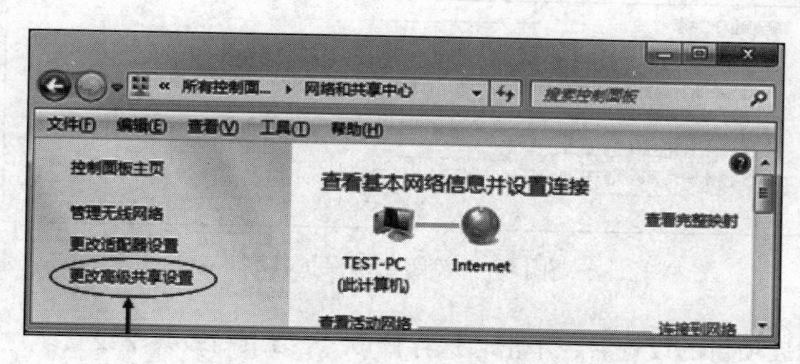

图 1-45　在网络和共享中心选择高级共享设置

在网络共享中心窗口中单击“更改高级共享设置”，进入“高级共享设置”窗口，如图 1-46 所示。

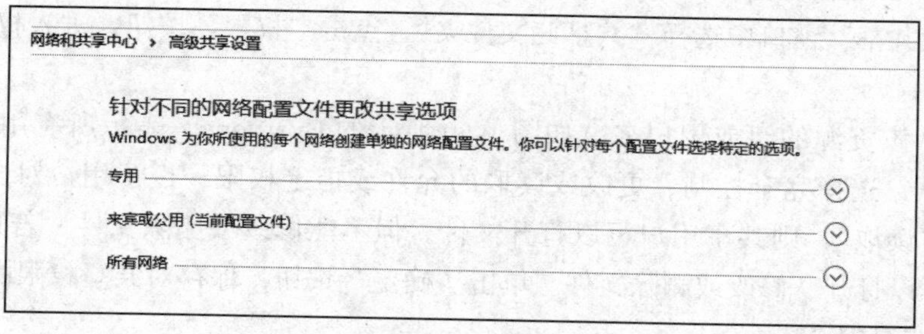

网络和共享中心 › 高级共享设置

针对不同的网络配置文件更改共享选项

Windows 为你所使用的每个网络创建单独的网络配置文件。你可以针对每个配置文件选择特定的选项。

专用

来宾或公用 (当前配置文件)

所有网络

图 1-46　高级共享设置

在“高级共享设置”窗口中展开“所有网络”，会出现一个列表，列表中必须选择的项目如表 1-2 所示。

表 1-2　高级共享设置列表

项　目	推荐选择	说　明
网络发现	启用	启用时，此计算机可以发现其他网络上的计算机和设备，其他计算机也可以发现此计算机
文件和打印机共享	启用	启用时，网络上的用户可以访问通过此计算机共享的文件和打印机
公用文件夹共享	启用	启用时，局域网中的用户可以读写文件夹中的文件
媒体流		打开时，可以访问此计算机上的图片、音乐及视频
文件共享连接	选择 128 位加密或 40 或 56 位加密	Win10 使用 128 位加密保护文件共享连接，有些硬件不支持 128 位加密，可选择 40 位或 56 位加密
密码保护的共享	关闭	开启时，具有此计算机账户和密码的用户才能共享文件、访问连接到该计算机的打印机。若要使其他用户具有访问权限，必须关闭密码保护共享

接下来，设置列表中的各项。例如，要选择关闭密码保护共享，需要在高级共享设置的列表中单击“关闭密码保护共享”，如图 1-47 所示。选中“关闭密码保护共享”后，访问共享文件时就不需要输入密码。

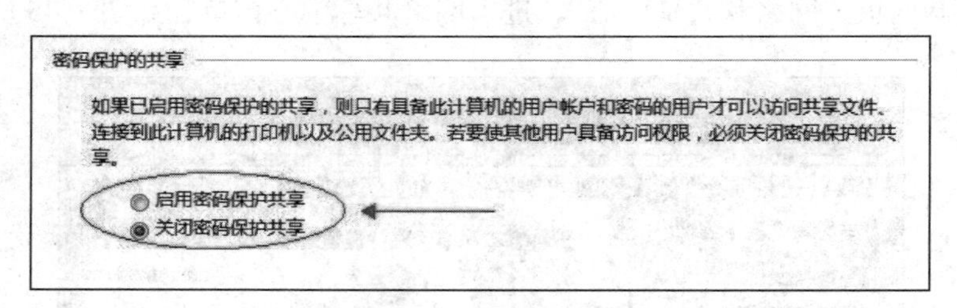

图 1-47　关闭密码保护共享

完成所有列表项目的设置后，单击“保存修改”，结束高级共享设置。

3）设置共享。

选择需要共享的磁盘分区或者文件夹，单击鼠标右键“属性 – 共享 – 高级共享”，显示磁盘分区或者文件夹的共享属性，例如，图 1-48 显示了磁盘分区 D 的共享属性窗口。在共享属性窗口单击“高级共享”按钮，进入“高级共享”窗口，如图 1-49 所示。

在“高级共享”窗口中选择“共享此文件夹”，点击“权限”按钮，进入权限设置界面，如图 1-50 所示。

选择共享该资源的组或用户名，如图 1-50 所示的 Everyone，表示所有用户均可共享。在权限列表下，选择完全控制、更改或读取的允许或拒绝权限，授予用户对文件访问的权限。若选择“读取”，则共享用户可以打开文件，但不能修改或删除文件；若选择“更改”，则共享用户可以打开、修改或删除文件。单击“确定”按钮，保存对共享权限的设置。

4）设置共享安全。

安全问题是设置局域网共享必须考虑的，因此在进行局域网共享设置时，必须设定详细的访问权限。在图 1-48 所示的“共享属性”窗口中找到“安全”选项卡，如图 1-51 所示。

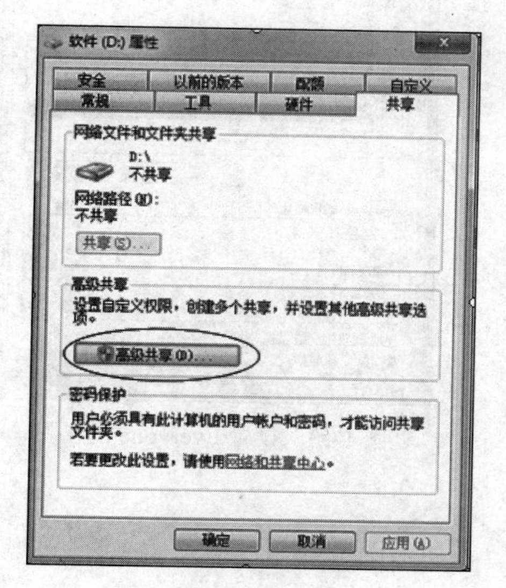

图 1-48　共享属性窗口

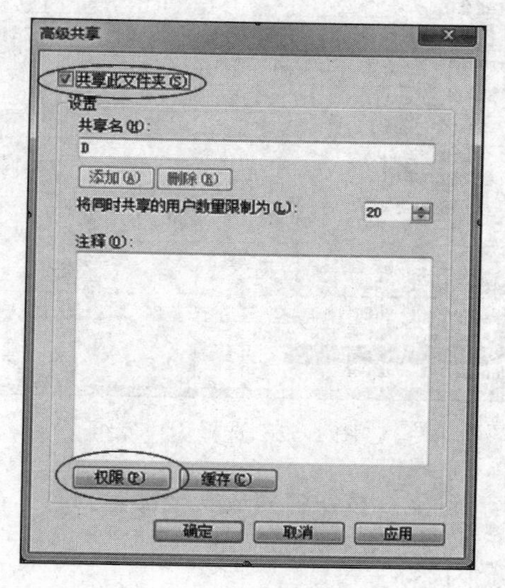

图 1-49　设置高级共享

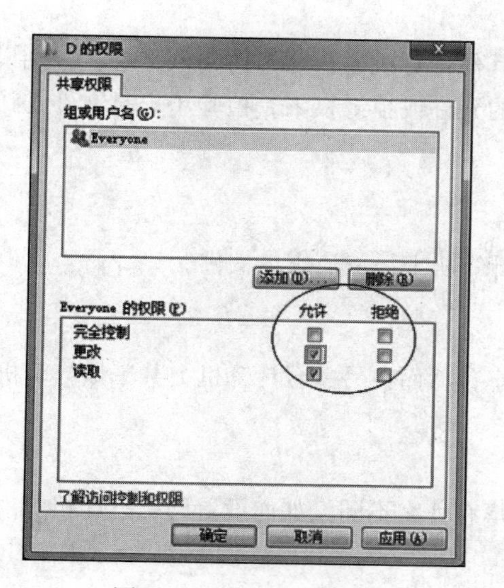

图 1-50　设置共享权限

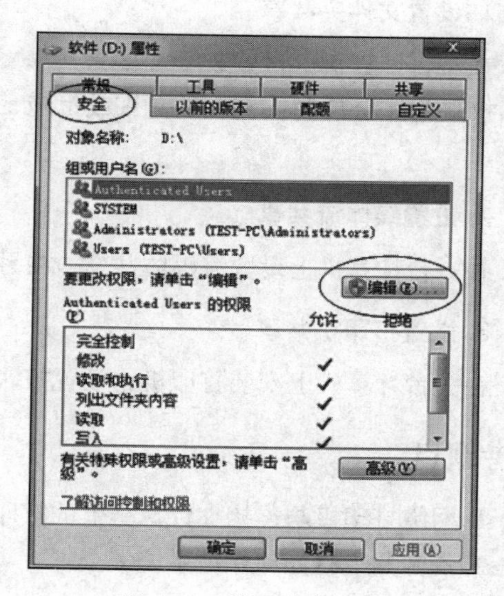

图 1-51　设置共享安全

在“组或用户名”列表中默认是没有 Everyone 用户的，如果没有，单击“编辑”按钮，进入权限的安全设置的窗口，在该窗口中单击“添加”，进入选择用户或组设置窗口，在该窗口中单击“高级”按钮，进入选择用户或组窗口，如图 1-52 所示。

点击“立即查找”按钮，下面的搜索结果位置就会列出用户列表，找到 Everyone 用户，鼠标双击它，在选择用户或组窗口中就显示出 Everyone 的对象名称，单击“确定”按钮，返回权限的安全设置窗口。在该窗口中选择 Everyone 用户，设置 Everyone 用户的权限，如图 1-53 所示。

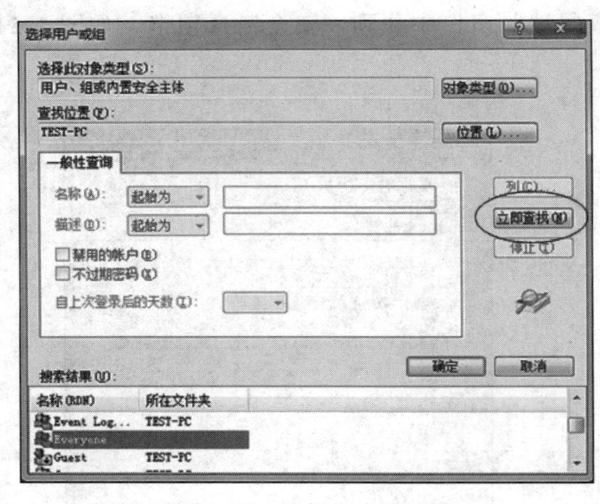

图 1-52 选择用户或组

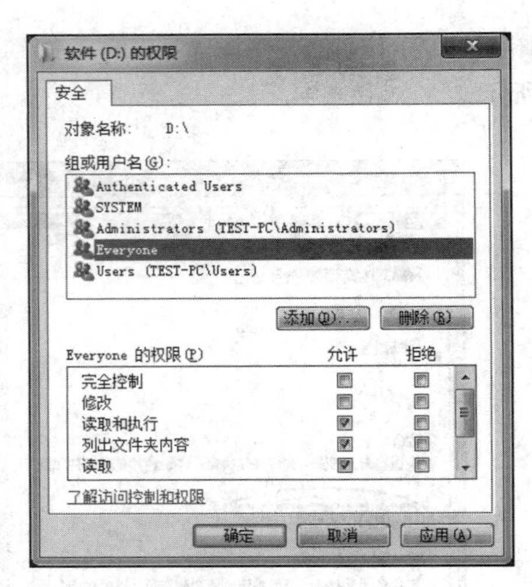

图 1-53 设置 Everyone 的权限

单击“确定”按钮，完成安全设置。

实验内容

1. 设置文件夹共享

在一台计算机上设置某个文件为共享文件，其他计算机通过网络访问该文件。分别设置共享权限为完全控制、更改的允许或拒绝、读取的允许或拒绝权限，检验用户对文件的访问权限。

2. 设置媒体流共享

在一台计算机上设置流媒体共享，在另一台计算机上播放流媒体文件。

3. 设置打印机共享

在一台计算机上安装打印机，设置打印机共享，从而在另一台计算机上共享该打印机。

思考题目

1. 网络打印机与连接在计算机上的打印机共享有什么不同？如何设置网络打印机？
2. 资源共享时如何保证系统安全？

第 2 章　配置交换机和路由器

在网络建设蓬勃发展的今天，路由器和交换机是当代网络中最重要的网络设备，其配置和管理已经成为当前网络管理人员必须掌握的基本技能。本章以 Cisco 网络设备为例，首先介绍交换机和路由器的常用型号和基本构造，以及 Cisco（思科）公司发布的辅助学习工具 Packet Tracer。围绕构建网络不同环节的设计与配置，详细介绍交换机、路由器的各种配置方法及参考命令。本章为网络初学者设计、配置、排除网络故障提供了大量的实验案例，为进一步学习 CCNA 课程以及进行高级网络设备配置与管理奠定基础。

2.1　Cisco 网络设备简介

Cisco 公司是全球最大的网络设备供应商，其产品几乎覆盖了网络建设的各个部分：网络硬件产品、互联网操作系统（Internet Operating System，IOS）软件、网络设计和实施等。尤其是组成互联网和用于数据传送的路由器、交换机等网络设备市场，思科公司占据相当一部分市场份额。全球 80% 以上的网络主干设备路由器都来自于思科。

Cisco 网络设备包括硬件和软件两部分，其软件部分为 IOS。通过 IOS，Cisco 网络设备可以连接 IP、IPX、DEC 等网络，并实现许多网络功能。

Cisco 硬件设备包括不同种类的产品：主要产品有路由器和交换机，还有宽带有线产品、板卡和模块、内容网络、网络管理、光纤平台、网络安全产品与 VPN 设备、网络存储产品、视频系统、IP 通信系统、无线产品等。本章主要介绍路由器和交换机的结构、使用和配置。

2.1.1　Cisco 路由器

随着因特网和企业网络的不断普及，网络设备路由器被大量采用。目前，市场上的路由器品牌很多，其中 Cisco（思科）路由器在路由器技术方面最为权威。Cisco 的路由器产品非常齐全，主要有 700、800、100x、1600、1700、1800、2500、2600、2800、3600、3700、3800、4500、4700、7000、7200、7500、7600、12000、ASR1000、ASR9000、CRS-1、CRS-3、Cisco 800、Cisco 1800、Cisco 1900、Cisco 2800、Cisco 2900、Cisco 3800、Cisco 3900、Cisco 7200、Cisco 7600 等，其技术也是最先进的，引导着整个市场。本书以 Cisco 为例进行介绍。

1. 路由器的端口

路由器的背板上主要是一些端口，路由器通过背板上的这些端口与其他设备相连。路由器的常用端口如图 2-1 所示。

- 高速同步串行端口（SERIAL）。利用该端口通过 DDN、帧中继（Frame Relay）、X.25、PSTN（模拟电话线路）等可连接广域网或因特网。同步端口一般要求速率非常高，通过这种端口所连接的网络的两端要求实时同步。

- 以太网端口（Ethernet）。连接 10BASE-T 或 100BASE-TX 以太网络，该端口为 RJ-45 标准接口。
- 控制台端口（Console）。使用专用连线直接连接至计算机的串口，利用终端仿真程序（如 Windows 下的“超级终端”）进行路由器本地配置。路由器的控制端口多为 RJ-45 端口。
- ISDN BRI 端口。用于 ISDN 线路通过路由器实现与因特网或其他远程网络的连接，可实现 128Kbit/s 的通信速率。ISDN 有两种速率连接端口，一种是 ISDN BRI（基本速率接口），另一种是 ISDN PRI（基群速率接口）。ISDN BRI 端口采用 RJ-45 标准，与 ISDN NT1 的连接使用 RJ-45-to-RJ-45 直通线。
- AUI 端口。用来与粗同轴电缆连接的接口，它是一种 D 型 15 针接口，在令牌环网或总线型网络中是一种比较常见的端口。

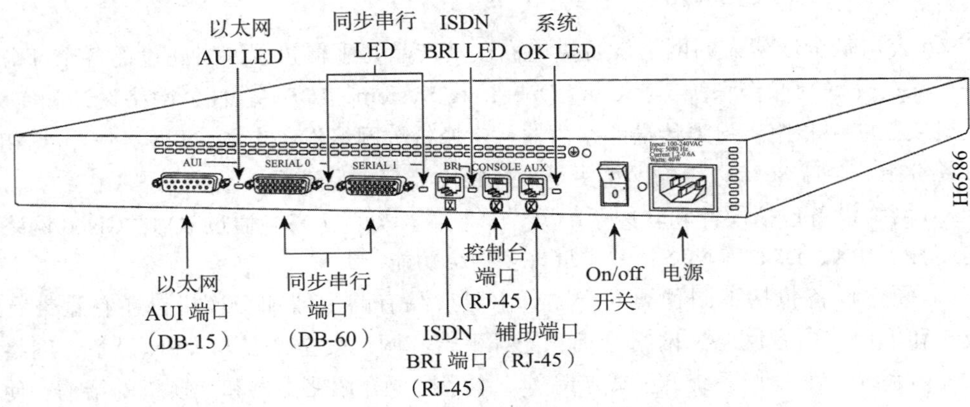

图 2-1　路由器常用端口示意图

除了图 2-1 所示的端口外，路由器常用端口还有以下几种：

- 异步串行端口（ASYNC）。主要是用于 Modem 或 Modem 池的连接，用于实现远程计算机通过公用电话网连入网络。相对于上面介绍的同步端口来说在速率上要求宽松许多，因为它并不要求网络的两端保持实时同步，只要求能连续。
- SC 端口。用于与光纤的连接。一般是通过光纤连接到快速以太网或千兆以太网等具有光纤端口的交换机。这种端口一般在高档路由器中才具有，都以“100b FX”标注。

2. 路由器的内部配置部件

Cisco 路由器的内部配置部件如下。

（1）ROM

ROM 为一种只读存储器，即使系统掉电，程序也不会丢失；保存开机诊断程序、引导程序和最小的操作系统软件；ROM 中的软件升级需要更换主板上的芯片。

（2）Flash

Flash 是一种可擦写可编程的 ROM，存放操作系统的映像和微码；闪存能够保存多个版本的 IOS 软件；闪存中的软件升级时不需要更换处理芯片；闪存的内容在断电或重启时可以保持。

（3）RAM/DRAM

DRAM 是动态内存，该内存中的内容在系统掉电时会完全丢失。DRAM 中主要包含路由表、ARP 缓存、数据包缓存等，还包含正在执行的路由器配置文件。

（4）NVRAM

NVRAM 是一种非易失性的内存。NVRAM 中包含路由器备份 / 启动配置文件。NVRAM 中的内容在系统掉电时不会丢失。

（5）接口

接口是主板或者独立接口模块上的网络连接器，数据包通过接口进入路由器。在配置路由器时，必须经过诸多外部接口的一个。这些外部接口包括控制台端口、辅助控制端口、以太网端口和串口。

一般路由器启动时，首先运行 ROM 中的程序，进行系统自检及引导，然后运行 FLASH 中的 IOS，再在 NVRAM 中寻找路由器的配置，并将其装入 DRAM 中。

2.1.2　Cisco 交换机

Cisco 的交换机主要有两大类：一类是 Catalyst 系列，包含 1200、1600、1700、1900、2000、2100、2800、29xx、3000、35xx、37xx、40xx、45xx、5xxx、6xxx Cisco 2960、2960S、2960G、3560、3560G、3560E、3560X、3750、3750G、3750E、3750X、4900、4500 和 6500 等；另一类是 Nexus 系列数据中心交换机，包含 Nexus 1000V、Nexus 2000、Nexus 3000、Nexus 4000、Nexus 5000、Nexus 7000 等。

这些交换机分为两类：

- 固定配置交换机，包括 3500 及以下的大部分型号，比如 1924 是 24 口 10M 以太交换机，带两个 100M 上行端口。除了有限的软件升级之外，这些交换机不能扩展。
- 模块化交换机，主要指 4000 及以上的机型，可以根据网络需求，选择不同数目和型号的接口板、电源模块及相应的软件。

本章实验的 Packet Tracer 环境中主要使用的是以太网交换机。在实际应用中，其种类比较齐全，应用领域也非常广泛。常用的以太网交换机有二层交换机和三层交换机，即工作在数据链路层和网络层的交换机。以太网包括三种网络接口 RJ-45、BNC 和 AUI，所用的传输介质分别为双绞线、细同轴电缆和粗同轴电缆。

2.2　模拟实验工具：Packet Tracer

2.2.1　软件说明

Packet Tracer 是 Cisco 公司发布的一个辅助学习工具，为学习网络课程的人员设计、配置、排除网络故障提供了网络模拟环境。学习者可在软件的图形界面上直接使用拖曳方法建立网络拓扑，软件中实现的 IOS 子集允许学习者自主配置设备，软件还可为学习者提供数据包在网络中行进的详细处理过程，帮助学习者观察网络实时运行情况。

2.2.2 界面介绍

打开 Packet Tracer 5.3 软件，如图 2-2 所示，程序界面默认为空白工作区，读者可以立刻创建一个新的网络。可以在任何时间通过选择“文件→保存”或“文件→另存为”命令保存新创建的网络。在“文件”菜单中，可以通过选择“打开”命令打开一个已存在的网络，也可以通过“新建”命令建立一个新的网络，或者通过“打印”命令打印当前屏幕内容。

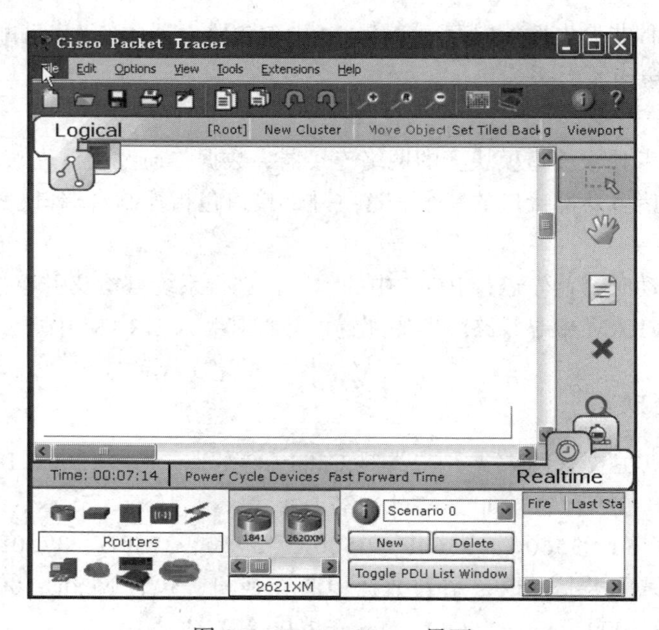

图 2-2 Packet Tracer 界面

除了使用菜单外，还可以使用工具栏上的按钮来访问 Packet Tracer 的大部分选项和功能。图 2-3 中的按钮从左到右分别为新建、打开、保存、打印、活动向导、拷贝、粘贴、撤销、恢复、放大、画板、缩小、当前设备对话和帮助功能。若有任何疑问，将鼠标停在按钮之上即有提示框提示按钮的作用。

图 2-3 工具栏

2.2.3 网络拓扑

1. 创建网络

设备有交换机、路由器、集线器、无线设备、终端设备等，每种设备有不同的型号或类型。

单击设备面板上的设备按钮，选择需要选择的设备类型。在该类型中选择满足你需要的设备，之后再单击工作区即可在该位置放置一个相应的设备。在没有放置到工作区的位置上之前，设备按钮都会跟着鼠标移动。设备选择好以后，要进行设备之间的连接，选择连线后会出现各种不同的连接线。选择你需要的连线类型，单击第一个所需要连接的设备时，需要从弹出的菜单中选取连接端口，在单击所需要连接的第二个设备时也要选取端口。连接完成后，连接线上的一个绿色点表示连接有效，红色则表示连接无效。要替换现有连接，必须首先将其删除。如果实在不清楚该用什么连线，可以选择“自动选择连接类型”。

2. 连线类型

Packet Tracer 连线有各种类型（如图 2-4 所示）。从左到右依次为自动选择线型、控制台、直连铜线、交叉铜线、光纤、电话线、同轴电缆、串口 DCE 及串口 DTE。相应连线类型描述如表 2-1 所示。

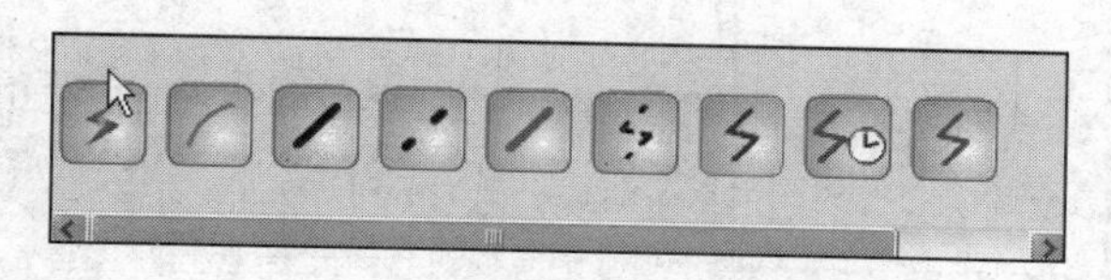

图 2-4　Packet Tracer 的连线类型

表 2-1　连线连接类型及描述

连接类型	描　述
自动选择线型	可根据设备自动选择合适的线进行连接
控制台	控制台可以连接 PC 和路由器以及 PC 和交换机。若选择控制台连接必须满足某些条件：连接两端设备的传输速度必须相同，数据必须都是 7 位或 8 位，奇偶控制必须相同，停止位必须是 1 或者 2，两端的流量控制可以选择任意
直连铜线	可连接位于不同层设备（如集线器和路由器、网桥和 PC、交换机和 PC、路由器和 PC 等）的标准以太网介质，可以连接下述端口：10Mbit/s（以太网）、100Mbit/s（快速以太网）以及 1000Mbit/s（千兆以太网）
交叉铜线	可连接位于相同层设备（如集线器和集线器、交换机和交换机、路由器和路由器、PC 和 PC、打印机和 PC 等）的标准以太网介质，可以连接下述端口：10Mbit/s（以太网）、100Mbit/s（快速以太网）以及 1000Mbit/s（千兆以太网）
光纤	用于连接光纤端口（100Mbit/s 或 1000Mbit/s）
电话线	只能连接 PC 和网络云，连接通过调制解调器端口实现
同轴电缆	连接较多设备而且通信容量相当大时可以选择同轴电缆
串口 DCE 及串口 DTE	串行连接是广域网连接，只能在串联端口之间连接

3. 编辑交换机

任何时刻单击设备均可以对其进行编辑。单击后会弹出配置窗口，读者可以按照需要对其进行设置。如图 2-5 所示是单击交换机出现的窗口。在该界面上有三个选项卡，第一个选项卡（Physical）是设备的物理特性，即该设备包含的端口数、开关等。该交换机可以是固化端口或模块化端口，如果是模块化端口，可以增加需要的模块，在增加模块之前要先关闭电源，然后再加上要增加的模块，模块增加以后再打开电源。第二个选项卡（Config）是配置信息，如图 2-6 所示。配置包括对交换机的全局参数、端口、VLAN 的设置。在端口配置面板上可以对每个端口进行单独配置，在 VLAN 配置面板上可以对交换机的 VLAN 数据库进行配置。下面重点介绍一下端口的配置和 VLAN 配置。

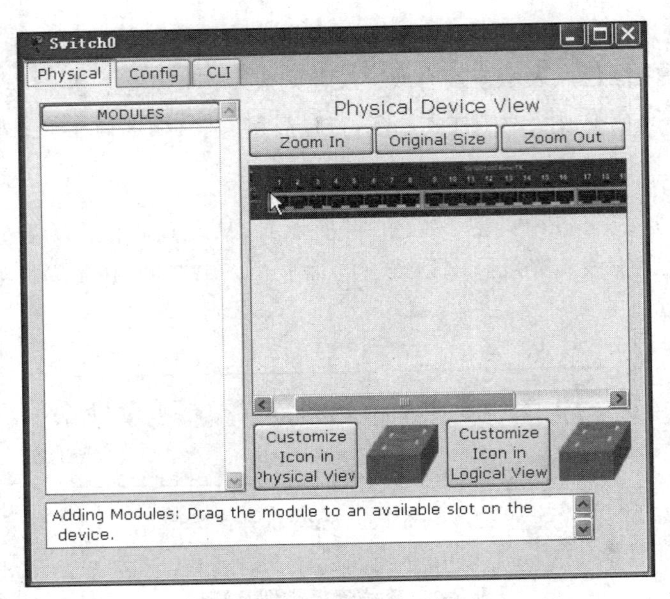

图 2-5　交换机的物理特性

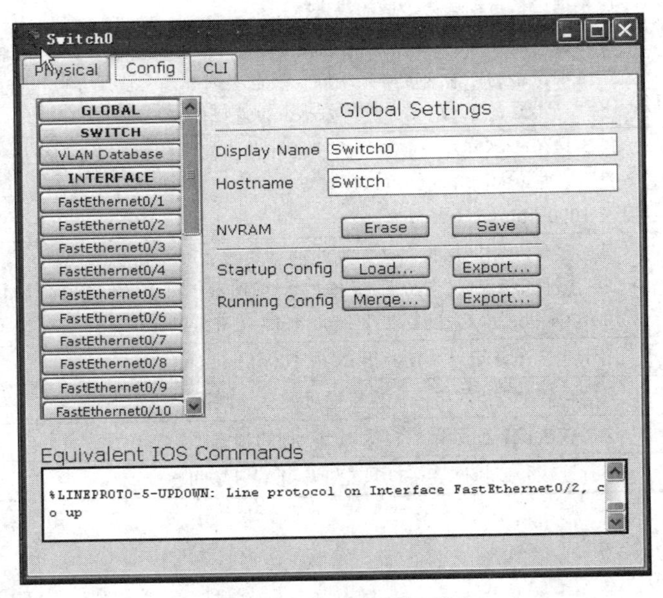

图 2-6　交换机的配置信息

（1）端口配置

在端口配置面板上，可以编辑交换机的每个可用端口的参数，包括端口状态、带宽和双工工作模式。可以选择该端口是“接入 VLAN”还是“主干 VLAN”模式，并且为每种模式选择相应的 VLAN，如图 2-7 所示。

（2）VLAN 配置

在 VLAN 配置面板中，可以向交换机的 VLAN 数据库中添加任意数量、任意名称的 VLAN。也可以删除不需要的 VLAN，如图 2-8 所示。

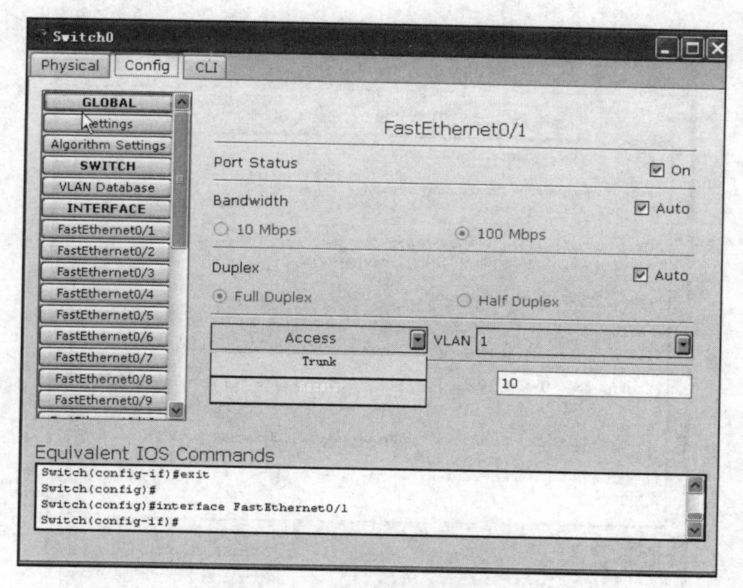

图 2-7 交换机端口的设置

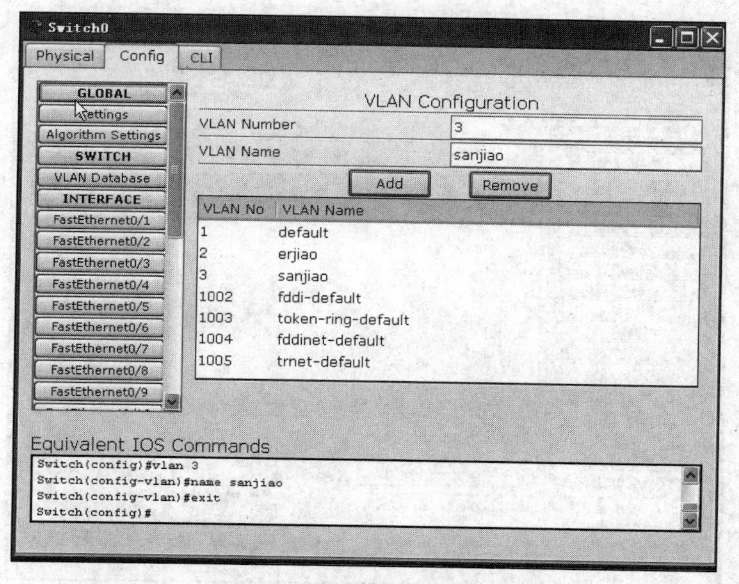

图 2-8 交换机 VLAN 的配置

第三个选项卡（CLI）是打开命令行模式，以命令行的模式对该设备进行配置，如图 2-9 所示。

4. 编辑路由器

单击路由器同样出现一个窗口，该窗口也包含三个选项卡。第一个选项卡（Physical）是设备的物理特性，即该设备包含的端口数、开关等。该路由器可以是固化端口或者模块化端口，如果是模块化端口，可以增加需要的模块，在增加模块之前要先关闭电源，然后再加上要增加的模块，模块增加以后再打开电源，如图 2-10 所示。

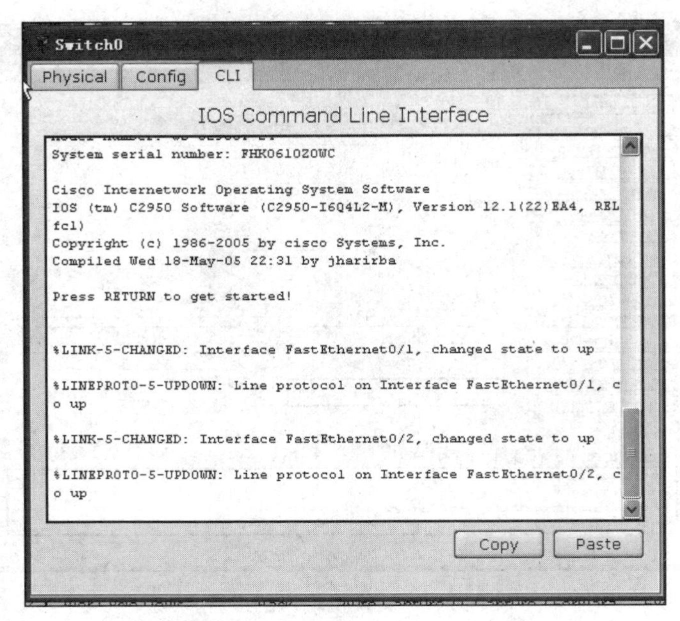

图 2-9　命令行方式界面

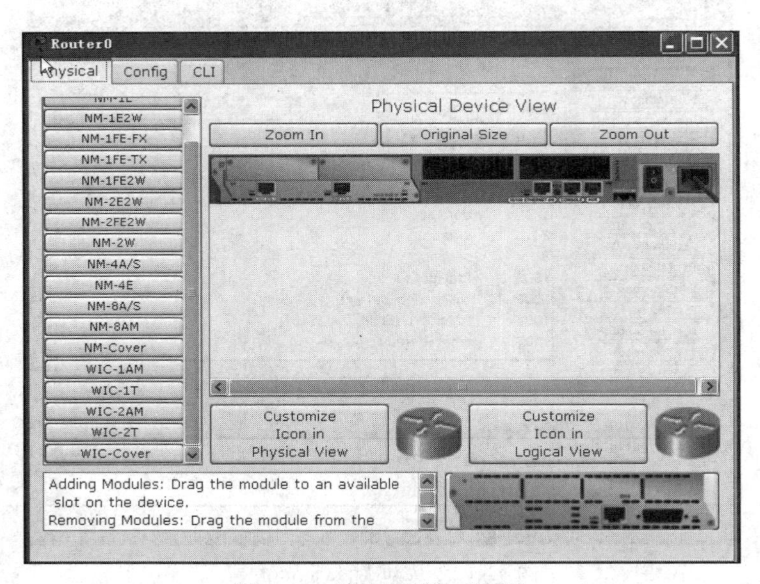

图 2-10　路由器的物理特性

第二个选项卡（Config）是配置信息，它是对路由器的全局参数、路由协议和端口的配置。如图 2-11 所示是对全局参数的设置、路由器名称的更改。通过“保存”按钮将当前的配置保存为初始配置，同样可以通过“擦除”按钮擦除初始配置。这和 IOS 命令行中的 copy run start 和 erase start 命令是等效的。通过“装入”按钮从文件中装入初始配置信息，通过“输出”按钮将初始配置信息输出到文件中。

（1）端口配置

进行端口配置时，可以对路由器每个端口的参数进行编辑。如图 2-12 所示，其中包括端口状态、带宽、双工工作模式、MAC 地址、IP 地址以及子网掩码，单击已存在的端口可以对该端口进行配置。

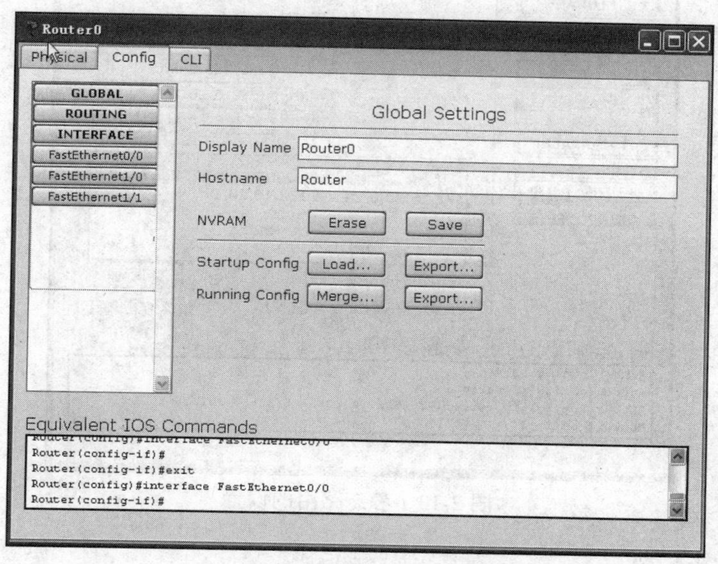

图 2-11　路由器全局参数的设置

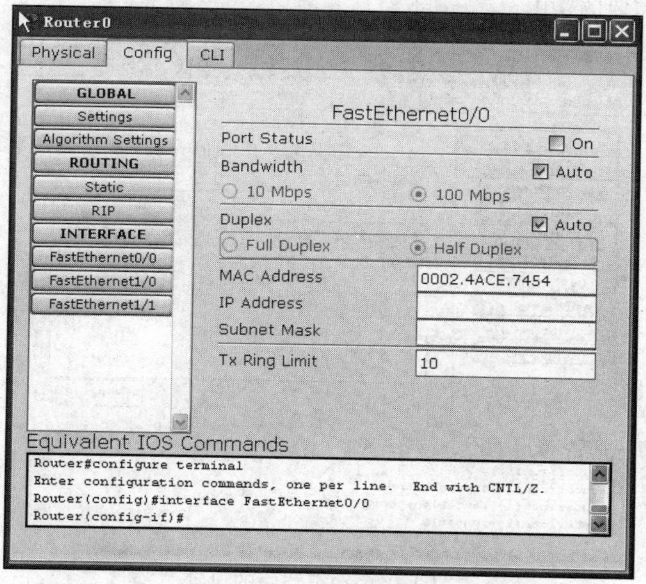

图 2-12　路由器端口的配置

在路由协议面板上对路由器的路由协议进行配置。路由协议包括静态路由协议和动态路由协议。

（2）静态路由配置

在静态路由面板上（如图 2-13 所示），可以设置增加任意数目的静态路由，也可以删除不需要的静态路由。

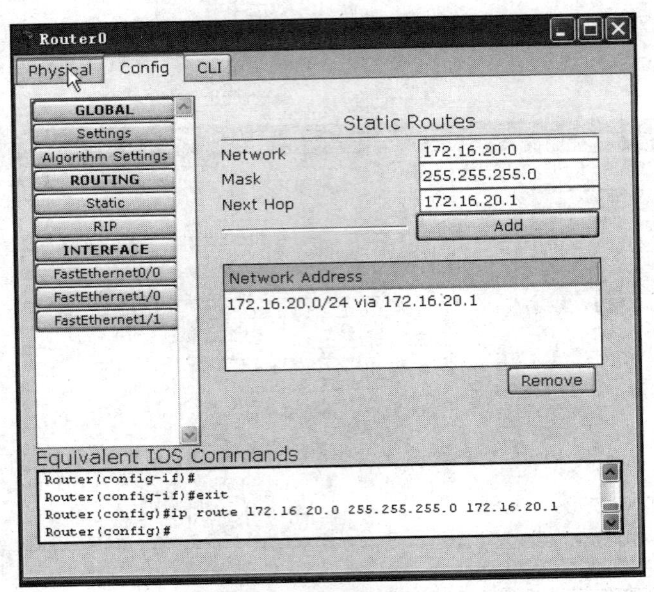

图 2-13　静态路由的设置

（3）动态路由配置

默认情况下，动态路由设置为 RIP 协议，如图 2-14 所示。可以设置到达不同网络的路由，也可以删除不需要的路由。

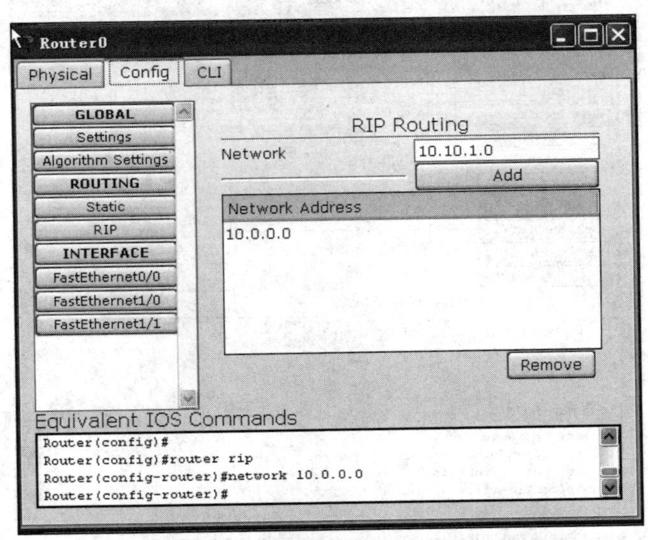

图 2-14　动态路由的设置

第三个选项卡（CLI）的含义与交换机的相同。

5. 编辑 PC

单击主机会出现如图 2-15 所示的窗口，它包含四个选项卡。第一个选项卡（Physical）是主机的物理特性，它可以支持多种端口类型，在更换端口类型前，要先关闭电源，更换完后再打开电源。第二个选项卡（Config）是配置主机的一些全局参数，可以更改主机名、通过信息写入对 PC 的描述，并指定网关、DNS 服务器等信息，通过选择 DHCP 自动获取一个 IP 地址，如图 2-16 所示。第三个选项卡（Desktop）包含对 IP 地址的配置、命令终端、Web 浏览器等，如图 2-17 所示，通过“IP Configration”可以对该主机的 IP 地址进行动态或静态配置，如图 2-18 所示。通过控制台配置路由器或交换机的前提是 PC 与其他设备之间必须存在控制台链接，当一个链接已存在时，PC 及其他设备的参数必须正确设置。可通过“Terminal Configuration”完成对控制台的配置，如图 2-19 所示。可以通过“Command Prompt”访问 PC 的命令行提示。该模式下，可以通过简单的命令（例如 ping 和 ipconfig）来对连接状态进行诊断，如图 2-20 所示。此外，在第三个选项卡中还可以访问 Web Browser、无线网络，配置 VPN，管理网络，进行邮件管理等。

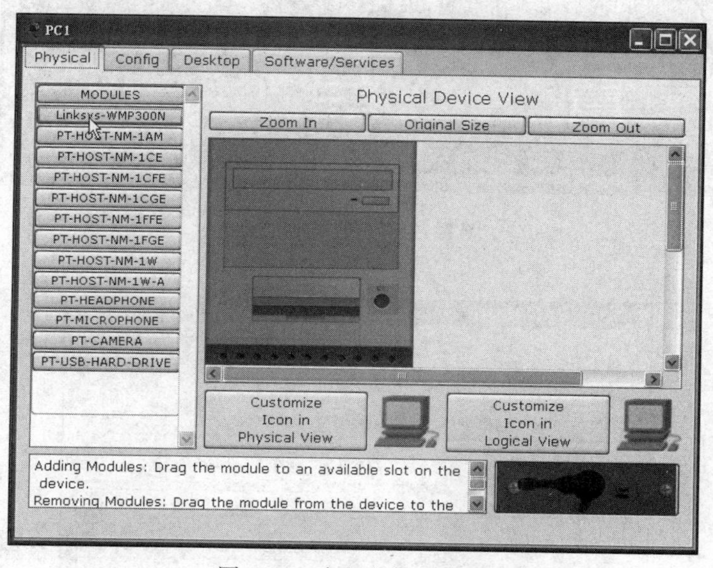

图 2-15　主机的物理特性

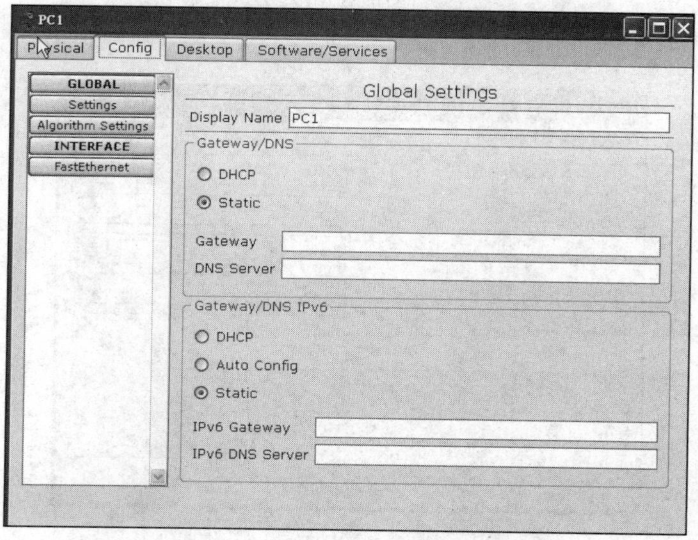

图 2-16　主机的全局参数设置

PC1
Physical
Config
Desktop
Software/Services
IP Configuration
Dial-up
Terminal
Command Prompt
Web Browser
PC Wireless
VPN
Traffic Generator
MIB Browser
Cisco IP Communicator
E Mail
PPPoE Dialer
Text Editor

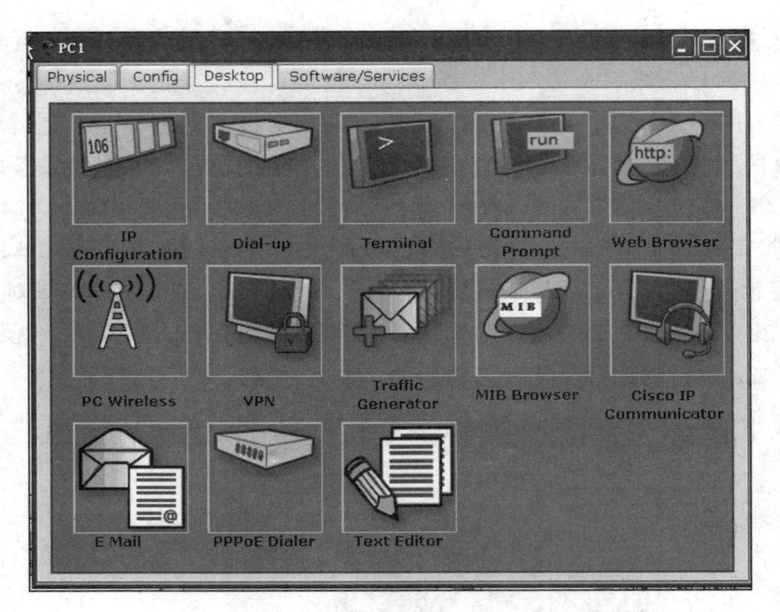

图 2-17　主机桌面信息

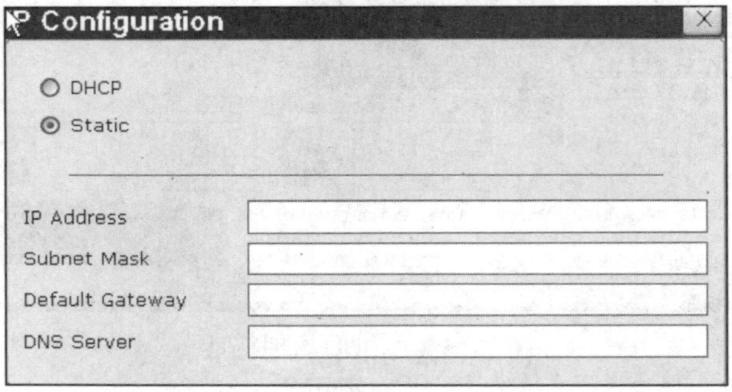

IP Configuration
DHCP
Static
IP Address
Subnet Mask
Default Gateway
DNS Server

图 2-18　IP 地址配置

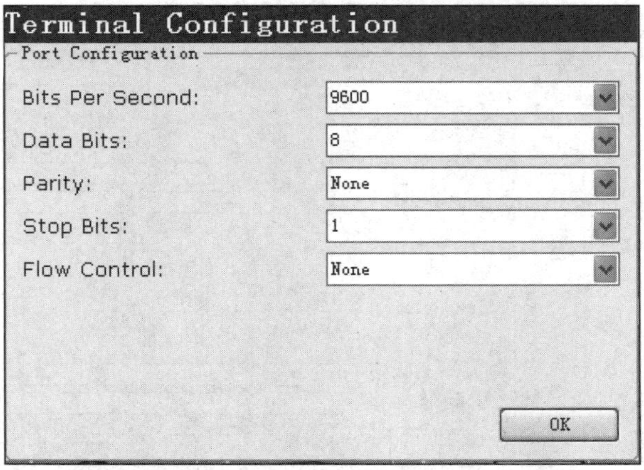

Terminal Configuration
Port Configuration
Bits Per Second:
9600
Data Bits:
8
Parity:
None
Stop Bits:
1
Flow Control:
None
OK

图 2-19　控制终端的配置

```
Command Prompt
Reply from 172.16.10.3: bytes=32 time=63ms TTL=128
Reply from 172.16.10.3: bytes=32 time=63ms TTL=128

Ping statistics for 172.16.10.3:
    Packets: Sent = 4, Received = 4, Lost = 0 (0% loss),
Approximate round trip times in milli-seconds:
    Minimum = 63ms, Maximum = 67ms, Average = 64ms

PC>ping 172.16.10.3

Pinging 172.16.10.3 with 32 bytes of data:

Reply from 172.16.10.3: bytes=32 time=62ms TTL=128
Reply from 172.16.10.3: bytes=32 time=62ms TTL=128
Reply from 172.16.10.3: bytes=32 time=59ms TTL=128
Reply from 172.16.10.3: bytes=32 time=62ms TTL=128

Ping statistics for 172.16.10.3:
    Packets: Sent = 4, Received = 4, Lost = 0 (0% loss),
Approximate round trip times in milli-seconds:
    Minimum = 59ms, Maximum = 62ms, Average = 61ms

PC>ipconfig

IP Address......................: 172.16.10.2
Subnet Mask.....................: 255.255.255.0
Default Gateway.................: 172.16.10.1

PC>
PC>
PC>
```

图 2-20　终端窗口

第四个选项卡（Software/Services）可以安装一些软件并对这些软件进行管理，如图 2-21 所示。

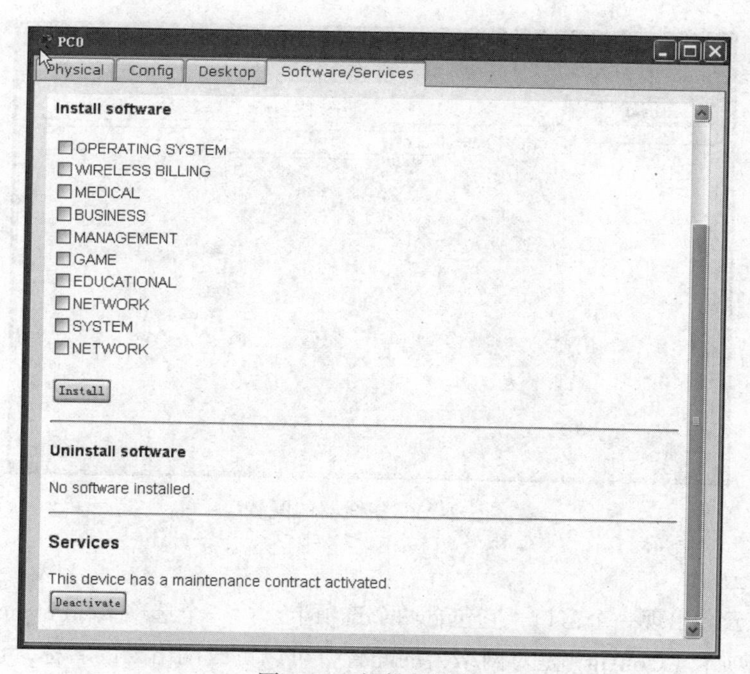

图 2-21　软件及服务

6. 编辑其他设备

（1）集线器

单击集线器会出现一个窗口，它包含两个选项卡。第一个选项卡（Physical）是其物理属性，如图 2-22 所示。第二个选项卡（Config）是对集线器的配置，如图 2-23 所示。

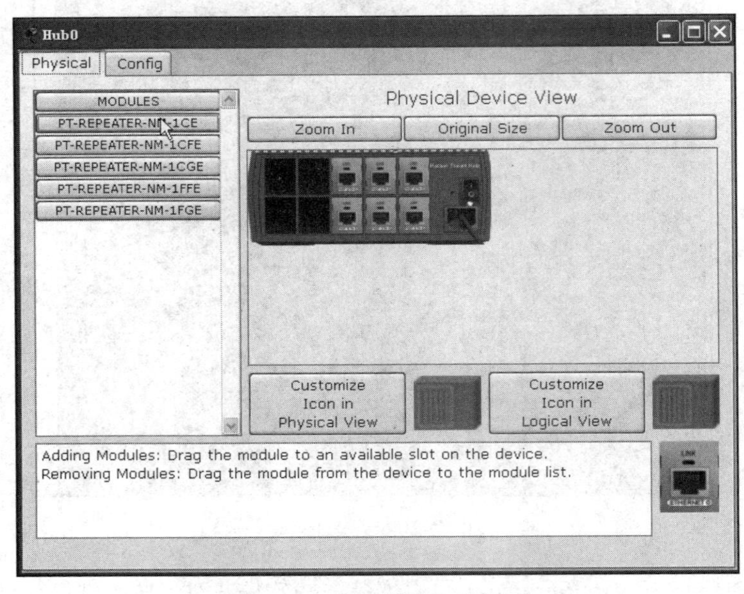

图 2-22　集线器的物理特性

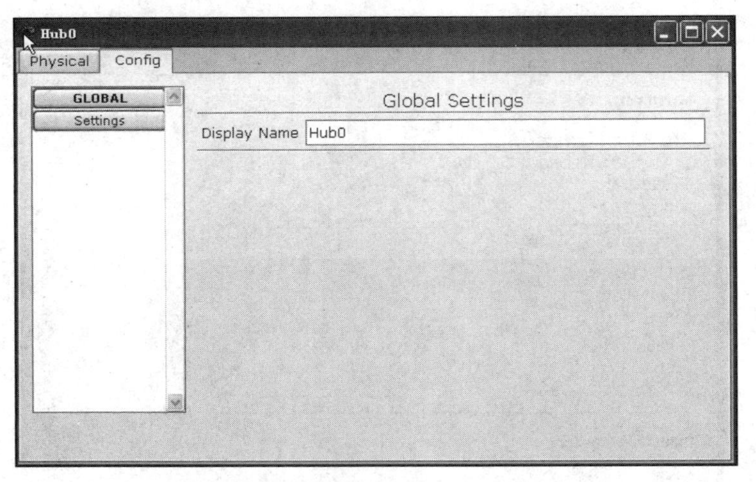

图 2-23　集线器的配置

（2）网络云

单击网络云会出现一个窗口，它包含两个选项卡。第一个选项卡（Physical）是其物理特性。第二个选项卡（Config）是对网络云的配置，可以更改网络云的名称，设置广域网的上网方式——采用帧中继、数字用户专线、有线电视网络等，还可以对各个端口进行配置。如图 2-24 所示。

（3）无线设备

选择无线设备可以对接入点和无线路由进行配置。对接入点的配置主要有两个端口，一个是交换端口的配置，如图 2-25 所示，另一个是无线端口，如图 2-26 所示。

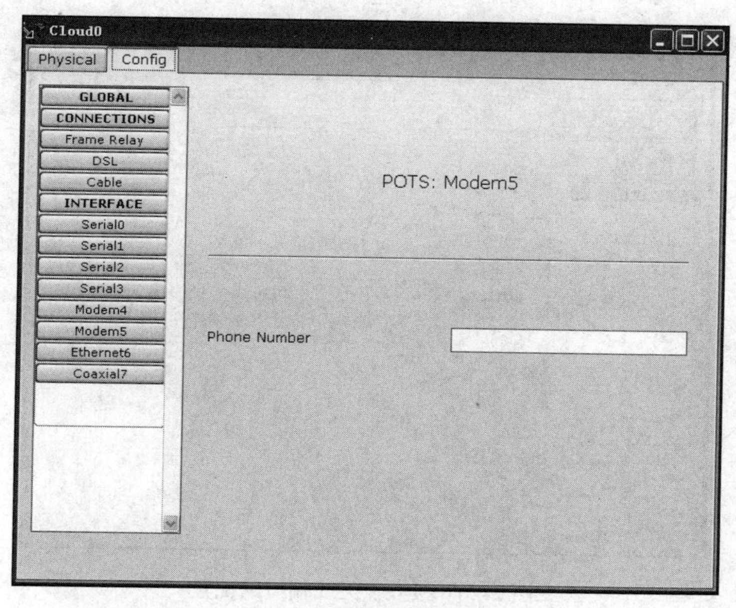

图 2-24　网络云的配置

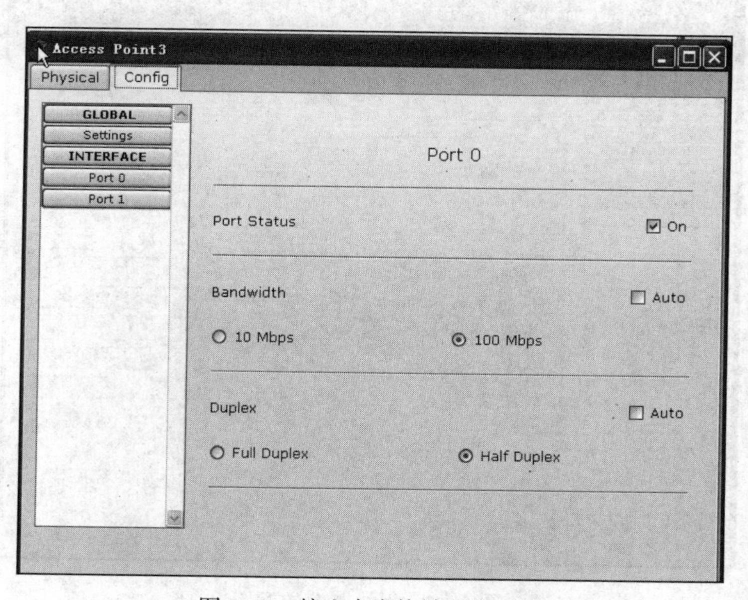

图 2-25　接入点交换端口的配置

单击无线路由打开一个窗口，它有三个选项卡。第一个选项卡（Physical）是其物理特性，第二个选项卡（Config）是对无线路由进行配置，包括更改无线路由的名称，对因特网、局域网和无线网络的设置，如图 2-27 所示。第三个选项卡（GUI）是自动对 DHCP 进行配置或静态配置。

（4）服务器

服务器的功能与 PC 的功能类似，只是在第三个选项卡（Desktop）中没有控制台功能和其他一些功能，如图 2-28 所示。

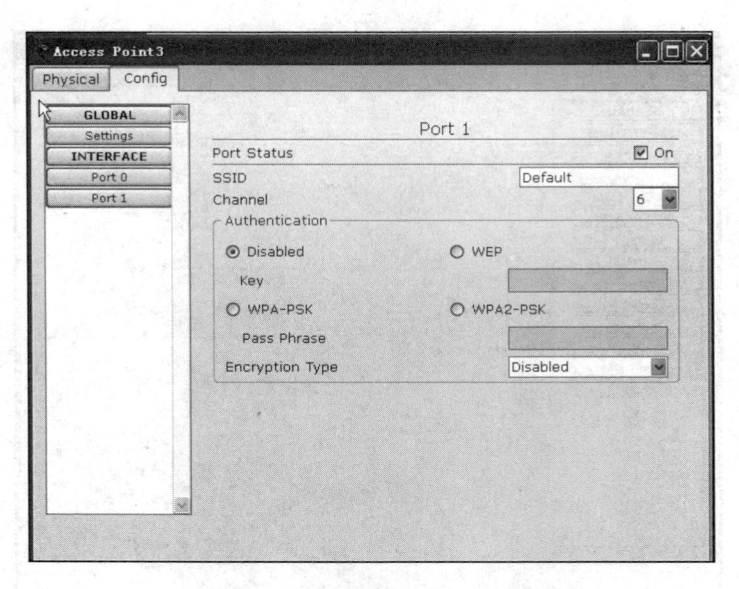

图 2-26　接入点无线端口的配置

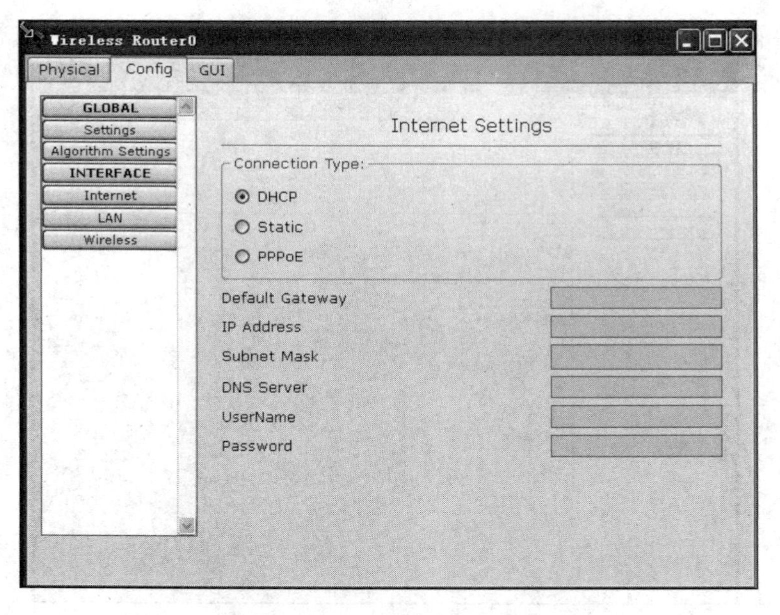

图 2-27　无线路由的配置

（5）打印机

在终端设备中选择打印机会出现一个窗口，它有两个选项卡。第一个选项卡（Physical）是其物理特性，如图 2-29 所示。第二个选项卡（Config）是对打印机的配置，需要配置的信息与 PC 类似，如图 2-30 所示。

2.2.4　运行模式

Packet Tracer 有两种基本运行模式：模拟模式和实时模式，如图 2-31 所示。这两种模式可以相互切换。在模拟模式下，可以一步一步地运行网络命令进行诊断。但某些命令例如 ping 和 tracert 在这种方式下不适用，因为一个单纯的 ping 操作涉及网络中许多数据包的传送和回送，在模拟模式下需要很长时间才能完成，而在实时模式下，进行 ping 操作可以得到一个即时的响应。实时模式下，在 Cisco IOS 以及 PC 命令行界面中，还可以运行扩展的 ping 和 tracert 命令。

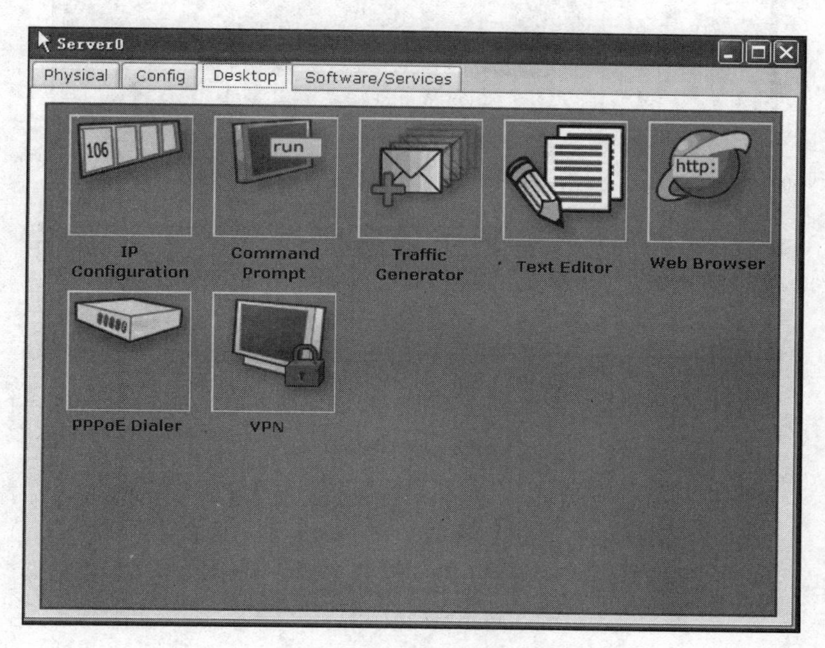

图 2-28　服务器桌面信息

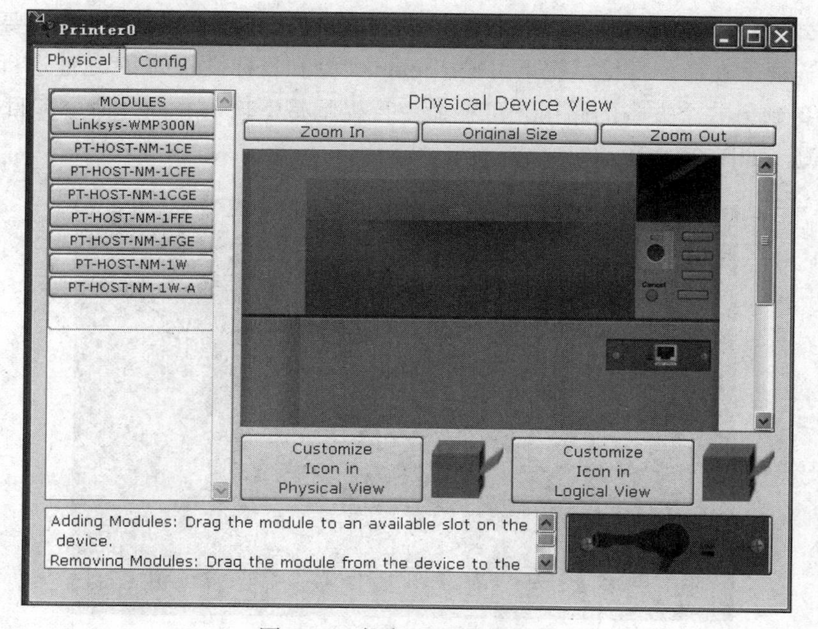

图 2-29　打印机的物理特性

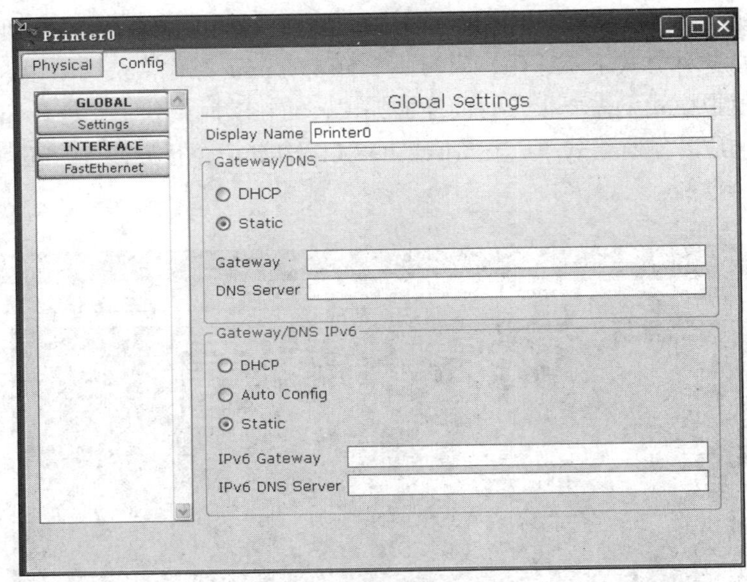

图 2-30　打印机的配置

图 2-31　模式选择

1. 实时模式

实时模式允许读者进行从一个设备到另一个设备的 ping 和 tracert 操作。要测试两个设备之间是否连通，在命令行提示符下可输入 ping 命令和目标设备的 IP 地址进行测试。要检测从一个设备到另一个设备的路由，可在命令行提示符下输入 tracert 命令和目标设备的 IP 地址进行检测。如图 2-32 所示。

```
Command Prompt
Packet Tracer PC Command Line 1.0
PC>ping 10.1.1.3

Pinging 10.1.1.3 with 32 bytes of data:

Reply from 10.1.1.3: bytes=32 time=46ms TTL=128
Reply from 10.1.1.3: bytes=32 time=63ms TTL=128
Reply from 10.1.1.3: bytes=32 time=63ms TTL=128
Reply from 10.1.1.3: bytes=32 time=63ms TTL=128

Ping statistics for 10.1.1.3:
    Packets: Sent = 4, Received = 4, Lost = 0 (0% loss),
Approximate round trip times in milli-seconds:
    Minimum = 46ms, Maximum = 63ms, Average = 58ms

PC>tracert 10.1.1.3

Tracing route to 10.1.1.3 over a maximum of 30 hops:

  1   62 ms     46 ms     62 ms     10.1.1.3

Trace complete.

PC>
```

图 2-32　实时模式下 ping 和 tracert 操作

2. 模拟模式

（1）运行网络

在模拟模式（如图 2-33 所示）下，用户可以在相同的网络拓扑结构下创建和编辑不同的网络场景来测试不同的情况。可以通过“新建”按钮来创建一个新的场景，新的场景将会加入下拉菜单，可以选择在不同的场景之间进行切换。单击“删除”按钮可以删除场景。

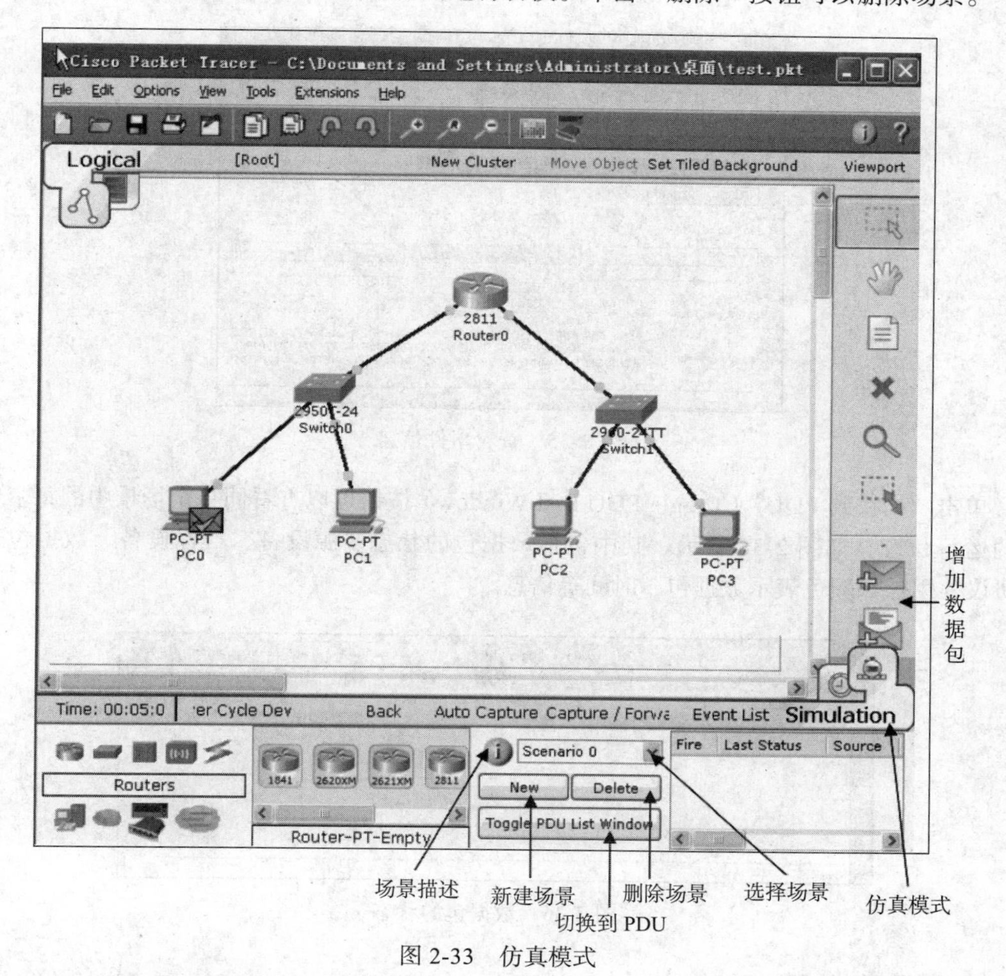

图 2-33　仿真模式

只要信息栏不是锁定的，就可以通过单击场景名称旁边的信息按钮记录场景的注释和描述。单击增加数据包按钮即可向模拟网络中添加一个数据包，单击第一个设备作为数据包源，再单击第二个设备作为目的地即可。在同一场景中可以创建很多数据包，为了区分，每个数据包的颜色不同。加上数据包后就可以单击“自动运行”或“步进运行”运行当前的网络，单击“回退”按钮会回到上一个事件，如图 2-34 所示。

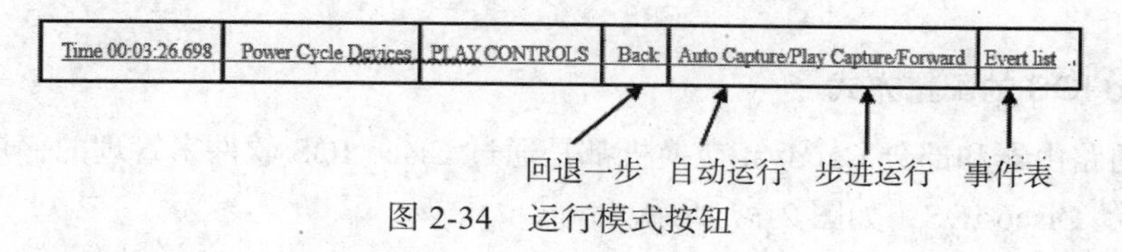

图 2-34　运行模式按钮

（2）查看事件信息

单击“事件表”（Event List）可以查看不同数据包在网络中传输时各个时刻的信息状态，如图 2-35 所示。其中包括时间、上一个设备、当前设备、协议类型和不同的数据包。有三个运行控制按钮：回退、自动运行和步进运行。还包括过滤的协议和可用的协议，可以单击“编辑过滤”对要过滤的协议进行选择。

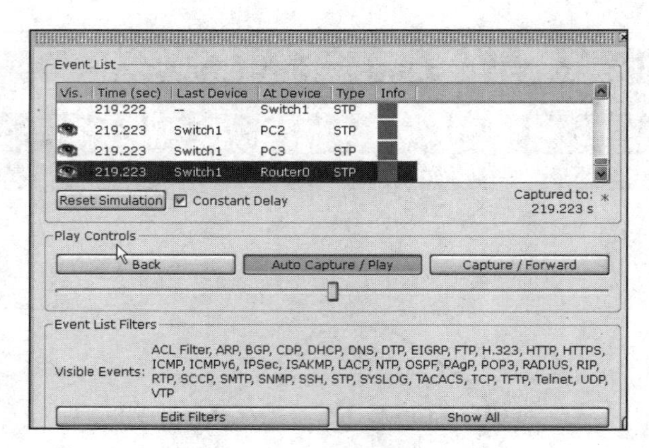

图 2-35　查看事件信息

单击“切换到 PDU”（Toggle PDU List Window）按钮可以查看同一个场景中的每个数据包的运行状态，如图 2-36 所示。其中包括数据包的状态、源设备、目标设备、数据包运行的协议、用什么颜色表示数据包、时间等信息。

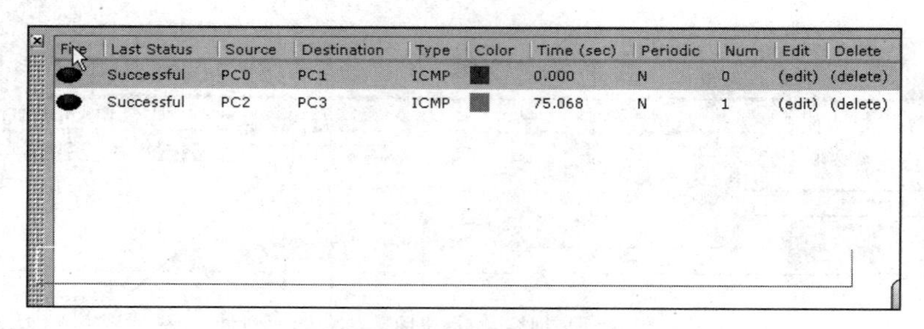

图 2-36　数据包的状态

2.3　配置路由器 IP 地址

实验目的

上一节介绍了 Packet Tracer 模拟软件的使用，在该模拟软件中可以用命令行和图形界面两种方式对网络设备进行配置。下面介绍在这两种方式下对路由器 IP 地址的配置。

实验要点

1. Cisco IOS 的配置方式

Cisco 的路由器和部分 Catalyst 交换机都是通过 Cisco IOS 软件来管理的，用户可以通过多种方式配置 Cisco IOS，如图 2-37 所示。

1）通过控制台端口接终端或运行终端仿真软件的微机；

2）辅助控制端口接调制解调器，通过电话线与远方的终端或运行终端仿真软件的微机相连；

3）通过 Ethernet 上的 TFTP 服务器；

4）通过 Ethernet 上的 TELNET 程序；

5）通过 Ethernet 上的 SNMP 网管工作站。

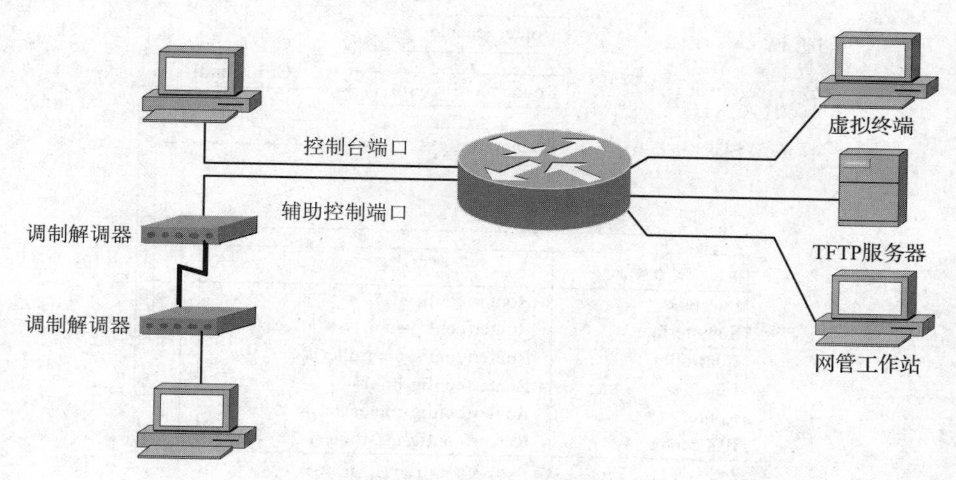

图 2-37　路由器的配置方式

但第一次设置路由器必须通过第一种方式进行。

2. Cisco IOS 命令行工作模式

Cisco IOS 是使用命令行方式来操作的，在命令行状态下，主要有下面几种工作模式。

（1）一般用户模式

路由器的提示符为 router>，是一种“只能查看”的模式，即用户只能查看路由器的连接状态，或远程访问其他网络和主机，但不能看到和更改路由器的设置内容。

（2）特权模式

在 router> 提示符下键入 enable，路由器进入特权命令状态，路由器的提示符为 router#。这种模式支持调试和测试命令，支持对路由器的详细检查，对配置文件的操作，更改路由器的部分设置内容，并且由此进入配置模式。

（3）全局配置模式

在 router# 提示符下键入 configure terminal，进入全局配置模式，路由器的提示符为 router (config)#。这种模式提供了强大的单行命令，既可以完成简单的配置，也可以进入更为具体的配置模式。

（4）端口配置模式

在全局配置模式下键入

```
interface  <端口类型> <模块号>/<端口号>
```

即可进入端口配置模式。根据端口类型的不同，路由器的提示符为 router(config-if)# 或 router

(config-line)# 等。其中 < 端口类型 > 指端口是串口还是以太网口等。< 模块号 > 和 < 端口号 > 的编号在模块化路由器中是按从下到上、从右到左的顺序编号的；在模块化的交换机中，< 模块号 > 和 < 端口号 > 是按从上到下、从左到右的顺序编号的。< 端口号 > 在每一个模块中独立编号，从 0 开始。路由器处于端口设置状态时，可以配置路由器某个端口的详细参数。

以上每一种模式均可使用 Exit 退到上一级模式，在端口配置模式下键入“Ctrl-Z”可以直接退回特权模式。几种模式的关系如图 2-38 所示。

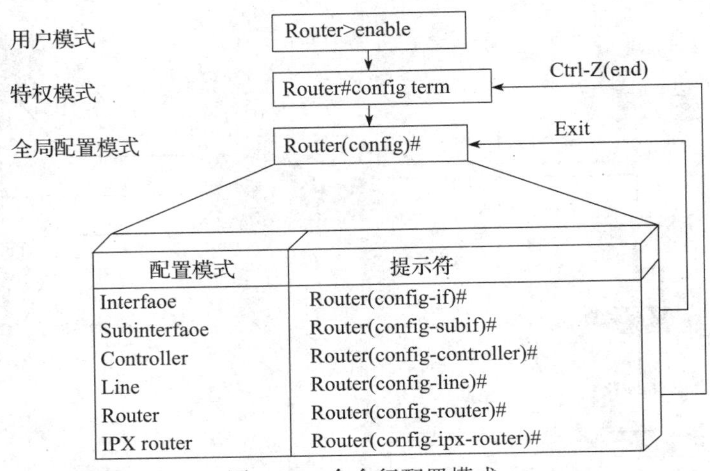

图 2-38　命令行配置模式

（5）RXBOOT 模式

在开机后 60 秒内按 Ctrl-Break 可进入此状态，路由器的提示符为 >。这时路由器不能完成正常的功能，只能进行软件升级和手工引导，主要用来恢复口令。

（6）SETUP 模式

这是一台新路由器开机时自动进入的状态。这种模式提供控制台上的交互式对话框，以帮助新用户创建第一次基本配置。

3. Cisco IOS 常用命令

（1）通过键入“?”可以获得路由器的帮助

1）在任何模式下，键入“?”，即可显示该模式下的所有命令。如果一页显示不下，可以按空格键翻屏，按 Enter 键翻一行，按其他任意键返回路由器提示符。这一方法适用于 Cisco IOS 软件任何多页显示的地方。

2）如果不会正确拼写某个命令，可以键入开始的几个字母，在其后紧跟一个“?”，路由器即提示有什么命令与其匹配。

3）如果不知道命令后面的参数是什么，可以在该命令的关键字后空一格，键入“?”，路由器即会提示与“?”对应位置的参数。

（2）利用 Tab 键可以将命令补充完整

只要输入命令或关键词的头几个可以唯一确定该命令的字符后，按 Tab 键即可自动补充完整后面的字符。在需要键入的单词较长，或者只记得单词的开头，不确定后面的拼写时，Tab 会帮助我们快速、正确地完成命令行。

（3）快捷编辑命令

IOS 提供了一些快捷编辑功能：利用按键组合来移动光标在命令行中的位置，以便改错和编辑；使用所输入命令的历史，或重复使用已输入的命令，这一功能对于再次使用很长或者很复杂的命令是很有用的。常用的编辑命令如表 2-2 所示。

表 2-2　常用编辑命令

命　令	描　述
Ctrl-A	移至命令行开头
Ctrl-E	移至命令行结尾
Ctrl-B	后移一个字符
Ctrl-F	前移一个字符
Esc-B	后移一个词
Esc-F	前移一个词
Ctrl-p 或 ↑	按一次就会显示历史命令表中的上一个命令
Ctrl-n 或 ↓	按一次就会显示历史命令表中的下一个命令

（4）show 命令

无论任何时候，能监视路由器的状态和运转情况都是很重要的。Cisco 路由器提供了一系列的 show 命令，使得用户能确定路由器的状态是否正常，并能判断哪里出了问题。

show 命令是最为重要的用于收集路由器信息的命令。常用的 show 命令如下：

- show version：显示有关路由器上当前运行的 Cisco IOS 版本的信息。包括系统的硬件配置、软件版本、配置文件的名称和来源、启动映像的信息以及最近一次系统重启的原因。
- show running-config：显示路由器 RAM 中的活动配置，也就是当前的运行配置。这是一个非常有用的命令，尤其在检查错误的。一般都要首先使用该命令查看路由器当前的配置是否正确。
- show startup-config：显示存储在 NVRAM 中的备份配置文件，也就是路由器下一次重启时使用的启动配置命令。
- show flash：显示可用的和已使用的 Flash 内存。
- show interface：显示路由器所有端口的配置信息和当前的统计信息。
- show protocols：显示已经配置的协议。该命令能显示所配置的任何一种第 3 层协议（IP、IPX 等）在全局和特定接口上的状态。

4. 路由器端口配置 IP 地址方法

为路由器端口配置 IP 地址，是对它们进行进一步配置的基础。可以用命令行和图形界面两种方式配置 IP 地址。由于路由器一般有多个端口，可以在图形界面上直接点击端口打开端口配置界面，设置该端口的状态为开启，然后输入这个端口的 IP 地址、子网掩码等。在图形界面的下面会出现相应命令行的配置方法。首先需要进入全局配置模式开启端口，然后指定要配置 IP 地址的端口，再为这个端口配置 IP 地址。其基本配置方法是：

```
no shutdown
Interface 端口类型  模块号 / 端口号
ip address IP 地址  子网掩码
```

其中：

1）端口类型是指所设置端口为以太口、串口、AUI口等，模块号是按从上到下、从左到右的顺序依次编号，第一个模块从0开始，如果路由器只有一个模块，该模块号可以省略。端口号是在每一个模块中独立编号的，即每一个模块的第一个端口都是从0开始，按从上到下、从左到右的顺序依次递增。

2）路由器各端口默认状态为关闭，必须使用no shutdown命令将端口激活。

3）根据路由器的简写规则，通常interface简写为int，shutdown简写为shut。

4）这是最基本的配置命令，不同的端口类型，在此基础上还有一些差别。以太口/高速以太口IP地址的配置方法同基本配置方法一样，此时的以太口端口类型为ethernet，常简写为e，高速以太口的端口类型为fastethernet，常简写为f。

下面通过一个具体实验来说明各类端口在这两种方式下的配置方法。其中各设备的地址规划如表2-3所示。

表2-3　地址规划表

设　备	IP地址	子网掩码	网　关
PC1	192.16.10.10	255.255.255.0	192.16.10.1
PC2	192.16.40.10	255.255.255.0	192.16.40.1
R0/e1/0	192.16.10.1	255.255.255.0	
R0/f0/0	192.16.20.1	255.255.255.0	
R1/f0/0	192.16.20.2	255.255.255.0	
R1/s2/0	192.16.30.1	255.255.255.0	
R2/s2/0	192.16.30.2	255.255.255.0	
R2/f0/0	192.16.40.1	255.255.255.0	

在分配IP地址时，应注意直接相连的两个端口的IP地址必须设置在同一个子网内，一个路由器不同的端口的地址必须属于不同的子网。

实验内容

1. 实验要求

1）路由器各类端口的IP地址和子网掩码的配置；

2）路由器DCE和DTE的配置；

3）保存配置文件。

2. 实验步骤

1）创建网络实验的拓扑结构图，如图2-39所示。

2）单击路由器设备Router0进入配置窗口，选择端口e1/0，开启该端口，输入该端口的IP地址和子网掩码。如图2-40所示。在该窗口的下面是该配置的命令行显示。在配置窗口下选择GLOBAL可以更改路由器的名字，单击存盘按钮保存运行的配置信息。

3）选择端口f0/0，开启该端口，输入该端口的IP地址和子网掩码，如图2-41所示。

4）单击路由器设备Router1进入配置窗口，选择端口f0/0，开启该端口，输入该端口的IP地址和子网掩码。方法同Router0的f0/0端口。

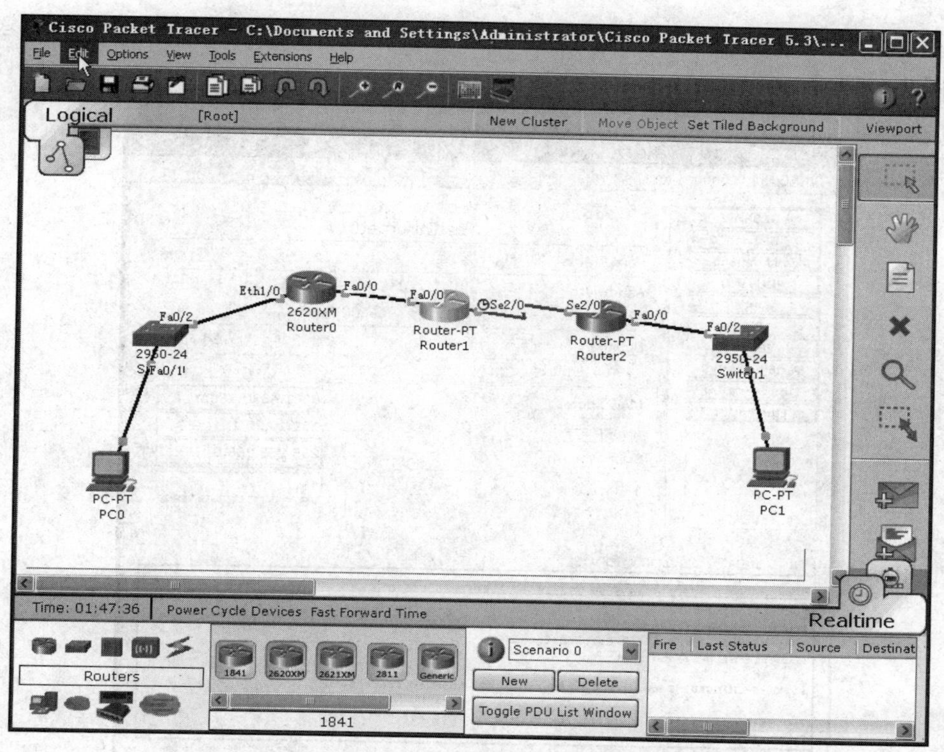

图 2-39　配置路由器的 IP 地址的拓扑结构

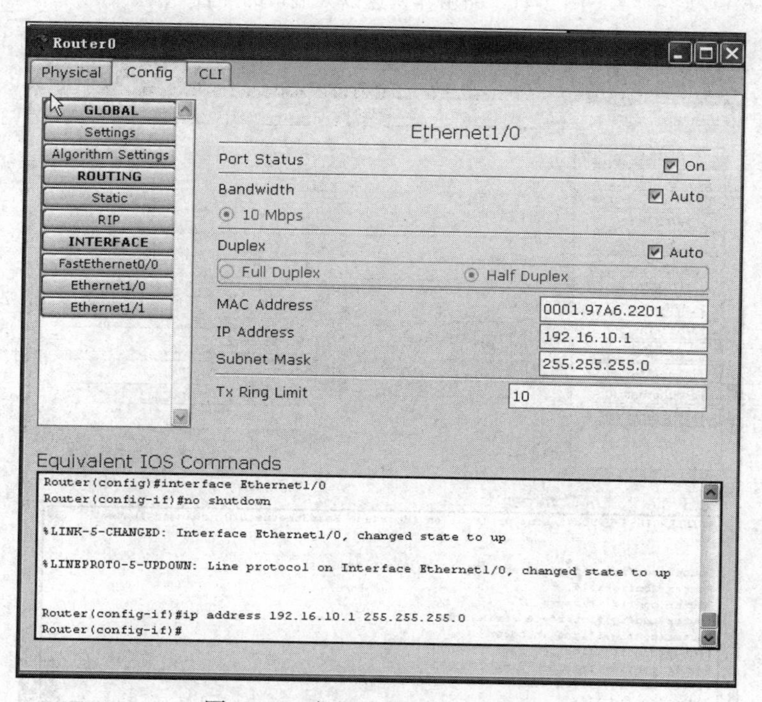

图 2-40　路由器以太端口的配置

5）选择串口 s2/0。在为串口端口配置 IP 地址时，首先要查看该端口连接线的类型是

DTE 还是 DCE。如果是 DTE，只需设置 IP 地址；如果是 DCE，则还需要设置时钟速率、带宽。如图 2-42 所示。

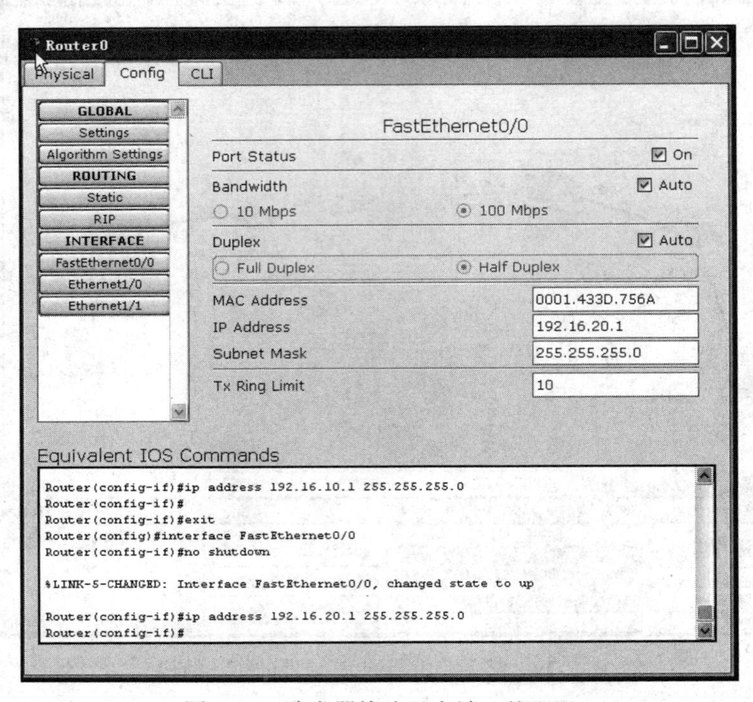

图 2-41　路由器快速以太端口的配置

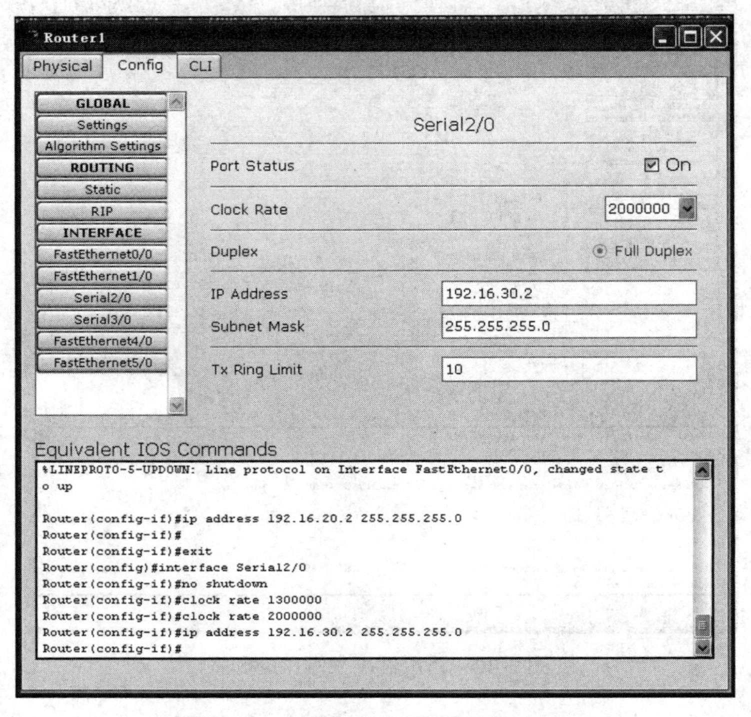

图 2-42　路由器串行端口的配置

6）配置下一个路由器 Router2，具体步骤同 Router0。

7）配置两个 PC。单击该设备打开配置界面，通过选择 DHCP 自动获得一个 IP 地址和子网掩码，或者手动输入 IP 地址和子网掩码进行配置，如图 2-43 所示。

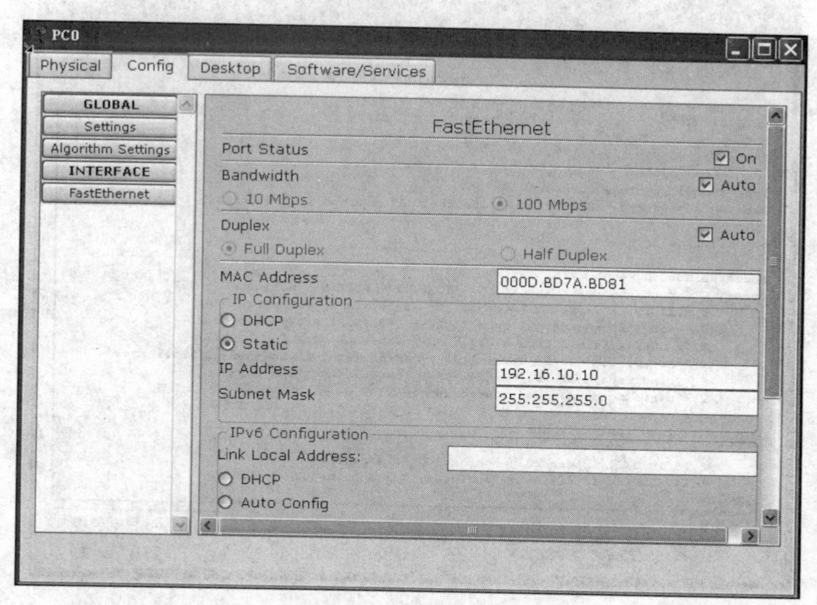

图 2-43　对 PC 终端 IP 地址的配置

3. 实验结果

从路由器 Router0 “ping” 主机 PC0 和 192.13.20.0 网络，结果如图 2-44 所示。从结果可以看出这两个直连的网络都是通的。

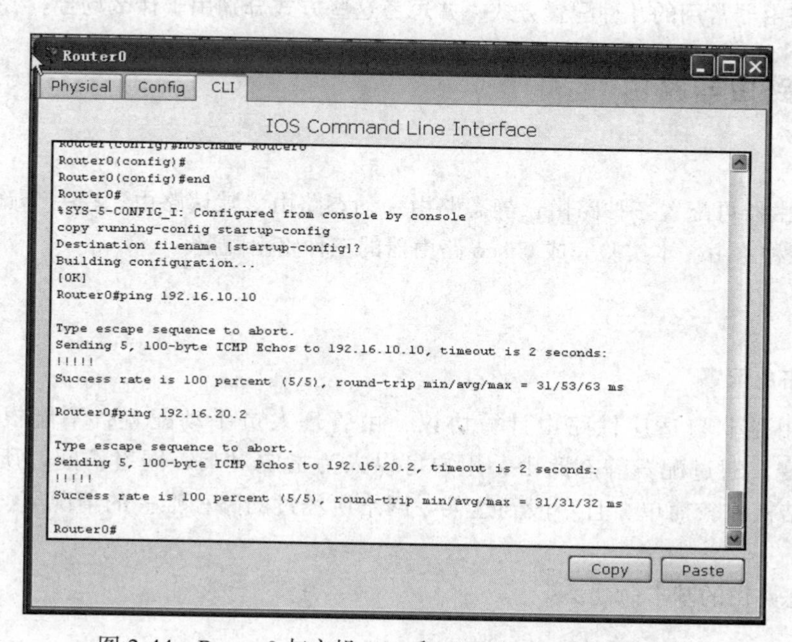

图 2-44　Router0 与主机 PC0 和 192.13.20.0 的连接结果

但是，从 Router0“ping”Router2 却无法连通。运行命令 show ip route 查看 Router0 的路由表，发现没有到达 Router2 的路由，如图 2-45 所示。

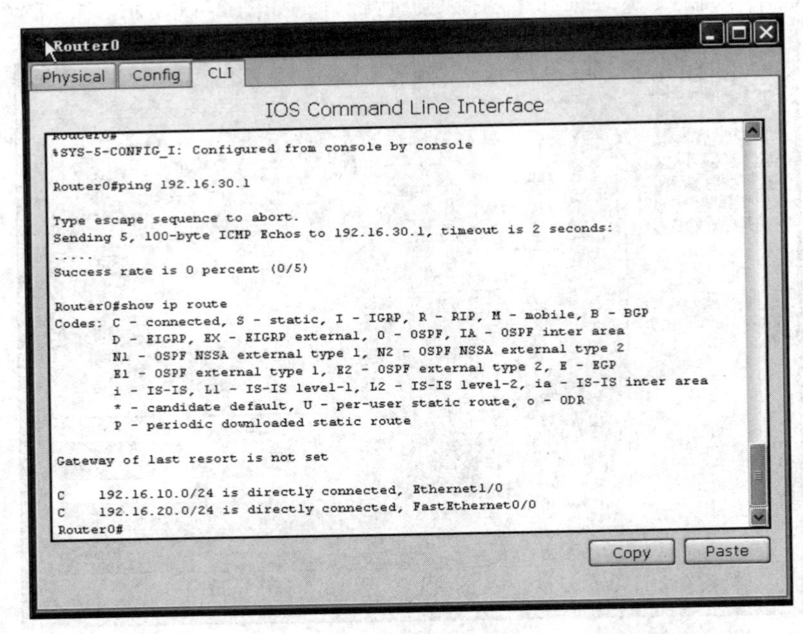

图 2-45 Router0 与 Router2 的连接和 Router0 的路由表

思考题目

1. 查阅路由器 DCE 和 DTE 的区别以及配置规则。
2. 查阅路由器常用的几种配置方式，并思考这些方式分别用于什么场合。

2.4 配置路由器路由

实验目的

Cisco 路由器可配置三种路由：静态路由、动态路由、默认路由。在一个路由器中，可以综合使用三种路由。本实验完成 Cisco 路由器的三种路由配置。

实验要点

1. 静态路由配置

静态路由是非自适应性路由计算协议，由管理人员手动配置，不能根据网络拓扑的变化而改变。通过配置静态路由，用户可以人为指定对某一网络访问时所要经过的路径。在网络结构比较简单，且一般到达某一网络所经过的路径唯一的情况下，可采用静态路由。

配置静态路由的基本命令是：

```
ip route 目的网络号  子网掩码  下一跳的 IP 地址
```

本实验以图2-39为例进行静态路由的配置。图2-39的网络拓扑结构中共包含4个网络，而目前各路由器的路由表里只有两个网络的表项，所以必须添加其他两个网络的路由，才能获得该网络中所有的包。以Router0为例，需要添加到“192.16.30.0/24”和“192.16.40.0/24”两个网络的路由，而到这两个网络都需要将包转发给Router1，所以下一跳的地址就是Router1的f0/0端口的地址。命令行的具体命令如下：

```
Router0(config)#ip route 192.16.30.0 255.255.255.0 192.16.20.2
Router0(config)#ip route 192.16.40.0 255.255.255.0 192.16.20.2
```

在图形界面上设置静态路由的步骤如下：

1）单击路由器Router0打开路由器的配置界面，如图2-46所示。选择Static添加要到达的网络“192.16.40.0”、子网掩码“255.255.255.0”、下一跳“192.16.20.2”。然后单击Add按钮就添加了一条到达“192.16.40.0/24”的路由，同理可以添加到达“192.16.30.0/24”网络的路由信息。如果不需要某条路由信息或者是添加错了，可先选中该路由信息，然后单击Remove按钮删除该条路由信息。

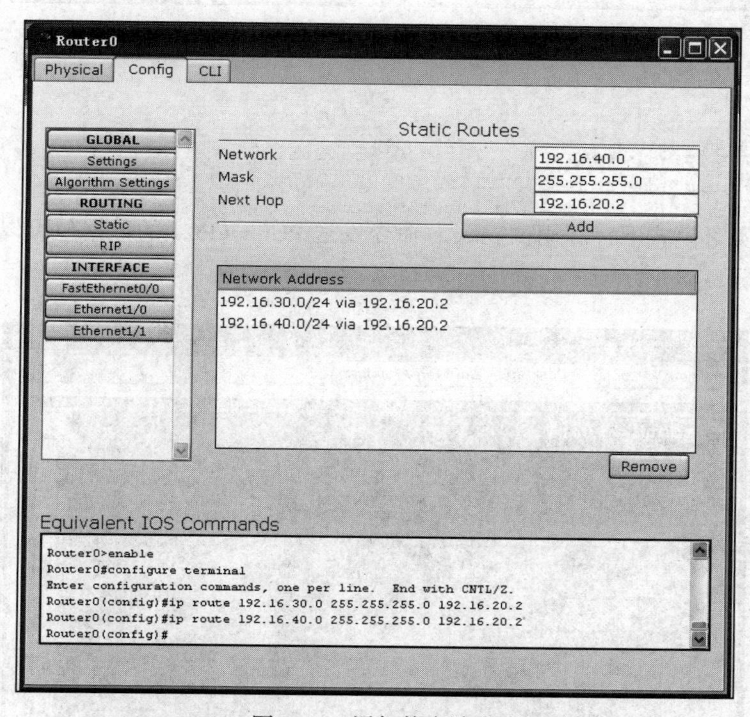

图2-46 添加静态路由

2）查看Router0的路由表。如图2-47所示，可以看到添加了两个路由，标志为S，代表是静态路由。此时，从PC1“ping”PC2仍然无法连通，原因在于其他路由器还没有配置路由。同理，在其他路由器上也配置相应的路由。

在Router1上：

```
Router1(config)#ip route 192.16.10.0 255.255.255.0 192.16.20.1
Router1(config)#ip route 192.16.40.0 255.255.255.0 192.16.30.2
```

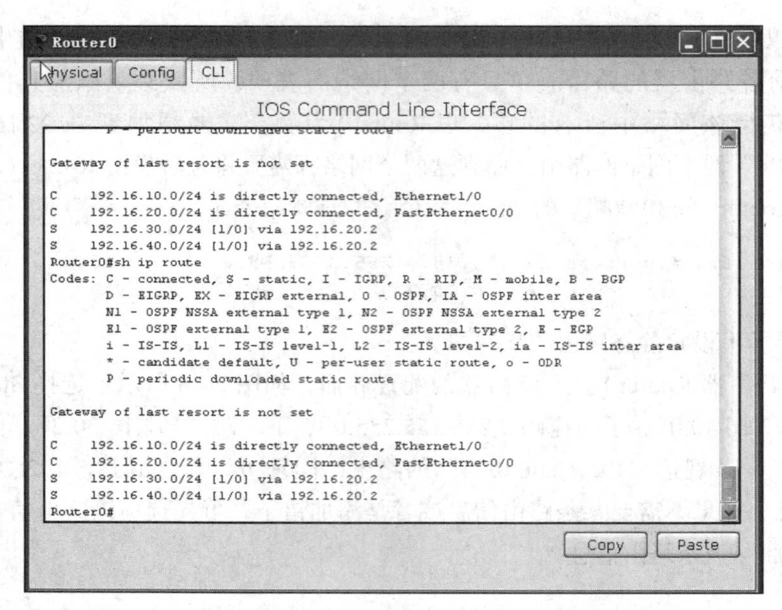

图 2-47　查看路由表

在 Router2 上：

```
Router2(config)#ip route 192.16.10.0 255.255.255.0 192.16.30.1
Router2(config)#ip route 192.16.20.0 255.255.255.0 192.16.30.1
```

此时，在实时模式下，利用“ping”命令发送 PC0→PC1 的数据包可以看到整个网络均可连通，如图 2-48 所示。

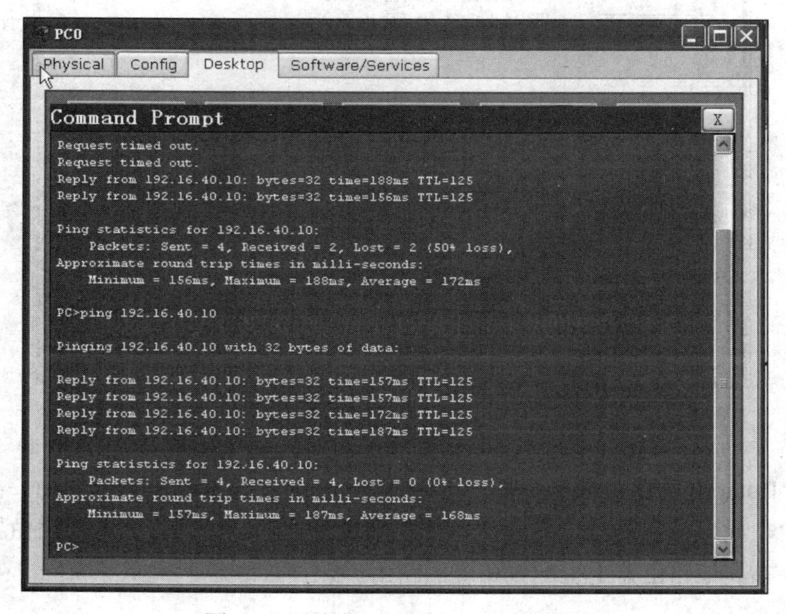

图 2-48　测试 PC0 到 PC1 的连通性

在命令行模式下，如果在设置过程中参数设置错误，在原输入语句前加入“no”，即可取消上次设置的路由。例如：

```
Router0(config)#no ip route 192.16.30.0 255.255.255.0 192.16.20.2
Router0(config)#no ip route 192.16.40.0 255.255.255.0 192.16.20.2
```

此时，就取消了前面所设置的两个路由。

初学者不熟悉命令，难免会对路由表的设置进行更改，要想查看路由表经过更改后的最终结果，可使用命令“show ip route”。

2. 默认路由配置

在上一节的配置中，对于 Router0 来说，无论到达右边的哪个网络，都要交给 Router1 处理，下一跳的地址都是“192.16.20.2”，这种情况下，就可以配置默认路由。其命令行的基本格式是：

```
ip route 0.0.0.0 0.0.0.0 下一跳地址
ip classless
```

默认路由意味着，如果在路由表中没有明确指明到该网络的转发地址，就按照默认路由指定的下一跳地址进行转发。

在 Router0 上如使用默认路由，则配置命令如下：

```
Router0(config)#ip route 0.0.0.0 0.0.0.0 192.16.20.2
Router0(config)#ip classless
```

在图形界面下，和增加一个静态路由的方法一样，如图 2-49 所示。

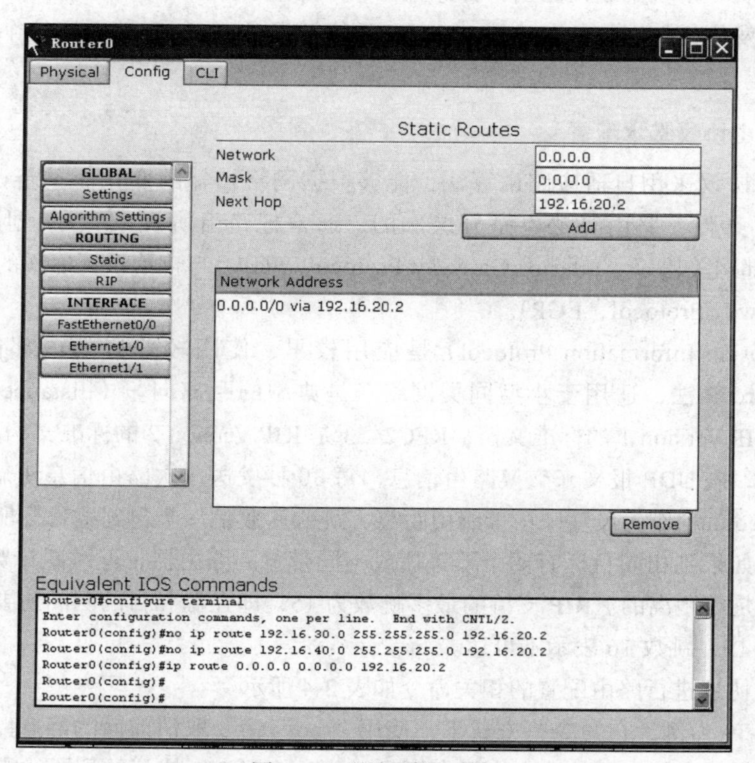

图 2-49　添加默认路由

此时，Router0 的路由表如图 2-50 所示。

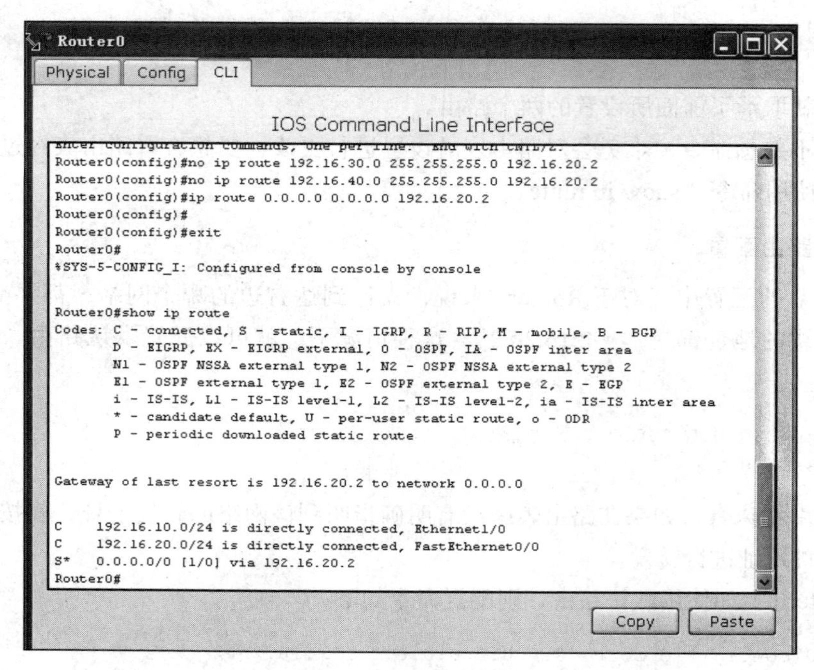

图 2-50 查看路由表

其中，最后一条就是默认路由，标志为 S*，代表除发往“192.16.20.0”和“192.16.10.0”的包外，其余发往任何网络的包到达 Router0 后均转发给“192.16.20.2”这个地址所在的路由器。

3. RIP 路由协议基本配置

动态路由协议采用自适应路由算法，能够根据网络拓扑的变化而重新计算最佳路由。由于路由的复杂性，路由算法也是分层次的，通常把路由协议（算法）划分为自治系统（AS）内的内部网关协议（Interior Gateway Protocol，IGP）与自治系统之间的外部网关协议（External Gateway Protocol，EGP）。

RIP（Routing Information Protocol）是应用较早、使用较普遍的内部网关协议，采用 Bellman-Ford 算法，适用于小型同类网络，是典型的距离向量（distance-vector）协议。RFC1058 是 RIP Version 1 的标准文档，RFC2453 是 RIP Version 2 的标准文档。

RIP 通过广播 UDP 报文来交换路由信息，每 30 秒发送一次路由信息更新。RIP 提供跳跃计数（hop count）作为尺度来衡量路由距离，跳跃计数是一个包到达目标所必须经过的路由器的数目。如果到相同目标有两个不等速或不同带宽的路由器，但跳跃计数相同，则 RIP 认为两个路由是等距离的。RIP 支持的最多跳数为 15，即在源和目的网间所要经过的最多路由器的数目为 15，跳数 16 表示不可达。

使用 RIP 协议进行路由配置的相关命令如表 2-4 所示。

仍以图 2-39 为例，在命令行方式下，使用“no”命令取消前面的静态路由配置、默认路由配置，使得每个路由器的路由表只有两项。此时使用 RIP 协议的配置过程是：

表 2-4　与 RIP 协议相关的路由配置命令

任　务	命　令
指定使用 RIP 协议	router rip
指定 RIP 版本	version {1|2}[1]
指定与该路由器相连的网络	network network

在 Router0 上：

```
Router0(config)#router rip
Router0 (config-router)#network 192.16.10.0
Router0 (config-router)#network 192.16.20.0
```

在 Router1 上：

```
Router1 (config)#router rip
Router1 (config-router)#network 192.16.20.0
Router1 (config-router)#network 192.16.30.0
```

在 Router2 上：

```
Router2 (config)#router rip
Router2 (config-router)#network 192.16.30.0
Router2 (config-router)#network 192.16.40.0
```

在图形界面方式下，首先打开路由器的配置界面，点击 Static 界面上的每一条路由信息，按 Remove 按钮即可删除选中的路由信息。然后选择 RIP 协议，增加两条到达直连网络 192.16.10.0 和 192.16.20.0 的路由。同理，对 Router1 和 Router2 进行配置。

此时查看 Router0 路由表，如图 2-51 所示。

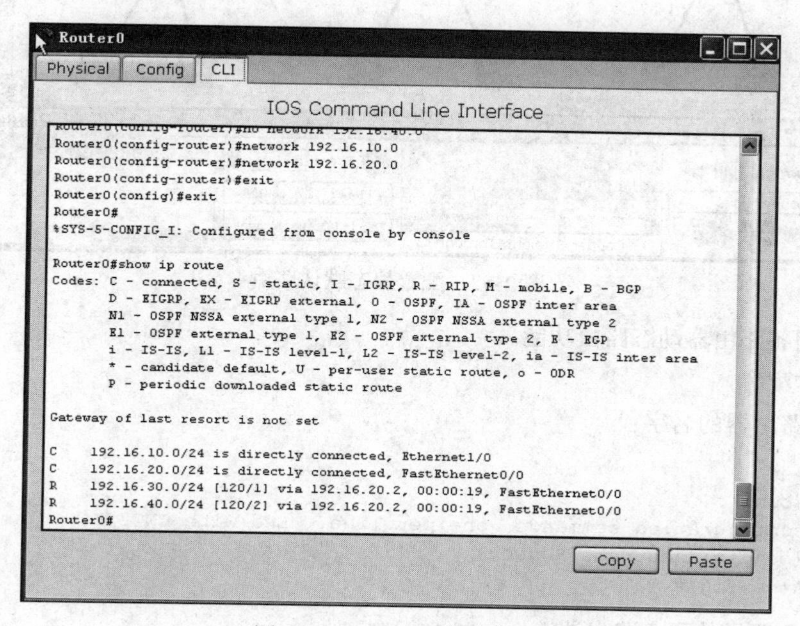

图 2-51　Router0 的路由表

可以看到，每个路由器的路由表均有 4 个表项，其中两项有 R 标志，表示是由 RIP 协议得到的。如要取消用 RIP 协议配置路由，只需在全局配置模式下，键入“no router rip”。

实验内容一

1. 实验要求

1）在路由器间配置静态默认路由使路由器间转发数据不使用动态路由协议；

2）设备的 IP 地址和子网掩码已预先定义；

3）保存配置文件。

2. 实验步骤

1）打开 Packet Tracer，创建网络实验的拓扑结构图，如图 2-52 所示。该网络中包含 3 台路由器，从左至右分别为 Router A、Router B、Router C，还包含了 6 台 PC，从左至右分别为 PC0 ～ PC5。

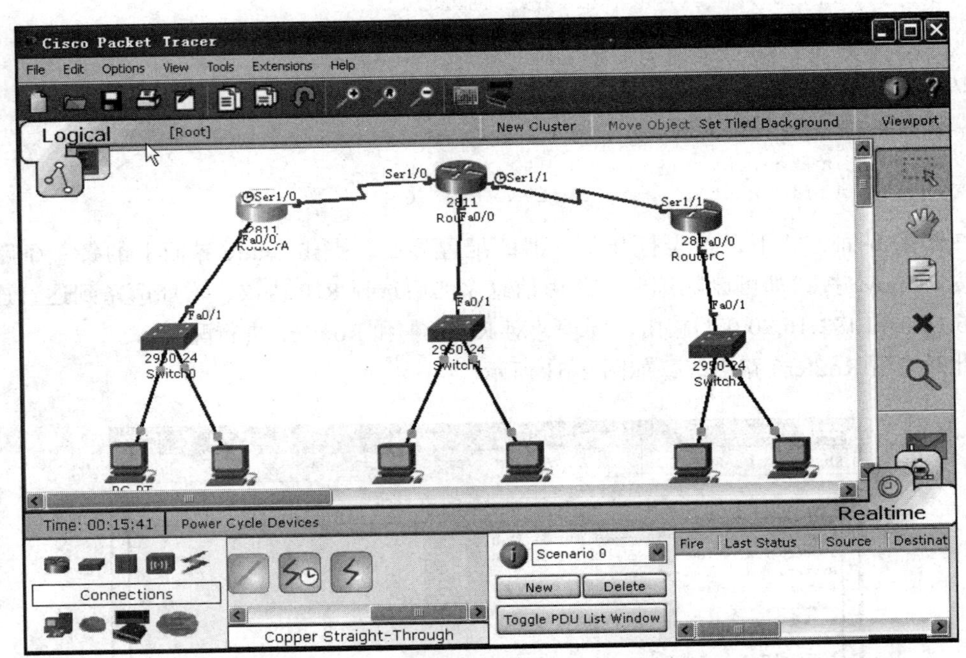

图 2-52　配置静态默认路由

2）关闭各路由器动态路由功能。

3）基本配置。

①配置路由器的名字：

```
Router>en
Router#conf t
Enter configuration commands, one per line.  End with CNTL/Z.
Router(config)#hostname RouterA
RouterA(config)#
```

同理，配置另外两个路由器：

```
Router>en
Router#conf t
```

```
Enter configuration commands, one per line.  End with CNTL/Z.
Router(config)#hostname RouterB
RouterB(config)#

Router>en
Router#conf t
Enter configuration commands, one per line.  End with CNTL/Z.
Router(config)#hostname RouterC
RouterC(config)#
```

②按表2-5配置设备的IP地址和子网掩码。

表2-5　该实验的IP地址规划

设　备	IP地址	子网掩码
PC0	172.16.10.2	255.255.255.0
PC1	172.16.10.3	255.255.255.0
PC2	172.16.30.2	255.255.255.0
PC3	172.16.30.3	255.255.255.0
PC4	172.16.50.2	255.255.255.0
PC5	172.16.50.3	255.255.255.0
RouterA（端口F0/0）	172.16.10.1	255.255.255.0
RouterA（端口S1/0）	172.16.20.1	255.255.255.0
RouterB（端口F0/0）	172.16.30.1	255.255.255.0
RouterB（端口S1/0）	172.16.20.2	255.255.255.0
RouterB（端口S1/1）	172.16.40.1	255.255.255.0
RouterC（端口F0/0）	172.16.50.1	255.255.255.0
RouterC（端口S1/1）	172.16.40.2	255.255.255.0

③以PC0为例说明IP地址和子网掩码的配置，如图2-53所示。

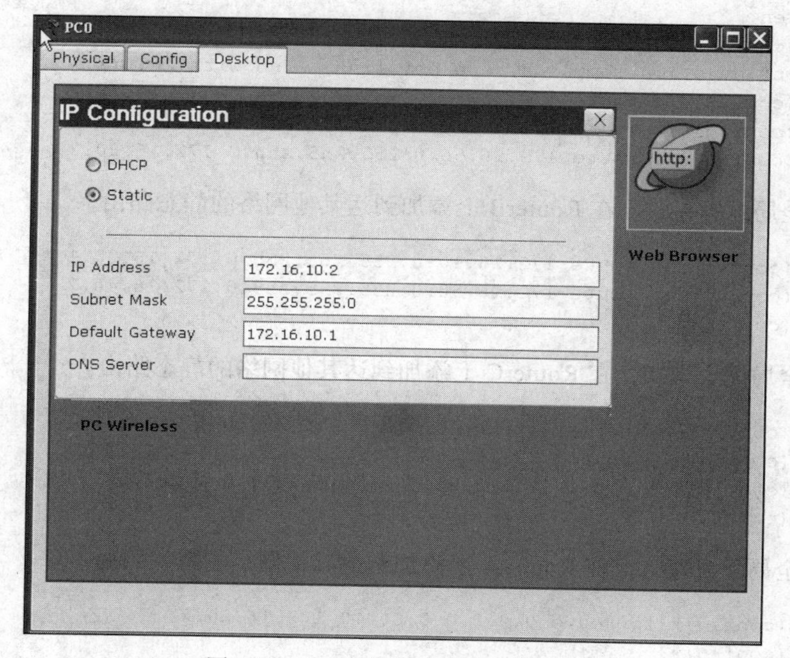

图2-53　IP地址和子网掩码的配置

④路由器的端口地址和串口时钟速率的配置。

以 RouterA 为例说明路由器端口地址的配置情况。

```
RouterA>en
RouterA#conf t
Enter configuration commands, one per line.  End with CNTL/Z.
RouterA(config)#int f0/0
RouterA(config-if)#ip addr
RouterA(config-if)#ip address 172.16.10.1 255.255.255.0
RouterA(config-if)#no shut

%LINK-5-CHANGED: Interface FastEthernet0/0, changed state to up
%LINEPROTO-5-UPDOWN: Line protocol on Interface FastEthernet0/0, changed state to up
RouterA(config-if)#int s1/0
RouterA(config-if)#ip add
RouterA(config-if)#ip address 172.16.20.1 255.255.255.0
RouterA(config-if)#no shut
```

由于实验环境中的路由器是直接连接，因此把两个背对背连接的串口之一设置为 DCE。

```
RouterA(config)#interface Serial1/0
RouterA(config-if)#clock rate 64000
RouterA(config-if)#
RouterB 和 RouterC 的配置同 RouterA
```

⑤进入仿真模式，添加 PC0 至 PC2 的数据包，注意路由器并未将数据包转发到下一跳。原因是路由器没有到其他网络的路由。

4）配置各个路由器的静态路由。

①进入全局配置模式，在 RouterA 上添加到达其他网络的静态路由。

```
RouterA>en
RouterA#conf t
Enter configuration commands, one per line.  End with CNTL/Z.
RouterA(config)#ip route 172.16.30.0 255.255.255.0 172.16.20.2
RouterA(config)#ip route 172.16.40.0 255.255.255.0 172.16.20.2
RouterA(config)#ip route 172.16.50.0 255.255.255.0 172.16.20.2
```

②进入全局配置模式，在 RouterB 上添加到达其他网络的静态路由。

```
RouterB(config)#ip route 172.16.10.0 255.255.255.0 172.16.20.1
RouterB(config)#ip route 172.16.50.0 255.255.255.0 172.16.40.2
RouterB(config)#
```

③进入全局配置模式，在 RouterC 上添加到达其他网络的静态路由。

```
RouterC(config)#ip route 172.16.10.0 255.255.255.0 172.16.40.1
RouterC(config)#ip route 172.16.20.0 255.255.255.0 172.16.40.1
RouterC(config)#ip route 172.16.30.0 255.255.255.0 172.16.40.1
RouterC(config)#
```

④进入全局配置模式，在 RouterA 上添加到达其他网络的默认路由。

```
RouterA(config)# ip route 0.0.0.0 0.0.0.0 172.16.20.2
RouterA(config)#
```

⑤进入全局配置模式，在 RouterA 上删除到达 172.16.50.0 网段的静态路由。

```
RouterA(config)#no ip route 172.16.50.0 255.255.255.0 172.16.20.2
RouterA(config)#
```

⑥进入特权运行模式，输入“copy run start”将当前系统配置保存到启动配置。

5）查看路由表。

①在仿真模式下，打开每个路由器的终端，使用命令“ show ip route”查看路由表，可以看到上面添加的静态路由。如查看 RouterA 的路由表信息。

```
RouterA>enable
RouterA#configure terminal
Enter configuration commands, one per line.  End with CNTL/Z.
RouterA(config)#exit
%SYS-5-CONFIG_I: Configured from console by console
RouterA#show ip route
Codes: C - connected, S - static, I - IGRP, R - RIP, M - mobile, B - BGP
       D - EIGRP, EX - EIGRP external, O - OSPF, IA - OSPF inter area
       N1 - OSPF NSSA external type 1, N2 - OSPF NSSA external type 2
       E1 - OSPF external type 1, E2 - OSPF external type 2, E - EGP
       i - IS-IS, L1 - IS-IS level-1, L2 - IS-IS level-2, ia - IS-IS inter area
       * - candidate default, U - per-user static route, o - ODR
       P - periodic downloaded static route
Gateway of last resort is not set

     172.16.0.0/24 is subnetted, 4 subnets
C       172.16.10.0 is directly connected, FastEthernet0/0
C       172.16.20.0 is directly connected, Serial1/0
S       172.16.30.0 [1/0] via 172.16.20.2
S       172.16.40.0 [1/0] via 172.16.20.2
S       172.16.50.0 [1/0] via 172.16.20.2
```

②命令“show running-config”也会显示新的静态路由。

3. 实验结果

在仿真模式下，发送 PC0 → PC2 的数据包，它将会被成功转发到 PC2。

实验内容二

1. 实验要求

1）在路由器间配置 RIP 协议使路由器间能够转发数据；

2）设备的 IP 地址和子网掩码已预先定义；

3）保存配置文件。

2. 实验步骤

1）打开 Packet Tracer，创建网络实验的拓扑结构图，如图 2-54 所示。其实验环境中各个网段与路由器接口的 IP 地址分配同静态路由实验。

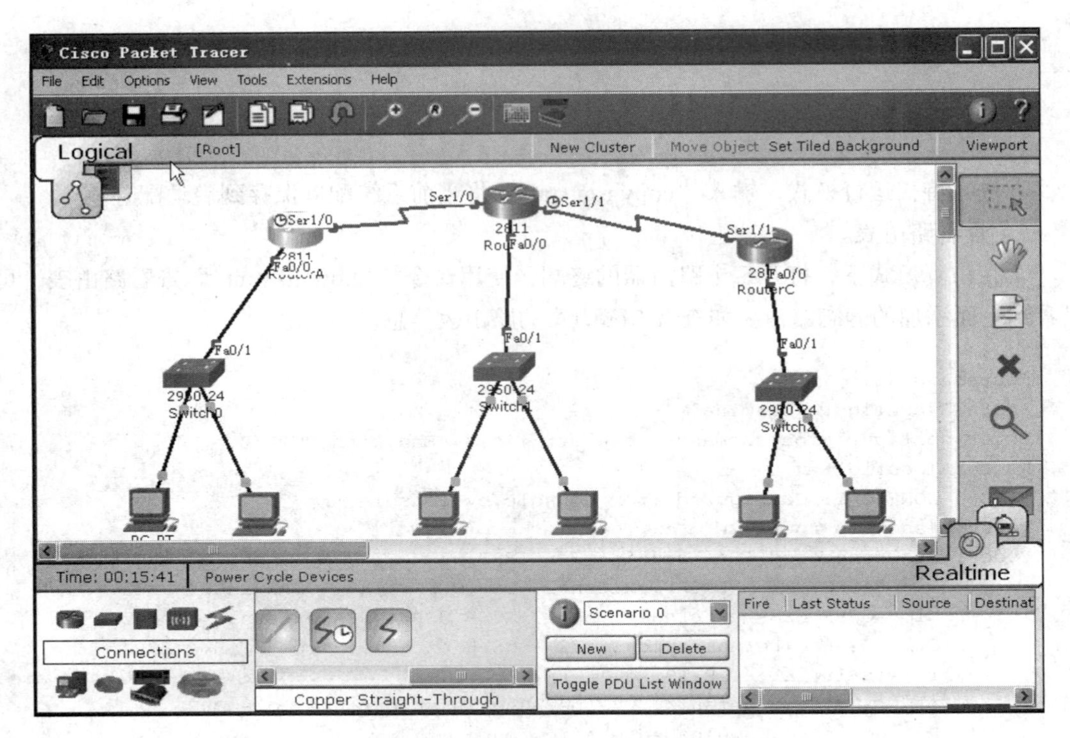

图 2-54　配置动态 RIP 协议路由

2）去掉各路由器静态路由功能。

3）动态路由基本配置。

①首先根据实验需要配置好 PC 及路由器各个接口的 IP 地址等参数。同静态路由实验。

②进入全局配置模式，配置各个路由器的 RIP 路由协议。

```
RouterA(config)#router rip
RouterA(config-router)#network 172.16.0.0
RouterA(config-router)#
RouterB(config)#router rip
RouterB(config-router)#network 172.16.0.0
RouterB(config-router)#
RouterC(config)#router rip
RouterC(config-router)#network 172.16.0.0
RouterC(config-router)#
```

172.16.0.0 是 B 类网络，前 16 比特是网络 ID，在配置时应该是 network 172.16.0.0。

4）RIP 路由协议的诊断与排错。

①通过查看路由表排错。

进入特权配置模式，使用命令“ show ip route”查看路由表。例如，查看 RouterC 的路由信息。

```
RouterC#show ip route
Codes: C - connected, S - static, I - IGRP, R - RIP, M - mobile, B - BGP
       D - EIGRP, EX - EIGRP external, O - OSPF, IA - OSPF inter area
       N1 - OSPF NSSA external type 1, N2 - OSPF NSSA external type 2
```

```
        E1 - OSPF external type 1, E2 - OSPF external type 2, E - EGP
        i - IS-IS, L1 - IS-IS level-1, L2 - IS-IS level-2, ia - IS-IS inter area
        * - candidate default, U - per-user static route, o - ODR
        P - periodic downloaded static route
Gateway of last resort is not set
     172.16.0.0/24 is subnetted, 5 subnets
R       172.16.10.0 [120/2] via 172.16.40.1, 00:00:02, Serial1/1
R       172.16.20.0 [120/1] via 172.16.40.1, 00:00:02, Serial1/1
R       172.16.30.0 [120/1] via 172.16.40.1, 00:00:02, Serial1/1
C       172.16.40.0 is directly connected, Serial1/1
C       172.16.50.0 is directly connected, FastEthernet0/0
```

②通过查看路由表数据库排错。

进入特权配置模式，使用命令“show ip route database”查看路由表数据库。例如，查看 RouterC 的路由表数据库信息。

```
RouterC#show ip rip database
172.16.10.0/24
    [2] via 172.16.40.1, 00:00:00, Serial1/1
172.16.20.0/24
    [1] via 172.16.40.1, 00:00:00, Serial1/1
172.16.30.0/24
    [1] via 172.16.40.1, 00:00:00, Serial1/1
172.16.40.0/24    directly connected, Serial1/1
172.16.50.0/24    directly connected, FastEthernet0/0
RouterC#
```

③通过“debug ip rip”开启 RIP 诊断排错。

进入特权配置模式，使用命令“debug ip rip”开启 RIP 诊断，使用命令“no debug ip rip”关闭 RIP 诊断。

```
RouterC#debug ip rip
RIP protocol debugging is on
RouterC#RIP: sending  v1 update to 255.255.255.255 via FastEthernet0/0 (172.16.50.1)
RIP: build update entries
       network 172.16.10.0 metric 3
       network 172.16.20.0 metric 2
       network 172.16.30.0 metric 2
       network 172.16.40.0 metric 1
RIP: received v1 update from 172.16.40.1 on Serial1/1
       172.16.10.0 in 2 hops
       172.16.20.0 in 1 hops
       172.16.30.0 in 1 hopsRIP: received v1 update from 172.16.40.1 on Serial1/1
       172.16.10.0 in 2 hops
       172.16.20.0 in 1 hops
       172.16.30.0 in 1 hops
RIP: sending  v1 update to 255.255.255.255 via FastEthernet0/0 (172.16.50.1)
RIP: build update entries
       network 172.16.10.0 metric 3
       network 172.16.20.0 metric 2
       network 172.16.30.0 metric 2
       network 172.16.40.0 metric 1
RIP: sending  v1 update to 255.255.255.255 via Serial1/1 (172.16.40.2)
```

5）通过计算机不同网段互 ping 来检查网络连通性，如图 2-55 所示。

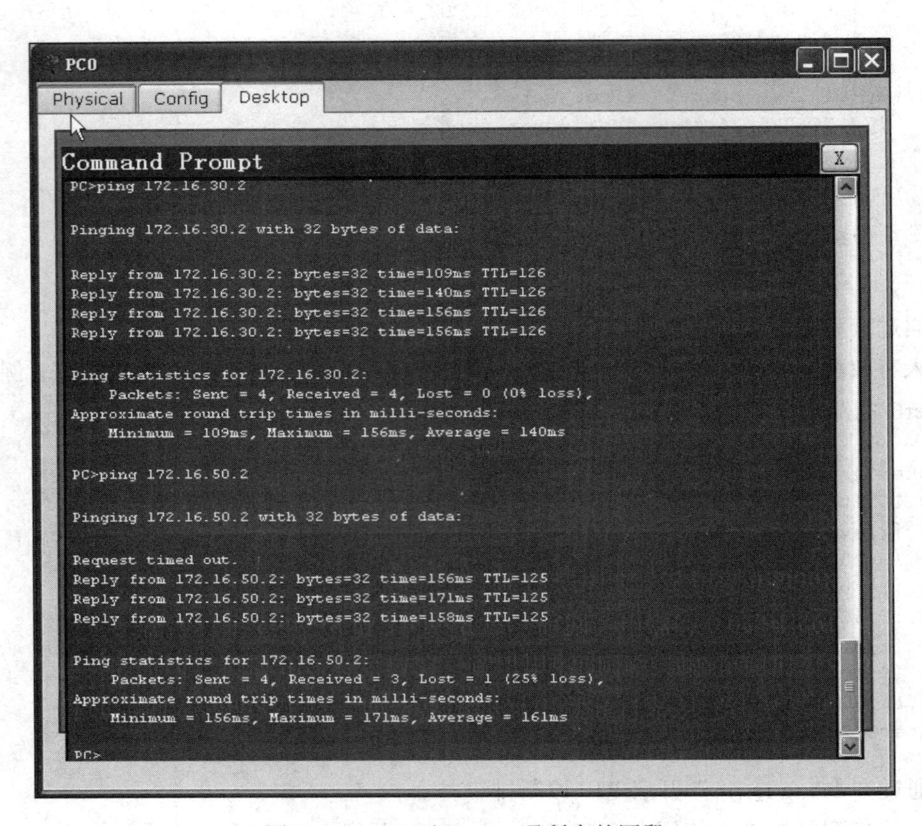

图 2-55　PC0 可以 ping 通所有的网段

思考题目

1. 综合利用静态路由、默认路由，配置下图网络，使得网络各个端口之间相互连通。

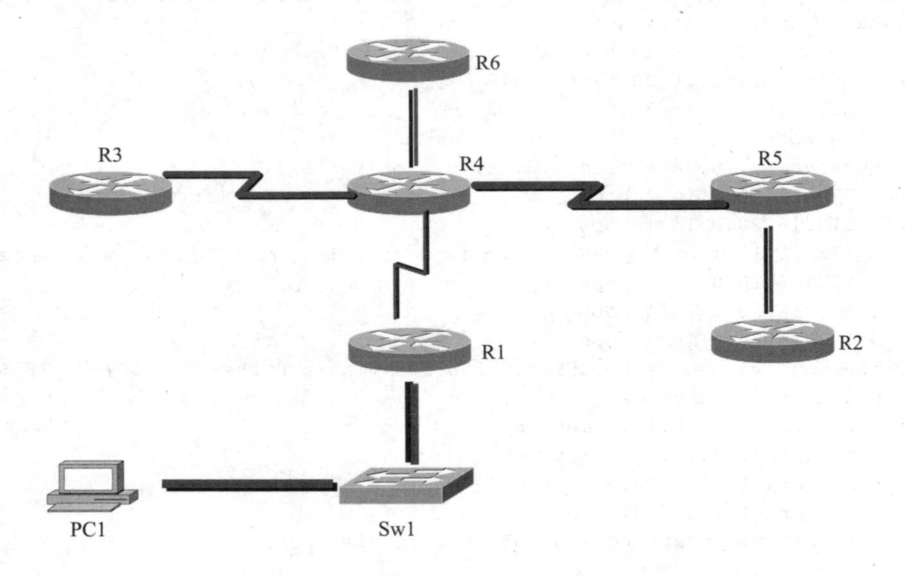

2. 配置动态路由，使得下图中 PC1 和 PC2 能够互相连通。

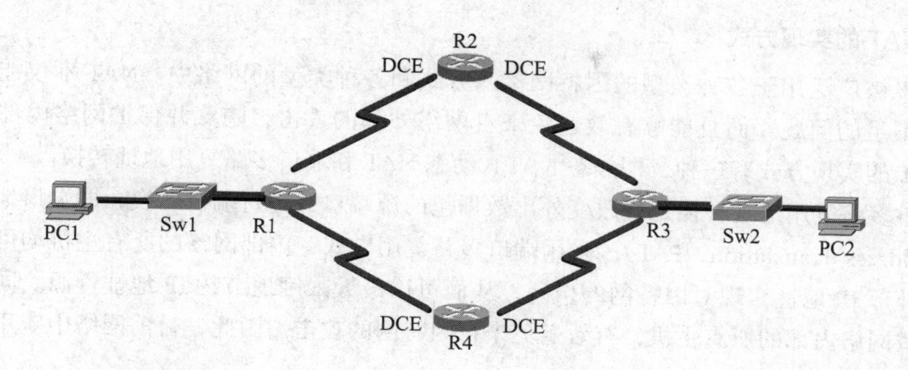

其中，PC1 的 IP 地址为 202.173.10.1，子网掩码为 255.255.255.0，PC2 的 IP 地址为 10.1.1.1，子网掩码为 255.0.0.0。

3. 综合利用各种路由配置技术，使得下列网络能够全部连通。

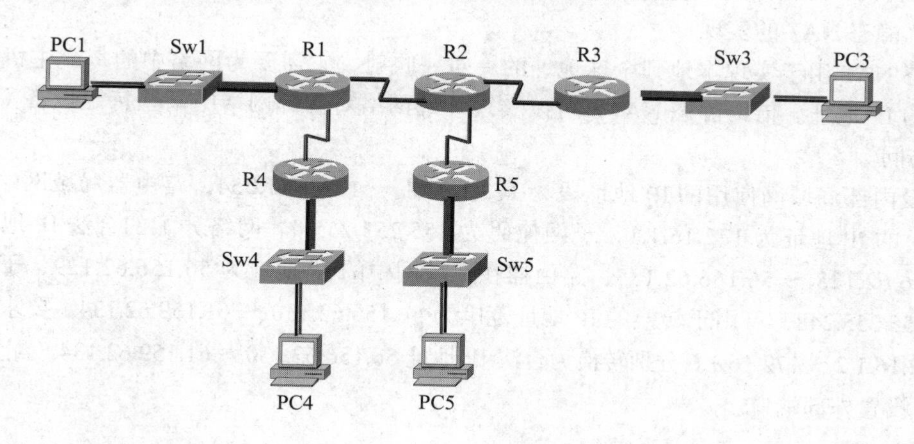

2.5 配置 NAT

实验目的

掌握 NAT 相关概念、分类和工作原理，学习配置 NAT 的命令和步骤，查看 NAT 转换配置情况，练习配置动态 NAT 和 PAT 的方法。

实验要点

1. NAT 简介

NAT（Network Address Translation，网络地址转换）的功能是将使用私有地址的网络与公用的因特网相连。使用私有地址的内部网络通过 NAT 路由器发送数据时，私有地址将被转化为注册的合法公有 IP 地址，从而实现与因特网上的其他主机进行通信。

NAT 路由器被置于内部网和因特网的边界上，并且在把数据包发送到外部网络前将数据包的源地址转换为合法公有 IP 地址。当多个内部主机共享一个合法公有 IP 地址时，地址转换是通过端口多路复用，即改变外出数据包的源端口并进行端口映射完成的。

2. NAT 的实现方式

NAT 被广泛用于各种类型的因特网接入方式和各种类型的网络中。NAT 不仅能够解决 IP 地址不足的问题，而且能够有效避免来自网络外部的攻击，隐藏并保护网络内部的计算机。NAT 的实现方式有三种，即静态 NAT、动态 NAT 和端口多路复用地址转换。

端口多路复用地址转换是指改变外出数据包的源端口并进行端口转换，即端口地址转换（Port Address Translation，PAT）。采用端口多路复用方式，内部网络的所有主机均可共享一个合法外部 IP 地址实现对因特网的访问，从而可以最大限度地节约 IP 地址资源。同时，又可以隐藏网络内部的所有主机，有效避免来自因特网的攻击。因此，目前网络中应用最多的就是端口多路复用方式。

在配置网络地址转换之前，首先必须搞清楚内部接口和外部接口，以及在哪个外部接口上启用 NAT。通常情况下，连接到用户内部网络的接口是 NAT 内部接口，而连接到外部网络（如因特网）的接口是 NAT 外部接口。

（1）静态 NAT 的实现

静态 NAT 用于实现本地到全球地址的一对一映射，它需要为网络中的每台主机申请一个真正的 IP 地址。借助静态 NAT，可以实现外部网络对内部网络中某些特定设备（如服务器）的访问。

假设内部局域网使用的 IP 地址段为 172.16.1.1 ～ 172.16.1.254，路由器局域网端（即默认网关）的 IP 地址为 172.16.1.1，子网掩码为 255.255.255.0。网络分配的合法 IP 地址范围为 56.156.62.128 ～ 56.156.62.135，路由器在广域网中的 IP 地址为 56.156.62.129，子网掩码为 255.255.255.248，可用于转换的 IP 地址范围为 56.156.62.130 ～ 61.159.62.134。要求将内部网址 172.16.1.2～172.16.1.6 分别转换为合法 IP 地址 56.156.62.130～61.159.62.134。配置如下：

1）设置外部端口。

```
interface serial 0
ip address 56.156.62.129 255.255.255.248
ip nat outside
```

2）设置内部端口。

```
interface f0/0
ip address 172.16.1.1 255.255.255.0
ip nat inside
```

3）在内部本地地址与外部合法地址之间建立静态地址转换。命令语法如下：

```
ip nat inside source static 内部本地地址  外部地址
```

例如：

```
    ip nat inside source static 172.16.1.2  56.156.62.130 // 将内部网络地址 172.161.1.2
转换为合法 IP 地址 56.156.62.130
    ip nat inside source static 172.16.1.3  56.156.62.131 // 将内部网络地址 172.16.1.3
转换为合法 IP 地址 56.156.62.131
    ip nat inside source static 172.16.1.4  56.156.62.132 // 将内部网络地址 172.16.1.4
```

```
转换为合法IP地址56.156.62.132
    ip nat inside source static 172.16.1.5  56.156.62.133 //将内部网络地址172.16.1.5
转换为合法IP地址56.156.62.133
    ip nat inside source static 172.16.1.6  56.156.62.134 //将内部网络地址172.16.1.6
转换为合法IP地址56.156.62.134
```

（2）动态NAT的实现

动态NAT是指将内部网络的私有IP地址转换为公有IP地址时，IP地址是不确定、随机的，所有被授权访问上因特网的私有IP地址可随机转换为任何指定的合法公有IP地址。也就是说，只要指定哪些内部地址可以进行转换，以及用哪些合法公有地址作为外部地址，就可以进行动态转换。动态转换可以使用多个合法的外部地址集。当ISP提供的合法公有IP地址略少于网络内部的计算机数量时，可以采用动态转换的方式。

假设内部网络使用的IP地址段为172.16.10.1～172.16.10.254，路由器局域网端口（即默认网关）的IP地址为172.16.10.1，子网掩码为255.255.255.0。网络分配的合法公有IP地址范围为61.159.62.128～61.159.62.191，路由器在广域网中的IP地址为61.159.62.129，子网掩码为255.255.255.192，可用于转换的IP地址范围为61.159.62.130～61.159.62.190。要求将内部网址172.16.10.1～172.16.10.254动态转换为合法IP地址61.159.62.130～61.159.62.190。配置如下：

1）设置外部端口。

设置外部端口命令的语法如下：

```
interface serial 0          //进入串行端口serial 0
ip address 61.159.62.129 255.255.255.192
//将其IP地址指定为61.159.62.129，子网掩码为255.255.255.192
ip nat outside              //将串行口serial 0设置为外网端口
```

注意，可以定义多个外部端口。

2）设置内部端口。

设置内部接口命令的语法如下：

```
interface f0/0              //进入快速以太网端口f0/0
ip address 172.16.10.1 255.255.255.0
//将其IP地址指定为172.16.10.1，子网掩码为255.255.255.0
ip nat inside               //将f0/0设置为内网端口
```

注意，可以定义多个内部端口。

3）定义合法公有IP地址池。

定义合法公有IP地址池命令的语法如下：

```
ip nat pool 地址池名称  起始IP地址  终止IP地址  子网掩码
```

其中，地址池名字可以任意设定。例如：

```
ip nat pool chinanet 61.159.62.130 61.159.62.190 netmask 255.255.255.192
```

该命令指明地址缓冲池的名称为chinanet，IP地址范围为61.159.62.130~61.159.62.190，子网掩码为255.255.255.192。需要注意的是，即使掩码为255.255.255.0，也会由起始IP地址和终止IP地址对IP地址池进行限制。子网掩码部分也可写成如下形式：

```
ip nat pool test 61.159.62.130 61.159.62.190 prefix-length 26
```

注意，如果有多个合法 IP 地址范围，可以分别添加。例如，如果还有一段合法 IP 地址范围为 211.82.216.1 ～ 211.82.216.254，那么可以再通过下述命令将其添加至缓冲池中。

```
ip nat pool cernet 211.82.216.1 211.82.216.254 netmask 255.255.255.0 或 ip nat pool test 211.82.216.1 211.82.216.254 prefix-length 24
```

4）定义内部网络中允许访问因特网的访问列表。

定义内部访问列表命令的语法如下：

```
access-list 标号 permit 源地址通配符（其中，标号为 1~99 之间的整数）
access-list 1 permit 172.16.10.0 0.0.0.255     // 允许访问 Internet 的网段为 172.16.10.0~172.16.10.255，反掩码为 0.0.0.255
```

需要注意的是，在这里采用的是反掩码，而非子网掩码。反掩码与子网掩码的关系为：反掩码 + 子网掩码 = 255.255.255.255。例如，若子网掩码为 255.255.0.0，则反掩码为 0.0.255.255；若子网掩码为 255.0.0.0，则反掩码为 0.255.255.255；若子网掩码为 255.252.0.0，则反掩码为 0.3.255.255；若子网掩码为 255.255.255.192，则反掩码为 0.0.0.63。

另外，如果想将多个 IP 地址段转换为合法公有 IP 地址，可以添加多个访问列表。例如，当欲将 172.16.98.0 ～ 172.16.98.255 和 172.16.99.0 ～ 172.16.99.255 转换为合法公有 IP 地址时，应当添加下述命令：

```
access-list 2 permit 172.16.98.0 0.0.0.255
access-list 3 permit 172.16.99.0 0.0.0.255
```

5）实现网络地址转换。

在全局设置模式下，将第 4 步由 access-list 指定的内部本地地址列表与第 3 步指定的合法 IP 地址池进行地址转换。命令语法如下：

```
ip nat inside source list 访问列表标号 pool 内部合法地址池名字
```

例如：

```
ip nat inside source list 1 pool chinanet
```

如果有多个内部访问列表，可以一一添加，以实现网络地址转换，例如：

```
ip nat inside source list 2 pool chinanet
ip nat inside source list 3 pool chinanet
```

如果有多个地址池，也可以一一添加，以增加合法地址池范围，例如：

```
ip nat inside source list 1 pool cernet
ip nat inside source list 2 pool cernet
ip nat inside source list 3 pool cernet
```

（3）PAT 的实现

PAT 又称为过载，是一种动态 NAT 的形式，它通过使用不同的端口来将多个未指定的 IP 地址映射到一个指定的 IP 地址上（多对一）。因此，PAT 普遍应用于接入设备中，它可以将中小型网络隐藏在一个合法的 IP 地址后面。PAT 与动态 NAT 不同，它通过改变外出数据包的源 IP 地址和源端口并进行端口转换，实现内部网络的所有主机共享一个合法 IP 地址进行互联网的访问，因此，它又称为端口地址转换。

假设内部网络使用的IP地址段为10.100.100.1～10.100.100.254，路由器局域网端口（即默认网关）的IP地址为10.100.100.1，子网掩码为255.255.255.0。网络分配的合法公有IP地址范围为202.99.160.0～202.99.160.3，路由器广域网中的IP地址为202.99.160.1，子网掩码为255.255.255.252，可用于转换的IP地址为202.99.160.2。要求将内部网址10.100.100.1～10.100.100.254转换为合法IP地址202.99.160.2。

1）设置外部端口。

```
interface serial 0
ip address 202.99.160.1 255.255.255.252
ip nat outside
```

2）设置内部端口。

```
interface f0/0
ip address 10.100.100.1 255.255.255.0
ip nat inside
```

3）定义合法IP地址池。

```
ip nat pool onlyone 202.99.160.2 202.99.160.2 netmask 255.255.255.252 //指明地址缓冲池的名称为onlyone,IP地址范围为202.99.160.2，子网掩码为255.255.255.252
```

由于本例只有一个IP地址可用，所以起始IP地址与终止IP地址均为202.99.160.2。如果有多个IP地址，则应当分别键入起止的IP地址。

4）定义内部访问列表。

```
access-list 1 permit 10.100.100.0 0.0.0.255
```

允许访问因特网的网段为10.100.100.0～10.100.100.255，子网掩码为255.255.255.0。需要注意的是，在这里仍然采用反掩码，即0.0.0.255。

5）设置复用动态地址转换。

在全局设置模式下，在内部的本地地址与外部合法公有IP地址间建立复用动态地址转换。命令语法如下：

```
ip nat inside source list 访问列表号 pool 内部合法地址池名字 overload
```

例如：

```
ip nat inside source list 1 pool onlyone overload //以端口复用方式，将访问列表1中的私有IP地址转换为onlyone IP地址池中定义的合法公有IP地址。
```

还可以写为ip nat inside source list 1 interface serial 0 overload。

注意：overload是复用动态地址转换的关键词。

至此，端口复用动态地址转换完成。

实验内容

1. 实验要求

1）用两个路由器建立网络。

2）配置PAT。

2. 实验步骤

1）打开 Packet Tracer，画出网络拓扑结构，如图 2-56 所示。

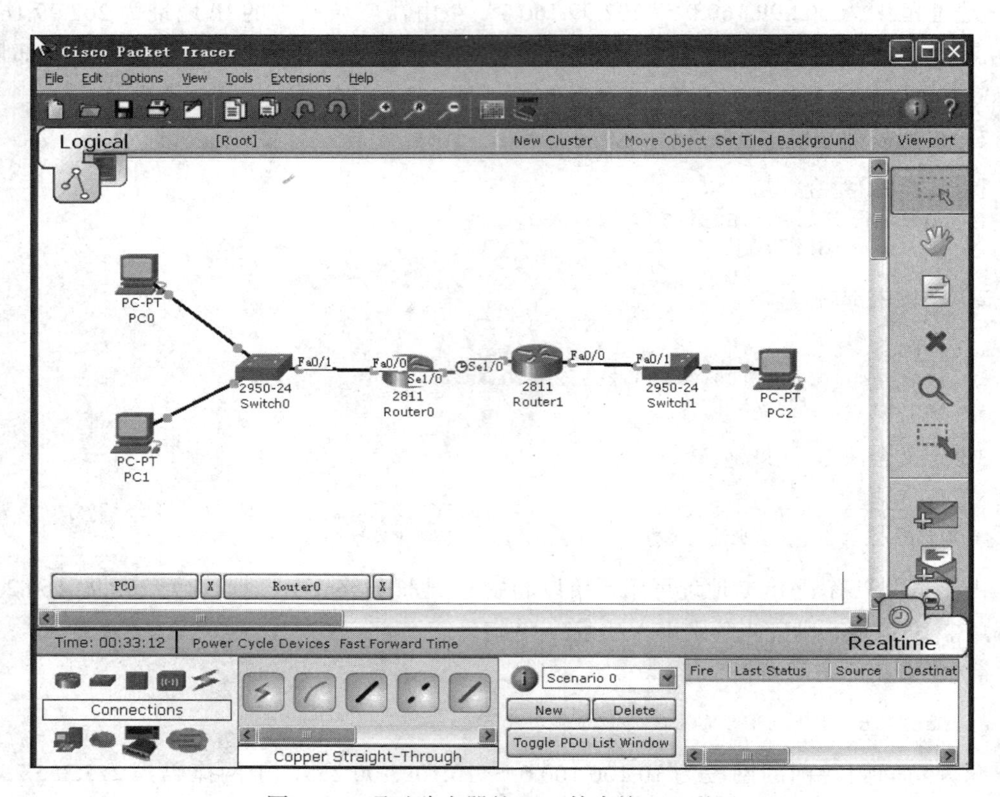

图 2-56　通过路由器的 PAT 技术接入互联网

内部网络使用的 IP 地址段为 192.168.100.1 ～ 192.168.100.254，局域网端口 f0/0 的 IP 地址为 192.168.100.1，子网掩码为 255.255.255.0。

2）路由器的基本配置。

①按表 2-6 配置设备 IP 地址和子网掩码。

表 2-6　IP 地址规划

设　备	IP 地址	子网掩码
PC0	192.168.100.2	255.255.255.0
PC1	192.168.100.3	255.255.255.0
PC2	223.1.1.2	255.255.255.0
Router0（端口 F0/0）	192.168.100.1	255.255.255.0
Router0（端口 S1/0）	221.1.1.2	255.255.255.0
Router1（端口 F0/0）	223.1.1.1	255.255.255.0
Router1（端口 S1/0）	221.1.1.1	255.255.255.0

②路由器 Router1 的配置如下：

```
Router>enable
Router#configure terminal
```

```
Enter configuration commands, one per line.  End with CNTL/Z.
Router(config)#interface Serial1/0
Router(config-if)#no shutdown
Router(config-if)#clock rate 64000
Router(config-if)#ip address 221.1.1.1 255.255.255.0
Router(config)#interface FastEthernet0/0
Router(config-if)#no shutdown
Router(config-if)#ip address 223.1.1.1 255.255.255.0
Router(config-if)#
```

③路由器 Router0 的配置如下：

```
Router>enable
Router#configure terminal
Router(config)#interface FastEthernet0/0
Router(config-if)#no shutdown
Router(config-if)#ip address 192.168.100.1 255.255.255.0
Router(config-if)# ip nat inside                          //指定局域网接口
Router(config)#interface Serial1/0
Router(config-if)#no shutdown
Router(config-if)#ip address 221.1.1.2 255.255.255.0
Router(config-if)#ip nat outside                          //定义广域网口
Router(config-if)#exit
Router(config)#ip route 0.0.0.0 0.0.0.0 221.1.1.1         //配置默认路由
Router(config)#access-list  1 permit 192.168.100.0 0.0.0.255 //配置一个标准访问控制
                                                              //列表
Router(config)#ip nat inside source list 1 interface s1/0 overload  //启用 PAT 私
有 IP 地址的来源来自于 ACL 1，使用 seria1/0 上的公共 IP 地址进行转换，overload 表示使用端口号
进行转换
Router(config)#
```

3. 实验结果

```
Router>
Router>en
Router#show ip nat translations
Router#show ip nat statistics
```

思考题目

1. 由于路由器价格比较昂贵，所以在实际环境中常使用双网卡服务器来进行地址转换，其工作原理是什么？搜集资料，在虚拟机上安装 Windows Server 2016 并进行配置，与在路由器中的配置进行比较，并说明区别。

2. 查找有关 NAT+PPPoE 的资料。

2.6　配置交换机

实验目的

交换机与集线器一样，接上电源、插好网线就可以正常工作，但是经过精心配置的交换机可以使网络工作在最佳状态。不同品牌、不同系列的交换机的配置方法有所不同，本节将使用 Cisco 的 Catalyst 2950 系列交换机来说明配置过程。

实验要点

1. Catalyst 2950 系列交换机的启动

Catalyst 2950 交换机分为 2950-24 和 2950T-24 两种类型，它们的启动和 Cisco 路由器相似，当给 2950 系列交换机通电时，它就像一台 Cisco 路由器那样进入了设置模式。与路由器不同的是，在系统外刷新的条件下，交换机实际是可用的，只需将交换机接入网络中，无须配置，就可以将网段连接在一起。因为默认情况下，交换机的端口是启用的。如果需要通过网络对交换机进行管理，也可以给交换机配置 IP 地址。

2950-24 交换机的初始输出如图 2-57 所示。

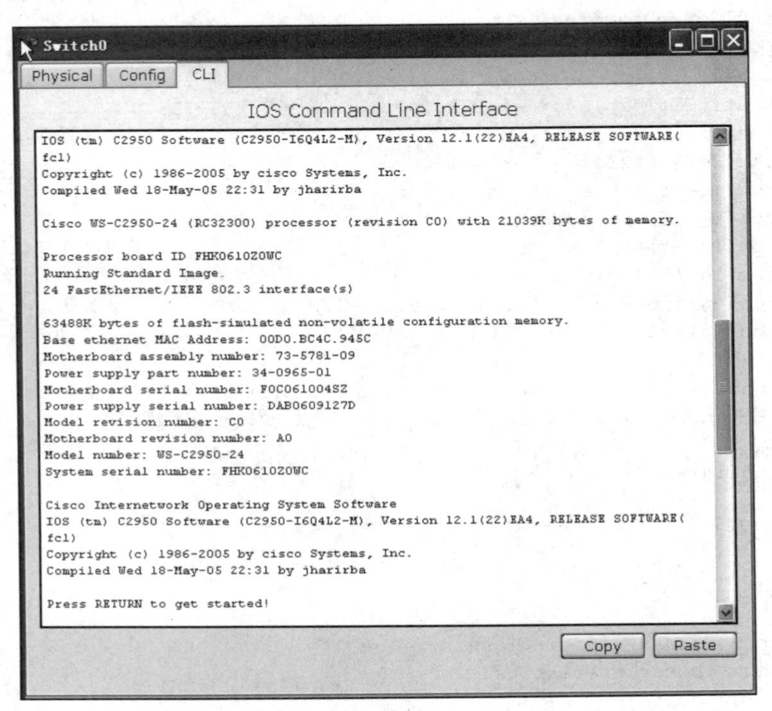

图 2-57　交换机的初始输出

2. 交换机的端口

Catalyst 2950-24 交换机有 24 个快速以太端口可以设置为全双工模式或半双工模式，默认是半双工模式。Catalyst 2950-24 交换机的端口如图 2-58 所示。每台交换机有 24 个 10/100/1000Base-T 端口，编号分别为 f0/1-f0/24，可以连接双绞线或光纤。它们可以提供基本的数据、视频和音频服务。

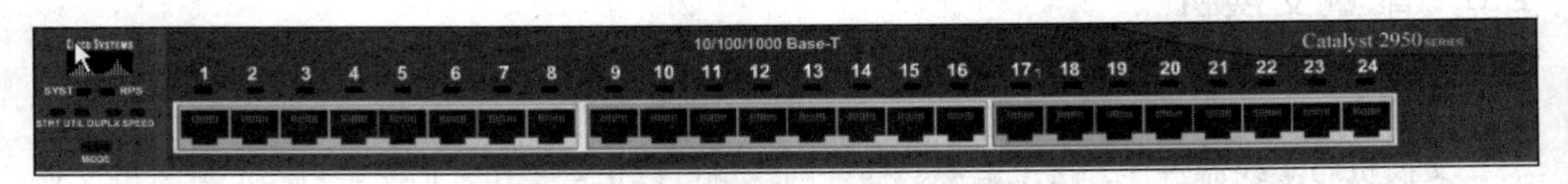

图 2-58　Catalyst 2950-24 交换机端口

Catalyst 2950T-24 交换机有 24 个快速以太端口和两个千兆口，如图 2-59 所示。

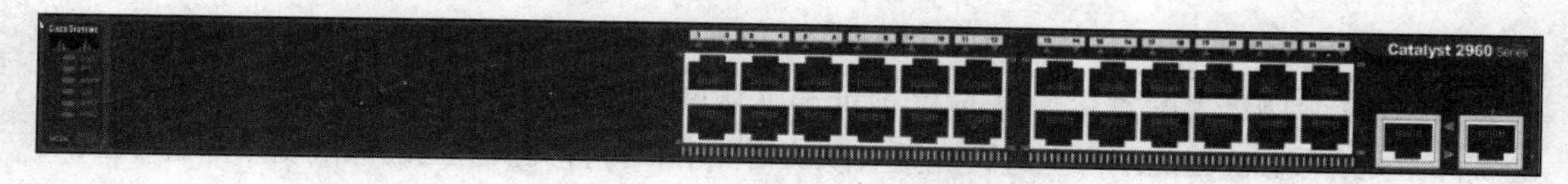

图 2-59　Catalyst 2950T-24 交换机端口

3. 交换机的配置模式

交换机的配置模式与路由器相似，有特权模式、全局模式和端口模式。进入不同模式的命令也与路由器类似：

- 进入特权模式：enable
- 进入全局模式：conf term
- 进入端口模式：interface e0/1

4. 设置口令

在交换机上，首先要配置的是口令，因为通过设置口令可以防止未授权的用户连接到交换机上。交换机口令分为用户模式（登录）口令和启用模式口令。用户模式的口令用来验证是否在交换机上已获得授权，包括接入任何线路和控制台。启用口令用来验证是否允许对交换机进行访问，以便对配置进行浏览和改动。

在 2950 上设置启用模式密码，命令如下：

```
Switch<config>#enable password xxxxxx(明文显示)
Switch<config>#enable secret xxxxxx(密文显示)
```

可以只设置一个密文密码来代替明文密码。

在 2950 上设置用户模式口令密码，命令如下：

```
Switch>en
Switch#conf t
Enter configuration commands, one per line.  End with CNTL/Z.
Switch(config)#line vty 0 15
Switch(config-line)#login
Switch(config-line)#password telnet
Switch(config-line)#line con 0
Switch(config-line)#login
% Login disabled on line 0, until 'password' is set
Switch(config-line)#password xxxxxx(密码)
Switch(config-line)#exit
Switch(config)#
```

5. 设置主机名

交换机的主机名只在本地有意义，在网络中不起任何作用，该主机名不会被进行名字解析。设置交换机主机名的命令如下：

```
Switch0(config)#hostname switch2950    //switch2950 是主机名
switch2950(config)#
```

6. 交换机的 IP 地址和默认网关的配置

默认情况下，可以不必设置交换机的 IP 地址，但如果希望对交换机进行远程管理，或是将交换机配置到不同的 VLAN 中，就要配置 IP 地址。

在 2950 交换机上配置交换机的 IP 地址和默认网关与在路由器上的 IP 地址配置不一样，它实际上是在 VLAN1 的端口上进行配置。默认情况下，每台交换机上的每个端口都是 VLAN1 的成员，为交换机设置 IP 地址只是为了对网络进行管理。

配置命令如下：

```
int vlan1
ip address {ip address} {mask}
ip default-gateway {ip address}
```

例如，要设置 IP 地址为 172.16.1.2，默认网关为 172.16.1.1，方法如下：

```
Switch>en
Switch#conf t
Enter configuration commands, one per line.  End with CNTL/Z.
Switch(config)#int vlan1
Switch(config-if)#ip address 172.16.1.2 255.255.255.0
Switch(config-if)#no shut
Switch(config-if)#exit
Switch(config)#ip default-gateway  172.16.1.1
Switch(config)#
Switch#
```

在 VLAN1 的端口上为 2950 交换机设置了 IP 地址，同时还需用 switch(config-if)# 命令来启用端口，从而完成 IP 地址配置。默认网关则需在全局配置模式下进行配置。

7. 交换机的端口属性配置

默认情况下，交换机的端口工作模式是半双工模式，可以配置为其他模式。命令是：

```
duplex {auto | full | half}
```

其中，

- full：全双工模式
- half：半双工模式

默认情况下，交换机的端口速率是 100Mbit/s，也可以配置为其他速率。配置命令为：

```
speed {auto | 10 | 100}
```

其中，

- auto：自动模式
- 10：端口速率是 10μbit/s
- 100：端口速率是 100μbit/s

例如，可以将端口配置为下列模式：

```
switch2950(config)#
switch2950(config)#interface FastEthernet0/1
switch2950(config-if)#no shutdown
%LINK-5-CHANGED: Interface FastEthernet0/1, changed state to down
switch2950(config-if)#speed 100          //设置端口速率为100Mbit/s
switch2950(config-if)#duplex full        //设置端口为全双工
switch2950(config-if)#
```

在管理上，还可以为交换机的每个端口设置一个名字，就像主机一样，这些描述也只在本地起作用。要设置描述，可先进入接口模式，然后使用 description 命令来描述每个接口。具体命令如下：

```
switch2950(config)#interface FastEthernet0/1
switch2950(config-if)description TO_PC1        //端口描述
switch2950(config)#^Z
switch2950#show interface FastEthernet 0/1
switch2950#show interface FastEthernet 0/1 status
switch2950#show interface FastEthernet 0/1 description
```

8. 配置交换机端口的安全性

交换机端口安全就是根据 MAC 地址对网络流量进行控制和管理，将 MAC 地址与具体的端口绑定，限制该端口通过的 MAC 地址的数量，或者不允许某些 MAC 地址的帧流量通过该端口。使用端口安全特性可以防止未经允许的设备访问网络，并增强安全性。

1）设置交换机的端口模式。

交换机的端口模式在默认情况下为动态协商模式，但当给端口指定 MAC 地址时，端口模式必须为 access 或者 trunk 状态。命令语法为：

```
(config-if)#switchport mode access|trunk|dynamic
```

例如：

```
switch2950#conf t                               //进入全局模式
switch2950(config)#int f0/1                     //进入端口子模式
switch2950(config-if)#switchport mode access    //指定端口为 access 模式
```

2）MAC 地址与端口绑定。

命令语法为：

```
switch2950(config-if)#switchport port-security mac-address sticky|MAC 地址
```

其中，sticky 是黏性地址，可以动态学习或手工配置，学习后将 MAC 地址加入到 MAC 地址表。如果保存配置文件，当交换机重新启动后，交换机就不再需要动态学习那些之前的地址了。例如：

```
switch2950(config-if)#switchport port-security mac-address sticky
switch2950(config-if)#switchport port-security mac-address 1111.1111.1111 //将
MAC 地址与端口绑定
```

3）设置此端口允许通过的 MAC 地址数。

命令语法为：

```
switch2950(config-if)#swtichport port-security maximum  MAC 地址数
```

其中，MAC 地址数可以为 1 ～ 132。

例如：

```
switch2950(config-if)#switchport port-security maximum 1 //限制此端口允许通过的 MAC 地
                                                          //址数为 1
```

4）通过 MAC 地址来限制端口流量。

命令语法为：

```
switchport port-security violation protect|restrict|shutdown
```

- protect：保护，当安全 MAC 地址数量达到端口所允许的最大 MAC 地址数的时候，交换机会继续工作，但将把来自新主机的数据帧丢弃，直到删除足够数量的 MAC 地址使其低于最大值为止。
- restrict：限制，交换机继续工作，向网络管理站（snmp）发出一个陷阱 trap 通告。
- shutdown：关闭，交换机将永久性或在特定时间周期内 err-disable 端口，并发送一个 snmp 的 trap 陷阱通告。

如：

```
switch2950(config-if)#switchport port-security violation shutdown
//当发现与上述配置不符时，端口关闭
```

实验内容

1. 实验要点

1）用若干台主机和交换机建立网络。

2）掌握交换机的基本配置和端口配置。

2. 实验步骤

1）打开 Packet Tracer，画出网络拓扑结构图，如图 2-60 所示。

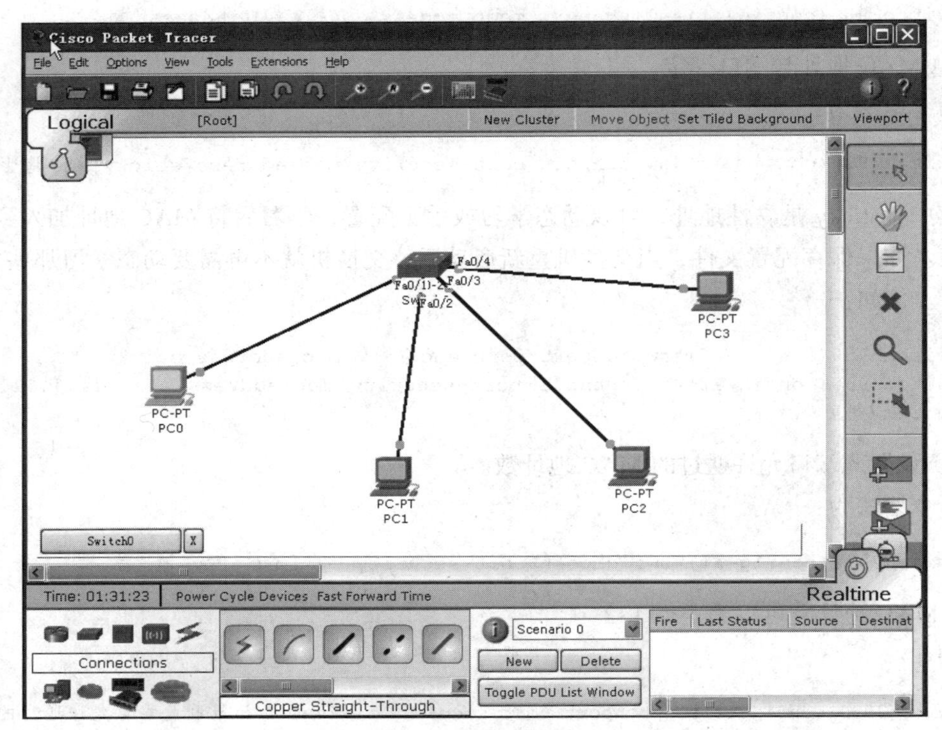

图 2-60 交换机的配置

2）设备互联好后，配置交换机的名字、口令。

①配置交换机的名字。

```
Switch>enable
Switch#configure terminal
Enter configuration commands, one per line.  End with CNTL/Z.
Switch(config)#hostname SwitchA
SwitchA(config)#
```

②配置交换机的口令。

```
SwitchA>
SwitchA>en
SwitchA#conf t
Enter configuration commands, one per line.  End with CNTL/Z.
SwitchA(config)#enable password jhj
SwitchA(config)#line console 0
SwitchA(config-line)#password line
SwitchA(config-line)#login
SwitchA(config-line)#line vty 0 4
SwitchA(config-line)#password vty
SwitchA(config-line)#login
SwitchA(config-line)#exit
SwitchA(config)#
SwitchA(config)#enable secret jhj
SwitchA(config)#service password-encryption //以密文的形式存储密码
SwitchA(config)#
```

3）配置交换机的 IP 地址和默认网关。

```
SwitchA(config)#int vlan1
SwitchA(config-if)#ip add
SwitchA(config-if)#ip address 192.168.1.253 255.255.255.0
SwitchA(config-if)#exit
SwitchA(config)#ip default-gateway 192.168.1.1
SwitchA(config)#
```

4）配置端口的双工模式。

其中，F0/1、F0/2 为半双工模式，F0/3、F0/4 为全双工模式。

```
witchA(config)#
SwitchA(config-if)#int f0/1
SwitchA(config-if)#duplex half
SwitchA(config-if)#int f0/2
SwitchA(config-if)#duplex half
SwitchA(config-if)#int f0/3
SwitchA(config-if)#duplex full
SwitchA(config-if)#int f0/4
SwitchA(config-if)#duplex full
SwitchA(config-if)#
```

5）配置端口安全性。

限定通过 F0/1 访问 F0/4 的站点数最大值为 1。

```
SwitchA(config)#interface FastEthernet0/1
```

```
SwitchA(config-if)#switchport port-security maximum 1
SwitchA(config-if)#switchport port-security violation shutdown
SwitchA(config-if)#
SwitchA#
%SYS-5-CONFIG_I: Configured from console by console
```

思考题目

1. 按照下面的拓扑图配置交换机，限定通过 F0/1 访问 F0/4 的站点数最大值为 1，观察如果 PC1、PC2、PC3 都对 PC6 进行访问，交换机将如何处理。

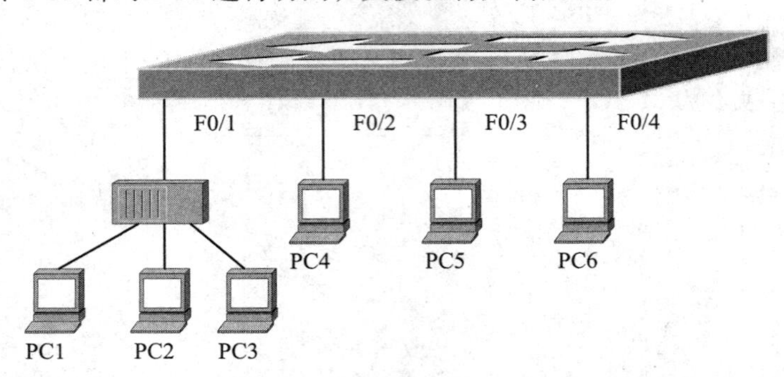

2. 按照下面的拓扑图配置交换机，观察并分析在多个交换机间转发帧时交换机如何学习并构造地址表。

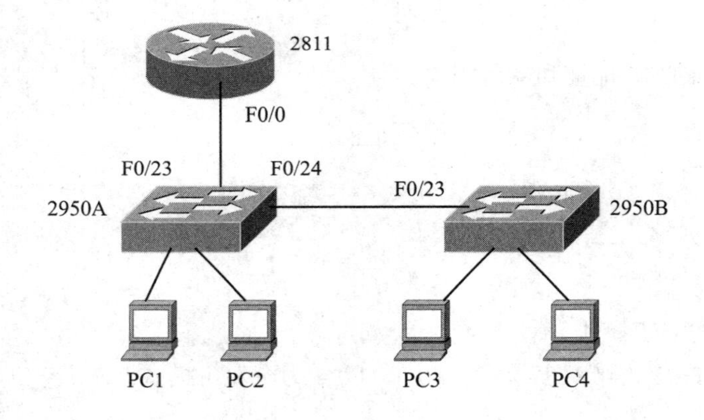

2.7 配置 VLAN

实验目的

基于交换式以太网的虚拟局域网，利用 VLAN 技术，可以将由交换机连接成的物理网络划分成多个逻辑子网。也就是说，一个虚拟局域网中的站点所发送的广播数据包将仅转发至属于同一 VLAN 的站点。虚拟局域网技术使得网络的拓扑结构变得非常灵活，位于不同位置或者不同部门的用户可以根据需要加入不同的虚拟局域网。

实验要点

1. VLAN 概述

局域网中存在大量的广播包，如 ARP 请求、DHCP 等，如果整个网络只有一个广播域

（具有相同的网络号或子网号），那么一旦发出广播信息，就会传遍整个网络，并且为网络中的主机带来额外的负担。为了改善网络性能，需要将网络分割成多个广播域。VLAN（Virtual Local Area Network，虚拟局域网）可以把同一个物理网络划分为多个逻辑网段，从而抑制网络风暴，增强网络的安全性。

VLAN 可以不考虑用户的物理位置，而是根据功能、应用等因素将用户从逻辑上划分为多个功能相对独立的工作组，每个用户主机都连接在一个支持 VLAN 的交换机端口上并属于一个 VLAN。同一个 VLAN 中的成员共享广播，形成一个广播域，而不同 VLAN 之间的广播信息是相互隔离的。这样，就可以将整个网络分割成多个不同的广播域（VLAN）。

一般来说，如果一个 VLAN 中的工作站发送一个广播，那么这个 VLAN 中的所有工作站都接收到这个广播，但是交换机不会将广播发送至其他 VLAN 上的任何一个端口。

例如，在图 2-61 中，如果划分两个 VLAN，PC0、PC1 属于 VLAN1，PC2、PC3 属于 VLAN2，那么，PC2 和 PC3 就收不到 PC1 发送的本地广播（目标地址全 1）。

但是，不同 VLAN 间互相通信时需要用到路由功能，例如，在图 2-61 中，PC0（属于 VLAN1）要发送数据给 PC3（属于 VLAN2），虽然它们连接在同一交换机上，但它们之间的通信需要经过路由器（图 2-61 中的 2811）或三层交换机的转发。

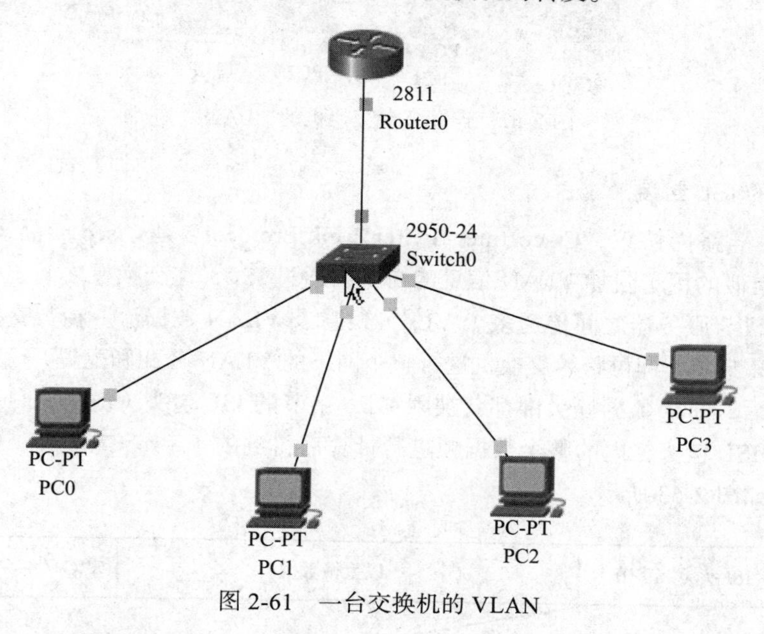

图 2-61　一台交换机的 VLAN

可以根据交换机端口、主机 MAC 地址、IP 地址或主机名划分 VLAN，由管理员手动分配端口划分的 VLAN 叫作静态 VLAN（static VLAN）；使用智能管理软件动态划分的 VLAN 叫作动态 VLAN（dynamic VLAN）。

静态 VLAN 是基于端口划分的 VLAN。网络管理员首先把端口分配到不同的 VLAN 内，根据规划把用户的主机与相应的端口相连，这样就把用户分配到了对应的 VLAN 内。由于端口到 VLAN 的映射是手工一一配置的，这就直接在每个交换机上实现了端口和 VLAN 的映射。需要注意，这种映射只在本地有效，交换机之间不共享这一信息。使用静态 VLAN，如果某用户离开了原来的端口转到一个新的交换机的某个端口，就必须重新定义。

动态 VLAN 则由端口决定自己属于哪个 VLAN，它根据每个端口所连接的计算机，随时改变端口所属的 VLAN，即根据端口所连计算机的 MAC 地址、IP 地址或名字决定端口属于哪一个 VLAN。

交换机有两类端口，一类端口称为 access links，该端口只能属于一个 VLAN，即仅向该 VLAN 转发数据帧，这类端口通常连接客户机，如图 2-62 中的交换机的 Fa0/2 到 Fa0/4；另一类端口称为 trunk links，该端口是能够转发多个不同 VLAN 的通信端口，通过这类端口的数据帧都被附加了用于识别分属于哪个 VLAN 的特殊信息，这类端口用于交换机之间的连接或交换机和路由器之间的连接，如图 2-62 中的两台交换机的 Fa0/1。

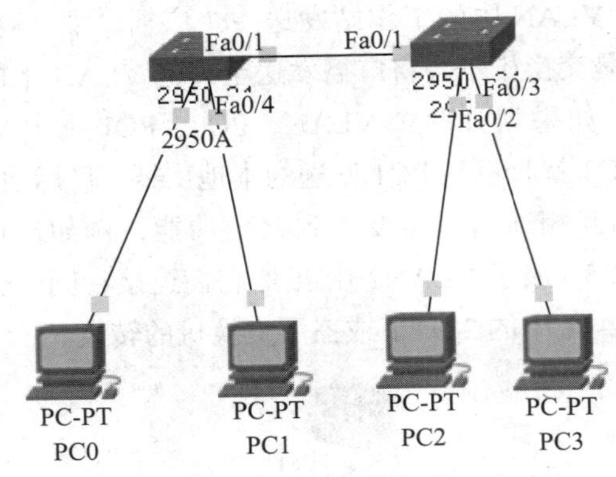

图 2-62　连接多台交换机的 VLAN

2. VLAN 的 ISL 封装

ISL（交换链路内协议，Cisco Inter-Switch Link Protocol）是 Cisco 产品支持的一种与 IEEE 802.1Q 类似的用于附加 VLAN 信息的协议，通过 ISL，在交换机之间、交换机与路由器之间及交换机与服务器之间传递多个 VLAN 信息及 VLAN 数据流。在与交换机直接相连的端口配置 ISL 封装，即可跨越交换机进行整个网络的 VLAN 分配和配置。

使用 ISL 后，每个数据帧头部都会被附加 26 字节的 ISL 包头（ISL Header），并且在帧尾带上对包括 ISL 包头在内的整个数据帧进行计算后得到的 4 字节 CRC 值。总共增加了 30 字节的信息，如图 2-63 所示。

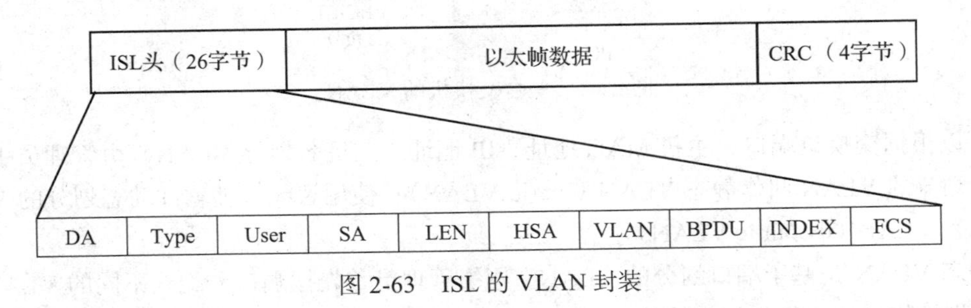

图 2-63　ISL 的 VLAN 封装

3. VLAN 中继协议 VTP

VTP（VLAN Trunk Protocol，VLAN 中继协议）的主要目的是在一个交换性的环境中管理所有配置好的 VLAN，使所有的 VLAN 保持一致性。VTP 允许增加、删除和重命名

VLAN，这些修改后的信息将自动广播到整个VTP域里的所有交换机上。VTP通过网络保持VLAN配置的统一性。

VTP域也称为VLAN管理域（VLAN management domain），网络内的一个VTP域是一组通过Trunk相互连接，并使用相同VTP域名的交换机。因此，在配置中，每个交换机配置同样的域名就创建了一个VTP域，而共享相同VLAN信息的交换机也一定要被放在同一个域中。

在VTP域里有3种模式。

1）服务器模式（server mode）。

VTP服务器模式中能够增加、删除、修改VLAN，修改后的信息传播到同一个域中工作在VTP客户机模式的交换机中。VTP服务器将VLAN配置信息保存在交换机的NVRAM里。

所有Catalyst交换机默认设置为服务器模式，1个VTP域里必须至少有1个服务器用来传播VLAN信息，修改VTP信息必须在服务器模式下操作。

2）客户机模式（client mode）。

在客户机模式下，交换机从VTP服务器接收信息，而且它们也发送和接收更新，但是不能通过MIB、CLI或者控制台来增加、删除、修改VLAN。配置不保存在NVRAM里，当启动时，它会通过Trunk端口接收广播信息，学习配置信息。

3）透明模式（transparent mode）。

透明模式下的交换机能够增加、删除、修改VLAN，但不会把修改后的信息传播到域中其他的交换机中，只会影响本地交换机。配置保存在NVRAM里。在这种模式下，交换机保持自己的数据库，不和其他的交换机共享。

通常在VTP服务器模式的交换机上创建VLAN，其他交换机工作在客户模式，接收和转发VLAN更新信息。

在使用VTP管理VLAN之前，必须先创建一个VTP服务器（VTP server），所有要共享VLAN信息的服务器必须使用相同的域名。假如你把某个交换机和其他的交换机配置在1个VTP域里，这个交换机就只能和这个VTP域里的交换机共享VLAN信息。VTP信息通过Trunk端口进行发送和接收。可以给VTP配置密码，但是所有的交换机必须配置相同的密码。

4. 配置VLAN

要为Catalyst2950交换机配置VLAN，可以在VLAN数据库中配置它们。先通过特权模式而不是配置模式进入VLAN数据库，再按步骤进行配置即可。

配置VLAN的步骤是：

1）启用VTP协议。

2）配置中继端口。

3）创建VLAN。

4）将交换机端口分配到VLAN中。

如果只有一台交换机，就不需要使用VTP，可以启用VTP透明模式。默认情况下，VTP工作在服务器模式。

配置VLAN时应注意：VLAN的最大数目和具体的设备有关，Catalyst2950交换机支持255个VLAN。VLAN1是厂家默认的VLAN，交换机的IP地址在VLAN1的广播域中，交换机必须在透明模式或服务器模式下才能增加、删除、修改 VLAN。

（1）VLAN 的 VTP 配置

要定义 VTP 域，可在全局模式下使用下面的配置命令：

```
vtp [server | transparent | client] domain 域名 [password 口令 ]
```

例如：

```
switch2950A#vlan database  // 进入 VLAN 数据库
switch2950A(vlan)#vtp server
Device mode already VTP SERVER // 交换机工作在 VTP 服务器模式
switch2950A(vlan)#vtp domain Test // 定义 VTP 域名为 Test
Domain name already set to Test.
```

可以在特权模式下通过 show 命令查看 VTP 配置：

```
switch2950A#show vtp status
VTP Version                     : 2
Configuration Revision          : 10
Maximum VLANs supported locally : 255
Number of existing VLANs        : 8
VTP Operating Mode              : Server
VTP Domain Name                 : Test
VTP Pruning Mode                : Disabled
VTP V2 Mode                     : Disabled
VTP Traps Generation            : Disabled
MD5 digest                      : 0xF8 0x88 0xBE 0xE9 0x56 0x51 0xC1 0xAB
Configuration last modified by 0.0.0.0 at 3-1-93 00:13:36
Local updater ID is 0.0.0.0 (no valid interface found)00
```

（2）配置中继端口

在端口配置模式下配置中继端口的命令是：

```
switchport mode trunk
```

要在端口上禁止中继，可使用 switchport mode access 命令。

```
switch2950A(config-if)#int f0/1
switch2950A(config-if)#swit
switch2950A(config-if)#switchport mode trunk
```

（3）创建 VLAN

创建一个 VLAN 的命令是：

```
vlan vlan 号 [name vlan 名 ]
```

例如：

```
switch2950A(vlan)#vlan 2 name V2
VLAN 2 modified:
   Name: V2
switch2950A(vlan)#vlan 3 name V3
VLAN 3 modified:
   Name: V3
```

可以在特权模式下用 show 命令查看所有 VLAN 状态：

```
switch2950A#sh vlan brief
```

```
VLAN Name                             Status    Ports
---- -------------------------------- --------- -------------------------------
1    default                          active    Fa0/4, Fa0/5, Fa0/6, Fa0/7
                                                Fa0/8, Fa0/9, Fa0/10, Fa0/11
                                                Fa0/12, Fa0/13, Fa0/14, Fa0/15
                                                Fa0/16, Fa0/17, Fa0/18, Fa0/19
                                                Fa0/20, Fa0/21, Fa0/22, Fa0/23
                                                Fa0/24
2    V2                               active    Fa0/2
3    V3                               active    Fa0/3
4    V4                               active
1002 fddi-default                     active
1003 token-ring-default               active
1004 fddinet-default                  active
1005 trnet-default                    active
```

也可以用下列命令查看某一个 VLAN 的状态：

```
switch2950A#show vlan id 2
VLAN Name                             Status    Ports
---- -------------------------------- --------- -------------------------------
2    V2                               active    Fa0/2

VLAN Type  SAID   MTU   Parent RingNo BridgeNo Stp  BrdgMode Trans1 Trans2
---- ----- ------ ----- ------ ------ -------- ---- -------- ------ ------
2    enet  100002 1500  -      -      -        -    -        0      0
```

（4）将交换机端口分配到 VLAN 中

定义一个 VLAN 成员的命令是：

```
switchport access vlan vlan 号
```

例如：

```
switch2950A#conf t
Enter configuration commands, one per line.  End with CNTL/Z.
switch2950A(config)#int f0/2
switch2950A(config-if)#swit
switch2950A(config-if)#switchport access vlan 2
switch2950A(config-if)#int f0/3
switch2950A(config-if)#swit
switch2950A(config-if)#switchport access vlan 3
```

可以在特权模式下用 show 命令查看 VLAN 成员，例如：

```
switch2950A #show vlan
switch2950A#sh vlan

VLAN Name                             Status    Ports
---- -------------------------------- --------- -------------------------------
1    default                          active    Fa0/4, Fa0/5, Fa0/6, Fa0/7
                                                Fa0/8,Fa0/9,Fa0/10,Fa0/11
                                                Fa0/12, Fa0/13, Fa0/14, Fa0/15
                                                Fa0/16, Fa0/17, Fa0/18, Fa0/19
                                                Fa0/20, Fa0/21, Fa0/22, Fa0/23
                                                Fa0/24
2    V2                               active    Fa0/2
```

```
3    V3                          active    Fa0/3
4    V4                          active
1002 fddi-default                   act/unsup
1003 token-ring-default             act/unsup
1004 fddinet-default                act/unsup
1005 trnet-default                  act/unsup
VLAN Type  SAID      MTU   Parent RingNo BridgeNo Stp  BrdgMode Trans1 Trans2
---- ----- ---------- ----- ------ ------ -------- ---- -------- ------ ------
1    enet  100001     1500  -      -      -        -    -        0      0
2    enet  100002     1500  -      -      -        -    -        0      0
3    enet  100003     1500  -      -      -        -    -        0      0
4    enet  100004     1500  -      -      -        -    -        0      0
1002 fddi  101002     1500  -      -      -        -    -        0      0
1003 tr    101003     1500  -      -      -        -    -        0      0
1004 fdnet 101004     1500  -      -      -        ieee -        0      0
1005 trnet 101005     1500  -      -      -        ibm  -        0      0

Remote SPAN VLANs
------------------------------------------------------------------------------

Primary Secondary Type              Ports
------- --------- ----------------- ------------------------------------------
```

（5）配置 VLAN 之间的路由

默认情况下，只有在同一个 VLAN 中的主机才能彼此通信。要实现 VLAN 之间的通信，就需要路由器或第 3 层交换机。如果采用路由器连接交换机，并实现 VLAN 之间的通信，要在路由器的快速以太口上支持 ISL 或 802.1Q 路由，此时路由器的接口就需要分成许多逻辑接口，每个 VLAN 对应一个逻辑接口，这些接口称为子接口（subinterface）。

默认情况下，不能在 Catalyst 2950 交换机和 Catalyst 1900 交换机之间提供中继，因为 1900 交换机只支持 ISL 路由，而 2950 交换机只支持 802.1Q，而这两种中继方法是不兼容的。

如果路由器连接的是 1900 的 Trunk 端口，配置命令为：

```
Router(config)#int f0/0.1
Router(config-subif)#encapsulation isl [vlan#]
```

如果路由器连接的是 2950 的 Trunk 端口，配置命令为：

```
Router(config)#int f0/0.1
Router(config-subif)#encapsulation dot1q [vlan#]
```

实验内容

按照图 2-64 所示，连接实验环境网络，对 2950 交换机 VLAN 配置相关的 VTP，并对 VLAN 和 VLAN Trunk 等进行配置。注意，交换机之间的连接和交换机与路由器之间连接要使用 Trunk 端口。

1. 实验要求

1）配置 VLAN。

2）通过 VLAN Trunk 配置跨交换机的 VLAN。

3）配置 VTP。

4）查看上述配置项目的有关信息。

2. 实验步骤

（1）交换机 2950A 的配置

网络拓扑图如图 2-64 所示，左边的交换机为 2950A，右边的交换机为 2950B。

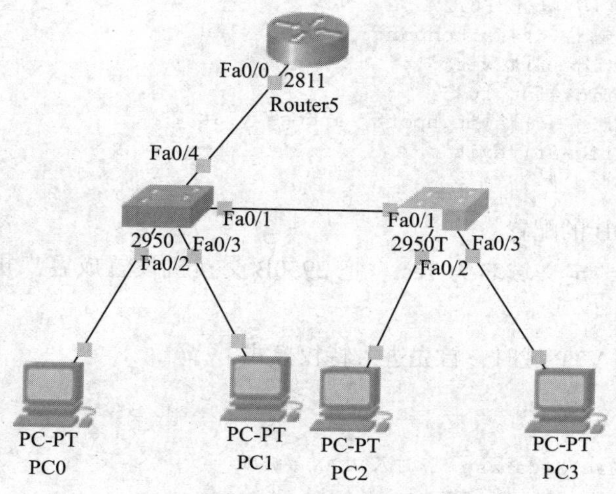

图 2-64　VLAN 配置实验拓扑

1）定义 VTP 域，定义域名为 Test。将 2950A 交换机设置成服务器模式，2950B 从 2950A 接收 VLAN 信息。

在 2950A 中定义 VTP 域时，首先进入特权模式。

```
switch2950A>en
switch2950A#
switch2950A#vlan database  //进入 VLAN 数据库
switch2950A(vlan)#vtp server
Device mode already VTP SERVER //交换机工作在 VTP 服务器模式
switch2950A(vlan)#vtp domain Test //定义 VTP 域名为 Test
Domain name already set to Test.
```

用 Ctrl-Z 回到特权模式，可以在特权模式下用 show 命令查看 VTP 配置：

```
switch2950A#show vtp status
```

2）在 2950A 上创建 VLAN，定义 VLAN 的名字为 V2，也可以不设置名字。

```
switch2950A#vlan database
switch2950A(vlan)#vlan 2 name V2
VLAN 2 modified:
Name: V2
```

3）配置 2950A 的 Trunk 端口 f0/1 和 f0/4。

```
switch2950A#conf t
switch2950A(config)#int f0/1
switch2950A(config-if)#switchport mode trunk
switch2950A(config-if)#int f0/4
switch2950A(config-if)#switchport mode trunk
```

```
switch2950A(config-if)#exit
switch2950A(config)#
```

4）将交换机端口分配到 VLAN 中。

```
switch2950A#conf t
Enter configuration commands, one per line.  End with CNTL/Z.
switch2950A(config)#int f0/2
switch2950A(config-if)#switchport  access vlan 1
switch2950A(config-if)#exit
switch2950A(config)#int f0/3
switch2950A(config-if)#switchport  access vlan 2
switch2950A(config-if)#exit
switch2950A(config)#
```

（2）交换机 2950B 的配置

1）定义 VTP 域，定义域名为 Test。把 2950B 交换机设置成客户机模式，从 2950A 接收 VLAN 信息。

在 2950B 中定义 VTP 域时，首先进入特权模式。

```
switch2950B>en
switch2950B #
switch2950B #vlan database  //进入 VLAN 数据库
switch2950B(vlan)#vtp client
switch2950B (vlan)#vtp domain Test //定义 VTP 域名为 Test
Domain name already set to Test.
```

用 Ctrl-Z 回到特权模式，可以在特权模式下用 show 命令查看 VTP 配置：

```
switch2950B#show vtp status
```

2）配置 2950B 的 Trunk 端口 f0/1。

```
switch2950B#conf t
switch2950B(config)#int f0/1
switch2950B(config-if)#switchport mode trunk
switch2950B(config-if)#exit
switch2950B(config)#
```

3）将交换机端口分配到 VLAN 中。

```
switch2950B#conf t
Enter configuration commands, one per line.  End with CNTL/Z.
switch2950B(config)#int f0/2
switch2950B(config-if)#switchport  access vlan 1
switch2950B(config-if)#exit
switch2950b(config)#int f0/3
switch2950B(config-if)#switchport  access vlan 2
switch2950B(config-if)#exit
switch2950B(config)#
```

注意： *交换机在客户模式不能创建 VLAN。*

（3）路由器 2811 的配置

1）配置路由器主机名、清除 f0/0 端口 IP 地址、启动 f0/0 端口：

```
Router>en
```

```
Router#config t
Router(config)#hostname Router5
Router5(config)#int f0/0
Router5(config-if)#no ip address
Router5(config-if)#no shut
```

2）将路由器的快速以太网端口 fa0/0 划分为两个子接口 fa0/0.1、fa0/0.2，配置每个子接口，并采用 802.1q 的数据封装。创建子接口，并定义封装类型，给子接口分配 IP 地址。

```
Router5 (config-if)#int f0/0.1
Router5(config-subif)#encapsulation dot1q 1
Router5 (config-subif)#ip dress 172.16.20.1 255.255.255.0
Router5 (config-subif)#exit
Router5 (config)#int f0/0.2
Router5 (config-subif)#encapsulation dot1q 2
Router5 (config-subif)#ip address 172.16.30.1 255.255.255.0
Router5 (config-subif)#exit
Router5 (config)#exit
```

3）保存配置。

```
Router5#copy run start
```

（4）PC 的配置

定义 PC0、PC1、PC2、PC3 的 IP 地址和默认网关，设 PC0、PC2 配置到 VLAN1，网络地址为 172.16.20.0，PC1、PC3 配置到 VLAN2，网络地址为 172.16.30.0，规范如下：

- PC0：IP 地址为 172.16.20.2　掩码 255.255.255.0
  默认网关为 172.16.20.1
- PC2：IP 地址为 172.16.20.3　掩码 255.255.255.0
  默认网关为 172.16.20.1
- PC1：IP 地址为 172.16.30.2　掩码 255.255.255.0
  默认网关为 172.16.30.1
- PC3：IP 地址为 172.16.30.3　掩码 255.255.255.0
  默认网关为 172.16.30.1

其中 PC0 的配置如图 2-65 所示。

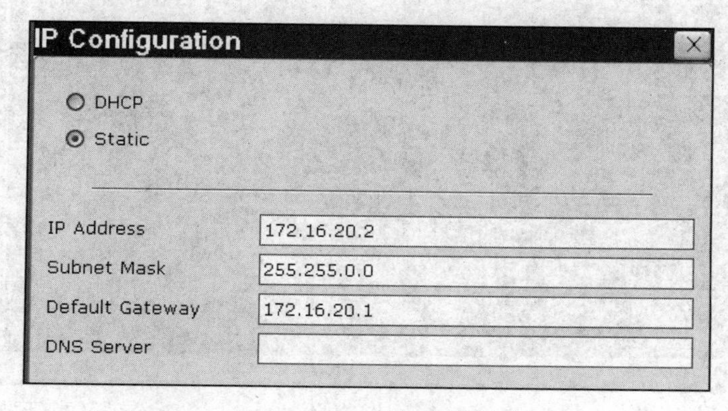

图 2-65　PC0 的配置图

其他三台 PC 的配置同上。

3. 实验验证

从 PC0 上 ping PC2，在同网段中验证它们之间的连通性，其结果如图 2-66 所示。

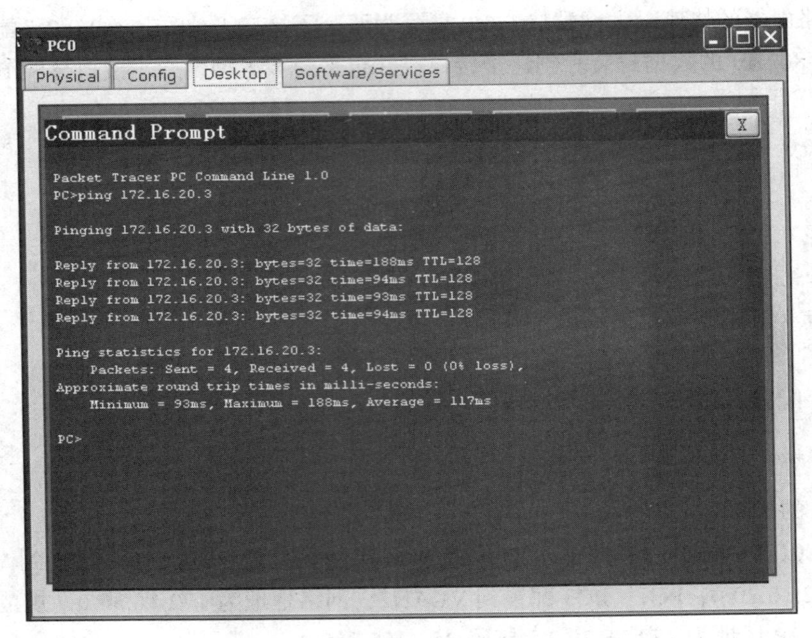

图 2-66 从 PCO 上 ping PC2

从 PC0 上 ping PC1，在不同网段之间验证它们之间的连通性，其结果如图 2-67 所示。

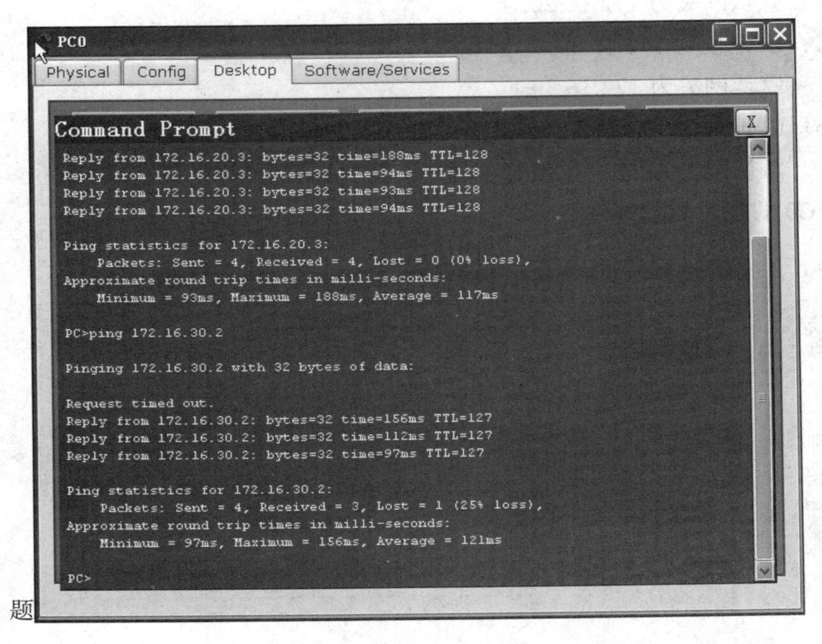

图 2-67 从 PC0 上 ping PC1

思考题目

1. 实验拓扑如下图所示。

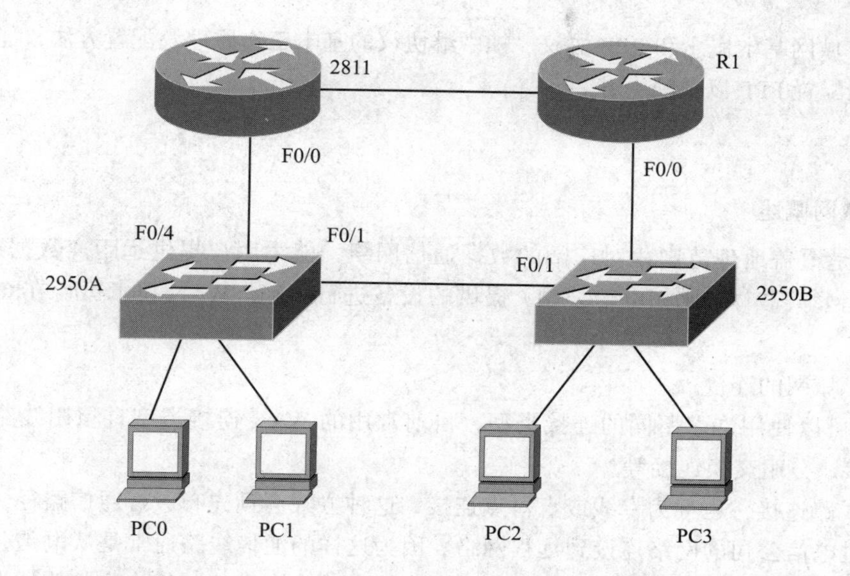

1）PC0、PC2 划分到 VLAN1，PC1、PC3 划分到 VLAN2，将网络配通。

2）路由器 2811 和 R1 的 F0/0 端口的 IP 地址各在哪个网段？如果配置交换机的 IP 地址，默认网关应该是哪个端口的地址？

2. 在下图中，由一台交换机组成 VLAN，将 PC0、PC1 划分到 VLAN1，PC2、PC3 划分到 VLAN2。

1）可以不进行哪项配置？

2）如果不配置路由器，VLAN1 和 VLAN2 能否连通？

3）完成相应配置。

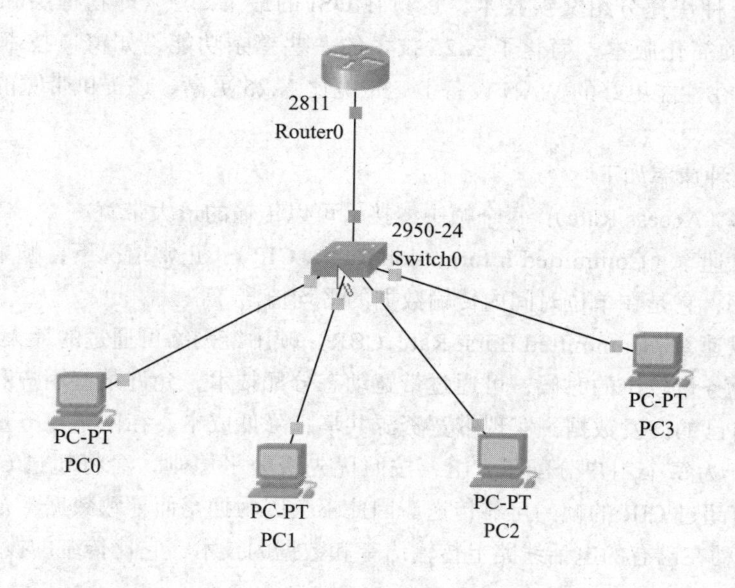

2.8　配置广域网

实验目的

掌握广域网基本概念和 PPP 协议、帧中继协议的基本工作原理及配置方法，能够在两台路由器之间配置 PPP 以及帧中继。

实验要点

1. 广域网概述

WAN 是覆盖地理范围相对广阔的数据通信网络，能为用户提供远距离数据通信业务，一般是利用公共载体（比如电信公司）提供的设备进行传输。WAN 技术运行在 OSI 的最下面 3 层。

（1）广域网的连接

WAN 可以使用许多不同的连接类型，目前常用的 WAN 连接类型有租用线路连接、电路交换连接、分组交换连接等。

租用线路连接，也称为专线或点对点连接，这种方式会预先布置好通信路径，该路径从客户端通过电信公司的网络连接到远程网络。因为这样的通信线路通常是从电信公司租用而来的，所以叫作租用线路。这种方式一般依据带宽和距离来定价，价格比其他技术昂贵，一般使用 HDLC 和 PPP 的封装格式。

电路交换连接一般在需要传输数据时进行连接，通信完成后终止连接，一般用于对带宽要求低的数据传输，如综合业务数字网络（Integrated Service Digital Network，ISDN）。

分组交换连接是指客户网络连接电信公司网络，许多客户共享电信公司网络，电信公司在客户站点之间建立虚电路，数据包通过网络进行传输。例如，帧中继、ATM、X.25 等。

（2）广域网的基本技术

广域网的基本技术有帧中继、ISDN、LAPB、HDLC、PPP、ATM 等。

帧中继是一种快速分组交换技术，运行在 OSI 的最下 2 层（即物理层和数据链路层）。它是 X.25 技术的简化版本，简化了 X.25 技术的一些繁杂功能，如窗口技术和数据重发功能，帧中继工作在性能更好的 WAN 设备上，带宽比 X.25 更高，还提供带宽的动态分配和拥塞控制功能。

帧中继的几种速率如下：

- 访问速率（Access Rate）：每个帧中继接口可以传输的最大带宽。
- 约定信息速率（Committed Information Rate，CIR）：正常情况下，帧中继网络传输数据的速率，它是在单位时间内传输数据的平均值。
- 约定猝发速率（Committed Burst Rate，CBR）：帧中继网络可通过的最大数据传输速率。

帧中继在业务量较少的时候，可通过带宽动态分配技术，允许某些用户利用其他用户的空闲带宽传输自己的突发数据，实现带宽资源共享，降低成本。在网络业务量大并发生拥塞的情况下，由于为每个用户分配了 CIR，按照优先级公平原则，会将超过 CIR 的某些帧丢弃，并保证没有超过 CIR 的帧的可靠传送。因此不会因为拥塞而导致数据不合理地丢失。

ISDN 是一种在已有的电话线路上传输语音和数据的技术，它比传统的拨号（dial-up）上网有更好的性能。ISDN 也可作为帧中继或者 T1 连接的备份连接。

平衡链路访问过程（Link Access Procedure Balanced，LAPB）是一种面向连接的协议，一般和 X.25 技术一起进行数据传输。它工作在 OSI 参考模型的数据链路层，因为它有严格的窗口和超时功能，所以代价很高。

高级数据链路控制（High-Level Data-Link Control，HDLC）是一种在租用线路上使用的点对点协议，是 ISO 标准，它定义了同步串行连接的封装方法。HDLC 工作在 OSI 参考模型的数据链路层。相比 LAPB，HDLC 成本较低。HDLC 不会把多种网络层的协议封装在同一个连接上。各个厂商的 HDLC 都有自己鉴定网络层协议的方式，所以各个厂商的 HDLC 是不同的，相互不兼容。

点对点协议（PPP）是一种工业标准协议。因为各个厂商的 HDLC 私有，所以 PPP 可以用于不同厂商的设备之间的连接。PPP 使用网络控制协议（NCP）来验证上层的 OSI 参考模型的网络层协议。PPP 有两种认证方式：密码验证协议（PAP）和挑战握手验证协议（CHAP）。

异步传输模式（Asynchronous Transfer Mode，ATM）是国际电信联盟电信标准委员会（ITU-T）制定的信元（cell）中继标准，ATM 网络是面向连接的，使用固定长度的 53 字节长的信元方式进行传输。

（3）广域网接口

如前所述，常见的以太网接口主要有 AUI、BNC 和 RJ-45 接口，常见的广域网接口主要有高速同步串口、异步串口、BRI 接口等。

串行传输指 1 次 1 位的传输方式，并行传输指 1 次多位（如 8 位）的传输方式。WAN 普遍使用串行传输方式。

Cisco 使用私有的 60 针脚的串行连接器。连接器的另外一端的类型可以有以下几种：

- EIA/TIA-232
- EIA/TIA-449
- V.35（与 CSU/DSU 连接）
- X.21（X.25 中使用）
- EIA-530

Router 的接口默认是 DTE，它们和 DCE（比如 CSU/DSU）相连，DCE 的主要作用是提供时钟频率。

（4）高速同步串口

在路由器的广域网连接中，应用最多的接口是高速同步串口。通常标记为 Serial0、Serial1，或 S0、S1 以及 S0/0、S0/1 等。

这种接口主要用于连接目前应用非常广泛的 DDN、帧中继、X.25、PSTN 等网络。在企业网之间有时也通过 DDN 或 X.25 等广域网连接技术进行专线连接。这种同步接口一般要求的速率非常高，通过这种接口所连接的网络两端要求实时同步。

（5）异步串口

异步串口主要应用于 Modem 或 Modem 池的连接，可实现远程计算机通过公用电话网拨入网络。这种异步接口相对于同步接口速率较低，不要求网络的两端保持实时同步，只要求能连续即可。

（6）ISDN BRI 接口

ISDN BRI 接口用于通过 router 实现 ISDN 线路与因特网或其他远程网络的连接。ISDN 有两种速率的连接接口：一种是 ISDN BRI（基本速率接口），另一种是 ISDN PRI（基群速率接口）。ISDN BRI 接口采用 RJ-45 标准，使用 RJ-45-to-RJ-45 直通线与 ISDN NT1 连接。

2. 广域网配置

（1）HDLC 的配置

HDLC 配置只需要在相应接口定义 HDLC 封装。配置 HDLC 封装的命令为：

```
ROUTER(config-if)#encapsulation hdlc
```

（2）PPP 的配置

PPP 的配置步骤分两步：首先配置 PPP 封装，然后配置 PPP 认证。在链路两端均需要进行 PPP 封装配置。

在接口配置模式配置 PPP 封装的命令格式为：

```
R1(config-if)#encapsulation ppp
```

配置 PPP 认证首先要设置 router 的主机名，然后设置用于远程连接本地 router 的用户名和密码，最后选择认证类型 CHAP 或者 PAP。

配置用户名和密码的命令为：

```
username  [用户名]  password  [密码]
```

注意，用户名指的是连接本地 router 的那个远程 router，区分大小写，并且认证两端配置的密码必须一样。因为是明文密码，可以使用 show running-config 来查看密码，使用 service password-encryption 来加密密码。

选择验证类型的命令为：

```
R1(config-if)#ppp authentication chap| pap
```

如果使用了 2 种验证方法，那么只有第一种方法被使用，第二种作为第一种失败的备份验证方法。

可以使用 show interface 命令和 debug ppp authentication 命令来验证 PPP 的配置信息。

（3）帧中继的配置

帧中继技术是一种分组交换技术，但不能使用 encapsulation hdlc 或 encapsulation ppp 之类的命令来对其进行配置。帧中继的配置首先要定义接口的帧中继封装和封装类型，然后定义接口的 DLCI 号。

定义接口的帧中继封装的命令是：

```
R2(config-if)# encapsulation frame-relay [ietf|cisco]
```

Cisco 路由器的帧中继接口支持两种封装类型：Cisco 和 IETF（Internet Engineer Task Force），默认为 Cisco，如果连接的是两台 Cisco 设备，使用 Cisco 封装类型。如果是一台

Cisco 设备和一台非 Cisco 设备连接，要选择封装格式为 IETF。需要注意，帧中继连接设备的两端必须使用相同的封装类型。

帧中继提供虚电路服务，虚电路在 DTE 设备之间提供双向信道，有交换式虚电路和永久性虚电路两种。通过数据链路连接标识符（Data Link Connection Identifiers，DLCI）对虚电路进行识别。DLCI 一般由服务商（比如电信公司）指定（一般从 16 开始）。DLCI 是局部性的，也就是说 DLCI 在帧中继网络中不是唯一的。定义接口 DLCI 的命令是：

```
R2(config-if)#frame-relay interface-dlci [DLCI]
```

本地管理接口（Local Management Interface，LMI）是基本的帧中继标准的扩展集，是路由器（DTE）和第一个帧中继交换机之间的信令（signaling）标准。LMI 使得 DLCI 具有全局性而不再是局部性，即在使用 LMI 时的 DLCI 值成为 DTE 设备的地址。LMI 信息类型有三种：Cisco、ANSI 和 Q.933A，根据电信公司交换机的类型和配置而不同。Cisco 设备的默认 LMI 类型是 Cisco。从 iOS 版本 11.2 开始，LMI 类型就是自动检测了，也可以手动配置，配置命令为：

```
R2(config-if)#frame-relay lmi-type [cisco|ansi|q933a]
```

可以使用以下命令检查 PVC 的状态：

- show frame lmi：提供本地 router 和帧中继 switch 的 LMI 信息交换的统计信息，包含 LMI 错误信息和 LMI 类型等。
- show frame pvc：显示所有已配置的 PVC 和 DLCI 信息，提供每条 PVC 的连接信息和流量统计，还有每条 PVC 上接收到的 BECN 和 FECN 包的信息。如果想显示 PVC 16 的信息，应使用 show frame pvc 16 命令。
- show interface：检查 LMI 流量，显示封装类型和 OSI 参考模型的层 2 和层 3 的信息，还包括协议、DLCI 等信息。
- show frame map：显示 OSI 参考模型中的网络层到 DLCI 的映射。
- debug frame lmi：根据已交换的正确的 LMI 信息来验证帧中继连接。

（4）ISDN 的配置

配置 ISDN 时首先要定义 ISDN 的交换类型，然后定义服务档案标识符。还可以配置 DDR（Dial-on-Demand Routing）方式。

在全局配置模式下，使用 isdn switch-type [keyword] 命令来定义 ISDN 的交换类型，以下是一些 ISDN 交换类型的 keyword：

```
AT&T basic rate switch:basic-5ess
AT&T 4ESS(ISDN PRI only):parimary-4ess
AT&T 5ESS(ISDN PRI only):parimary-5ess
Nortel DMS-100 basic rate switch:basic-dms100
Nortel DMS-100(ISDN PRI only):primary-dms100
National ISDN-1 switch:basic-ni1
```

isdn switch-type 命令用于全局配置模式下，使整个 router 的所有 BRI 接口都生效。但是假如只有 1 个 BRI 接口的话，在全局模式下和在 BRI 的接口配置模式下使用这个命令的效果是一样的。

配置 BRI 时，要获取服务档案标识符（Service Profile Identifier，SPID），每个 B 信道对应 1 个 SPID。SPID 是唯一的，如果没有 SPID，许多 ISDN 交换机将不允许使用 ISDN 服务。

在 Cisco 的路由器中使用 isdn spid1 和 isdn spid2 命令配置 SPID。命令是：

```
R3(config-if)#isdn spid1 服务档案标识符 [SPID 的本地目录号 ]
```

第二部分定义 SPID 的本地目录号是可选的。

DDR 是根据传输终端的需要动态建立和关闭电路交换的一种方式。当需要传输数据时产生一个 DDR 请求，路由器发送呼叫建立信息给指定串口的 DCE 设备，这个呼叫就把本地和远程的设备连接起来，一旦没有数据传输，空闲时间开始计时，若超过设置的空闲时间，这一次连接终止。配置 DDR 的主要步骤是：先定义静态路由，然后定义 router 感兴趣的流量，最后配置 dialer 信息。

1）配置静态路由。要使 ISDN 连接转发数据流量，就必须在每个 router 上定义静态路由。也可以使用动态路由协议进行配置，但这种情况下，ISDN 链路永远不会关闭。建议使用静态路由进行配置。例如：

```
R3(config)#ip route 192.168.1.0 255.255.255.0 192.168.3.1
R3(config)#ip route 192.168.5.0 255.255.255.255 bri0
```

2）定义感兴趣的数据流量。在全局配置模式下使用 dialer-list 命令定义数据流量，在 BRI 接口使用 dialer-group 命令使之生效。这和定义 IP 访问列表类似。例如：

```
R3(config)#dialer-list 1 protocol ip permit
R3(config)#int bri0
R3(config-if)#dialer-group 1
```

配置 dialer 信息的命令是：

```
R3(config-if)#dialer string 拨号串
```

也可以使用更为安全的命令 dialer map 来代替 dialer string 命令，命令格式为：

```
R3(config-if)#dialer map [ 协议 ] [ 下 1 跳 IP 地址 ] name [ 主机名 ] [ 拨号串 ]
```

dialer map 命令使 ISDN 电话号与下一跳地址产生关联。

ISDN 的验证配置命令有：

1）show dialer：检查拨号信息。

2）show isdn active：检查被叫号码是否在处理进程中。

3）show isdn status ：拨号之前的有利工具，提示你的 SPID 是否有效以及是否与服务商的 ISDN switch 进行通信。

4）debug isdn q921：只检查第二层的信息。

5）debug isdn q931：只检查第三层的信息。

6）debug dialer：检查建立与终止连接的活动。

7）isdn disconnect int bri0 ：断开连接，这和在接口使用 shutdown 命令的效果是一样的。

实验内容一

1. 实验要求

1）配置 PPP 封装。
2）配置用户名和密码。
3）配置 PPP 认证。
4）查看上述配置项目的有关信息。

2. 实验步骤

1）画出网络拓扑结构，如图 2-68 所示。

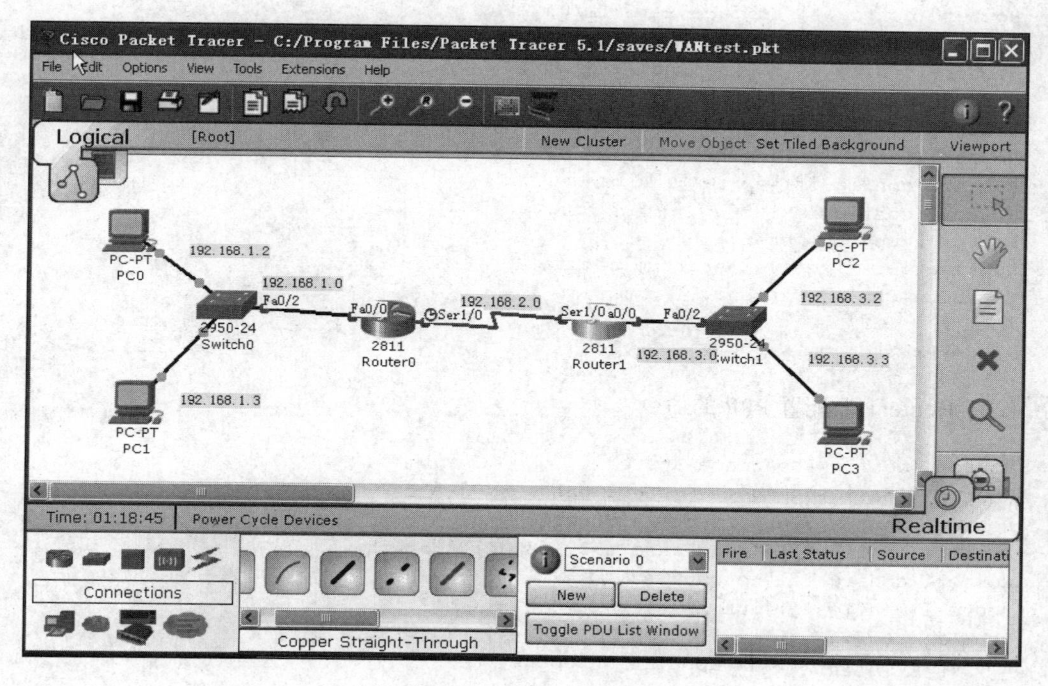

图 2-68　网络拓扑结构

其中，在路由器 Router0 与 Router1 之间配置 PPP，各设备的 IP 地址及端口的 IP 地址如图 2-69 所示。

设备	F0/0	S1/0	IP 地址
Router0	192.168.1.1	192.168.2.1	
Router1	192.168.3.1	192.168.2.2	
PC0			192.168.1.2
PC1			192.168.1.3
PC2			192.168.3.2
PC3			192.168.3.3

图 2-69　各设备的 IP 地址及端口的 IP 地址

2）配置 PPP。

在 Router0 的 S1/0 和 Router1 的 S1/0 接口配置 PPP，使用 CHAP 认证。

①在路由器 Router0 上配置 PPP 的命令。

```
Router>enable
Router#configure terminal
Enter configuration commands, one per line.  End with CNTL/Z.
Router(config)#hostname Router0
Router0(config)#usename Router1 password dzf
Router0(config)#interface FastEthernet0/0
Router0(config-if)#ip address 192.168.1.1 255.255.255.0
Router0(config-if)#no shut
Router0(config-if)#exit
Router0(config)#interface Serial1/0
Router0(config-if)#clock rate 64000
Router0(config-if)#ip address 192.168.2.1 255.255.255.0
Router0(config-if)#encapsulation ppp
Router0(config-if)#ppp authentication chap
Router0(config-if)#no shut
Router0(config-if)#exit
Router0(config)#exit
Router0#copy run star
Destination filename [startup-config]?
Building configuration...
[OK]
Router0#
```

②在 Router1 上配置 PPP 的命令。

```
Router (config)#hostname Router1
Router1(config)#usename Router0 password dzf
Router1(config)#interface FastEthernet0/0
Router1(config-if)#ip address 192.168.3.1 255.255.255.0
Router1(config-if)#no shut
Router1(config-if)#int s1/0
Router1(config-if)#ip address 192.168.2.2 255.255.255.0
Router1(config-if)#encapsulation ppp
Router1(config-if)#ppp authentication chap
Router1(config-if)#
```

③在两个路由器上配置 RIP 路由协议。

```
Router (config)#hostname Router1
Router1(config)#router rip
Router1(config-router)#network 192.168.1.0
Router (config)#hostname Router0
Router0(config)#router rip
Router0(config-router)#network 192.168.3.0
```

④使用 show interface 命令或 show running-config 来验证配置信息。

```
Router1#sh int s0
Serial0 is up, line protocol is up （略）
Encapsulation PPP, loopback not set, keepalive set (10 sec)
LCP Open(略)
```

3）配置各计算机的 IP 地址及网关，如图 2-70 所示。

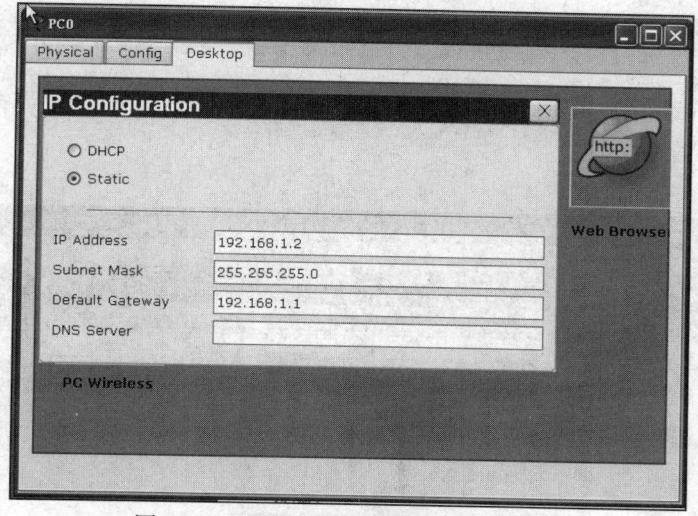

图 2-70 配置各计算机的 IP 地址及网关

3. 实验结果

在计算机 PC0 上使用 ping 命令检查网络的连通性。

实验内容二

1. 实验要求

1）配置接口的帧中继封装命令。

2）配置接口 DLCI。

3）配置 Cloud 云。

4）查看上述配置项目的有关信息。

2. 实验步骤

1）画出网络拓扑结构，如图 2-71 所示。

2）配置帧中继。

①在三个路由器上配置命令。

如下代码是 Router2 上的配置，其他两个路由器上的配置与此类似。

```
Router>en
Router#conf t
Enter configuration commands, one per line.  End with CNTL/Z.
Router(config)#int f0/0
Router(config-if)#no shut
Router(config-if)#ip address 172.18.1.1 255.255.255.0
Router(config-if)#int s0/3/0
Router(config-if)#encapsulation  frame-relay  //对串口 s0/3/0 进行 frame-relay 封装
Router(config-if)#no shut
Router(config-if)#
Router(config-if)#int s0/3/0.1 point-to-point //进入串口的子接口配置模式
Router(config-subif)#ip address 192.168.1.1 255.255.255.0     //为子接口配置 IP 地址
```

```
Router(config-subif)#description link Router1 DLCI 30          // 为子接口添加描述
Router(config-subif)#frame-relay interface-dlci 40             // 配置 DLCI
Router(config-if)#int s0/3/0.2 point-to-point
Router(config-subif)#ip address 192.168.3.1 255.255.255.0
Router(config-subif)#description link to Router0 DLCI 20
Router(config-subif)#frame-relay interface-dlci  41
Router(config-subif)#exit
Router(config-if)#exit
```

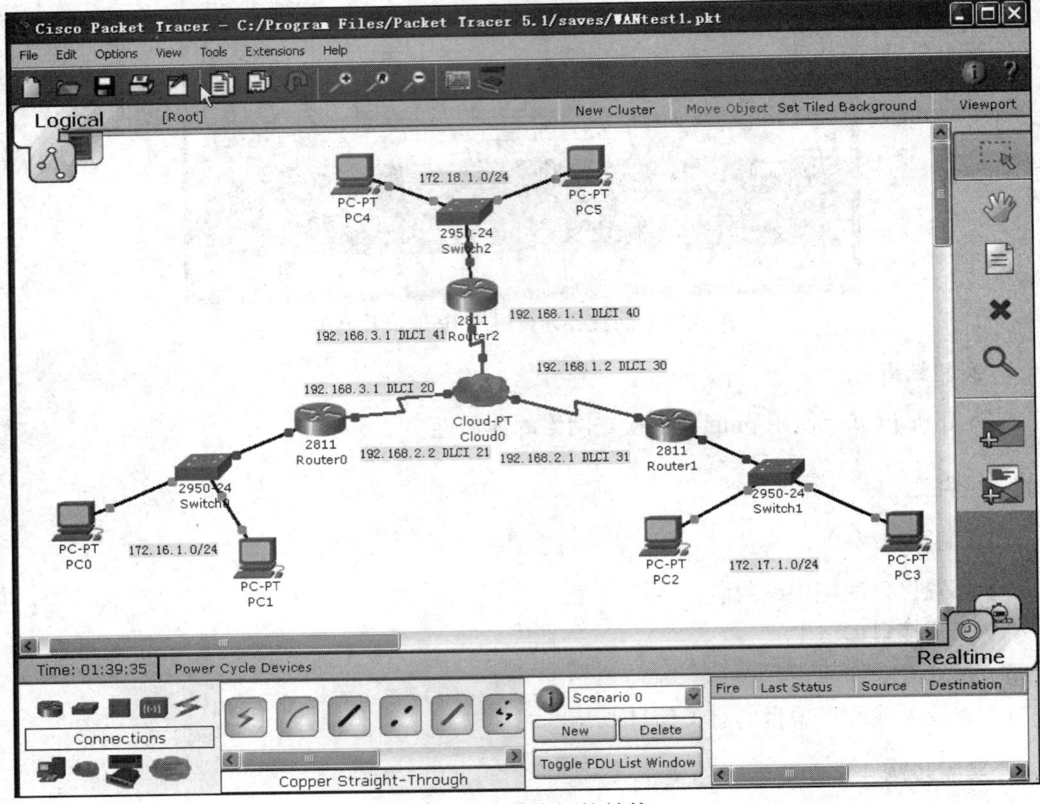

图 2-71　网络拓扑结构

在 Router0 上的配置如下：

```
Routerconfig)#hostname Router0
Router0(config)#
Router0(config)#interface FastEthernet0/0
Router0(config-if)#ip address 172.16.1.1 255.255.255.0
Router0(config-if)#no shut
Router0(config-if)#int s0/3/0
Router0(config-if)#encapsulation frame-relay
Router0(config-if)#no shut
Router0(config-if)#
Router0(config-if)#int s0/3/0.1 point-to-point
Router0(config-subif)#ip address 192.168.2.2 255.255.255.0
Router0(config-subif)#description link Router1 31
Router0(config-subif)#frame-relay interface-dlci 21
Router0(config)#int s0/3/0.2 point-to-point
Router0(config-subif)#ip address 192.168.3.2 255.255.255.0
```

```
Router0(config-subif)#description link Router0 41
Router0(config-subif)#frame-relay interface-dlci 20
Router0(config-subif)#exit
Router0(config)#exit
Router0#
```

在 Router1 上的配置如下：

```
Router1>enable
Router1#configure terminal
Router1(config)#interface FastEthernet0/0
Router1(config-if)#no shutdown
Router1(config-if)#ip address 172.17.1.1 255.255.255.0
Router1(config)#interface Serial0/3/0
Router1(config-if)#encapsulation frame-relay
Router1(config-if)#int s0/3/0.1 point-to-point
Router1(config-subif)#ip address 192.168.2.1 255.255.255.0
Router1(config-subif)#description link to Route0 DLCI 21
Router1(config-subif)#frame-relay interface-dlci 31
Router1(config-subif)#int s0/3/0.2 point-to-point
Router1(config-subif)#ip address 192.168.1.2 255.255.255.0
Router1(config-subif)#description link to Router2 DLCI 40
Router1(config-subif)#frame-relay interface-dlci  30
Router1(config-subif)#exit
Router1(config)#exit
Router1#
```

②在三个路由器上配置 RIP 路由协议。

```
Router>enable
Router#configure terminal
Router(config)#hostname Router0
Router0(config)#router rip
Router0(config-router)#network 172.16.0.0
Router0(config-router)#network 192.168.3.0
Router0(config-router)#network 192.168.2.0
Router0(config-router)#exit
Router#configure terminal
Enter configuration commands, one per line.  End with CNTL/Z.
Router(config)#hostname Router1
Router1(config)#
Router1(config)#router rip
Router1(config-router)#network 172.17.0.0
Router1(config-router)#network 192.168.2.0
Router1(config-router)#network 192.168.1.0
Router#configure terminal
Enter configuration commands, one per line.  End with CNTL/Z.
Router(config)#hostname Router2
Router2(config)#router rip
Router2(config-router)#network 172.18.0.0
Router2(config-router)#network 192.168.3.0
Router2(config-router)#network 192.168.1.0
Router2(config-router)#
Router#copy run star
Destination filename [startup-config]?
Building configuration...
[OK]
Router#
```

③查看相应的配置：

```
Router2 (config)#show frame lmi
Router2 (config)#show frame pvc
Router2 (config)#show interface
Router2 (config)#show frame map
Router2 (config)#debug frame lmi
```

3）配置 Cloud0。

①根据路由器的相关配置，给 Cloud0 的各个端口配置 DLCI 及 LMI 类型，如图 2-72、图 2-73 和图 2-74 所示。

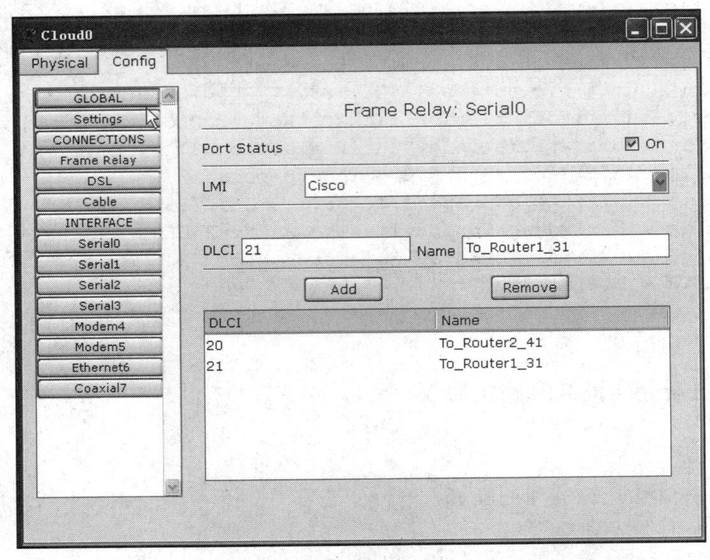

图 2-72　在 Cloud0 的 S0 端口配置 DLCI 及 LMI 类型

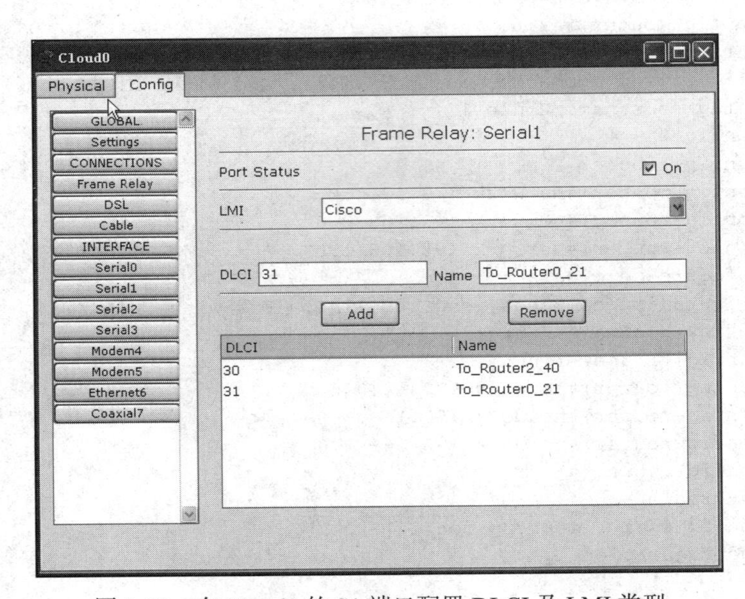

图 2-73　在 Cloud0 的 S1 端口配置 DLCI 及 LMI 类型

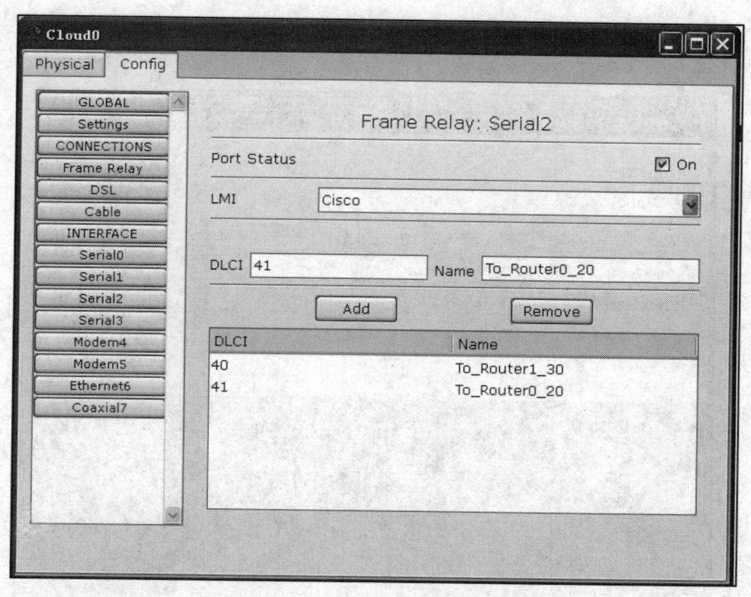

图 2-74　在 Cloud0 的 S2 端口配置 DLCI 及 LMI 类型

②根据路由器的相关配置，配置 Cloud0 的 Frame Relay，如图 2-75 所示。

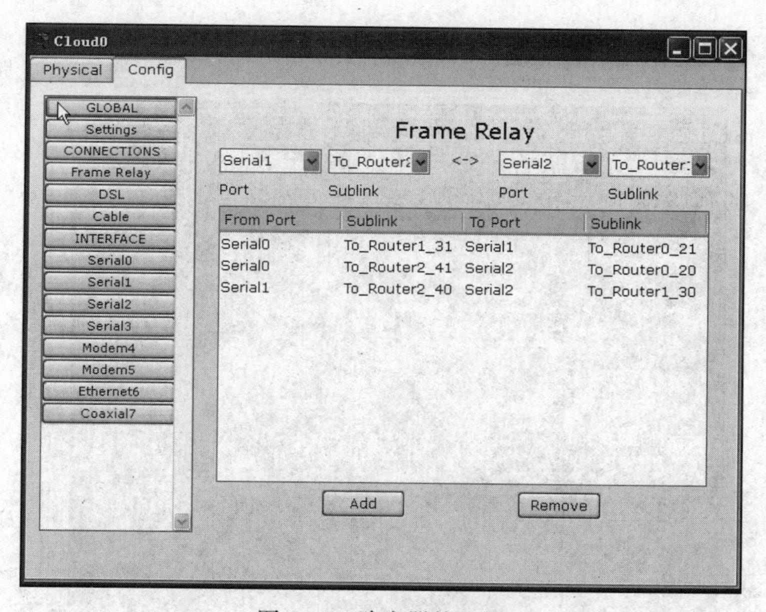

图 2-75　路由器的配置

4）配置各个计算机的 IP 地址和子网掩码。

以下是对 PC0 的配置，其他各个计算机的配置方法一样，如图 2-76 所示。

3. 实验结果

在计算机 PC0 上使用 ping 命令检查网络的连通性。例如，从 PC0 测试到 PC2 连通性，如图 2-77 所示。

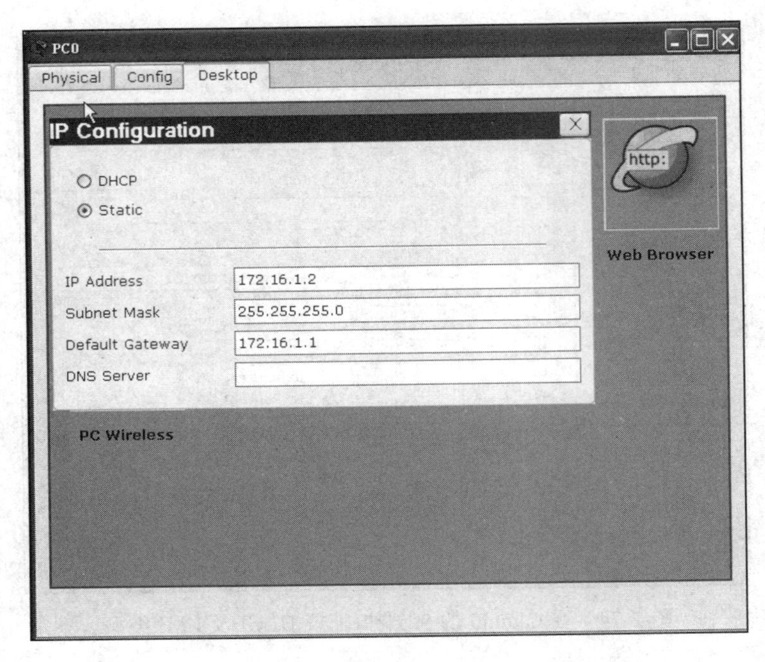

图 2-76　配置 PC0

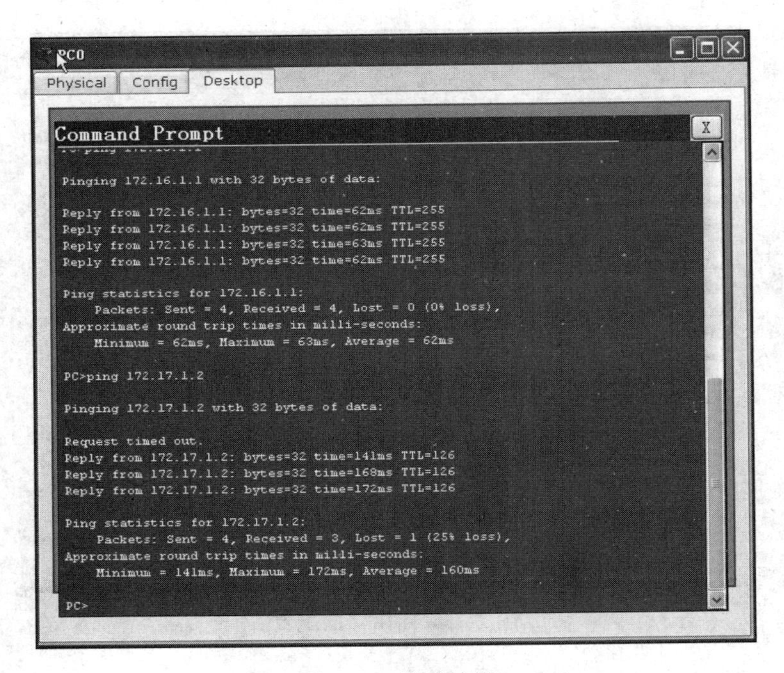

图 2-77　测试结果

思考题目

1. 网络拓扑图如下，要求在路由器 Router0 与 Router1 之间配置 PPP，在 Router1 和 Router2 之间配置帧中继。

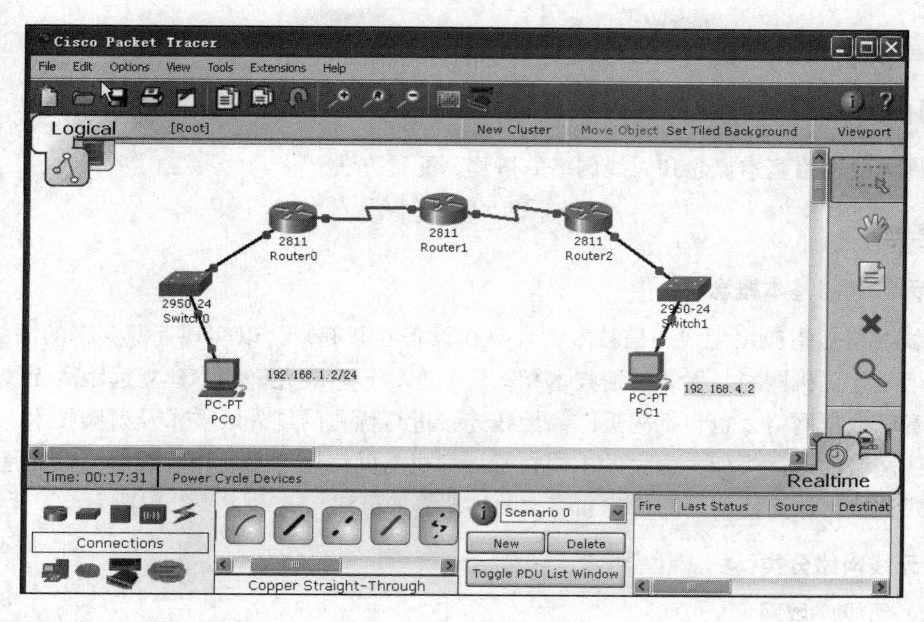

各端口的 IP 地址如下：

	F0/0	S0/3/0	S0/3/1
Router0	192.168.1.1	192.168.2.1	
Router1		192.168.2.2	192.168.3.1
Router2	192.168.4.1	192.168.3.2	

2. 在下图中，配置帧中继和子接口，将 Router1 路由器配置为帧中继交换机，将 Router0 和 Router2 路由器配置为使用交换机启动的 PVC。

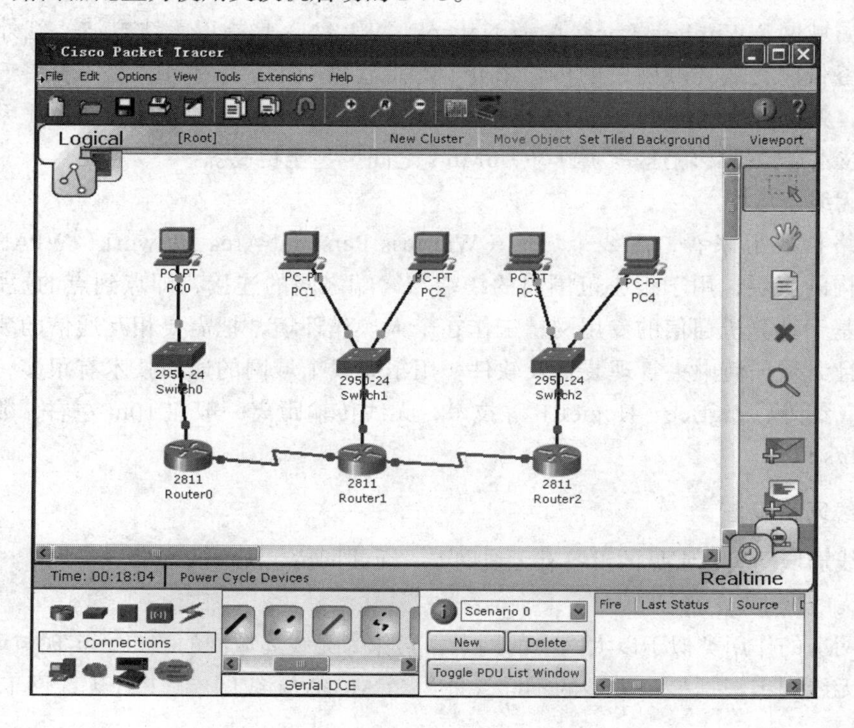

2.9　配置无线网络

实验目的

掌握无线网络基本概念和无线网络的搭建、配置方法。

实验要点

1. 无线网络基本概念

无线网络是指应用无线通信技术将计算机设备互联起来，以实现资源共享的网络体系。无线网络是计算机网络与无线通信技术相结合的产物。它既允许用户建立远距离无线连接的全球语音和数据网络，也包括为近距离无线连接进行优化的红外线技术及射频技术。无线网络与有线网络的用途类似，最大的不同在于计算机与网络连接不使用有线电缆，而是通过无线的方式连接，从而使网络的构建和终端的移动更加灵活。

2. 无线网络分类

（1）无线广域网

无线广域网（Wierless Wide Area Network，WWAN）是指通过移动通信卫星进行的数据通信，其覆盖范围最大。代表技术有 3G、4G 及未来的 5G 等，一般数据传输速率在 2Mb/s 以上。

（2）无线城域网

无线城域网（Wierless Metorpolitan Area Network，WMAN）是指通过移动电话或车载装置进行的移动数据通信，可以覆盖城市中大部分的地区。代表技术是 2002 年提出的 IEEE 802.20 标准，主要针对移动宽带无线接入（Mobile Broadband Wireless Access，MBWA）技术。

（3）无线局域网

无线局域网（Wireless Local Area Netwok，WLAN）是指以无线电波、红外线等无线媒介来代替目前有线局域网中的传输媒介（比如电缆）而构成的网络。一般用于区域间的无线通信，其覆盖范围较小，一般为半径 100m 左右。代表技术是 IEEE 802.11 系列，以及 HomeRF 技术。数据传输速率为 11 ～ 56Mb/s 之间，甚至更高。

（4）无线个域网

从网络构成上来看，无线个域网（Wierless Personal Area Network，WPAN）位于整个网络架构的底层，用于很小范围内的终端与终端之间的连接，即点到点的短距离连接。WPAN 是基于计算机通信的专用网，工作在个人操作环境，把需要相互通信的装置构成一个网络，且无须任何中央管理装置及软件。用于无线个域网的通信技术有很多，典型技术包括蓝牙、红外、ZigBee、HomeRF 等技术，无线传输距离一般在 10m 左右，数据传输速率在 10Mb/s 以上。

3. 无线网络设备

在无线局域网里，常见的设备有无线网卡、无线网桥、无线天线等。

（1）无线网卡

无线网卡的作用类似于以太网中的网卡，它作为无线局域网的接口，实现与无线局域网的连接。无线网卡根据接口类型的不同，分为 PCMCIA 无线网卡、PCI 无线网卡和 USB 无线网卡三种类型。

PCMCIA 无线网卡仅适用于笔记本电脑，支持热插拔，可以非常方便地实现移动无线接入。

PCI 无线网卡适用于普通的台式计算机。其实，PCI 无线网卡只是在 PCI 转接卡上插入一块普通的 PCMCIA 卡。

USB 接口无线网卡适用于笔记本和台式机，支持热插拔，如果网卡外置有无线天线，那么，USB 接口就是一个比较好的选择。

（2）无线网桥

无线网桥可以用于连接两个或多个独立的网络段，这些独立的网络段通常位于不同的建筑内，相距几百米到几十公里。因此，它可以广泛应用于不同建筑物间的互联，特别适合城市中的远距离通信。同时，根据协议不同，无线网桥又可以分为 2.4GHz 频段的 802.11b 或 802.11G，以及采用 5.8GHz 频段的 802.11a 无线网桥。无线网桥有三种工作方式：点对点、点对多点、中继连接。

在无高大障碍的条件下，采用无线网桥临时组网，其作用距离取决于环境和天线。一对 27dbi 的定向天线可以实现 10km 的点对点微波互连；一对 12dbi 的定向天线可以实现 2km 的点对点微波互连。

无线网桥通常是用于在室外，连接两个网络，无线网桥不能单独使用，至少要使用两个以上，而 AP 可以单独使用。无线网桥的功率大，传输距离远（最大可达约 50km），抗干扰能力强等，不自带天线，一般配备抛物面天线可实现长距离的点对点连接。

（3）无线天线

当计算机与无线 AP 或其他计算机相距较远时，由于信号减弱、传输速率明显下降，或者根本无法实现与 AP 或其他计算机之间通信时，就必须借助无线天线对所接收或发送的信号进行增益（放大）。

无线天线有多种类型，常见的有两种：一种是室内天线，优点是方便灵活，缺点是增益小，传输距离短；另一种是室外天线。室外天线的类型比较多，一种是锅状的定向天线，一种是棒状的全向天线。室外天线的优点是传输距离远，比较适合远距离传输。

实验内容

1. 实验要求

1）建立一个包含工作站、便携计算机、服务器、打印机和无线路由的无线网络。

2）配置主机 IP 地址。

3）测试主机之间的连通性。

2. 实验步骤

1）在工作区添加无线路由、两台 PC、一台便携计算机、一台打印机和一台服务器。将一台 PC 与无线路由的 Ethernet 端口相连，将其余 4 台设备的互连接口改为无线，使它们连接到无线路由，如图 2-78 所示。

Packet Tracer 5.3 中的无线设备是 Linksys WRT300N 无线路由器，该无线路由器共有四个 RJ45 插口、一个 WAN 口、四个 LAN Ethernet 口；计算机一般都没有配置无线网卡模块，需要手动添加无线网卡模块。计算机添加无线网卡后会自动与 Linksys WRT300N 相连。在图 2-78 中，计算机 PC1 与无线路由器的 Ethernet 端口相连，对 Linksys WRT300N 进行配置。

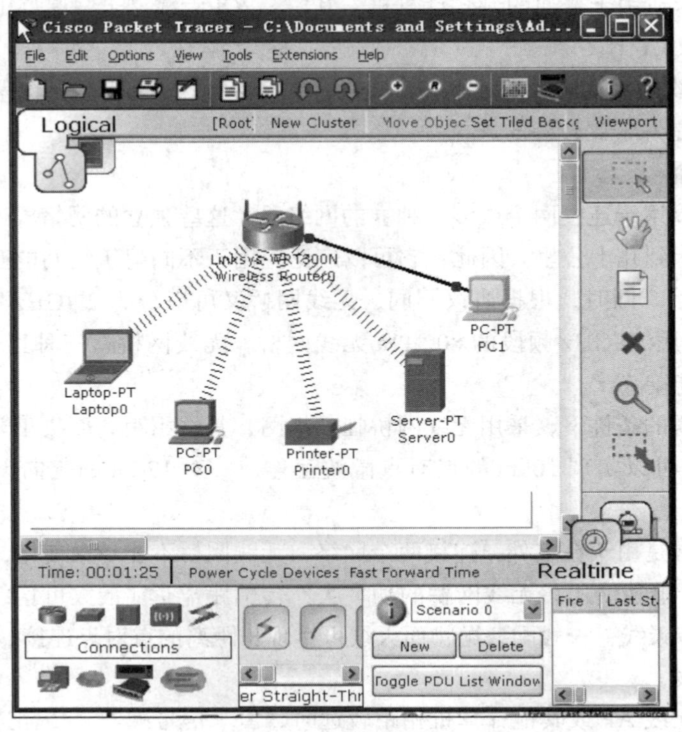

图 2-78　无线网络

2）为计算机添加无线网卡。

①为计算机添加无线网卡前要先关闭计算机电源，如图 2-79 所示。

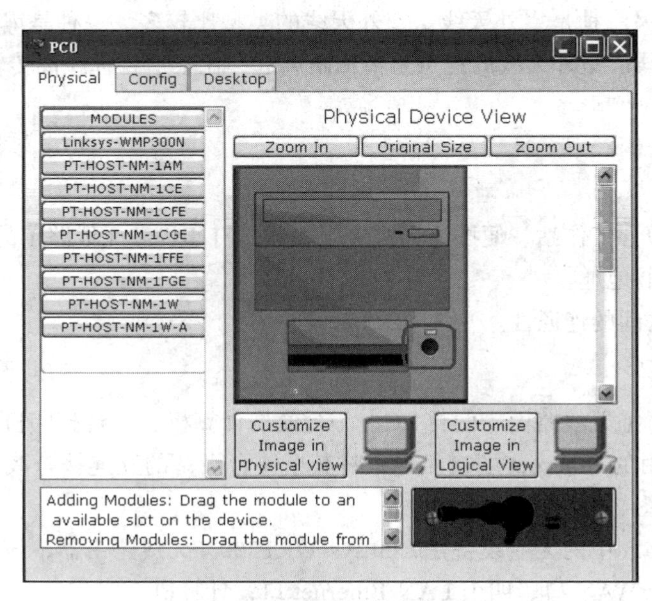

图 2-79　关闭计算机电源

②移除计算机中的有线网卡。按箭头方向拖动，如图2-80所示。

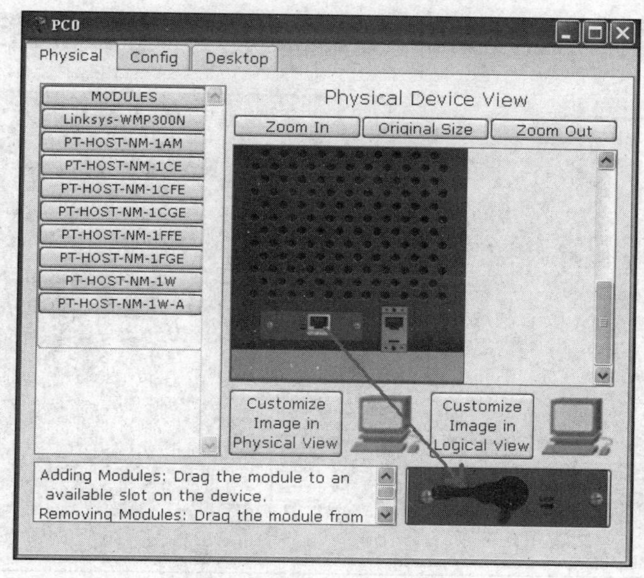

图2-80　移去有线网卡

③添加无线网卡。通过拖动添加无线网卡，如图2-81所示。

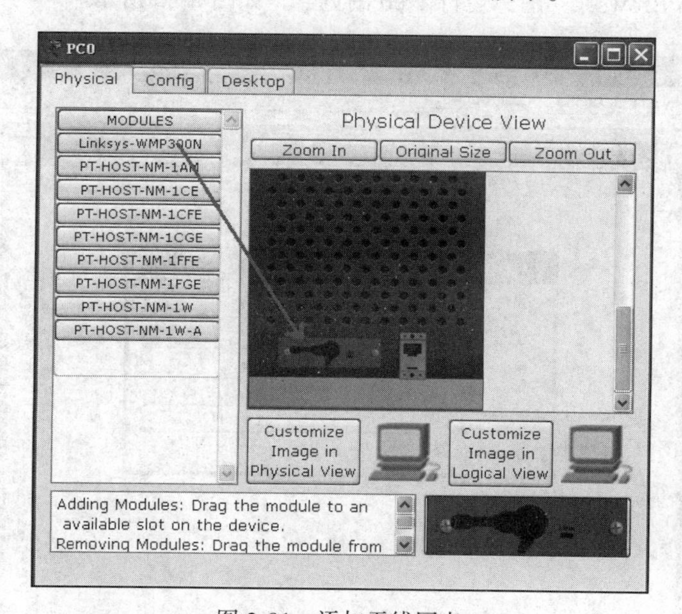

图2-81　添加无线网卡

3）将便携计算机Laptop0的IP地址设为192.168.10.1/24，将PC0的IP地址设为192.168.10.2/24，将服务器Server0的地址设为192.168.10.3/24，将打印机Printer0的IP地址设为192.168.10.4/24。

4）配置Linksys WRT300N。

①配置PC1的IP地址与Linksys WRT300N（默认IP为192.168.0.1）在同一网段。双击

图 2-78 中的 PC1，然后切换到“Desktop”选项卡，如图 2-82 所示。

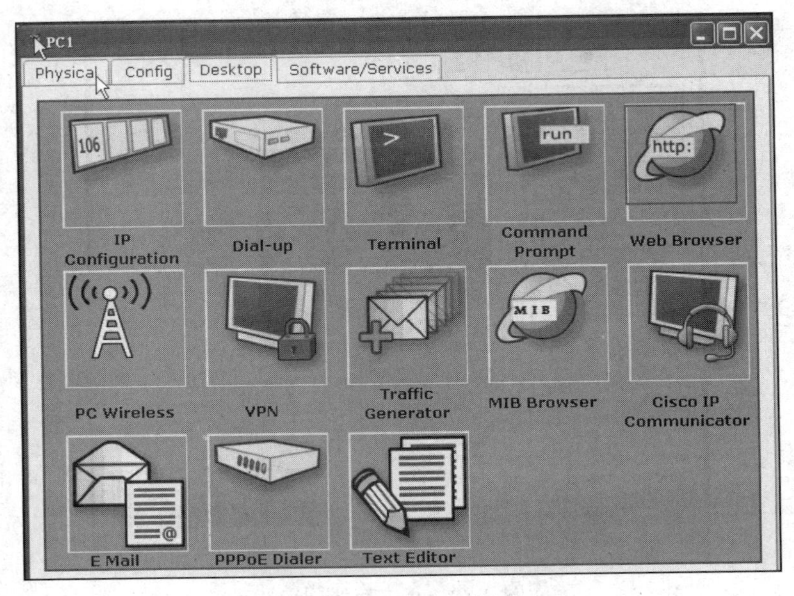

图 2-82　Desktop 选项卡

②双击“Web Browser”图标运行 Web 浏览器，如图 2-83 所示。

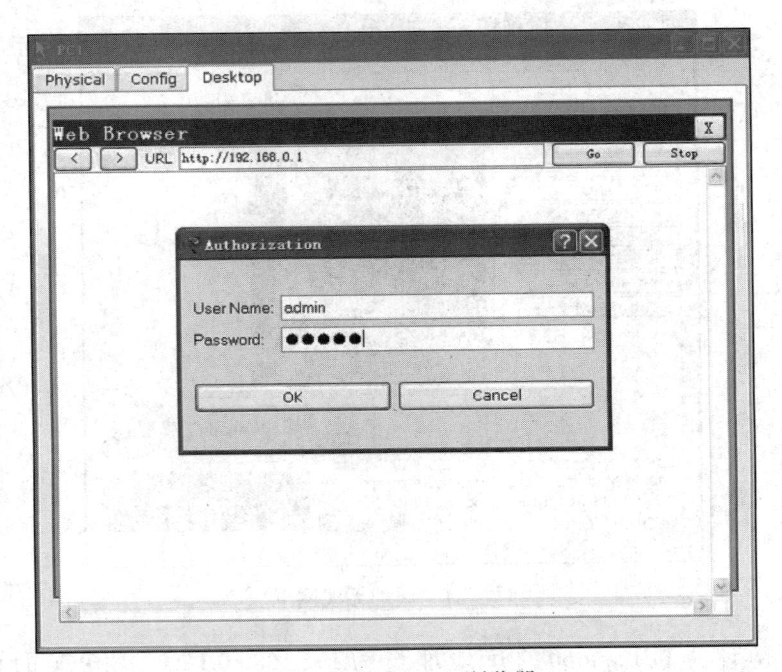

图 2-83　运行 Web 浏览器

③以 Web 的方式配置 Linksys WRT300N，如图 2-84 所示。

④配置 WLAN 的 SSID，无线路由器与计算机无线网卡的 SSID 相同。

⑤配置 WEP 加密密钥，如图 2-85 所示。

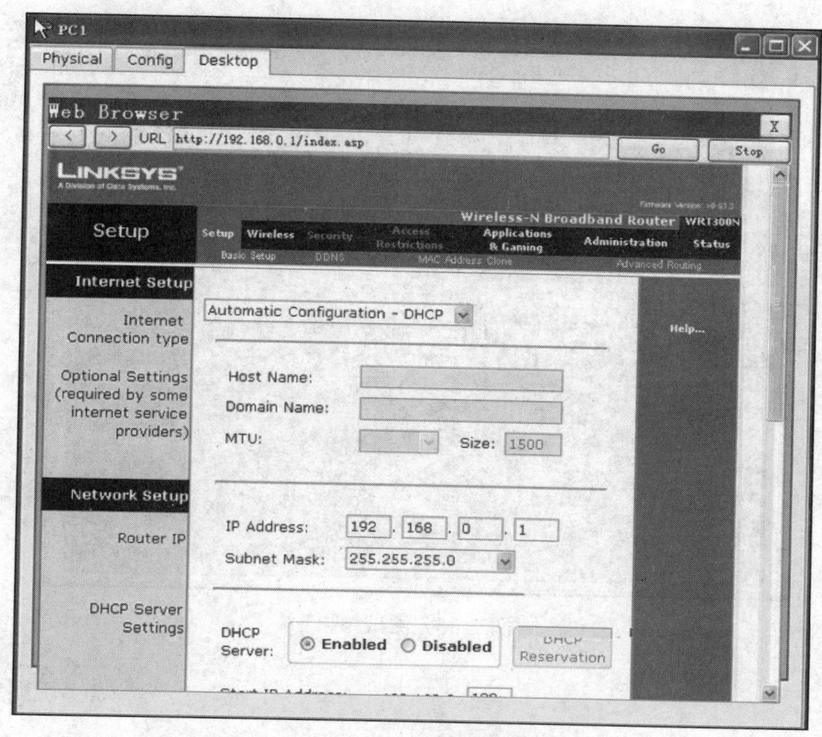

图 2-84　配置 Linksys WRT300N

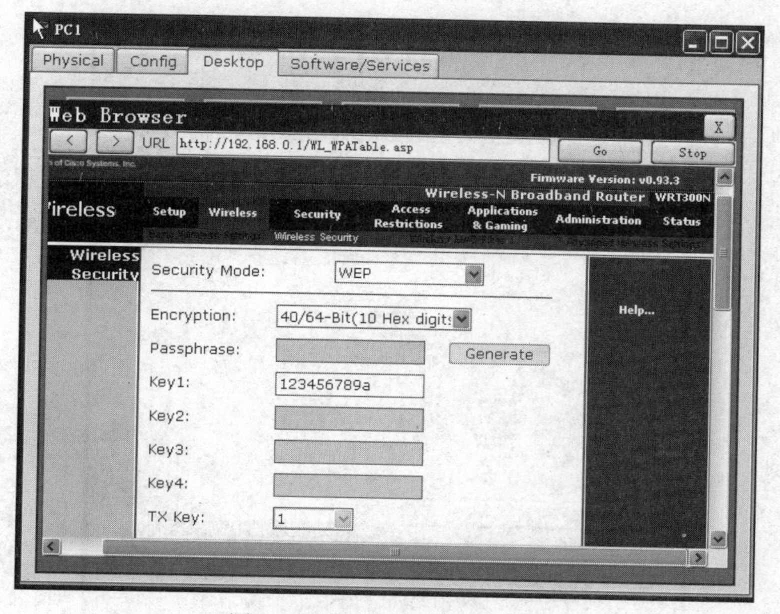

图 2-85　配置 WEP 加密密钥

3. 实验结果

测试主机之间的连通性。从 PC0 向服务器发送一个测试包，如图 2-86 所示，可以看出二者是连通的。

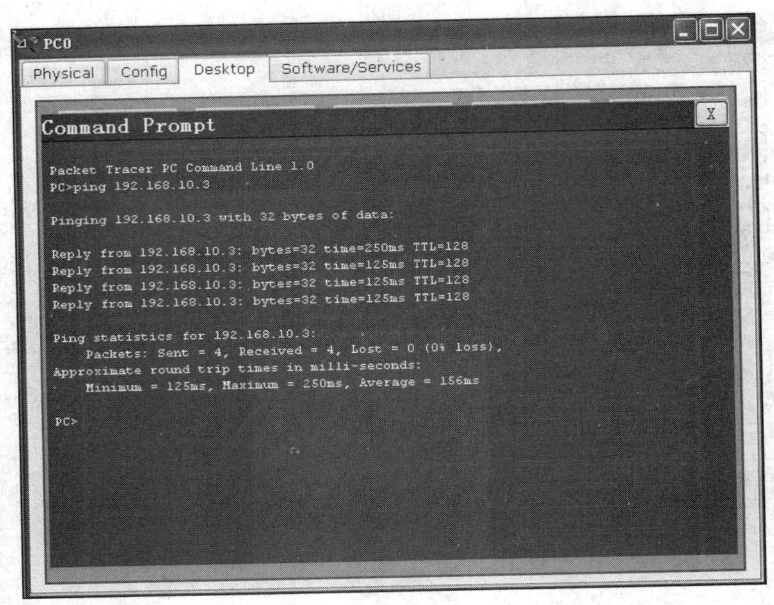

图 2-86　测试结果

思考题目

按照下面的拓扑图对该无线网络进行配置，配置完成后测试其连通性。

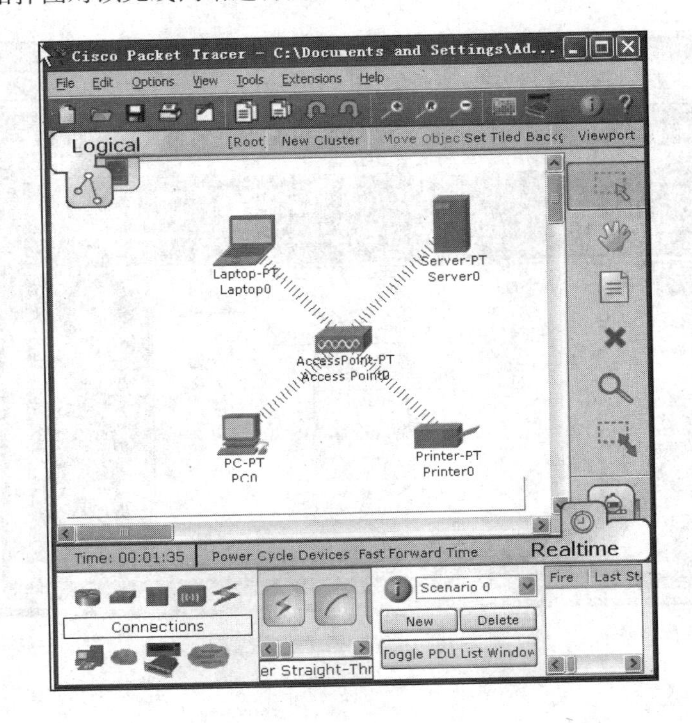

第3章　网络协议分析

在网络通信中，网络协议发挥着重要的、基础性的作用。本章将带领读者对 TCP/IP 协议族中各层协议进行分析，重点对目前互联网体系中经常使用的 15 个协议进行观察和实验。读者不需要搭建复杂的网络环境，借助网络协议分析工具、模拟仿真软件，进行简单的配置后即可完成。通过本章的学习，读者可进一步加深对网络协议的原理和特点的理解，了解实际协议的运行状态和交互过程，增强配置能力和观察分析能力。

所有的网络问题都源于数据包层次。所以，为更好地了解网络问题，需要进入数据包并进行分析。数据包分析通常也称为数据包嗅探或协议分析，它是指捕获或解析当前网络上正在传输的数据包的过程。这个过程通常是由网络协议分析工具来完成的。目前，市面上有多种类型的网络协议分析工具，包括免费和商业的，每种工具在设计和功能上会略有差异，如 Tcpdump、Omnipeek、Wireshark 等。在本章中，我们采用 Wireshark 进行网络协议数据包分析。

3.1　网络协议分析工具 Wireshark

3.1.1　Wireshark 简介

Wireshark 是目前广泛应用的网络协议分析工具之一，其前身是 Ethereal。当时 Ethereal 的主要开发者决定离开他原来供职的公司，并继续开发这个软件，但由于 Ethereal 这个名称的使用权已经被原来的公司注册了，所以决定使用 Wireshark 这个新名字。

无论是初学者还是数据包分析专家，都能应用 Wireshark 提供的丰富功能来满足需要。网络管理员可以使用 Wireshark 来检测网络问题，网络安全工程师可以使用 Wireshark 来检查信息安全相关问题，开发者则可以使用 Wireshark 来为新的通信协议排错。

Wireshark 具有以下优点：

1. 友好度高

Wireshark 拥有友好的图形用户界面（GUI），使用操作简单，便于初级和中级网络学习者掌握。该软件内置很多小工具、小功能，如过滤器、表达式、数据包彩色高亮等，易于初学者使用，以更快更好地了解网络。

2. 支持各类协议

目前，Wireshark 支持的协议已超过 850 种，从基础的 IP 协议、TCP 协议到高级的专用协议（如 AppleTalk 和 BitTorrent）。Wireshark 是在开源模式下开发的，全体使用者都是支持团队，随着软件系统不断更新升级，支持的协议也在不断增多。假如在某些情况下，Wireshark 不支持用户所需要的协议，用户可自行编写协议代码，并提交给 Wireshark 开发者。如代码被采纳，Wireshark 会在新版本中增加对新的协议的支持。

3. 对操作系统的支持

Wireshark 支持多操作系统，在主流操作系统平台上均可安装并运行 Wireshark，包括 Windows、Linux、Mac OS 等。用户可以在其官网上查看所有 Wireshark 支持的操作系统列表。

4. 对捕获功能的支持

Wireshark 可以捕获多种网络接口类型的包，包括无线局域网接口。它也可以支持多种其他程序捕获的文件，打开多种网络分析软件捕获的包；它支持多格式输出，将捕获文件以其他捕获软件支持的多种格式输出。

5. 程序支持

Wireshark 是一款自由分发软件，很少会有正式的程序支持，其程序主要依赖于开源社区的用户群。值得一提的是，Wireshark 社区是最活跃的开源项目社区之一。Wireshark 网页上给出了许多程序支持的相关链接，包括在线文档、支持与开发 wiki、FAQ、订阅与 Wireshark 使用、开发相关联的邮件列表等。

6. 开源

Wireshark 是开源软件项目，由 GNU GPL（GNU General Public Licence，通用公共许可证）发行。所有用户都可免费在任意数量的机器上使用它，不用担心授权和付费问题，所有的源代码在 GPL 框架下都可以免费使用。基于以上原因，用户可以很轻松地在 Wireshark 上添加新的协议，或者将其作为插件整合到自己的程序里。

3.1.2 Wireshark 安装

Wireshark 的安装文件可以从 Wireshark 官方网站 http://www.wireshark.org/ 免费获取，如图 3-1 所示。官网提供了针对不同平台的安装包和源文件，用户可根据平台下载适合的版本安装或编译。

Wireshark 安装过程极其简单，运行该软件的机器至少应满足以下配置：

- 400MHz 及以上处理器
- 128MB 内存
- 至少 75MB 可存储空间
- 支持混杂模式的网卡

1. 在 Windows 下安装 Wireshark

在 Windows 平台下，直接进入官网下载安装包进行安装。执行以下步骤：

1）双击 .exe 文件开始安装，单击 Next 按钮继续。

2）当弹出选择希望安装的组件对话框时一般接受默认设置即可，然后单击 Next，如图 3-2 所示。

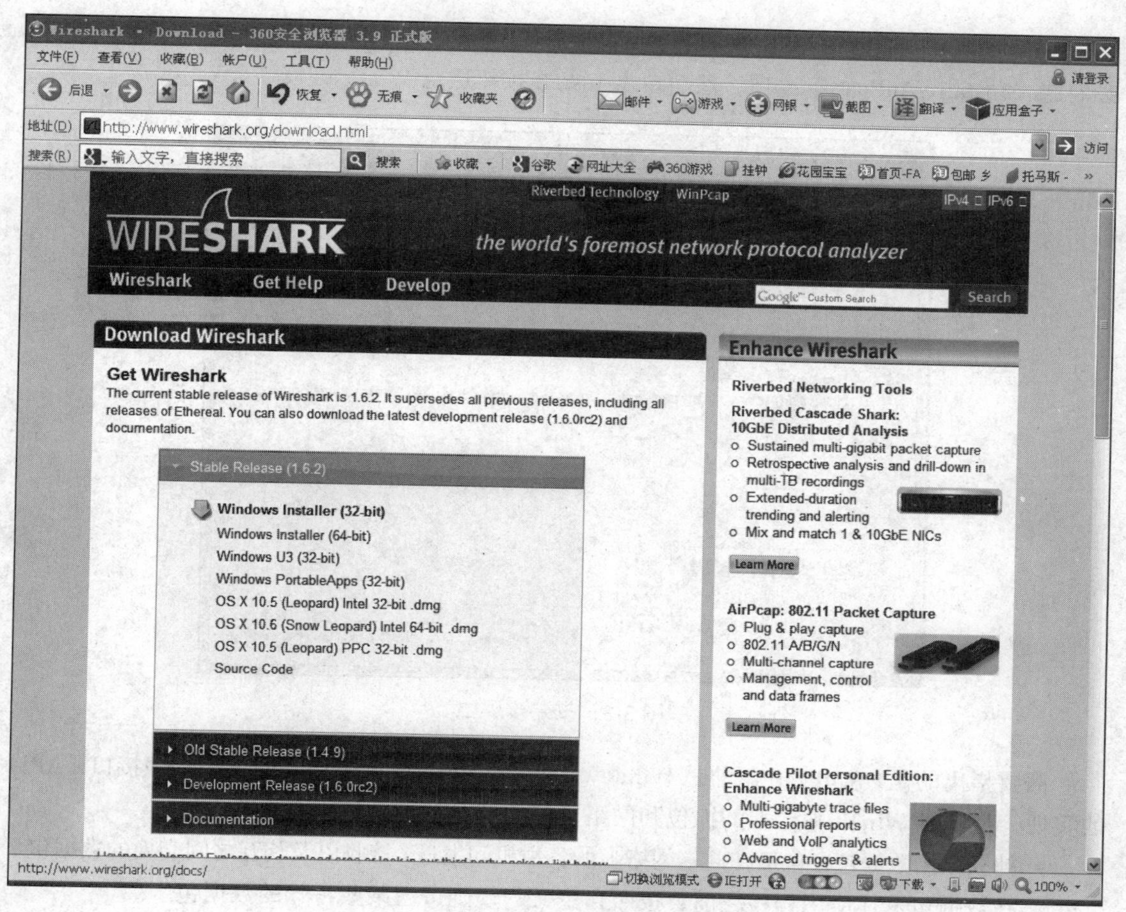

图 3-1　Wireshark 官方网站

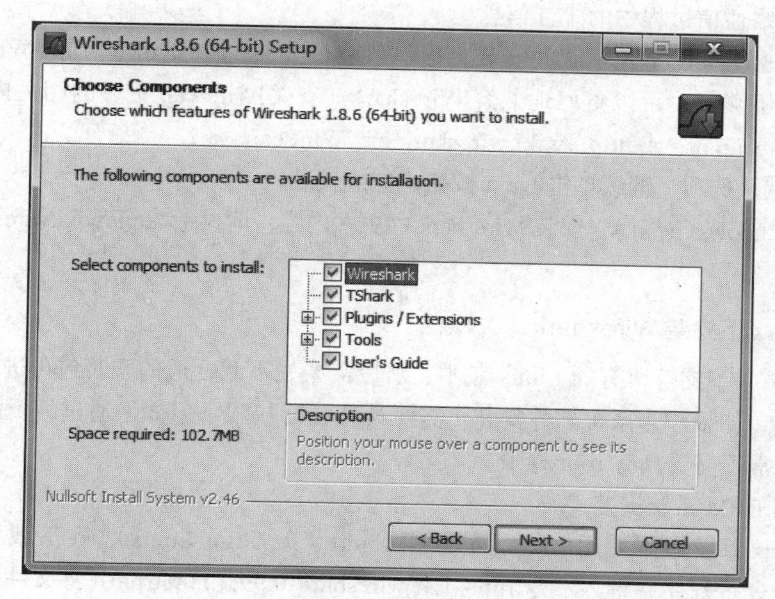

图 3-2　安装步骤一

3）继续单击 Next 按钮，当弹出是否需要安装 WinPcap 对话框时，如图 3-3 所示，请务必勾选“Install WinPcap”选项，然后单击 Install 按钮进行 WinPcap 安装。

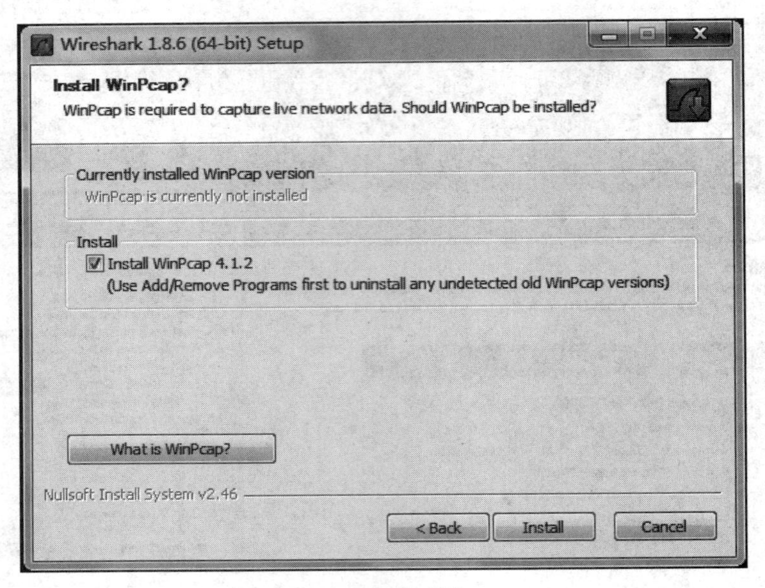

图 3-3　安装步骤二

需要指出的是，WinPcap 驱动是 Windows 下对于 Pcap 数据包捕获的应用程序接口（API）的实现，是针对 Win32 平台上的抓包和网络分析的一个系统，其主要功能包括：

- 捕获原始数据包，包括在共享网络上的各主机间发送 / 接收以及相互之间交换的数据包。
- 在数据包发往应用程序之前，按照自定义的规则过滤某些特殊的数据包。
- 在网络上发送原始数据包。
- 收集网络通信过程中的统计信息。

WinPcap 驱动可以单独下载并安装，但一般建议安装 Wireshark 内置的 WinPcap，因为这个版本经过了测试，可以更好地兼容 Wireshark。有关 WinPcap 更多的相关内容，请参考 http://www.winpcap.org 或 http://wiki.wireshark.org/WinPcap。

4）按照默认选项，继续单击 Next 按钮，完成安装。

有关在 Windows 下编译、安装 Wireshark 的更多内容，请参考 http://wiki.wireshark.org/Development。

2. 在 Linux 下安装 Wireshark

Wireshark 并不支持所有的 Linux 版本，所以需要先下载合适的安装包再进行安装。

一般来说，如果作为系统软件安装，需要具有 root 权限，但如果通过编辑源代码安装为本地软件，通常不需要具有 root 权限。

（1）使用 RPM 系统安装

如果 Linux 系统版本使用 RPM，如红帽 Linux（Red Hat Linux），在下载了合适的安装包后，打开命令行程序并键入命令 rpm -ivh wireshark-0.99.3.i386.rpm（将文件名替换成你所下载安装包的名称）即可完成安装。

（2）使用 DEB 系统安装

如果 Linux 系统版本使用 DEB，如 Debian、Ubuntu，则可以从系统源中直接安装 Wireshark，打开命令行窗口并键入命令 apt -get wireshark 即可完成安装。

（3）使用源代码编译安装

如果 Linux 系统版本中没有自动安装包管理工具，则需要使用源代码编译安装 Wireshark。执行以下步骤：

1）下载 Wireshark 源代码包。

2）解压，键入命令 tar -jxvf Wireshark-1.8.6.tar.bz2（将文件名替换成你所下载安装包名称）。

3）进入解压后创建的文件夹。

4）以 root 身份使用 ./configure 命令配置源代码以便其能正常编辑。无论安装是否成功，都能得到相应的提示信息。

5）输入 make 命令将源代码编译成二进制文件。

6）输入 make install 完成安装。

需要指出的是，在 Linux 下安装 Wireshark，需要安装 libpcap。libpcap 是 UNIX/Linux 平台下捕获网络数据包并进行分析的开源库，其功能与 WinPcap 驱动基本相同。有关 libpcap 的下载、安装和使用，可参考 http://www.tcpdump.org/，此处不再赘述。

3.1.3　Wireshark 的使用

1. 启动设置

启动 Wireshark，在捕获选项对话框 Capture Options 中选择接口，进行必要的勾选后，点击 Start 即可抓包，如图 3-4 所示。

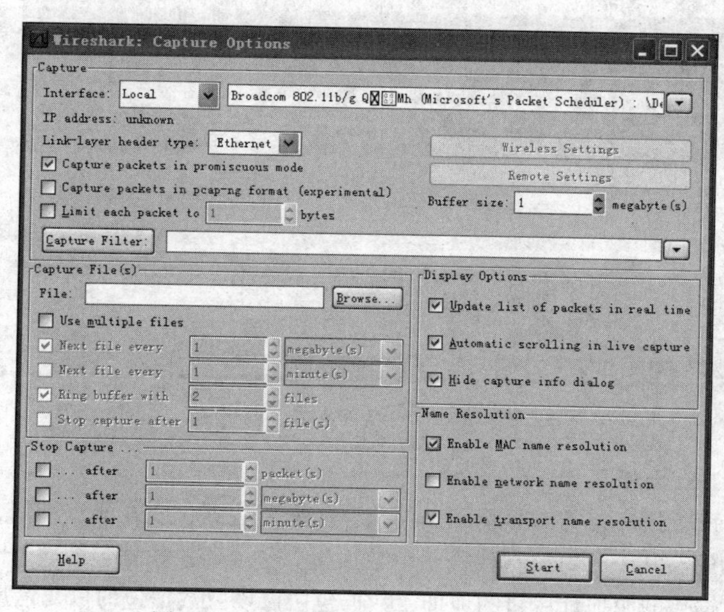

图 3-4　Wireshark Capture Options 窗口

- Interface　该字段指定用于捕获的接口，一次只能使用一个接口。这是一个下拉列表，通过点击右侧按钮，可选择想要使用的接口。

- IP address　表示选择接口的 IP 地址。如果系统未指定 IP 地址，将会显示 unknown。
- Capture packets in promiscuous mode　指定 Wireshark 捕获包时接口工作在混杂模式下。如果未指定该选项，Wireshark 将只能捕获进出的本机的数据包。
- Limit each packet to n bytes　指定捕获过程中每个包的最大字节数。
- Capture Filter　指定捕获过滤规则，默认情况下是空的。
- File　指定将用于捕获的文件名。该字段默认情况下是空的。如果保持空白，捕获数据将会存储在临时文件夹。通过点击右侧的按钮打开浏览窗口，可设置文件存储位置。

完成启动设置后，单击 Start 按钮，运行 Wireshark 开始抓包。

2. 主窗口

Wireshark 的主窗口由以下几部分组成：菜单、主工具栏、Fiter Toolbar/ 过滤工具栏、Packet List 面板、Packet Details 面板、Packet Bytes 面板和状态栏，如图 3-5 所示。

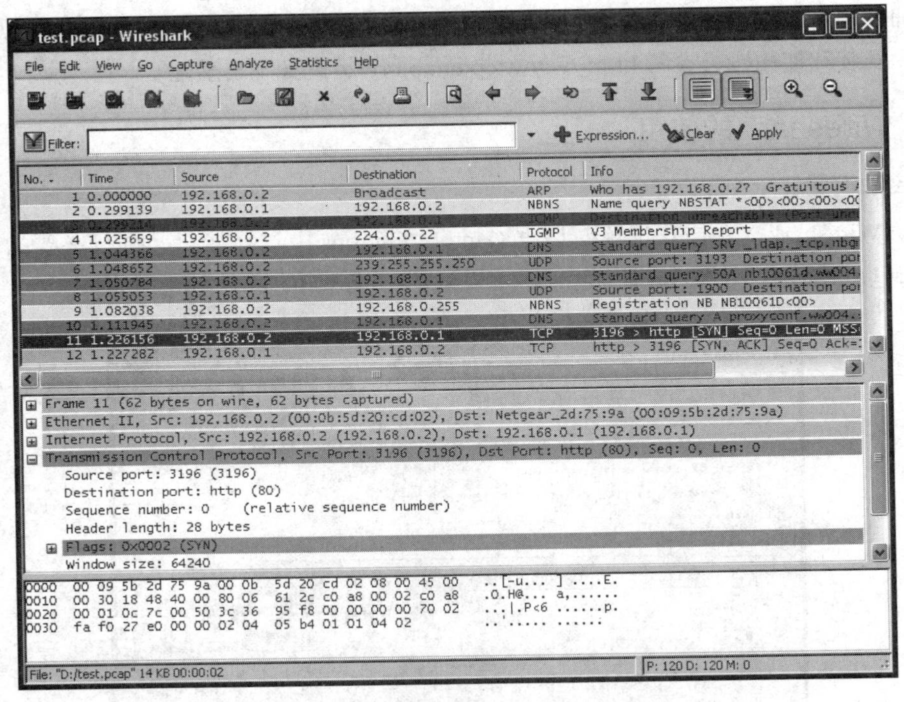

图 3-5　Wireshark 的主窗口

（1）Packet List 面板

Packet List 面板用表格方式显示了当前捕获的所有数据包。在捕获期间，该面板是随捕获时间实时滚动的。其中，每一行代表一个数据包，包含了该数据包的序号、数据包被捕获的相对时间、数据包的源地址、目的地址、数据包协议以及数据包的概要信息等内容。

（2）Packet Details 面板

Packet Details 面板分层次地显示了一个被选中的数据包中的内容，以协议树的方式展示，用户可以通过展开或收缩来查看数据包中封装的字段及值。

（3）Packet Bytes 面板

Packet Bytes 面板以十六进制显示数据包的具体内容，这是被捕获的数据包未经处理的原始样子，是数据包在物理介质上传输时的最终形态。当在 Packet Details 面板中选中某个字段时，其相应的十六进制内容同样会被选中，以方便用户对数据包各个字段含义、取值进行分析。

有关主窗口中其他内容及功能说明，请参考 Wireshark 相关文档。

3. 其他功能

- 数据包彩色高亮：在 Packet List 面板中可以看到，不同数据包的颜色是不同的，这些不同颜色对应着数据包使用的协议。例如，HTTP 流量数据包是绿色的，DNS 流量数据包是蓝色的。数据包彩色高亮可以使用户很快地分辨出不同协议的数据包，节省数据包查找的时间。数据包着色规则可以通过 View 菜单下 Coloring Rules 设置、修改。
- 查找数据包：当用户需要查找某个数据包时，可以使用 Edit 菜单下 Find Packet，输入过滤规则查找符合规则的数据包。另外，通过 Find Next 和 Find Previous 可以查找其相应的下 / 上一个符合规则的数据包。
- 标记数据包：用户可标记特定数据包以实现快速查找。如果要标记，右击 Packet List 面板，并在弹出菜单中选择 Mark Packet，或者在 Packet List 面板中选中需被标记的数据包，然后按 Ctrl-M，数据包就会以黑底白字被标记显示。如果要取消对数据包的标记，再按一次 Ctrl-M 就可以了。用户可标记多个数据包，包标记在关闭文件后并不会被保存，重新打开后，所有标记会丢失。
- 跳转：Go 菜单内的命令可以实现到指定位置包的跳转，包括前一个包、后一个包、指定包、对应的包、第一个和最后一个包。
- 包参考时间：用户可以为数据包设置时间参考，所有后续包的起算时间会以此为标准。该设置可用于计算某个特定包的时间间隔。作为时间参考的包，会在 time 列以 *REF* 标记显示，但是时间参考也不能被保存到数据包文件中。
- TCP 流的跟踪：用户可以通过 Analysis 菜单下 Follow TCP Stream 跟踪 TCP 的通信数据段，将分散传输的数据组装还原，用以查看 TCP 流中的应用层数据。此选项在基于 TCP 流的分析中非常有用。

除上述功能外，Wireshark 还允许用户自行设置显示颜色、设置启用的协议类型和解码器等，还提供了发现、解码并且显示大数据块的机制，在实际应用过程中，用户可根据需要进行设置。

3.2 路由软件 Quagga

3.2.1 Quagga 简介

路由软件 Quagga 原名 Zebra，是由一个日本开发团队编写的一个以 GNU 版权方式发布的软件。Quagga 项目开始于 1996 年，可以使用 Quagga 将 Linux 机器打造成一台功能完备的路由器。Quagga能够同时支持RIPv1、RIPv2、RIPng、OSPFv2、OSPFv3、BGP-4和BGP-4+等诸多TCP/IP协议。Quagga有以下特性：

1）模块化设计：Quagga基于模块化方案的设计，即对每一个路由协议使用单独的守护进程。

2）运行速度快：由于使用了模块化的设计，Quagga的运行速度比一般的路由选择程序要快。

3）可靠性高：在所有软件模块都失败的情况下，路由器可以继续保持连接并且守护进程继续运行。故障诊断可在非离线的状态下进行。

4）支持IPv6：Quagga不仅支持IPv4，还支持IPv6。

由于Quagga采用模块化的设计，因此Quagga运行时要运行多个守护进程，包括ripd、ripngd、ospfd、ospf6d、bgpd和zebra。其中，zebra守护进程用来更新内核的路由表，而其他守护进程负责进行相应路由选择协议的路由更新。

就路由器而论，虽然有各种硬件可用，但是费用较高。而采用Quagga路由守护程序可满足通常所有的路由需要。同时，Quagga软件配置的很多方面跟Cisco的IOS配置几乎完全相同，可以轻松地实现系统过渡。

总之，使用Quagga软件后，就可以用一台PC来完成必须用昂贵的Cisco路由器才能完成的复杂的路由协议处理控制功能。后续有关路由协议配置观察实验将采用Quagga软件。

3.2.2　安装配置Quagga

目前流行的Linux发行版基本都有预编译好的包，以提供下载安装，直接下载、安装这些包即可。

1. 下载安装

首先将Quagga 0.99.17下载到硬盘，然后在终端输入：

```
tar -zxvf quagga-0.99.17.tar.gz
```

进入目录：

```
#cd quagga-0.99.17
```

做如下配置：

```
#./configure --enable-vtysh
--enable-user=root
--enable-group=root
--enable-vty-group=root
```

上述命令用于打开vty功能（CLI功能）并给予相应用户权限，之后完成一些初始化配置。配置完成后会有一些信息说明Quagga安装完成后相关文件的所在位置。

编译与安装方法如下：

```
#make
```

```
#make install
```

由于Quagga需要libreadline支持，如果计算机默认没有安装libreadline，就需要执行以下命令：

```
sudo apt-get install libreadline6-dev
```

2. 修改文件

修改文件 /etc/services，添加如下内容（某些版本已有，就不用添加了）：

```
zebrasrv 2600/tcp # zebra service
zebra 2601/tcp # zebra vty
ripd 2602/tcp # RIPd vty
ripngd 2603/tcp # RIPngd vty
ospfd 2604/tcp # OSPFd vty
bgpd 2605/tcp # BGPd vty
ospf6d 2606/tcp # OSPF6d vty
ospfapi 2607/tcp # ospfapi
isid 2608/tcp # ISISd vty
```

Quagga文件夹下 /usr/local/etc 有一个 zebra.conf.sample 文件，需建立一个 zebra.conf 文件并把 zebra.conf.sample 内容复制进去。

3. 启动 Quagga

在终端输入 zebra -d 即可启动 Quagga。

3.3 以太网协议

实验目的

掌握IEEE 802.3协议原理，并理解IEEE 802.3帧结构。

实验要点

1. 以太网协议 CSMA/CD

CSMA/CD协议是以太网常用的共享信道下的介质访问控制方法。该协议的基本原理和交互过程可总结为“发前先听、空闲发送、边发边听、冲突退避”。也就是说，若站点有数据发送，先监听信道；如果信道忙，坚持侦听，直到信道空闲；如果信道空闲，发送一帧；在发送帧的过程中继续侦听，一旦检测到冲突，立即停止发送数据；检测到冲突后采用二进制指数后退算法进行退避。

以太网发送数据具有不确定性，每一个站在发送数据之后的一小段时间内，存在着遭遇碰撞的可能性。以太网规定，主机必须连续发送数据2τ时间后，才能确信不会发生冲突，这段时间又称为以太网争用期。以太网取51.2μs为争用期的长度，经过争用期考验，就能确定这次发送不会发生碰撞，对于10M以太网，最短有效帧长为64字节。

2. 帧格式

常用的以太网MAC帧格式有两种标准：DIX Ethernet V2标准和IEEE的802.3标准，二者区别很小，不严格的话，可以将802.3局域网简称为“以太网”。严格来讲，以太网指符合DIX Ethernet V2标准的以太网，该标准下的MAC帧格式。如图3-6所示。

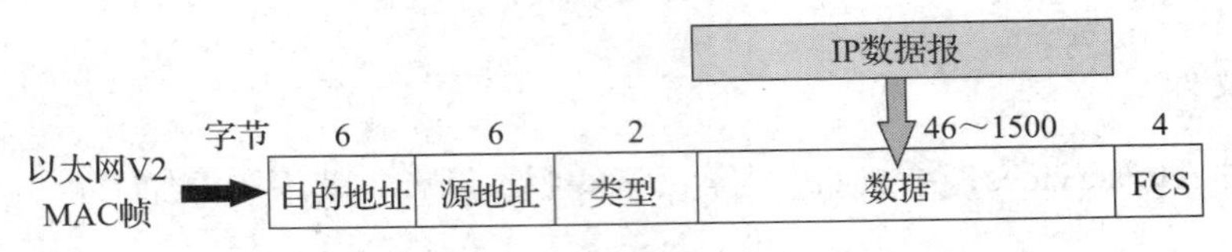

图3-6 以太网V2的MAC帧格式

- 目的地址：6字节，当前一段通信链路上的目的物理地址，该地址通常是以太网适配器某个接口具有的唯一的链路层地址。目的地址最高位为“0”，表示单播地址；目的地址最高位为“1”，表示多播地址；目的地址全置为“1”，表示广播地址。
- 源地址：6字节，当前一段通信链路上的源物理地址。
- 类型：2字节，用来标识上一层使用的协议，以便把收到的MAC帧上交给上一层协议。
- 数据：46～1500字节，46个字节基于最小帧长限制，1500字节基于最大帧长限制。该字段的长度要满足此范围。如果数据字段不够长，则需要填充；如果数据字段超出，需要分片。
- FCS：4字节，用于CRC校验，采用CRC-32校验方案。

实验内容

在实验主机上安装并运行Wireshark，观察分析以下问题。

1. 验证最小帧长并分析原因

IEEE 802.3协议要求，对于10M以太网来说，最短有效帧长为64字节，依次查看捕获的各个帧，查找帧长最小的帧。

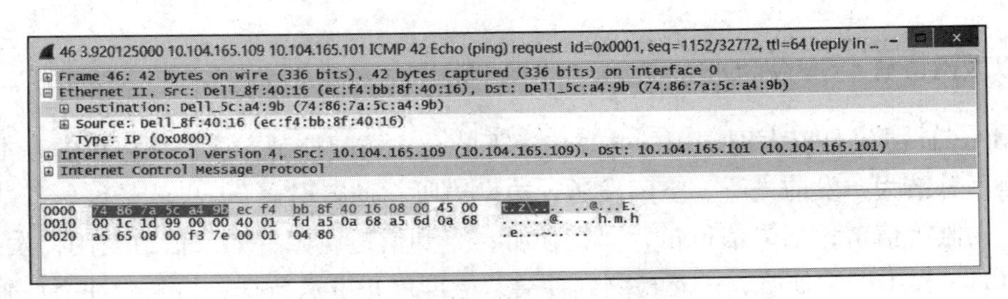

图3-7 最小帧长数据包一

1）如果实验主机为帧的发送方，如图3-7所示。观察此时的最小帧长为多少？该帧中包含哪些字段？少了哪些字段？解释原因。

2）如果实验主机为帧的目的方，如图3-8所示。观察此时的最小帧长为多少？该帧中包含哪些字段？少了哪些字段？解释原因。

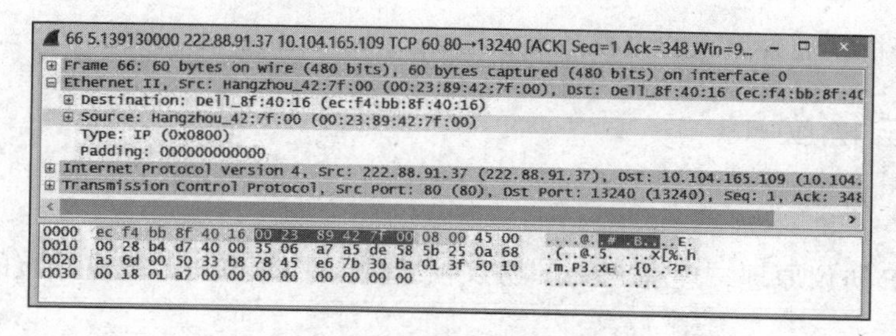

图 3-8　最小帧长数据包二

3）对于上述两种情况，请查阅资料并分析原因。判断是否还存在比当前捕获的最小帧长更小的包，读者可自行分析并验证。

2. 验证最大帧长并分析原因

以太网 V2 的 MAC 帧格式中数据字段的范围是 46 ～ 1500 字节，因此，从理论上推断，最大帧长应该为 1518 字节，或者再加上 8 字节的前导域，达到 1526 字节。依次查看捕获的各个帧，查找捕获的最大帧长的帧，如图 3-9 所示。观察此时最大帧长为多少？该帧中包含哪些字段？少了哪些字段？解释原因。

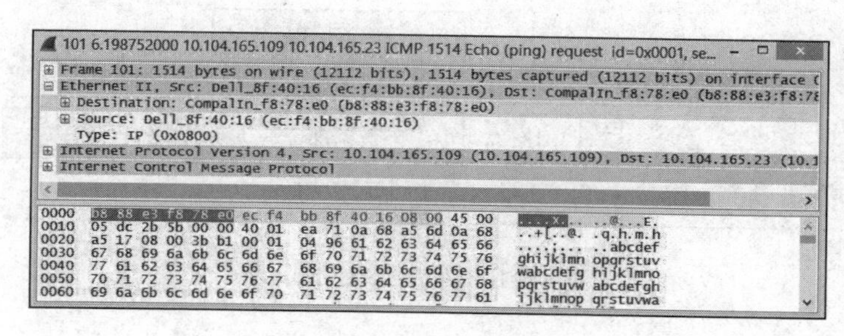

图 3-9　最大帧长数据包

需要注意的是，在局域网环境下，或者通信量较少的情况下，最大帧长的帧不容易被捕获，为此可以通过一些技巧构造最大帧长的包。例如，可以向某个站点发送一些大的数据包（会引起分片，可获得最大数据帧），或者进行文件传输，或者多访问一些网页等，以构造最大帧长的包。在 Wireshark 中可对所有捕获的数据包按长度进行排序，以查看是否还存在更大帧长的包，由读者自行分析并验证。

3. 观察各个字段

1）在捕获的各类协议分组中，观察对比封装 ARP 和 IP 分组的帧类型值分别是多少？除此之外，以太网是否还可以封装其他类型的网络层协议，请将查找到的网络协议及其帧类型值列举出来。

2）找到由实验主机发出的 ARP 请求帧，分析该帧的源地址和目的地址，验证源地址是否为本机 MAC 地址？观察目的地址是什么？

思考题目

1. 找到一些数据部分被填充的帧，观察填充的内容是什么？尝试在运行不同操作系统的机器上查找并分析，观察填充的内容是否一样。

3.4　PPPoE 协议

实验目的

掌握 PPPoE 协议原理，理解 PPPoE 协议帧结构，了解 PPPoE 建立连接的几个阶段及交互过程。

实验要点

1. PPP 协议要点

PPP 协议于 1992 年制订，经过 1993 年和 1994 年的修订，现在已成为因特网的正式标准 [RFC 1661]。

PPP 协议有三个组成部分：一个将 IP 数据报封装到串行链路的方法、一个链路控制协议（Link Control Protocol，LCP）、一套网络控制协议（Network Control Protocol，NCP）。PPP 报文格式如图 3-10 所示。

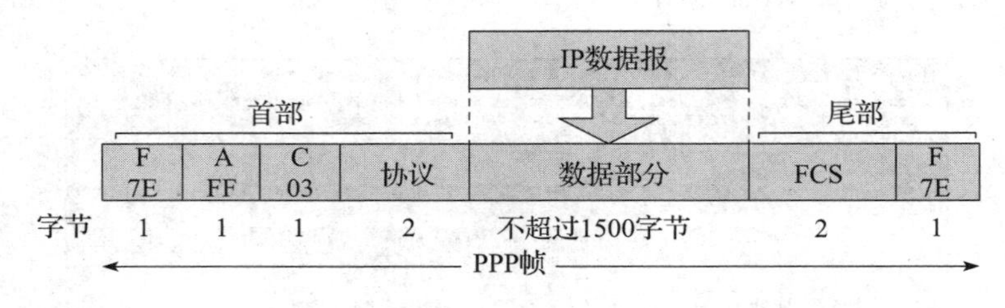

图 3-10　PPP 报文格式

2. PPPoE 协议要点

PPPoE 协议，即以太网上的点对点协议，是将 PPP 封装在以太网框架中的一种网络隧道协议。PPPoE 协议提供了以太网中多台主机连接到远程宽带接入服务器的一种标准。在这种网络模型中，所有用户的主机都需要独立地初始化自己的 PPPoE 协议栈，而且通过 PPPoE 协议本身的一些特点，在广播式网络上对用户进行计费和管理。为了能在广播式网络上建立、维持各主机与访问集中器之间的点对点关系，需要每个主机与访问集中器之间能建立唯一的点到点的会话。

（1）PPPoE 协议流程

PPPoE 协议包括两个阶段，即发现阶段（discovery stage）和会话阶段（session stage）。当一个主机希望开始一个 PPPoE 会话时，它首先会在以太网上寻找一个宽带接入服务器，如果网络上存在多个服务器，主机会根据各服务器所能提供的服务或用户的一些预先配置进行相应的选择。当主机选择好需要的服务器后，就开始和服务器建立一个 PPPoE 会话进程。在这个过程中，服务器会为每一个 PPPoE 会话分配一个唯一的进程 ID，会话建立后就开始 PPPoE 的会话阶段，在这个阶段，已建立点对点连接的双方采用 PPPoE 协议来交换数据报文，从而完成一系列 PPPoE 的过程，最终将在点对点的逻辑通道上进行网络层数据报的传送。

1）发现阶段

①主机广播一个发起 PADI 分组，代码字段值为 0x09，会话 ID 字段值为 0x0000。PADI

分组必须至少包含一个服务名称类型的标签，标签类型字段值为 0x0101，向服务器提出所要求提供的服务。

②服务器收到在服务范围内的 PADI 分组，发送 PADO 分组以响应请求，代码字段值为 0x07，会话 ID 字段值仍为 0x0000。PADO 分组必须包含一个服务器名称类型的标签，标签类型字段值为 0x0102；还必须包含一个或多个服务名称类型标签，表明可向主机提供的服务种类。

③主机在可能收到的多个 PADO 分组中选择一个合适的 PADO 分组，然后向所选择的服务器发送请求 PADR 分组，代码字段值为 0x19，会话 ID 字段值仍为 0x0000。PADR 分组必须包含一个服务名称类型标签，确定向服务器请求的服务种类。若主机在指定的时间内没有接收到 PADO，它会重新发送 PADI 分组，并且使等待时间加倍，这个过程会重复指定的次数。

④服务器收到 PADR 分组后准备开始 PPPoE 会话，它发送一个确认 PADS 分组，代码字段值为 0x65，会话 ID 字段值为服务器所产生的一个唯一的会话标识号码。PADS 分组也必须包含一个服务器名称类型的标签以确认向主机提供的服务。当主机收到 PADS 分组确认后，双方就进入 PPPoE 会话阶段。

2）会话阶段描述

用户主机与服务器根据在发现阶段所协商的 PPPoE 会话连接参数进行 PPPoE 会话。一旦 PPPoE 会话开始，PPPoE 数据就可以通过 PPPoE 封装形式发送。会话阶段所有的以太网帧都是单播的，这依赖于发现阶段产生的会话 ID，因此在一次会话中 ID 值不能改变。

终止 PADT 分组可以在会话建立后的任何时候发送，由主机或者服务器发送。PADT 包不需要任何标签，代码字段值为 0xa7，会话 ID 字段值为需要终止的 PPPoE 会话的会话标识号码。

（2）PPPoE 数据报文的格式

所有 PPPoE 数据报文都是封装在以太网数据帧的数据域内进行传输的，以太网帧通过类型（type）域区分 PPPoE 的两个阶段：在 PPPoE 的发现阶段，以太网的类型域填充为 0x8863；在 PPPoE 的会话阶段时，以太网的类型域填充为 0x8864。

PPPoE 报文的格式如图 3-11 所示。

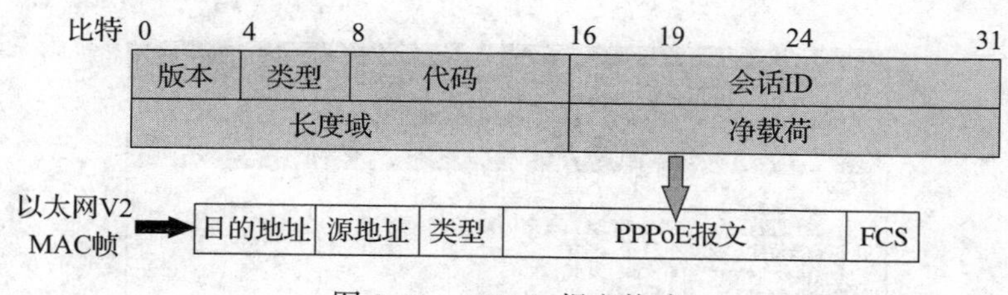

图 3-11　PPPoE 报文格式

①版本：4 位，协议中明确规定该域的内容填充为 0x01。

②类型：4 位，协议中规定该域的内容填充为 0x01。

③代码：1 字节，对于 PPPoE 的不同阶段，该域的内容有所不同：

- 0x09：发起 PADI（PPPOE Active Discovery Initiation）分组。
- 0x07：提供 PADO（PPPOE Active Discovery Offer）分组。
- 0x19：请求 PADR（PPPOE Active Discovery Request）分组。

- 0x65：确认 PADS（PPPOE Active Discovery Session-confirmation）分组。
- 0xA7：终止 PADT（PPPOE Active Discovery Terminate）分组。
- 0x00：会话数据。

④会话 ID：2 字节，当服务器还未给用户主机分配唯一的会话 ID 时，该域的内容填充为 0x0000。一旦获取会话 ID，在后续的所有报文中，该域填充这个唯一的会话 ID 值。

⑤长度：2 字节，用来指示 PPPoE 数据报文中净载荷的长度。

⑥净载荷：在 PPPoE 的不同阶段，该域的数据内容会有所不同。在发现阶段，该域会包含零个或多个标记（tag）；在会话阶段，该域则携带 PPP 报文。

实验内容

在实验主机上搭建好 PPPoE 实验环境，如果实验环境不支持 PPPoE 拨号连接，可以通过下载 PPPoE 驱动及服务软件，如 raspppoe，然后在实验主机上进行相应的配置。建立好 PPPoE 服务后，即可运行 Wireshark 捕获 PPPoE 各个阶段的帧。本实验主要观察分析以下内容。

1. 发现阶段分析

PPPoE 在发现阶段的交互过程如图 3-12 所示。

No.	Time	Source	Destination	Protocol	Info
1	0.000000	AsustekC_da:d9:92	Broadcast	PPPoED	Active Discovery Initiation (PADI)
2	0.002779	Siara_11:29:c8	AsustekC_da:d9:92	PPPoED	Active Discovery Offer (PADO) AC-Name='MS-ZZ
3	0.002813	AsustekC_da:d9:92	Siara_11:29:c8	PPPoED	Active Discovery Request (PADR)
4	0.015663	Siara_11:29:c8	AsustekC_da:d9:92	PPPoED	Active Discovery Session-confirmation (PADS)

图 3-12　PPPoE 发现阶段的交互过程

以上 4 帧是以太网帧封装的 PPPoE 发现帧（PPPoE Discovery），分别对应 PPPoE 发现阶段的 4 个过程。这 4 帧的以太网帧类型均为 0x8863，表示是发现阶段。下面逐一分析每一帧的 PPPoE 报文部分。

第 1 帧：PADI 发起分组

第 1 帧的作用是客户端通过广播请求以获取可用的服务器，如图 3-13 所示。

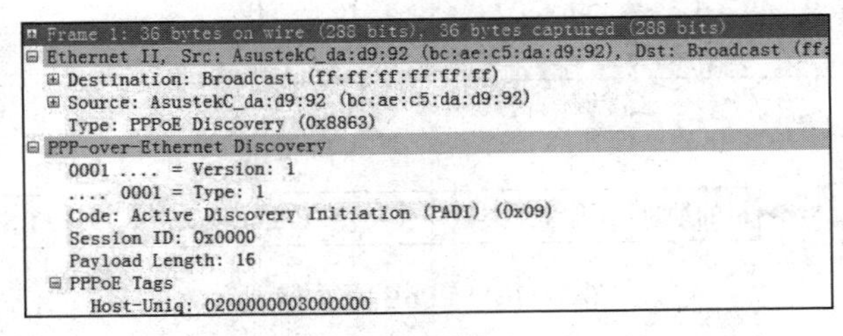

图 3-13　PPPoE-PADI 报文

由图 3-13 可见，封装该报文的以太网帧的目标 MAC 地址是 ff:ff:ff:ff:ff:ff，表示广播发送，源 MAC 地址为 bc:ae:5c:da:d9:92。PPPoE 报文中，版本和类型都是默认值 1，代码值为 0x09，表示发起过程，会话 ID 因为处于发现阶段，所以是默认值 0。

第 2 帧：PADO 提供分组

第 2 帧的作用是服务器收到请求后回应客户端可提供服务，如图 3-14 所示。

```
⊞ Frame 2: 119 bytes on wire (952 bits), 119 bytes captured (952 bits)
⊟ Ethernet II, Src: Siara_11:29:c8 (00:30:88:11:29:c8), Dst: AsustekC_da:d9:92
  ⊞ Destination: AsustekC_da:d9:92 (bc:ae:c5:da:d9:92)
  ⊞ Source: Siara_11:29:c8 (00:30:88:11:29:c8)
    Type: PPPoE Discovery (0x8863)
⊟ PPP-over-Ethernet Discovery
    0001 .... = Version: 1
    .... 0001 = Type: 1
    Code: Active Discovery Offer (PADO) (0x07)
    Session ID: 0x0000
    Payload Length: 99
  ⊟ PPPoE Tags
      Host-Uniq: 0200000003000000
      AC-Name: MS-ZZ-WHL-RBSE800-001-8Y034090501501
      Service-Name: xyxf
      Service-Name: shenyan.ha
      Service-Name: iptv.ha
      Service-Name: cnc
      Service-Name: CNC
```

图 3-14　PPPoE-PADO 报文

第 3 帧：PADR 请求分组

第 3 帧的作用是客户端选择一个其服务器并向发出请求，如图 3-15 所示。

```
⊞ Frame 3: 40 bytes on wire (320 bits), 40 bytes captured (320 bits)
⊟ Ethernet II, Src: AsustekC_da:d9:92 (bc:ae:c5:da:d9:92), Dst: Siara_11:29:c8
  ⊞ Destination: Siara_11:29:c8 (00:30:88:11:29:c8)
  ⊞ Source: AsustekC_da:d9:92 (bc:ae:c5:da:d9:92)
    Type: PPPoE Discovery (0x8863)
⊟ PPP-over-Ethernet Discovery
    0001 .... = Version: 1
    .... 0001 = Type: 1
    Code: Active Discovery Request (PADR) (0x19)
    Session ID: 0x0000
    Payload Length: 20
  ⊟ PPPoE Tags
      Service-Name: xyxf
      Host-Uniq: 0200000004000000
```

图 3-15　PPPoE-PADR 报文

第 4 帧：PADS 确认分组

第 4 帧的作用是服务器收到请求后回应客户端可提供服务，如图 3-16 所示。

```
⊞ Frame 4: 80 bytes on wire (640 bits), 80 bytes captured (640 bits)
⊟ Ethernet II, Src: Siara_11:29:c8 (00:30:88:11:29:c8), Dst: AsustekC_da:d9:92
  ⊞ Destination: AsustekC_da:d9:92 (bc:ae:c5:da:d9:92)
  ⊞ Source: Siara_11:29:c8 (00:30:88:11:29:c8)
    Type: PPPoE Discovery (0x8863)
⊟ PPP-over-Ethernet Discovery
    0001 .... = Version: 1
    .... 0001 = Type: 1
    Code: Active Discovery Session-confirmation (PADS) (0x65)
    Session ID: 0x1ada
    Payload Length: 60
  ⊟ PPPoE Tags
      Service-Name: xyxf
      Host-Uniq: 0200000004000000
      AC-Name: MS-ZZ-WHL-RBSE800-001-8Y034090501501
```

图 3-16　PPPoE-PADS 报文

请根据捕获的分组，参照第 1 帧的分析过程，自行分析第 2 ～ 4 帧，回答以下问题：

1）封装该报文的以太网帧的目标 MAC 地址是多少？源 MAC 地址是多少？ PPPoE 报文中版本和类型是多少？代码值是多少？会话 ID 是多少？长度域和净载荷各是多少？

2）根据捕获的分组，分析整个发现阶段过程。

2. 会话阶段分析

PPPoE 会话阶段实际就是 PPP 数据的传输阶段。在这个阶段，双方在 PPPoE 逻辑链路上传输 PPP 数据帧，PPP 数据帧封装在 PPPoE 报文中，PPPoE 报文又封装在以太网帧中进行传输。如图 3-17 所示，从第 5 帧开始就是 PPPoE 会话帧（PPPoE Session）部分。

No.	Time	Source	Destination	Protocol	Info
5	0.019379	AsustekC_da:d9:92	Siara_11:29:c8	PPP LCP	Configuration Request
6	0.021730	Siara_11:29:c8	AsustekC_da:d9:92	PPP LCP	Configuration Request
7	0.021784	Siara_11:29:c8	AsustekC_da:d9:92	PPP LCP	Configuration Reject
8	0.036788	AsustekC_da:d9:92	Siara_11:29:c8	PPP LCP	Configuration Ack
9	0.036857	AsustekC_da:d9:92	Siara_11:29:c8	PPP LCP	Configuration Request
10	0.038842	Siara_11:29:c8	AsustekC_da:d9:92	PPP LCP	Configuration Ack
11	0.039753	Siara_11:29:c8	AsustekC_da:d9:92	PPP CHAP	Challenge (NAME='MS-ZZ
12	0.052524	AsustekC_da:d9:92	Siara_11:29:c8	PPP LCP	Identification
13	0.052561	AsustekC_da:d9:92	Siara_11:29:c8	PPP LCP	Identification
14	0.052691	AsustekC_da:d9:92	Siara_11:29:c8	PPP CHAP	Response (NAME='2:yMbC
15	0.054850	Siara_11:29:c8	AsustekC_da:d9:92	PPP LCP	Code Reject
16	0.054896	Siara_11:29:c8	AsustekC_da:d9:92	PPP LCP	Code Reject
17	0.095969	Siara_11:29:c8	AsustekC_da:d9:92	PPP CHAP	Success (MESSAGE='CHAF
18	0.096025	Siara_11:29:c8	AsustekC_da:d9:92	PPP IPCP	Configuration Request
19	0.099806	AsustekC_da:d9:92	Siara_11:29:c8	PPP CCP	Configuration Request
20	0.100150	AsustekC_da:d9:92	Siara_11:29:c8	PPP IPCP	Configuration Request
21	0.100566	AsustekC_da:d9:92	Siara_11:29:c8	PPP IPCP	Configuration Ack
22	0.102140	Siara_11:29:c8	AsustekC_da:d9:92	PPP LCP	Protocol Reject
23	0.102189	Siara_11:29:c8	AsustekC_da:d9:92	PPP IPCP	Configuration Reject
24	0.114973	AsustekC_da:d9:92	Siara_11:29:c8	PPP IPCP	Configuration Request
25	0.117230	Siara_11:29:c8	AsustekC_da:d9:92	PPP IPCP	Configuration Nak
26	0.130530	AsustekC_da:d9:92	Siara_11:29:c8	PPP IPCP	Configuration Request
27	0.133232	Siara_11:29:c8	AsustekC_da:d9:92	PPP IPCP	Configuration Ack

图 3-17　PPPoE 会话阶段

这些帧类型都是 0x8864，表示是会话阶段。由图 3-17 可见，此阶段经历了 LCP 协商、用户认证、NCP 协商等流程，下面根据 PPPoE 协议流程的阶段顺序逐个分析。

（1）链路建立阶段

在链路建立阶段，通信双方用链路控制协议（LCP）配置 PPP 链路，完成建立和配置连接以及帧参数设置等。这个阶段需要一方向另一方发起建立连接请求 LCP Configure Request 报文，连接建立成功的标识是发起方收到对方发送的 LCP Configure Ack 报文。

如图 3-18 所示，服务器向客户端发送一个 Configure Request 报文请求建立链路，如图 3-19 所示，客户端回应一个 Configure Ack 报文，表示通过了服务器的请求，服务器到客户端的链路建立成功。由图 3-19 可知，这两帧 ID 为 0x2e，服务器的最大接收单元为 1492 字节，发出和收到的幻数值都为 0x56a02122，表示没有回路。

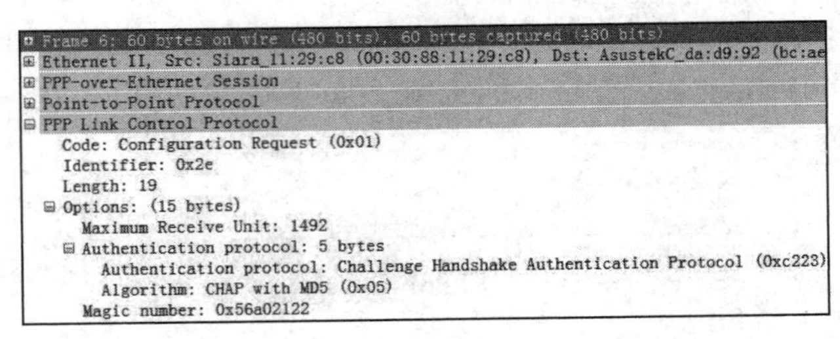

```
⊞ Frame 6: 60 bytes on wire (480 bits), 60 bytes captured (480 bits)
⊞ Ethernet II, Src: Siara_11:29:c8 (00:30:88:11:29:c8), Dst: AsustekC_da:d9:92 (bc:ae
⊞ PPP-over-Ethernet Session
⊞ Point-to-Point Protocol
⊟ PPP Link Control Protocol
    Code: Configuration Request (0x01)
    Identifier: 0x2e
    Length: 19
  ⊟ Options: (15 bytes)
      Maximum Receive Unit: 1492
    ⊟ Authentication protocol: 5 bytes
        Authentication protocol: Challenge Handshake Authentication Protocol (0xc223)
        Algorithm: CHAP with MD5 (0x05)
      Magic number: 0x56a02122
```

图 3-18　请求建立链路

```
⊞ Frame 8: 41 bytes on wire (328 bits), 41 bytes captured (328 bits)
⊞ Ethernet II, Src: AsustekC_da:d9:92 (bc:ae:c5:da:d9:92), Dst: Siara_11:29:c8 (00:30
⊞ PPP-over-Ethernet Session
⊞ Point-to-Point Protocol
⊟ PPP Link Control Protocol
    Code: Configuration Ack (0x02)
    Identifier: 0x2e
    Length: 19
  ⊟ Options: (15 bytes)
      Maximum Receive Unit: 1492
    ⊟ Authentication protocol: 5 bytes
        Authentication protocol: Challenge Handshake Authentication Protocol (0xc223)
        Algorithm: CHAP with MD5 (0x05)
      Magic number: 0x56a02122
```

图 3-19　链路建立成功

该阶段包含多个帧，可以通过 ID 匹配请求与回应。请根据捕获的分组，参照以上分析过程，自行分析客户端到服务器建立链路的过程以及其他帧，回答以下问题：

1）针对捕获的数据包，分析该阶段包含了几个帧？

2）观察报文封装层次，指出各个报文中关键字段值各是多少？

3）为什么在此阶段会出现请求建立被拒绝的情况？通过分析报文格式，解释被拒绝的原因。

（2）认证阶段

在认证阶段，就本例而言，服务器采用基于挑战的认证协议（CHAP）来认证客户端的身份。这个阶段完成的标识是客户端收到服务器发送的 CHAP Success 报文。

CHAP 采用三次握手，分为以下三个步骤：

1）当被认证方要同主认证方建立连接时，主认证方给被认证方发送本地用户名 ISP 和一个挑战随机数 X，同时将这个挑战随机数 X 备份在本地数据库中。

2）被认证方根据收到的用户名 ISP 查询自己的数据库，调出相应的密码 Y，将密码 Y 和随机数 X 一起放入 MD5 加密器中加密，将得到的散列值 Z1 和本地用户名 CPE 一起返回给主认证方。

3）主认证方根据被认证方发来的用户名 CPE 找到对应的密码 Y，并在自己的备份数据库中找出第一步中发给被认证方的挑战随机数 X，将挑战随机数 X 和密码 Y 一起放入 MD5 加密器中加密，进行计算得到散列值 Z2，与从被认证方接收到的 hash 值 Z1 进行对比，如果 Z1=Z2，则验证成功，如果不同则认证失败。

此认证过程如图 3-20、图 3-21 和图 3-22 所示。

```
⊞ Frame 11: 64 bytes on wire (512 bits), 64 bytes captured (512 bits)
⊞ Ethernet II, Src: Siara_11:29:c8 (00:30:88:11:29:c8), Dst: AsustekC_da:d9:92 (bc:ae:c5:da:d9:92)
⊞ PPP-over-Ethernet Session
⊞ Point-to-Point Protocol
⊟ PPP Challenge Handshake Authentication Protocol
    Code: Challenge (1)
    Identifier: 1
    Length: 42
  ⊟ Data (38 bytes)
      Value Size: 16
      Value: 60d547eeeafb04b4e9bebb0ee035ec69
      Name: MS-ZZ-WHL-RBSE800-001
```

图 3-20　Challenge 报文

```
⊞ Frame 14: 56 bytes on wire (448 bits), 56 bytes captured (448 bits)
⊞ Ethernet II, Src: AsustekC_da:d9:92 (bc:ae:c5:da:d9:92), Dst: Siara_11:29:c8 (00:30:88:11:29:c8)
⊞ PPP-over-Ethernet Session
⊞ Point-to-Point Protocol
⊟ PPP Challenge Handshake Authentication Protocol
    Code: Response (2)
    Identifier: 1
    Length: 34
  ⊟ Data (30 bytes)
      Value Size: 16
      Value: 8e9fbe65ab1e4d4ad199b97e0760c636
      Name: 2:yMbCgmhIiKL
```

图 3-21　Response 报文

```
⊞ Frame 17: 64 bytes on wire (512 bits), 64 bytes captured (512 bits)
⊞ Ethernet II, Src: Siara_11:29:c8 (00:30:88:11:29:c8), Dst: AsustekC_da:d9:92 (bc:ae:c5:da:d9:92)
⊞ PPP-over-Ethernet Session
⊞ Point-to-Point Protocol
⊟ PPP Challenge Handshake Authentication Protocol
    Code: Success (3)
    Identifier: 1
    Length: 42
    Message: CHAP authentication success, unit 3471
```

图 3-22　Success 报文

请根据捕获的分组，结合 CHAP 认证过程，自行分析报文，回答以下问题：

1）观察 Challenge 报文，主认证方发送给被认证方的用户名 ISP 是多少？挑战随机数 X 是多少？长度是多少？

2）观察 Response 报文，被认证方调出双方共享的密码 Y，将密码 Y 和随机数 X 作为输入，使用 MD5 算法计算出的散列值是多少？

3）观察 Success 报文，主认证方如何确认 CHAP 认证成功，返回 Success 报文完成认证？

（3）网络层 NCP 协商阶段

在网络层 NCP 协商阶段，服务器通过 IP 控制协议（IPCP）为客户端分配 IP 地址，双方通过压缩控制协议（CCP）协商采用哪种压缩算法。这个阶段完成的标志是发起方收到对方发送的 IPCP Configure-Ack 报文。

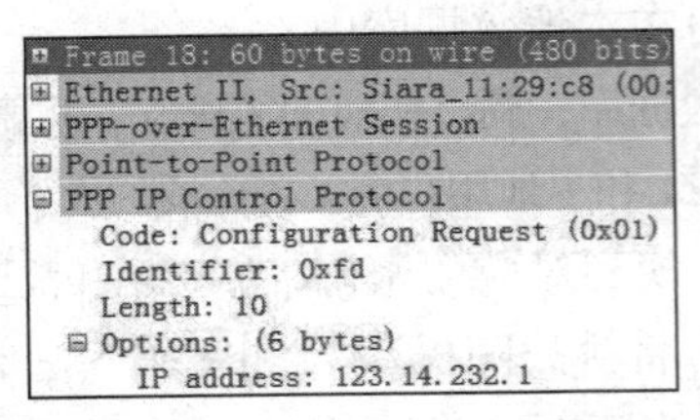

图 3-23　请求配置协议

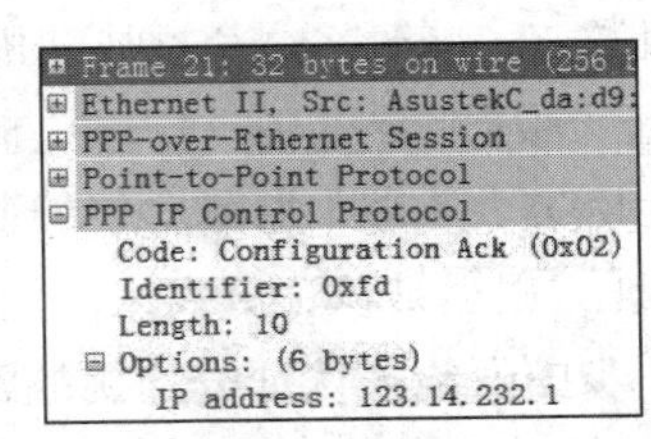

图 3-24　配置成功

如图 3-23 所示，服务器向客户端发送一个 Configure Request 报文请求配置协议；如图 3-24 所示，客户端回应一个 Configure Ack 报文表示通过了服务器的请求，服务器到客户端的网络层协议配置成功。由图 3-24 可知，这两帧 ID 为 0xfd，服务器给客户端提供的服务器 IP 地址为 123.14.232.1。之后，服务器又对客户端进行了其他地址配置及压缩算法协商，如图 3-25 和图 3-26 所示。

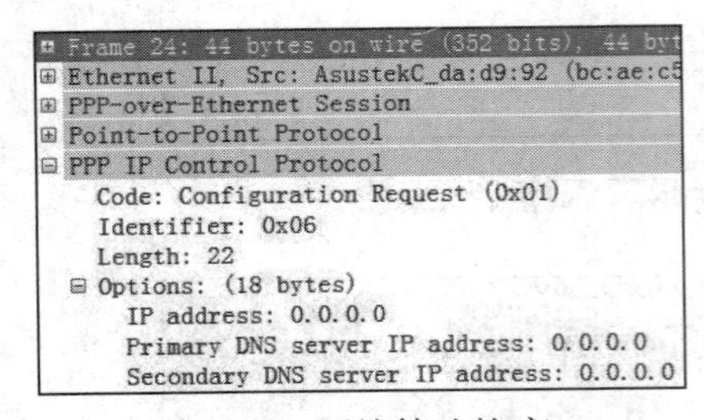

图 3-25　压缩算法协商一

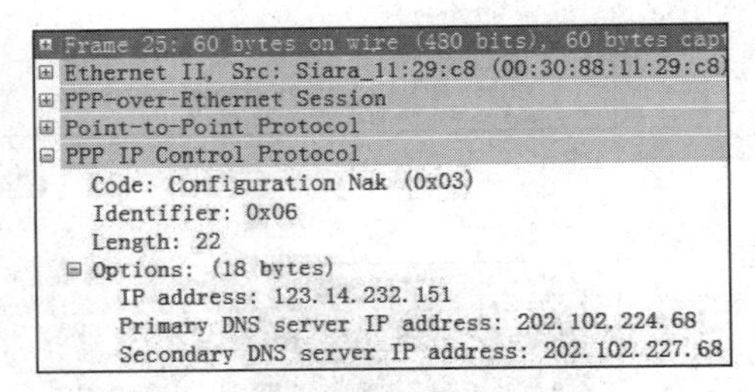

图 3-26　压缩算法协商二

请根据捕获的分组，通过 ID 匹配请求与应答，自行分析报文，回答以下问题：

1）服务器端给客户端配置哪些地址？这些地址各是什么？

2）结合捕获分组，分析配置过程要经历哪些步骤？

3）结合捕获分组，观察双方通过压缩控制协议（CCP）协商采用什么压缩算法？

4）为什么在此阶段会出现配置请求被拒绝的情况？解释被拒绝的原因。

思考题目

1. PPPoE 认证方式有何优点和缺陷？

2. 除了 802.1x 与 PPPoE 之外，还有哪些常用的认证方式？它们分别有何优缺点？

3. 尝试用 Modem 拨入某个 ISP，分析此操作过程中的 PPPoE 流程。

3.5 IPv4 协议

实验目的

掌握 IPv4 协议原理，理解 IPv4 数据报结构。

实验要点

IPv4 协议是网络层中的重要协议，也是 TCP/IP 协议栈的核心。网络层接收低层（网络接口层，例如以太网设备驱动程序）发来的数据，并把该数据发送到更高层——传输层；同时，网络层也把从传输层接收来的数据传送到更低层。IPv4 协议是不可靠的，该协议并不关心它所发送的数据报是否按序发送或按序到达，也不关心数据报是否被损坏，它是一种尽力而为实现数据报投递的协议。IPv4 数据报格式能够说明它所具有的功能。

1. IPv4 数据报格式

IPv4 数据报格式如图 3-27 所示。

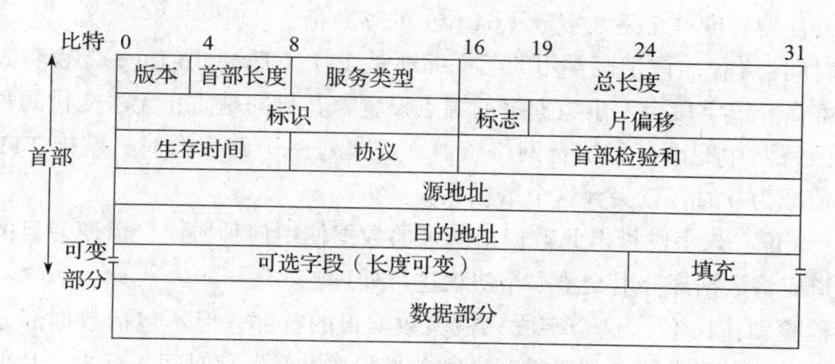

图 3-27　IPv4 数据报格式

- 版本：4 位，指 IP 协议的版本。通信双方使用的 IP 协议版本必须一致。目前广泛使用的 IP 协议版本号为 4（即 IPv4）。
- 首部长度：4 位，可表示的最大十进制数值是 15。这个字段所表示的数的单位是 32 位字，因此，当 IP 的首部长度为 1111 时（即十进制的 15），首部长度达到 60 字节。当 IP 分组的首部长度不是 4 字节的整数倍时，必须利用最后的填充字段加以填充。因此，数据部分永远从 4 字节的整数倍开始，这样在实现 IP 协议时较为方便。首部长度限制为 60 字节的缺点是有时可能不够用，这样做的目的是希望用户尽量减少开销。最常用的首部长度就是 20 字节（即首部长度为 0101），也称为固定首部，这时不使用任何选项。
- 服务：8 位，用来获得更好的服务。这个字段在旧标准中叫作服务类型，但实际上一直没有被使用过。1998 年，IETF 把这个字段改名为区分服务，只有在使用区分服务时，这个字段才起作用。
- 总长度：指 IP 数据报首部及数据的总长度，单位为字节。因为总长度字段为 16 位，所以 IP 数据报的最大长度为 $2^{16}-1=65\,535$ 字节。在网络层下面的每一种数据链路层都有自己的帧格式，其中包括帧格式中的数据字段的最大长度，即最大传输单元（Maximum Transfer Unit，MTU）。当一个数据报封装成链路层的帧时，此数据报的总长度（即首部加上数据部分）一定不能超过数据链路层的 MTU 值。

- 标识：16 位。IP 软件在存储器中维持一个计数器，每产生一个数据报，计数器就加 1，并将此值赋给标识字段。但这个“标识”并不是序号，因为 IPv4 提供的是无连接的服务，数据报不存在按序接收的问题。当数据报由于长度超过网络的 MTU 而必须分片时，这个标识字段的值就被复制到所有的数据报分片的标识字段中。相同的标识字段的值使分片后的各数据报片最终能正确重组为原来的数据报。
- 标志：3 位，但目前只有 2 位有意义。标志字段中的最低位记为 MF（More Fragment）。MF=1 表示后面“还有分片”。MF=0 表示这已是若干数据报片中的最后一个。标志字段中间的一位记为 DF（Don’t Fragment），表示“不能分片”。当 DF=1 时，强制不允许分片，当 DF=0 时才允许分片。
- 片偏移：13 位。该字段表示较长的分组在分片后，某片在原分组中的相对位置，即相对用户数据字段的起点，该片从何处开始。片偏移以 8 个字节为偏移单位，因此，每个分片的长度一定是 8 字节（64 位）的整数倍。
- 生存时间：8 位。该字段常用的英文缩写是 TTL（Time To Live），表明数据报在网络中的寿命。该字段由发出数据报的源点设置，其目的是防止无法交付的数据报无限制地在因特网中兜圈子，浪费网络资源。每经过一个路由器时，就把 TTL 值减 1，当 TTL 值减为 0 时，就丢弃这个数据报。
- 协议：8 位。该字段指出此数据报携带的数据使用何种协议，以便使目的主机的网络层知道应将数据部分上交给哪个协议进行处理。
- 首部检验和：16 位。这个字段只检验数据报的首部，但不包括数据部分。因为数据报每经过一个路由器，都要重新计算首部检验和（生存时间、标志、片偏移等都可能发生变化），不检验数据部分，可以减少计算的工作量。
- 源地址：32 位，发送方的 IP 地址。
- 目的地址：32 位，接收方的 IP 地址。

2. IPv4 选项

IPv4 选项主要用于网络测试、调试或控制，包括记录数据报经过的路由和时间、源端指定必须经过的路由、路径 MTU 发现。

记录路由选项主要用于记录从发送方到接收方所经过的各路由器 IP 地址。该选项可用于测试路由软件等。其主要过程为：发送方设定空表，规定选项长度，各路由器把自己的地址依次填在表中，即完成路径记录。其报文格式如图 3-28 所示。

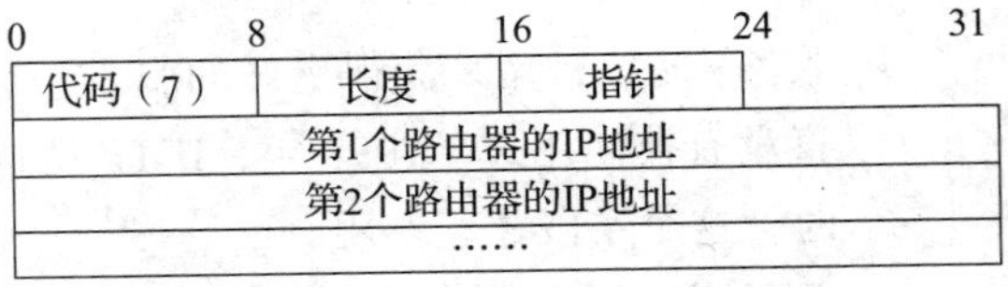

0	8	16	24　31
代码（7）	长度	指针	
第1个路由器的IP地址			
第2个路由器的IP地址			
……			

图 3-28　记录路由选项格式

其中，代码字段固定为“7”。“长度”字段指明以字节为单位的本选项各字段总长度。从“第一个 IP 地址”开始的各字段提供了表项空间，用于路由器记录其 IP 地址。“指针”字段指示下一个可存放地址的位置。

路由器在添加地址前，要先对“指针”字段和“长度”字段进行比较。如果“指针”字段值比“长度”字段值大，则表明表项已填满，路由器不用添加其 IP 地址而直接转发数据报。否则，路由器根据指针指示的位置，添加 4 字节的 IP 地址，并把指针值加“4”。

由于数据报的首部长度标识仅为 4 比特，所以首部长度最大为 60 字节。除选项外，首部中固定字段已经占用了 20 字节，所以选项最长为 40 字节。除去代码、长度、指针三个字段后，留给 IP 地址表的空间仅为 37 字节，所以记录路由选项最多只能记录 9 个路由器地址。当路径长度大于 9 时，该选项无法记录路径中的所有路由信息，可采用其他实现方案，如 traceroute。

实验内容

1. 观察分析 IPv4 分组各字段

捕获一些 IPv4 数据包，观察分析 IPv4 分组的各个字段，回答以下问题：

1）打开某浏览器，运行 Wireshark，捕获 IPv4 分组，如图 3-29 所示。观察版本号字段为多少？首部长度字段值为多少？该值最小为多少？有无更大值，最大值为多少？验证总长度字段。

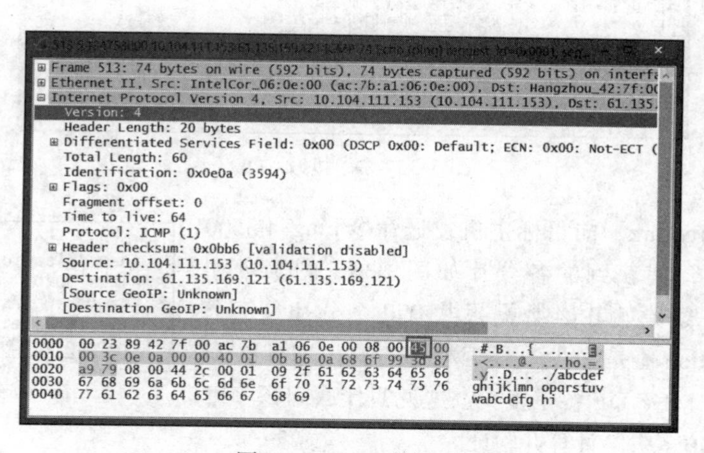

图 3-29　IPv4 数据包

2）运行 Wireshark，在 cmd 下向某一远程目标输入一个 tracert 命令，捕获 IPv4 分组，如图 3-30 所示。观察 tracert 程序发送的一系列分组中的 TTL 字段值如何变化？有何特点？结合 tracert 程序原理解释观察到的结果。

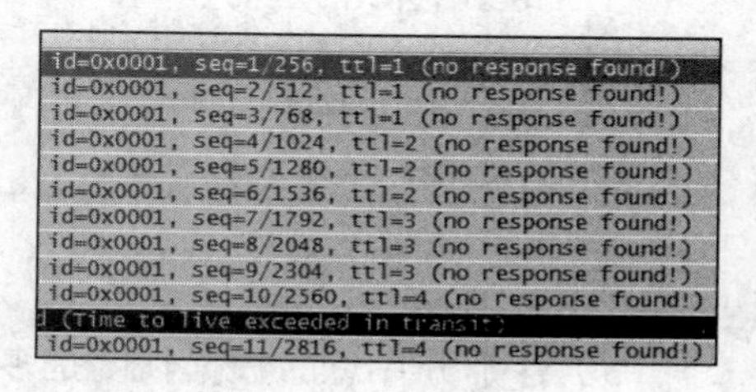

图 3-30　运行结果

3）观察 IPv4 分组封装的不同上层协议所对应的协议字段值，ICMP、TCP、UDP 对应的值分别是多少？

4）运行 Wireshark，在 cmd 下向某一远程目标输入 ping-f 命令，如图 3-31 所示。观察此时截获的数据报中的 DF 值是什么？

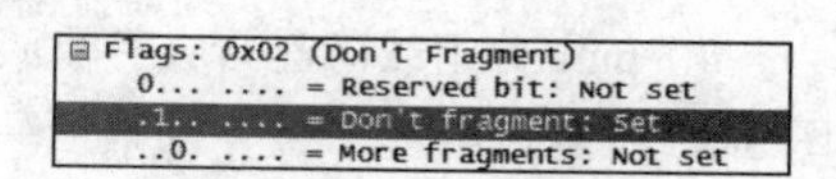

图 3-31　捕获到的分组

5）观察不同 IPv4 分组的标识字段是否一样。

2. 观察 IPv4 数据报分片与重组

实验主机可向某目标 IP（如 10.104.111.119）发送一个字节数较大的数据报（如 3600 字节），从而捕获 IPv4 数据报各个分片。输入命令 ping -l 3600 10.104.111.119，回答以下问题：

1）向目标主机 10.104.111.119 发送 ping -l 命令后，观察到应答分组的返回时间比通常的 ping 应答要长一些，并且有可能刚开始几个 ping 请求得不到应答，如图 3-32 和图 3-33 所示，请分析原因。

```
C:\Users\john>ping 10.104.111.119

正在 Ping 10.104.111.119 具有 32 字节的数据:
来自 10.104.111.119 的回复: 字节=32 时间=3ms TTL=128
来自 10.104.111.119 的回复: 字节=32 时间=12ms TTL=128
来自 10.104.111.119 的回复: 字节=32 时间=3ms TTL=128
来自 10.104.111.119 的回复: 字节=32 时间=14ms TTL=128

10.104.111.119 的 Ping 统计信息:
    数据包: 已发送 = 4, 已接收 = 4, 丢失 = 0 (0% 丢失),
往返行程的估计时间(以毫秒为单位):
    最短 = 3ms, 最长 = 14ms, 平均 = 8ms
```

图 3-32　探测时延（a）

```
C:\Users\john>ping -l 3600  10.104.111.119

正在 Ping 10.104.111.119 具有 3600 字节的数据:
来自 10.104.111.119 的回复: 字节=3600 时间=103ms TTL=128
来自 10.104.111.119 的回复: 字节=3600 时间=33ms TTL=128
来自 10.104.111.119 的回复: 字节=3600 时间=18ms TTL=128
来自 10.104.111.119 的回复: 字节=3600 时间=33ms TTL=128

10.104.111.119 的 Ping 统计信息:
    数据包: 已发送 = 4, 已接收 = 4, 丢失 = 0 (0% 丢失),
往返行程的估计时间(以毫秒为单位):
    最短 = 18ms, 最长 = 103ms, 平均 = 46ms
```

图 3-33　探测时延（b）

2）运行 Wireshark，向目标主机发送命令 ping -l 3600 10.104.111.119 后，捕获到的各分片如图 3-34、图 3-35 和图 3-36 所示，观察原始 IPv4 数据报共有几个分片？每个分片的 identification 值是多少？是否相等？这说明什么问题？每个分片的 MF、DF 各是多少？这说明什么问题？每个分片的片偏移值多少？计算并验证。

```
  Total Length: 1500
  Identification: 0x17e9 (6121)
⊞ Flags: 0x01 (More Fragments)
  Fragment offset: 0
  Time to live: 64
  Protocol: ICMP (1)
```

图 3-34　分片 1

```
  Total Length: 1500
  Identification: 0x17e9 (6121)
⊞ Flags: 0x01 (More Fragments)
  Fragment offset: 1480
  Time to live: 64
  Protocol: ICMP (1)
```

图 3-35　分片 2

```
  Total Length: 68
  Identification: 0x17e9 (6121)
⊞ Flags: 0x00
  Fragment offset: 2960
  Time to live: 64
  Protocol: ICMP (1)
```

图 3-36　分片 3

3）各个分片总的数据长度是多少？比 ping 命令中设置的长度参数多了几个字节？为什么？

4）ping 分组载荷遵循从字母 a 到 w 字母重复的规律，观察各个分片中载荷，如图 3-37 ～图 3-40 所示。第一个分片中最后一个字母、第二个分片中第一个字母、第二个分片中最后一个字母、第三个分片中第一个字母各是什么？验证载荷规律。

```
⊞ Frame 335: 1514 bytes on wire (12112 bits), 1514 bytes captured (12112 b
⊞ Ethernet II, Src: Hewlett-_38:96:9d (d8:d3:85:38:96:9d), Dst: CompalIn_1
⊞ Internet Protocol Version 4, Src: 10.101.31.234 (10.101.31.234), Dst: 10
⊞ Internet Control Message Protocol

0580  6a 6b 6c 6d 6e 6f 70 71  72 73 74 75 76 77 61 62   jklmnopq rstuvwab
0590  63 64 65 66 67 68 69 6a  6b 6c 6d 6e 6f 70 71 72   cdefghij klmnopqr
05a0  73 74 75 76 77 61 62 63  64 65 66 67 68 69 6a 6b   stuvwabc defghijk
05b0  6c 6d 6e 6f 70 71 72 73  74 75 76 77 61 62 63 64   lmnopqrs tuvwabcd
05c0  65 66 67 68 69 6a 6b 6c  6d 6e 6f 70 71 72 73 74   efghijkl mnopqrst
05d0  75 76 77 61 62 63 64 65  66 67 68 69 6a 6b 6c 6d   uvwabcde fghijklm
05e0  6e 6f 70 71 72 73 74 75  76 77                     nopqrstu vw
```

图 3-37　分段 1（最后一个字母 w）

```
⊞ Frame 336: 1514 bytes on wire (12112 bits), 1514 bytes captured (12112 bits)
⊞ Ethernet II, Src: Hewlett-_38:96:9d (d8:d3:85:38:96:9d), Dst: CompalIn_14:82
⊞ Internet Protocol Version 4, Src: 10.101.31.234 (10.101.31.234), Dst: 10.101
⊟ Data (1480 bytes)

0000  dc 0e a1 14 82 d3 d8 d3  85 38 96 9d 08 00 45 00   ........ .8....E.
0010  05 dc 24 6b 20 b9 40 01  00 00 0a 65 1f ea 0a 65   ..$k .@. ...e...e
0020  1f d1 61 62 63 64 65 66  67 68 69 6a 6b 6c 6d 6e   ..abcdef ghijklmn
0030  6f 70 71 72 73 74 75 76  77 61 62 63 64 65 66 67   opqrstuv wabcdefg
0040  68 69 6a 6b 6c 6d 6e 6f  70 71 72 73 74 75 76 77   hijklmno pqrstuvw
0050  61 62 63 64 65 66 67 68  69 6a 6b 6c 6d 6e 6f 70   abcdefgh ijklmnop
0060  71 72 73 74 75 76 77 61  62 63 64 65 66 67 68 69   qrstuvwa bcdefghi
```

图 3-38　分段 2（首个字母 a）

```
⊞ Internet Protocol Version 4, Src: 10.101.31.234 (10.101.31.234), Dst: 10.
⊟ Data (1480 bytes)
    Data: 6162636465666768696a6b6c6d6e6f707172737475767761...
    [Length: 1480]

0580  72 73 74 75 76 77 61 62  63 64 65 66 67 68 69 6a   rstuvwab cdefghij
0590  6b 6c 6d 6e 6f 70 71 72  73 74 75 76 77 61 62 63   klmnopqr stuvwabc
05a0  64 65 66 67 68 69 6a 6b  6c 6d 6e 6f 70 71 72 73   defghijk lmnopqrs
05b0  74 75 76 77 61 62 63 64  65 66 67 68 69 6a 6b 6c   tuvwabcd efghijkl
05c0  6d 6e 6f 70 71 72 73 74  75 76 77 61 62 63 64 65   mnopqrst uvwabcde
05d0  66 67 68 69 6a 6b 6c 6d  6e 6f 70 71 72 73 74 75   fghijklm nopqrstu
05e0  76 77 61 62 63 64 65 66  67 68                     vwabcdef gh
```

图 3-39　分段 2（最后一个字母 h）

```
⊞ Frame 337: 82 bytes on wire (656 bits), 82 bytes captured (656 bits) on i
⊞ Ethernet II, Src: Hewlett-_38:96:9d (d8:d3:85:38:96:9d), Dst: CompalIn_14
⊞ Internet Protocol Version 4, Src: 10.101.31.234 (10.101.31.234), Dst: 10.
⊟ Data (48 bytes)

0000  dc 0e a1 14 82 d3 d8 d3  85 38 96 9d 08 00 45 00   ........ .8....E.
0010  00 44 24 6b 01 72 40 01  00 00 0a 65 1f ea 0a 65   .D$k.r@. ...e...e
0020  1f d1 69 6a 6b 6c 6d 6e  6f 70 71 72 73 74 75 76   ..ijklmn opqrstuv
0030  77 61 62 63 64 65 66 67  68 69 6a 6b 6c 6d 6e 6f   wabcdefg hijklmno
0040  70 71 72 73 74 75 76 77  61 62 63 64 65 66 67 68   pqrstuvw abcdefgh
0050  69 6a                                              ij
```

图 3-40　分段 3（首个字母 i）

3. 观察 IP 选项的使用

运行 Wireshark，向某远程目标（如 10.100.200.40）发送记录路由命令（如 8 跳）ping -r 8 10.100.200.40，回答以下问题：

1）ping 请求分组中，IPv4 选项的 code 值为多少？它表示什么？

2）len 值为多少？表示可以记录多少条 IPv4 地址（此时指针为 0x04，而 IPv4 地址记录都是 0）？

3）观察 ping 应答分组，该分组将经过路径上的路由器出口地址都记录下来了，如图 3-41 所示。共记录了多少个地址？

4）如图 3-42 所示，此时指针字段值是多少？表示下一条 IPv4 地址记录是第几条记录？

```
正在 Ping 10.100.200.40 具有 32 字节的数据:
来自 10.100.200.40 的回复: 字节=32 时间=4ms TTL=60
    路由: 172.16.2.2 ->
           11.130.2.254 ->
           10.100.200.40 ->
           10.100.200.40 ->
           172.16.2.1 ->
           11.131.2.254
来自 10.100.200.40 的回复: 字节=32 时间=4ms TTL=60
    路由: 172.16.2.2 ->
           11.130.2.254 ->
           10.100.200.40 ->
           10.100.200.40 ->
           172.16.2.1 ->
           11.131.2.254
来自 10.100.200.40 的回复: 字节=32 时间=13ms TTL=60
    路由: 172.16.2.2 ->
           11.130.2.254 ->
           10.100.200.40 ->
           10.100.200.40 ->
           172.16.2.1 ->
           11.131.2.254
来自 10.100.200.40 的回复: 字节=32 时间=5ms TTL=60
    路由: 172.16.2.2 ->
           11.130.2.254 ->
           10.100.200.40 ->
           10.100.200.40 ->
           172.16.2.1 ->
           11.131.2.254
```

图 3-41　记录路由响应

No.	Time	Source	Destination
11	0.797509	10.101.31.117	10.100.200.40
12	0.801769	10.100.200.40	10.101.31.117
23	1.806462	10.101.31.117	10.100.200.40
24	1.810721	10.100.200.40	10.101.31.117
35	2.804803	10.101.31.117	10.100.200.40

```
⊞ Header checksum: 0x03b4 [correct]
  Source: 10.100.200.40 (10.100.200.40)
  Destination: 10.101.31.117 (10.101.31.117)
⊟ Options: (36 bytes)
  ⊟ Record route (35 bytes)
      Pointer: 28
      172.16.2.2
      11.130.2.254
      10.100.200.40
      10.100.200.40
      172.16.2.1
      11.131.2.254
      - <- (current)
      -
    End of Option List (EOL)
⊞ Internet Control Message Protocol
```

图 3-42　记录路由响应报文

思考题目

1. 锁定互联网的某远程主机，利用 ping 命令找出到该主机的 RTT 值？在一天的不同时间里分别测量 RTT 值，并比较结果，对产生的差异做出解释。

2. 锁定互联网某台远程主机，利用 tracert 查找从你的站点到远程主机的路径，分析跳数和由 ping 得到的 RTT 时间的关系，分析跳数和地理距离的关系。

3. 不同操作系统对 IPv4 数据报初始化的 TTL 值是不同的，利用这一特征，可以进行操作系统探测。通过 ping 程序，试探测互联网上站点运行的操作系统类型，从而推测实验主机到达被测站点之间经过的路由器数目。

3.6 ICMPv4 协议

实验目的

掌握 ICMPv4 协议的原理，理解 ICMPv4 分组结构。

实验要点

为了提高 IP 数据报交付成功的机会，在网际层使用了因特网控制报文协议（Internet Control Message Protocol，ICMP）。ICMP 允许主机或路由器报告差错情况并提供有关异常情况的报告。ICMP 不是高层协议，而是网络层的协议。ICMP 报文作为网络层 IP 数据报的数据部分，加上 IP 数据报的首部，组成 IP 数据报才能发送出去。

ICMP 的报文格式如图 3-43 所示。

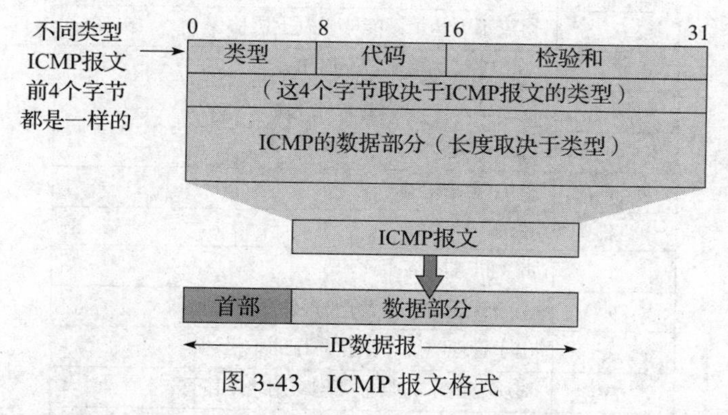

图 3-43　ICMP 报文格式

ICMP 定义了 13 种报文，用于解决不同的问题。从实现的功能角度上看，这 13 种报文可分为两类，即差错报告类和控制类。从报文的使用方式上看，控制类报文又可以分为两类，即请求 / 应答类和通知类，前一类的请求和应答总是成对出现，后一类仅是一种单向的通知机制。ICMP 报文类型及分类如图 3-44 所示。

类型值	ICMP报文类型	功能	
3	目的地不可达	差错报告	
11	数据报超时		
12	数据报参数错误		
8	回送请求	请求/应答类	控制
0	回送应答		
17	地址掩码请求		
18	地址掩码应答		
10	路由器恳请		
9	路由通告		
13	时间戳请求		
14	时间戳应答		
4	源站抑制	通知类	
5	重定向（改变路口）		

图 3-44　ICMP 报文类型及分类

当路由器无法转发或交互数据报时，可使用 ICMP 目的站不可达报文，其格式如图 3-45 所示。

0	8	16　　　　　　　　31
类型（3）	代码（0–12）	校验和
未用（必须为0）		
IP数据报首部＋数据报的前64比特		

图 3-45　ICMP 目的站不可达报文

其中，“代码”字段给出了目的站不可达的原因，其取值及含义如图 3-46 所示。

代码值	含义
0	网络不可达（选路失败）
1	主机不可达（交付失败）
2	协议不可达（不能够识别上层协议）
3	端口不可达（无效端口）
4	需要分片但DF置位（不能够进行分片）
5	源路由失败
6	目的网络未知
7	目的主机未知
8	源主机被隔离
9	出于管理需要，禁止与目的网络通信
10	出于管理需要，禁止与目的主机通信
11	对所有请求的服务类型，网络不可达
12	对所有请求的服务类型，主机不可达

图 3-46　目的站不可达的原因

ICMP 超时报文用于两种情况，一种是 TTL 值为 0，一种是数据报分片重组超时，其格式如图 3-47 所示。

0	8	16　　　　　　　　31
类型（11）	代码（0/1）	校验和
未用（必须为0）		
IP数据报首部＋数据报的前64比特		

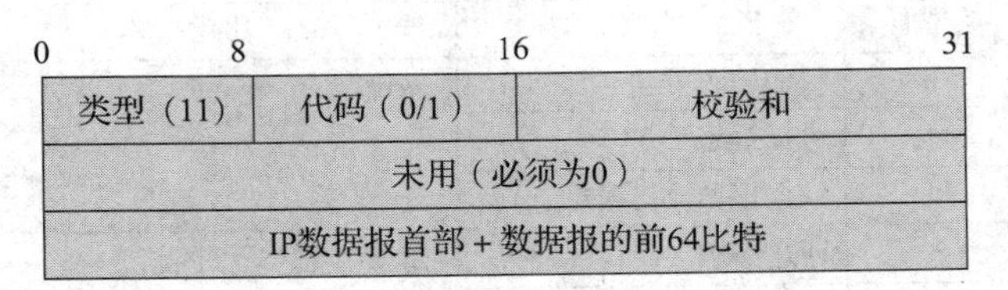

图 3-47　ICMP 超时报文

当需要测试网络连通性时，可使用 ICMP 回送请求与应答报文。其报文格式如图 3-48 所示。“类型”字段指明报文是回送请求还是回送应答，“标识”和“序号”用于匹配请求和应答。

0	8	16　　　　　　　　31
类型（8/0）	代码（0）	校验和
标识		序号
数据区……		

图 3-48　ICMP 回送请求与应答报文

实验内容

1. 观察 ICMPv4 目标不可达消息

由于 Windows XP 通常不会发出 ICMPv4 目标不可达消息，所以建议采用 Windows 7 以上版本的系统或 Linux 操作系统。

1）观察捕获到的 ICMPv4 目标不可达消息的各个字段，如图 3-49 所示，说明 Type、Code、Checksum 字段各是什么？unused 及后面的内容是什么？

2）Code 值不同，代表含义有什么不同？

3）观察分析 ICMP 分组的封装层次。

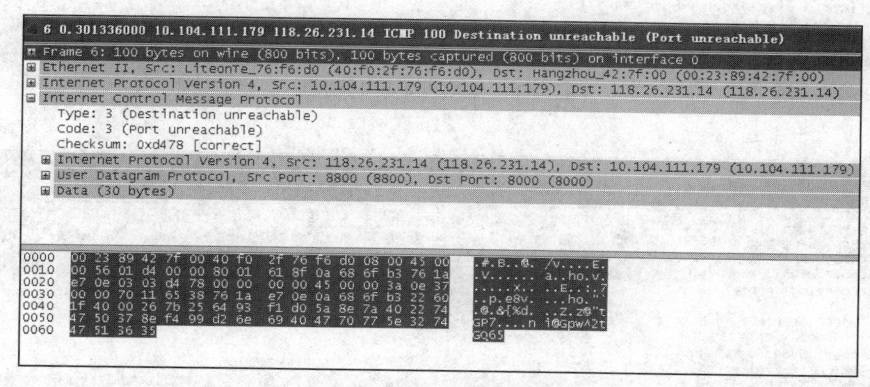

图 3-49　ICMPv4 目标不可达报文

2. 观察 ICMPv4 超时消息

在命令提示符下，通过 ping 命令探测网络上较远的节点，但把 TTL 值设得较小，如 ping -i 4 www.baidu.com，如图 3-50 所示。

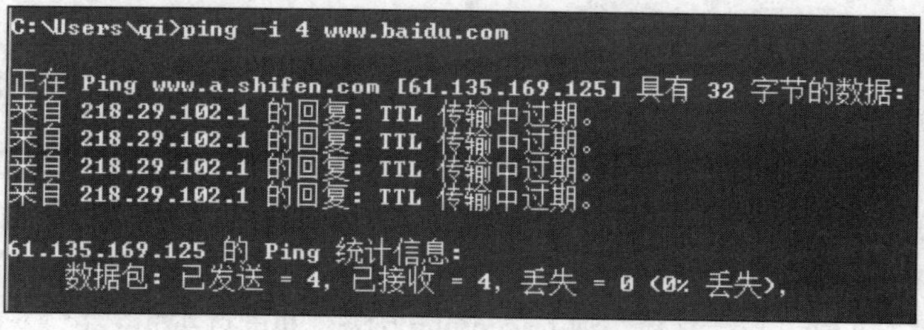

```
C:\Users\qi>ping -i 4 www.baidu.com

正在 Ping www.a.shifen.com [61.135.169.125] 具有 32 字节的数据:
来自 218.29.102.1 的回复: TTL 传输中过期。
来自 218.29.102.1 的回复: TTL 传输中过期。
来自 218.29.102.1 的回复: TTL 传输中过期。
来自 218.29.102.1 的回复: TTL 传输中过期。

61.135.169.125 的 Ping 统计信息:
    数据包: 已发送 = 4, 已接收 = 4, 丢失 = 0 (0% 丢失),
```

图 3-50　命令执行结果

1）在命令行下显示的信息是什么？表示什么含义？

2）用 Wireshark 捕获分组，观察 61.135.169.125 向本机发回的 ICMPv4 的超时消息。分析报文格式，如图 3-51 所示。

3. 观察 ICMPv4 回显请求及应答消息

用 ping 命令探测网络上其他节点，例如 ping 61.135.169.125。

1）观察 ICMPv4 回显请求及应答消息，捕获到的报文如图 3-52 所示。观察 ICMPv4 各个字段是否与格式一致？

```
3595 10.829893  218.29.102.1    10.101.31.191    ICMP  Time-to-live exceeded (Time to live exceeded in transit)
3761 11.177339  10.101.31.191   11.131.2.254     ICMP  Echo (ping) request  (id=0x0001, seq(be/le)=4635/6930, tt
3762 11.178362  11.131.2.254    10.101.31.191    ICMP  Echo (ping) reply    (id=0x0001, seq(be/le)=4635/6930, tt
3892 11.828464  10.101.31.191   61.135.169.105   ICMP  Echo (ping) request  (id=0x0001, seq(be/le)=4636/7186, tt
3893 11.830422  218.29.102.1    10.101.31.191    ICMP  Time-to-live exceeded (Time to live exceeded in transit)
4035 12.164525  10.101.31.191   11.131.2.254     ICMP  Echo (ping) request  (id=0x0001, seq(be/le)=4637/7442, tt
4036 12.165561  11.131.2.254    10.101.31.191    ICMP  Echo (ping) reply    (id=0x0001, seq(be/le)=4637/7442, tt
4242 12.829522  10.101.31.191   61.135.169.105   ICMP  Echo (ping) request  (id=0x0001, seq(be/le)=4638/7698, tt
4243 12.831503  218.29.102.1    10.101.31.191    ICMP  Time-to-live exceeded (Time to live exceeded in transit)
4412 13.168053  10.101.31.191   11.131.2.254     ICMP  Echo (ping) request  (id=0x0001, seq(be/le)=4639/7954, tt
4413 13.169068  11.131.2.254    10.101.31.191    ICMP  Echo (ping) reply    (id=0x0001, seq(be/le)=4639/7954, tt
4711 13.830585  10.101.31.191   61.135.169.105   ICMP  Echo (ping) request  (id=0x0001, seq(be/le)=4640/8210, tt
4712 13.833018  218.29.102.1    10.101.31.191    ICMP  Time-to-live exceeded (Time to live exceeded in transit)
3595 10.829893 218.29.102.1 10.101.31.191 ICMP Time-to-live exceeded (Time to live exceeded in transit)
⊞ Frame 3595: 70 bytes on wire (560 bits), 70 bytes captured (560 bits)
⊞ Ethernet II, Src: Hangzhou_df:b8:9e (00:0f:e2:df:b8:9e), Dst: Sony_74:85:66 (54:42:49:74:85:66)
⊞ Internet Protocol, Src: 218.29.102.1 (218.29.102.1), Dst: 10.101.31.191 (10.101.31.191)
⊟ Internet Control Message Protocol
    Type: 11 (Time-to-live exceeded)
    Code: 0 (Time to live exceeded in transit)
    Checksum: 0x9fa3 [correct]
  ⊞ Internet Protocol, Src: 10.101.31.191 (10.101.31.191), Dst: 61.135.169.105 (61.135.169.105)
  ⊞ Internet Control Message Protocol
```

图 3-51　ICMPv4 超时消息

```
672 1.410504  10.101.31.191    61.135.169.125   ICMP  Echo (ping) request  (id=0x0001, seq(be/le)=5364/62484, ttl=64)
676 1.424320  61.135.169.125   10.101.31.191    ICMP  Echo (ping) reply    (id=0x0001, seq(be/le)=5364/62484, ttl=51)
⊞ Frame 676: 74 bytes on wire (592 bits), 74 bytes captured (592 bits)
⊞ Ethernet II, Src: Hangzhou_df:b8:9e (00:0f:e2:df:b8:9e), Dst: Sony_74:85:66 (54:42:49:74:85:66)
⊞ Internet Protocol, Src: 61.135.169.125 (61.135.169.125), Dst: 10.101.31.191 (10.101.31.191)
⊟ Internet Control Message Protocol
    Type: 0 (Echo (ping) reply)
    Code: 0
    Checksum: 0x4067 [correct]
    Identifier: 0x0001
    Sequence number: 5364 (0x14f4)
    Sequence number (LE): 62484 (0xf414)
  ⊞ Data (32 bytes)
0000  54 42 49 74 85 66 00 0f  e2 df b8 9e 08 00 45 00   TBIt.f.. ......E.
0010  00 3c 0d 51 00 00 33 01  69 48 3d 87 a9 7d 0a 65   .<.Q..3. iH=..}.e
0020  1f bf 00 00 40 67 00 01  14 f4 61 62 63 64 65 66   ....@g.. ..abcdef
0030  67 68 69 6a 6b 6c 6d 6e  6f 70 71 72 73 74 75 76   ghijklmn opqrstuv
0040  77 61 62 63 64 65 66 67  68 69                     wabcdefg hi
```

图 3-52　ICMPv4 回显请求及应答报文

2）观察一对请求与应答报文各个字段，说明它们的相同点和不同点。

思考题目

1. 为什么有些类型的 ICMPv4 消息（例如目标不可达消息）中有一个 unused（未使用）字段，而另一些（例如回显信息）则没有？注意它们的长度，分析这样设计可能是出于什么考虑。

2. 请上网查阅资料，分析 ICMPv4 消息的隐患，以及黑客是如何利用它发起攻击的，由此考虑为什么很多系统不发送 ICMPv4 消息。

3. 请查阅相关文献，找出其他实现 traceroute 方法，并进行实验。

3.7　ARP 协议

实验目的

掌握 ARP 协议的原理，理解 ARP 协议的分组格式。

实验要点

ARP（Address Resolution Protocol，地址解析协议）用于将计算机的网络地址（IP 地址 32 位）转化为物理地址（MAC 地址为 48 位）。其基本原理可总结为广播请求，单播回应，具体步骤是：

1）源端 A 广播包含目标 B 的 IP 地址 IP_b 的 ARP 请求报文，请求 B 回答自己的物理地址 PA_b。

2）网络上的主机将 IP_b 与自身的 IP 地址比较，若相同，则转步骤 3，否则忽略。

3）B 将 PA_b 封装在 ARP 应答报文中，之后发送给 A。

4）A 从应答报文中提取 IP_b 和 PA_b，从而获得 IP_b 和 PA_b 之间的映射关系。

ARP 报文格式如图 3-53 所示。

0　　　　7	8　　　　15	16　　　　　　　31
物理网络类型		协议类型
物理地址长度	协议地址长度	操作
发送方物理地址（0～3字节）		
发送方物理地址（4～5字节）		发送方IP地址（0～3字节）
发送方IP地址（4～5字节）		目标物理地址（0～3字节）
目标物理地址（4～5字节）		
目标IP地址（0～3字节）		

图 3-53　ARP 报文格式

- 物理网络类型：指明物理网络的类型。
- 协议类型：指明上层协议的类型。
- 物理地址长度：指明物理地址长度，如以太网物理地址长度为 6。
- 协议地址长度：指明上层协议地址长度，如 IPv4 地址长度为 4。
- 操作：指明是请求还是响应，“1”表示请求，“2”表示响应。

之后的 4 个字段包含了两个映射关系。在请求报文中，发送方在前 2 个字段填写自己的 IP 地址和 MAC 地址，同时会在目标 IP 地址字段中填写所请求目标的 IP 地址。目标主机收到请求后，会在目标物理字段填写自己的物理地址，之后交换发送方和目标方的地址区内容，并返回给发送方，完成解析。

为提高通信效率，ARP 在实现时通常会采用缓存机制。ARP 缓存用于记录最近解析过的 IP-MAC 地址对，ARP 缓存表可以是动态的，也可以是静态的。通过 arp -a 命令可以查看当前本机的 ARP 缓存表。静态的 ARP 缓存表项可以通过命令（arp -d /arp -s）手动添加或删除。动态 ARP 缓存表项有生存时间，该时间与操作系统有关，在 Windows XP 系统下，该时间一般设置为 2 分钟。在其他系统实现中，这个时间通常设置为 20 分钟。

在网络中，当一个设备新入网（此时会获得一个新 IP），或已有设备的 IP 地址改变时，该设备通常会自动向网络中主动发送一个称为“无偿 ARP”（Gratuitous ARP）的请求包。该请求包包含此设备新的 IP-MAC 地址对，但该 ARP 请求是发给自己的，即该请求包中的源 IP 和目的 IP 为同一个 IP 地址（设备新的 IP 地址），所有本网段内的其他主机收到此 ARP 广播后，抽取该设备新的 IP-MAC 地址对更新自己的 ARP 缓存表。无偿 ARP 可用于同一网段内重复 IP 地址的检测，在此过程中，由于发送的 ARP 请求数据包是“自问”的，所以如果没有收到相应的 ARP 应答包，就说明本网段内没有冲突 IP 地址；如果有应答，则说明 IP 地址有冲突。需要说明的是，网段中其他主机会根据收到的无偿 ARP 包更新自己的 ARP 缓存，所以称为“无偿”。

实验内容

1. 观察 ARP 缓存生存时间

1）通过 arp-s 添加一个静态 ARP 缓存表项，如图 3-54 所示。观察其生存时间是多少？如何删除此静态 ARP 缓存？

2）观察动态 ARP 缓存表项的生存时间。

在实验主机 PC1 上先清空 ARP 缓存，发送一个 ping 命令到另一台实验主机 PC2，然后通过 arp -a 查看 PC1 的 ARP 缓存，此时缓存中应该有 PC2 的动态的 IP-MAC 地址对，观察此地址对的生存时间。

```
C:\Documents and Settings\ZLL>arp -s 10.104.116.47   A4-DB-30-68-74-0D

C:\Documents and Settings\ZLL>arp -a

Interface: 10.104.116.187 --- 0x2
  Internet Address      Physical Address      Type
  10.104.116.1          00-23-89-42-7f-00     dynamic
  10.104.116.47         a4-db-30-68-74-0d     static
```

图 3-54　arp 静态表项添加

①如果在生存时间内没有用到该缓存表项，会发生什么情况？

②如果在生存时间内该缓存表项被使用（如 PC1 再次发出 ping 命令到 PC2），会发生什么情况？

如图 3-55 所示。在实验主机 PC1 首先使用 arp-d 命令删除 ARP 缓存，此时通过 arp -a 可以看到 ARP 缓存表已经被删除，然后向实验主机 PC2（IP 地址为 10.104.111.152）发送 ping 命令，可以看到在尝试几次后 ping 通了，那么此时通过 arp -a 可以查询到 ARP 缓存表内增加了实验主机 PC2 的 IP 地址和 MAC 地址，此后观察此动态 ARP 缓存表的生存时间。在默认情况下，Windows 家族和 Windows XP 中，ARP 缓存中的表项仅存储 2 分钟。如果一个 ARP 缓存表项在 2 分钟内被用到，则其期限再延长 2 分钟，直到最大生命期限 10 分钟为止。超过 10 分钟的最大期限后，ARP 缓存表项将被移出。尝试在不同操作系统下重复该步骤，给出结论。

3）ARP 缓存表项的生存时间可以通过改变 ArpCacheLife 和 ArpCacheMinReferencedLife 的注册表值来重新设置，尝试在注册表中修改 ARP 缓存生存时间，重复该实验，验证修改是否生效。需要注意，在有些系统中，这些键值默认是不存在的，如果要修改，必须自行创建，修改后要重启计算机才能生效。

2. 观察 ARP 交互过程及分组格式

（1）观察同网段内主机间 ARP 分组

在实验主机 PC1 上清空 ARP 缓存，发送一个 ping 命令到另一台实验主机 PC2。在此过程中，运行 Wireshark，会捕获到一系列 ARP 分组以及 ICMP 分组，如图 3-56 所示。根据观察到的现象，自行解释并分析 ARP 交互过程以及 ping 程序执行过程。

```
C:\Documents and Settings\ZLL>arp -d

C:\Documents and Settings\ZLL>arp -a
No ARP Entries Found

C:\Documents and Settings\ZLL>ping 10.104.111.152

Pinging 10.104.111.152 with 32 bytes of data:

Request timed out.
Request timed out.
Reply from 10.104.111.152: bytes=32 time=1995ms TTL=128
Reply from 10.104.111.152: bytes=32 time=2608ms TTL=128

Ping statistics for 10.104.111.152:
    Packets: Sent = 4, Received = 2, Lost = 2 (50% loss),
Approximate round trip times in milli-seconds:
    Minimum = 1995ms, Maximum = 2608ms, Average = 2301ms

C:\Documents and Settings\ZLL>ping 10.104.111.152

Pinging 10.104.111.152 with 32 bytes of data:

Reply from 10.104.111.152: bytes=32 time=1001ms TTL=128
Reply from 10.104.111.152: bytes=32 time=754ms TTL=128
Reply from 10.104.111.152: bytes=32 time=1103ms TTL=128
Reply from 10.104.111.152: bytes=32 time=605ms TTL=128

Ping statistics for 10.104.111.152:
    Packets: Sent = 4, Received = 4, Lost = 0 (0% loss),
Approximate round trip times in milli-seconds:
    Minimum = 605ms, Maximum = 1103ms, Average = 865ms

C:\Documents and Settings\ZLL>arp -a

Interface: 10.104.111.192 --- 0x2
  Internet Address      Physical Address      Type
  10.104.111.152        ac-7b-a1-06-0e-00     dynamic
```

图 3-55　ARP 动态表项观察

```
 9 4.774089000   HonHaiPr_7f:1a:36   fe:f8:ae:20:e2:b6   ARP    42 Who has 192.168.191.1?  Tell 192.168.191.2
10 4.778865000   fe:f8:ae:20:e2:b6   HonHaiPr_7f:1a:36   ARP    42 192.168.191.1 is at fe:f8:ae:20:e2:b6
11 4.790842000   fe:f8:ae:20:e2:b6   HonHaiPr_7f:1a:36   ARP    42 Who has 192.168.191.2?  Tell 192.168.191.1
12 4.790893000   HonHaiPr_7f:1a:36   fe:f8:ae:20:e2:b6   ARP    42 192.168.191.2 is at f4:b7:e2:7f:1a:36
29 13.352558000  192.168.191.2       192.168.191.1       ICMP   74 Echo (ping) request  id=0x0001, seq=103/26368, ttl=64 (reply in 30)
30 13.358023000  192.168.191.1       192.168.191.2       ICMP   74 Echo (ping) reply    id=0x0001, seq=103/26368, ttl=64 (request in 29)
31 14.363343000  192.168.191.2       192.168.191.1       ICMP   74 Echo (ping) request  id=0x0001, seq=104/26624, ttl=64 (no response four
32 14.365505000  192.168.191.1       192.168.191.2       ICMP   74 Echo (ping) reply    id=0x0001, seq=104/26624, ttl=64 (request in 31)
33 15.368996000  192.168.191.2       192.168.191.1       ICMP   74 Echo (ping) request  id=0x0001, seq=105/26880, ttl=64 (reply in 34)
34 15.370140000  192.168.191.1       192.168.191.2       ICMP   74 Echo (ping) reply    id=0x0001, seq=105/26880, ttl=64 (request in 33)
35 16.373491000  192.168.191.2       192.168.191.1       ICMP   74 Echo (ping) request  id=0x0001, seq=106/27136, ttl=64 (reply in 36)
36 16.374591000  192.168.191.1       192.168.191.2       ICMP   74 Echo (ping) reply    id=0x0001, seq=106/27136, ttl=64 (request in 35)
```

图 3-56　捕获到的 ARP 分组及 ICMP 分组

1）观察封装 ARP 请求和应答分组的以太网帧内容，如图 3-57 和图 3-58 所示，它们有何异同？

```
 9 4.774089000   HonHaiPr_7f:1a:36   fe:f8:ae:20:e2:b6   ARP    42 Who has 192.168.191.1?  Tell 192.168.191.2
10 4.778865000   fe:f8:ae:20:e2:b6   HonHaiPr_7f:1a:36   ARP    42 192.168.191.1 is at fe:f8:ae:20:e2:b6

⊞ Frame 9: 42 bytes on wire (336 bits), 42 bytes captured (336 bits) on interface 0
⊟ Ethernet II, Src: HonHaiPr_7f:1a:36 (f4:b7:e2:7f:1a:36), Dst: fe:f8:ae:20:e2:b6 (fe:f8:ae:20:e2:b6)
  ⊞ Destination: fe:f8:ae:20:e2:b6 (fe:f8:ae:20:e2:b6)
  ⊞ Source: HonHaiPr_7f:1a:36 (f4:b7:e2:7f:1a:36)
    Type: ARP (0x0806)
⊞ Address Resolution Protocol (request)
```

图 3-57　ARP 请求

```
 9 4.774089000   HonHaiPr_7f:1a:36   fe:f8:ae:20:e2:b6   ARP    42 Who has 192.168.191.1?  Tell 192.168.191.2
10 4.778865000   fe:f8:ae:20:e2:b6   HonHaiPr_7f:1a:36   ARP    42 192.168.191.1 is at fe:f8:ae:20:e2:b6

⊞ Frame 10: 42 bytes on wire (336 bits), 42 bytes captured (336 bits) on interface 0
⊟ Ethernet II, Src: fe:f8:ae:20:e2:b6 (fe:f8:ae:20:e2:b6), Dst: HonHaiPr_7f:1a:36 (f4:b7:e2:7f:1a:36)
  ⊞ Destination: HonHaiPr_7f:1a:36 (f4:b7:e2:7f:1a:36)
  ⊞ Source: fe:f8:ae:20:e2:b6 (fe:f8:ae:20:e2:b6)
    Type: ARP (0x0806)
⊞ Address Resolution Protocol (reply)
```

图 3-58　ARP 应答

2）观察 ARP 请求和应答分组，如图 3-59 和图 3-60 所示，它们有何异同？

（2）观察跨网段内主机间 ARP 分组

如果要连接不同网段的主机，则此时发送 ping 命令后，网关就充当了 ARP 代理的角色，请读者自行捕获分组并分析交互过程。

3. 观察无偿 ARP 数据包

对实验主机重新设置一个新的 IP 地址，捕获系统初始化此 IP 地址时发送的无偿 ARP 数据包。

1）尝试设置一个有冲突的 IP 地址，捕获此时的无偿 ARP 数据包，如图 3-61 所示。观察并说明每个数据包的源 IP 地址、目的 IP 地址、源 MAC 地址、目的 MAC 地址各是什么？解释并分析交互过程。

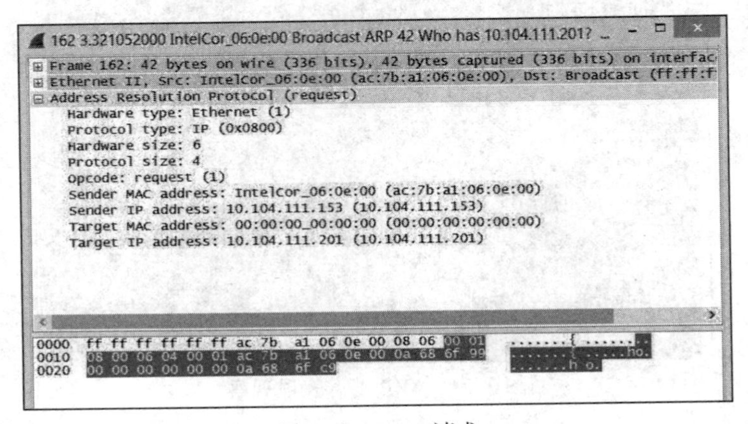

图 3-59　ARP 请求

```
169 3.594586000 IntelCor_49:cc:b7 IntelCor_06:0e:00 ARP 42 10.104.111.201 is at ...
Frame 169: 42 bytes on wire (336 bits), 42 bytes captured (336 bits) on interfac
Ethernet II, Src: IntelCor_49:cc:b7 (60:36:dd:49:cc:b7), Dst: IntelCor_06:0e:00
Address Resolution Protocol (reply)
  Hardware type: Ethernet (1)
  Protocol type: IP (0x0800)
  Hardware size: 6
  Protocol size: 4
  Opcode: reply (2)
  Sender MAC address: IntelCor_49:cc:b7 (60:36:dd:49:cc:b7)
  Sender IP address: 10.104.111.201 (10.104.111.201)
  Target MAC address: IntelCor_06:0e:00 (ac:7b:a1:06:0e:00)
  Target IP address: 10.104.111.153 (10.104.111.153)

0000  ac 7b a1 06 0e 00 60 36  dd 49 cc b7 08 06 00 01   .{....`6 .I......
0010  08 00 06 04 00 02 60 36  dd 49 cc b7 0a 68 6f c9   ......`6 .I...ho.
0020  ac 7b a1 06 0e 00 0a 68  6f 99                     .{.....h o.
```

图 3-60　ARP 应答

HonHaiPr_d3:0c:a8	Broadcast	ARP	60 Gratuitous ARP for 10.4.3.20 (Request)
CompalIn_eb:a7:6e	Broadcast	ARP	42 10.4.3.20 is at b8:88:e3:eb:a7:6e (duplicate use of 10.4.
CompalIn_eb:a7:6e	Broadcast	ARP	60 Gratuitous ARP for 10.4.3.20 (Request) (duplicate use of
HonHaiPr_d3:0c:a8	Broadcast	ARP	60 Gratuitous ARP for 10.4.3.20 (Request)
CompalIn_eb:a7:6e	Broadcast	ARP	42 10.4.3.20 is at b8:88:e3:eb:a7:6e (duplicate use of 10.4.
CompalIn_eb:a7:6e	Broadcast	ARP	60 Gratuitous ARP for 10.4.3.20 (Request) (duplicate use of

图 3-61　无偿 ARP 分组

2）尝试设置一个无冲突的 IP 地址，捕获此时的无偿 ARP 数据包，观察并说明每个数据包的源 IP 地址、目的 IP 地址、源 MAC 地址、目的 MAC 地址各是什么？解释并分析交互过程。

3）观察在不同情况下，无偿 ARP 分组发送的个数。

4）在注册表中可以通过对 ArpRetryCount 的设置控制无偿 ARP 的发送数量。查阅文献，尝试在注册表中更改无偿 ARP 发送的数量值，捕获并观察更改后的无偿 ARP 过程。

思考题目

1. 设计一个验证 ARP 欺骗的过程，并观察捕获到分组。

2.“ping 主机自身的 IP 地址”和“ping 127.0.0.1”后台处理方式有差别吗？请设计实验来验证你的答案。

3. 除了改变 IP 地址会产生无偿 ARP 数据包，还有哪种情形会产生无偿 ARP 数据包？

3.8　TCP 协议

实验目的

掌握 TCP 协议的原理，深入理解 TCP 协议中的连接管理和可靠传输机制。

实验要点

TCP（Transmission Control Protocol，传输控制协议）是一种面向连接的、可靠的、基于字节流的传输层通信协议，由 IETF 的 RFC 793 定义。在简化的计算机网络 OSI 模型中，它完成传输层所指定的功能。

TCP 协议有以下特点：在进行实际数据传输前，必须在源端与目的端建立一条连接。每一个报文都需接收端确认。TCP 实体以数据段（segment）的形式交换数据。TCP 是面向字节流的，TCP 连接是一条虚连接而不是一条真正的物理连接。TCP 并不关心应用进程一次把多长的报文发送到 TCP 的缓存中，它根据对方给出的窗口值和当前网络拥塞的程度来决定一个报文段应包含多少个字节。TCP 可把太长的数据块划分短一些再传送，也可等待积累到足够多的字节后再构成报文段发送出去。

TCP 报文段格式如图 3-62 所示。

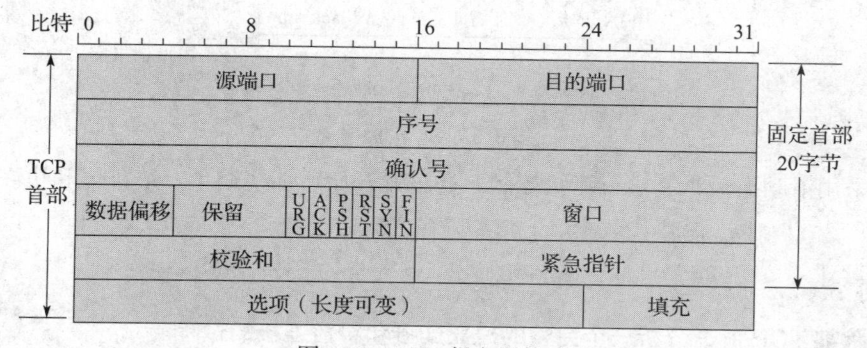

图 3-62　TCP 报文段格式

- 源端口和目的端口：用来标识主机中的进程。

- 序号：指发送序号，TCP 把每一个 TCP 数据流中的字节都进行了编号，整个数据的起始序号在连接建立时设置。
- 确认号：指接收端主机希望收到对方的下一报文段的数据的第一个字节的序号。
- 数据偏移（首部长度）：标明 TCP 包的首部的长度，单位是 4 字节。
- 保留：供以后使用，现在填充为 0。
- 六个标志位：每一个标志位表示一个控制功能。
- 窗口：用于告诉对方自己缓存区的大小，以进行流量控制。
- 校验和：对数据包的校验和放在该字段，以便接收方对数据进行校验。
- 紧急指针：指出在本报文段中紧急数据的最后一个字节的序号。
- 选项：长度可变，用于对数据的额外控制。
- 填充：保证首部长度是 4 字节的整数倍。

TCP 连接的建立与关闭采用三次握手和四次握手机制，其过程如图 3-63 和图 3-64 所示。

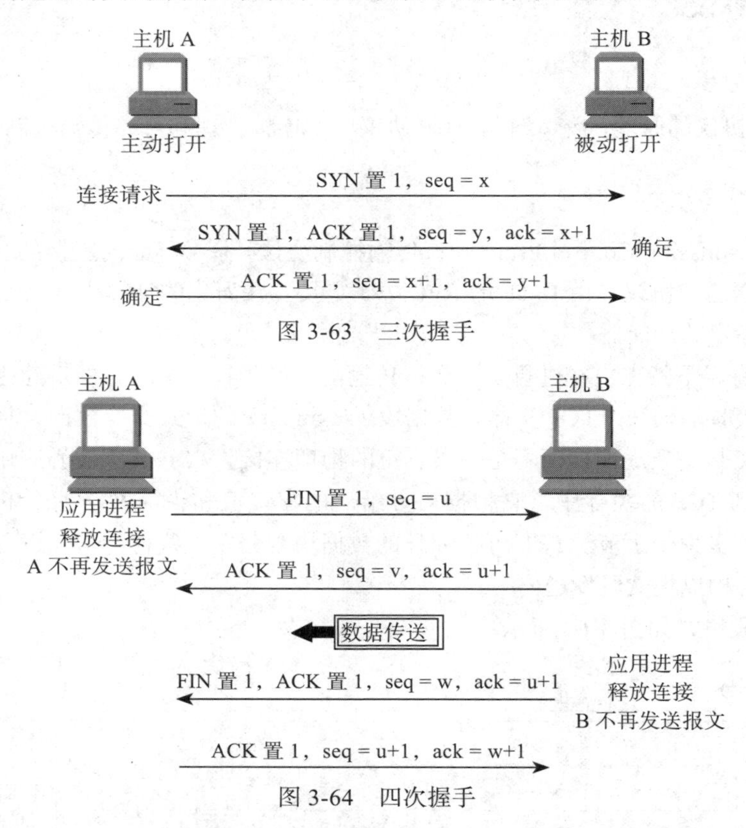

图 3-63　三次握手

图 3-64　四次握手

TCP 采用滑动窗口机制进行流量控制，通过慢开始、拥塞避免、快重传和快恢复来进行拥塞控制。

实验内容

1. 跟踪某 TCP 流，分析一个完整的建立连接和释放连接的过程

进行实验的主机使用 Wireshark 捕获分组。使用 HTTP 服务构造 TCP 数据流，通过 Web 浏览器发起 HTTP 的连接请求，分析捕获的 TCP 连接数据，如图 3-65 所示。

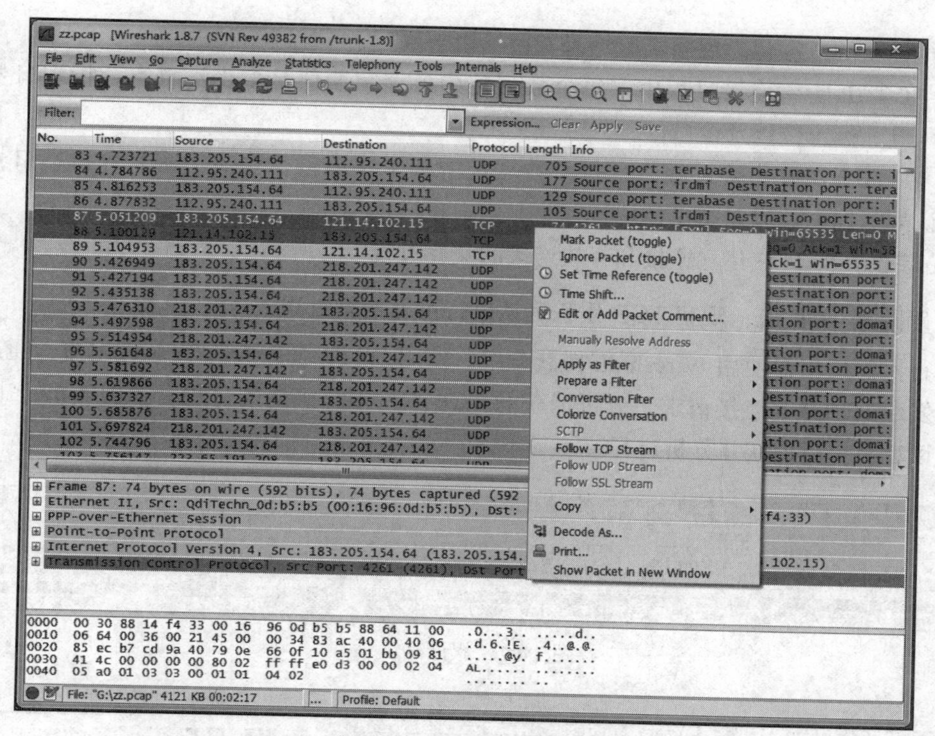

图 3-65　跟踪某 TCP 流

选中 #87 号数据包，右键单击该数据包，选择“Follow TCP Stream”，得到一个完整的 TCP 连接建立、数据传输、释放连接过程，如图 3-66 所示。

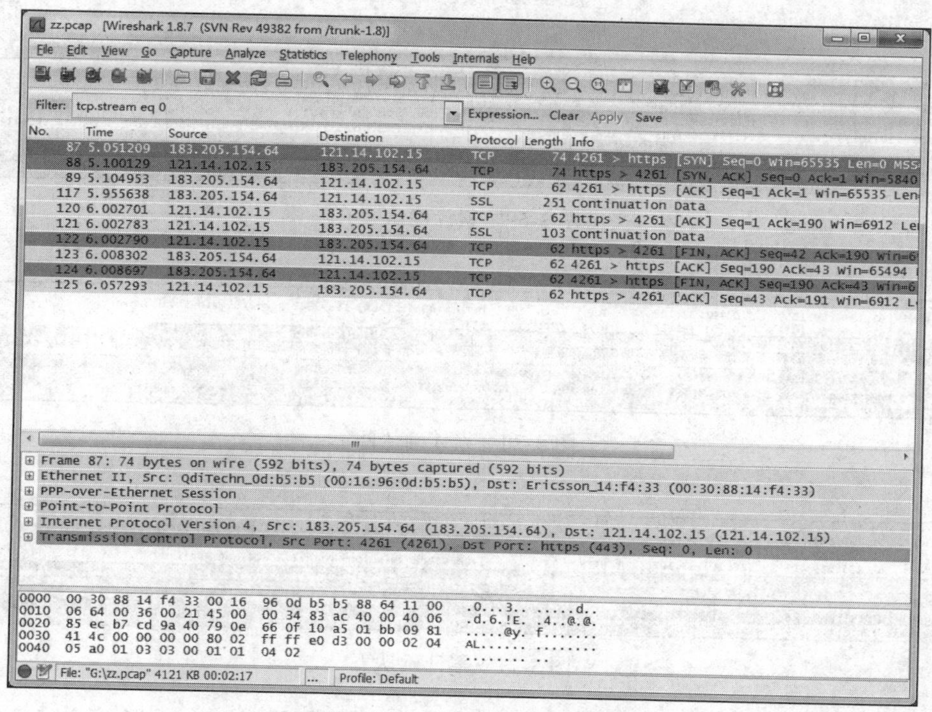

图 3-66　捕获到的 TCP 分组

根据捕获的数据包，观察实验结果，回答以下问题：

1）在 TCP 建立连接过程中，每个数据包中各个字段值是多少？重点分析端口号、序号、确认号、标志位以及窗口值。

2）在 TCP 释放连接过程中，每个数据包中各个字段值是多少？重点分析端口号、序号、确认号、标志位以及窗口值。

3）综合分析 TCP 建立连接和释放连接的交互过程。

2. 跟踪某 TCP 流，观察 TCP 累积确认进行可靠传输过程

进行实验的主机使用 Wireshark 捕获分组。使用 HTTP 服务构造 TCP 数据流，通过 Web 浏览器发起 HTTP 的连接请求，分析捕获的 TCP 进行累积确认的过程。如图 3-67 ～图 3-71 所示。读者可自行捕获并分析过程。

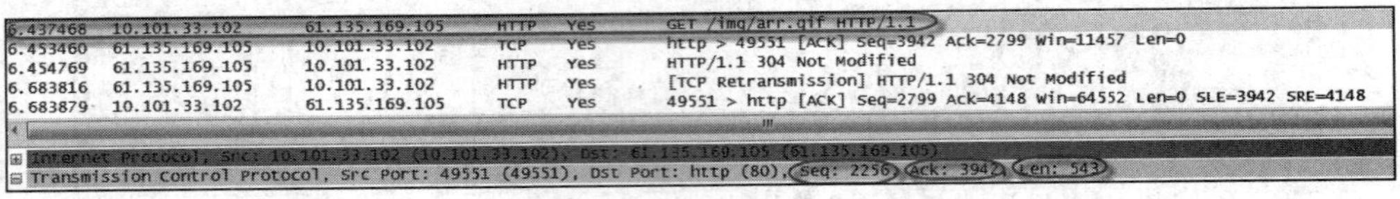

```
6.437468  10.101.33.102   61.135.169.105  HTTP  Yes  GET /img/arr.gif HTTP/1.1
6.453460  61.135.169.105  10.101.33.102   TCP   Yes  http > 49551 [ACK] Seq=3942 Ack=2799 Win=11457 Len=0
6.454769  61.135.169.105  10.101.33.102   HTTP  Yes  HTTP/1.1 304 Not Modified
6.683816  61.135.169.105  10.101.33.102   HTTP  Yes  [TCP Retransmission] HTTP/1.1 304 Not Modified
6.683879  10.101.33.102   61.135.169.105  TCP   Yes  49551 > http [ACK] Seq=2799 Ack=4148 Win=64552 Len=0 SLE=3942 SRE=4148
⊞ Internet Protocol, Src: 10.101.33.102 (10.101.33.102), Dst: 61.135.169.105 (61.135.169.105)
⊟ Transmission Control Protocol, Src Port: 49551 (49551), Dst Port: http (80), Seq: 2256, Ack: 3942, Len: 543
```

图 3-67　累计确认一

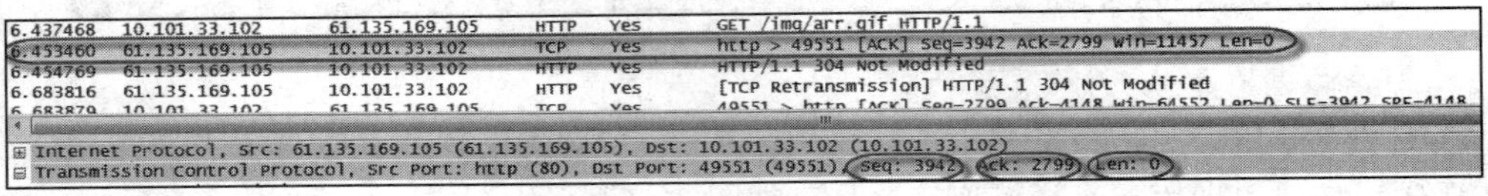

```
6.437468  10.101.33.102   61.135.169.105  HTTP  Yes  GET /img/arr.gif HTTP/1.1
6.453460  61.135.169.105  10.101.33.102   TCP   Yes  http > 49551 [ACK] Seq=3942 Ack=2799 Win=11457 Len=0
6.454769  61.135.169.105  10.101.33.102   HTTP  Yes  HTTP/1.1 304 Not Modified
6.683816  61.135.169.105  10.101.33.102   HTTP  Yes  [TCP Retransmission] HTTP/1.1 304 Not Modified
6.683879  10.101.33.102   61.135.169.105  TCP   Yes  49551 > http [ACK] Seq=2799 Ack=4148 Win=64552 Len=0 SLE=3942 SRE=4148
⊞ Internet Protocol, Src: 61.135.169.105 (61.135.169.105), Dst: 10.101.33.102 (10.101.33.102)
⊟ Transmission Control Protocol, Src Port: http (80), Dst Port: 49551 (49551), Seq: 3942, Ack: 2799, Len: 0
```

图 3-68　累计确认二

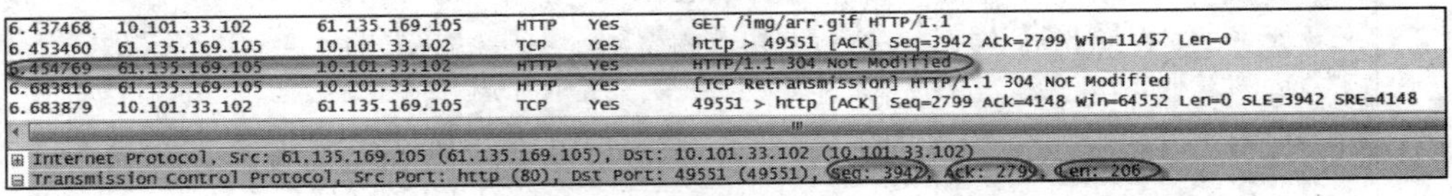

```
6.437468  10.101.33.102   61.135.169.105  HTTP  Yes  GET /img/arr.gif HTTP/1.1
6.453460  61.135.169.105  10.101.33.102   TCP   Yes  http > 49551 [ACK] Seq=3942 Ack=2799 Win=11457 Len=0
6.454769  61.135.169.105  10.101.33.102   HTTP  Yes  HTTP/1.1 304 Not Modified
6.683816  61.135.169.105  10.101.33.102   HTTP  Yes  [TCP Retransmission] HTTP/1.1 304 Not Modified
6.683879  10.101.33.102   61.135.169.105  TCP   Yes  49551 > http [ACK] Seq=2799 Ack=4148 Win=64552 Len=0 SLE=3942 SRE=4148
⊞ Internet Protocol, Src: 61.135.169.105 (61.135.169.105), Dst: 10.101.33.102 (10.101.33.102)
⊟ Transmission Control Protocol, Src Port: http (80), Dst Port: 49551 (49551), Seq: 3942, Ack: 2799, Len: 206
```

图 3-69　累计确认三

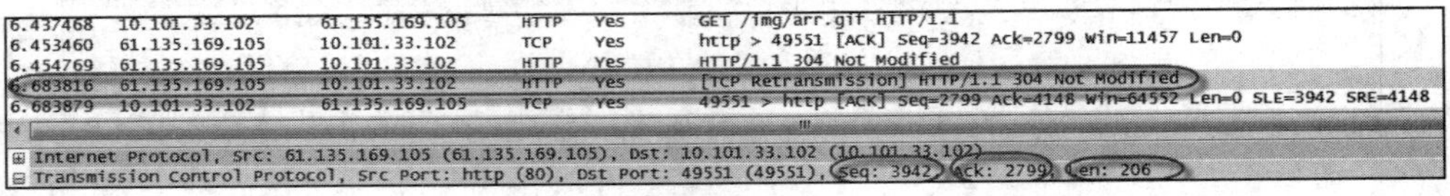

```
6.437468  10.101.33.102   61.135.169.105  HTTP  Yes  GET /img/arr.gif HTTP/1.1
6.453460  61.135.169.105  10.101.33.102   TCP   Yes  http > 49551 [ACK] Seq=3942 Ack=2799 Win=11457 Len=0
6.454769  61.135.169.105  10.101.33.102   HTTP  Yes  HTTP/1.1 304 Not Modified
6.683816  61.135.169.105  10.101.33.102   HTTP  Yes  [TCP Retransmission] HTTP/1.1 304 Not Modified
6.683879  10.101.33.102   61.135.169.105  TCP   Yes  49551 > http [ACK] Seq=2799 Ack=4148 Win=64552 Len=0 SLE=3942 SRE=4148
⊞ Internet Protocol, Src: 61.135.169.105 (61.135.169.105), Dst: 10.101.33.102 (10.101.33.102)
⊟ Transmission Control Protocol, Src Port: http (80), Dst Port: 49551 (49551), Seq: 3942, Ack: 2799, Len: 206
```

图 3-70　累计确认四

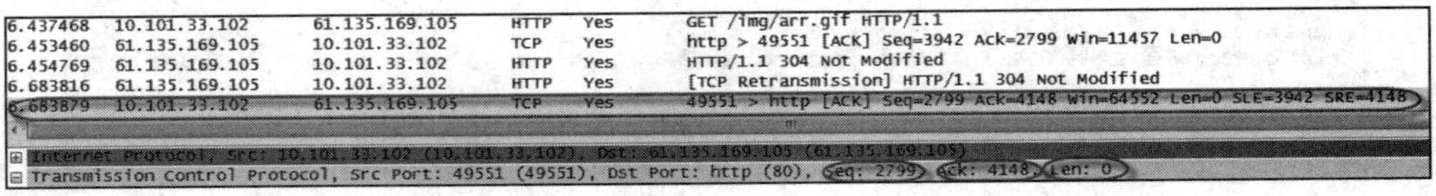

```
6.437468  10.101.33.102   61.135.169.105  HTTP  Yes  GET /img/arr.gif HTTP/1.1
6.453460  61.135.169.105  10.101.33.102   TCP   Yes  http > 49551 [ACK] Seq=3942 Ack=2799 Win=11457 Len=0
6.454769  61.135.169.105  10.101.33.102   HTTP  Yes  HTTP/1.1 304 Not Modified
6.683816  61.135.169.105  10.101.33.102   HTTP  Yes  [TCP Retransmission] HTTP/1.1 304 Not Modified
6.683879  10.101.33.102   61.135.169.105  TCP   Yes  49551 > http [ACK] Seq=2799 Ack=4148 Win=64552 Len=0 SLE=3942 SRE=4148
⊞ Internet Protocol, Src: 10.101.33.102 (10.101.33.102), Dst: 61.135.169.105 (61.135.169.105)
⊟ Transmission Control Protocol, Src Port: 49551 (49551), Dst Port: http (80), Seq: 2799, Ack: 4148, Len: 0
```

图 3-71　累计确认五

如图 3-67 所示，10.101.33.102 向 61.135.169.105 发送序号为 2256、长度为 543 字节的

TCP 段，同时期望收到序号为 3942 的数据。在图 3-68 中，61.135.169.105 确认希望收到序号为 2799 的数据，并发送数据长度为 0 字节的 TCP 段。在图 3-69 中，61.135.169.105 确认希望收到序号为 2799 的数据，并发送数据长度为 206 字节的 TCP 段。在图 3-70 中，61.135.169.105 向 10.101.33.102 发送一个重复段。在图 3-71 中，10.101.33.102 收到这个包后直接丢弃，并且向 61.135.169.105 发送序号为 2799、长度为 0 字节的 TCP 段，同时期望收到序号为 4148 的数据。

3. 跟踪某 TCP 流，观察 nagle 算法执行过程

此处采用 Java 程序的方式来实现对 nagle 算法的观察，程序如下：

```java
import java.io.BufferedReader;
import java.io.BufferedWriter;
import java.io.InputStream;
import java.io.InputStreamReader;
import java.io.ObjectOutputStream;
import java.io.OutputStream;
import java.io.OutputStreamWriter;
import java.net.*;
public class tcp_nodelay
{
    public static void main(String[] args)
    {
        Socket socket1;
        byte res[]=new byte[100];

        int i;
            try
            {
                socket1 = new Socket("202.108.33.60", 80);
                System.out.println("Nagle 算法开启状态: "+socket1.getTcpNoDelay());
                //socket1.setTcpNoDelay(true);       //关闭 nagle 算法，默认开启
                InputStream inputStream = socket1.getInputStream();
                InputStreamReader inReader = new InputStreamReader(inputStream);
                BufferedReader bReader = new BufferedReader(inReader);
                OutputStream outputStream=socket1.getOutputStream();
                i=0;
                res=new String("hello").getBytes();
                while(i<2000)
                {
                    i++;
                    outputStream.write(res);
                } //向新浪发送 2000 个 hello
                System.out.println(bReader.readLine());
                socket1.close();
            }
            catch (Exception e)
            {
                System.out.println("error:" + e.getMessage());
            }
        }
}
```

在 nagle 开启的情况下，运行程序，使用 Wireshark 捕获分组，如图 3-72 所示。

1382	6.52344500	10.104.113.39	202.108.33.60	TCP	1514 [TCP segment of a reassembled PDU]
1383	6.52642700	10.104.113.39	202.108.33.60	TCP	1509 [TCP segment of a reassembled PDU]

图 3-72　nagle 开启下捕获分组

每个数据包里含有很多 hello，说明 nagle 算法正在执行，如图 3-73 所示。

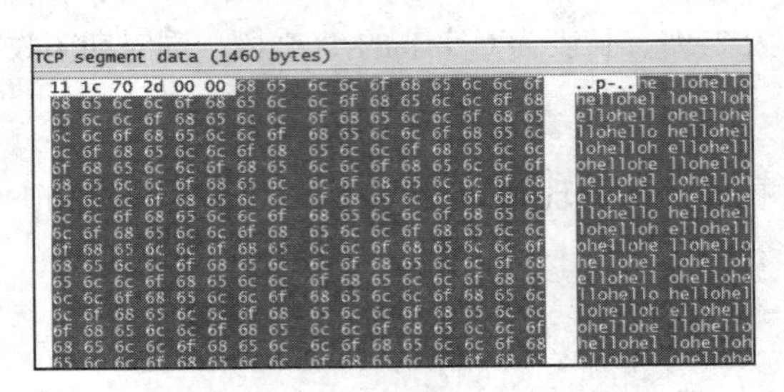

图 3-73　nagle 开启下数据发送

然后，在程序中关闭 nagle 算法，重新运行，使用 Wireshark 捕获分组，此时发出一系列小数据包，每个包的内容如图 3-74 所示，“hello”被单独发出去了，没有进行累积。

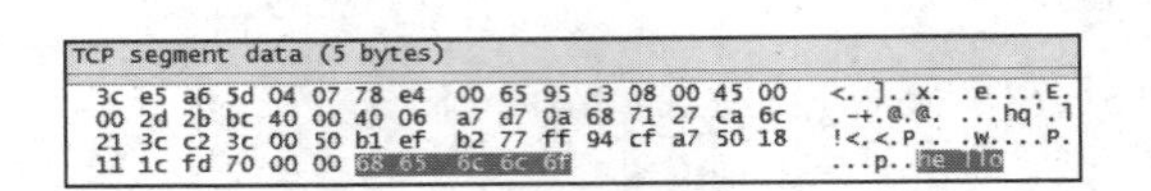

图 3-74　nagle 关闭下数据发送

4. 跟踪某 TCP 流，观察快重传和快恢复过程

进行实验的主机使用 Wireshark 捕获分组。使用 HTTP 服务构造 TCP 数据流，通过 Web 浏览器发起 HTTP 的连接请求，分析捕获的 TCP 快重传和快恢复过程，如图 3-75 所示。

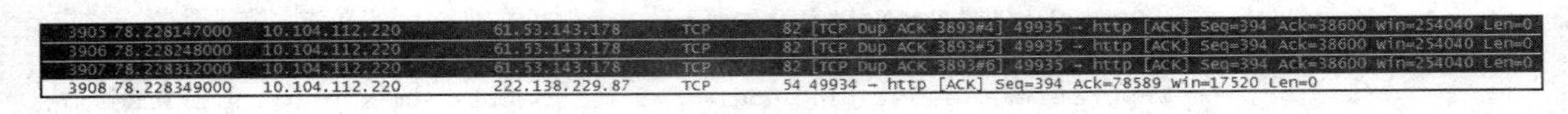

图 3-75　TCP 快重传过程

请自行捕获并分析 TCP 快重传和快恢复过程。

思考题目

1.TCP 释放连接的方法除了四次握手方法外，实际网络中还存在什么样的正常释放连接方式？

2. 分析 TCP 的拥塞控制机制。

3. 举例分析是否存在一个应用中多个会话可以重用一个 TCP 连接的情况。

4. 如何判断远程机器上某 TCP 端口是否开放？有哪些方法？通过实验验证并对比分析。

3.9　UDP 协议

实验目的

掌握 UDP 协议的原理，理解 UDP 协议报文格式及交互过程。

实验要点

用户数据报协议（User Datagram Protocol，UDP）是一个传输层协议，提供了应用程序之间传输数据的基本机制。与IP协议一样，UDP协议提供的是不可靠、无连接的数据交付服务。它没有使用确认机制来确保报文的到达，当报文发送之后，是无法得知报文是否能够安全完整送达的。它不会对传入的报文进行排序，也不提供反馈信息来控制机器之间报文传输的速度。因此，UDP报文可能会出现丢失、延迟或乱序到达的现象。UDP协议不会抑制源主机发送速率，因此，报文到达的速率可能会大于接收进程能够处理的速率。

从可靠性角度来看，TCP优于UDP，但UDP协议仍然是必要的，因为可靠性的保证是以通信效率为代价的。UDP协议传输效率较高，因此对于某些传输数据量较少的应用，或者对于效率要求远大于对可靠性要求的应用非常适合。UDP协议从问世至今已经被使用了很多年，虽然其最初的光彩已经被一些类似协议所掩盖，但UDP协议仍然不失为一个非常实用和可行的传输层协议。

与TCP协议一样，UDP协议位于IP协议上层。UDP协议的主要作用是将网络数据流量压缩成报文的形式。一个UDP报文就是一个二进制数据的传输单位。每一个UDP报文的前8个字节用来包含首部信息，由4个字段组成，剩余字节则用来包含具体的传输数据。UDP报文格式如图3-76所示。

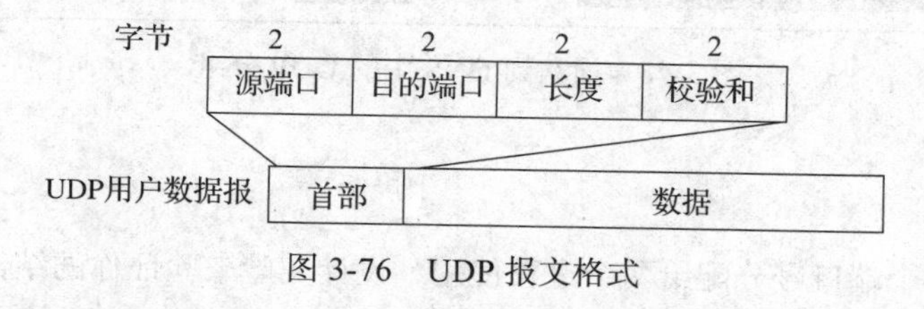

图3-76　UDP报文格式

- 源端口：发送方UDP端口，当不需要返回数据时，源端口为0。
- 目的端口：接收方UDP端口。
- 长度：UDP数据报总长度。
- 校验和：可选项，为全0时表示不需要计算校验和，如果实际计算的校验和为0，则此字段值为全1。

实验内容

1. 观察UDP分组

在实验主机上打开PPS影音播放器，利用Wireshark捕获UDP分组，观察其端口信息、总长度、校验和以及数据长度，如图3-77所示。

2. 观察DNS中的UDP分组

打开浏览器，访问www.baidu.com，利用Wireshark捕获DNS分组，该DNS分组基于UDP协议传输，观察其中的UDP协议的端口信息、总长度、校验和和数据长度，如图3-78所示。

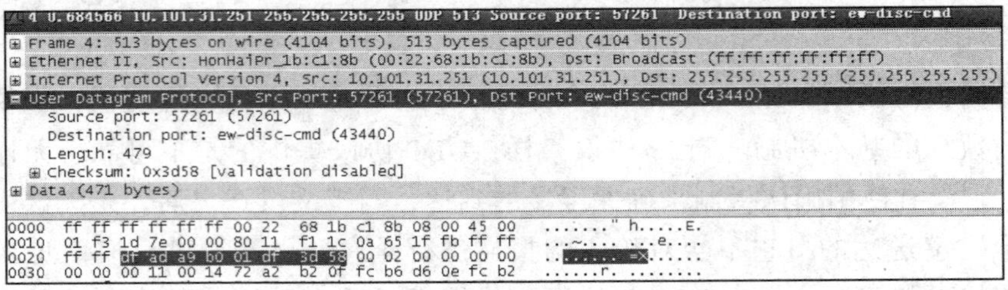

```
4 0.684566 10.101.31.251 255.255.255.255 UDP 513 Source port: 57261  Destination port: ew-disc-cmd
⊞ Frame 4: 513 bytes on wire (4104 bits), 513 bytes captured (4104 bits)
⊞ Ethernet II, Src: HonHaiPr_1b:c1:8b (00:22:68:1b:c1:8b), Dst: Broadcast (ff:ff:ff:ff:ff:ff)
⊞ Internet Protocol Version 4, Src: 10.101.31.251 (10.101.31.251), Dst: 255.255.255.255 (255.255.255.255)
⊟ User Datagram Protocol, Src Port: 57261 (57261), Dst Port: ew-disc-cmd (43440)
    Source port: 57261 (57261)
    Destination port: ew-disc-cmd (43440)
    Length: 479
  ⊞ Checksum: 0x3d58 [validation disabled]
⊞ Data (471 bytes)

0000  ff ff ff ff ff ff 00 22  68 1b c1 8b 08 00 45 00   ......." h.....E.
0010  01 f3 1d 7e 00 00 80 11  f1 1c 0a 65 1f fb ff ff   ...~.... ...e....
0020  ff ff df ad a9 b0 01 df  3d 58 00 02 00 00 00 00   ........ =X......
0030  00 00 00 11 00 14 72 a2  b2 0f fc b6 d6 0e fc b2   ......r. ........
```

图 3-77　捕获到 UDP 分组

```
⊞ Frame 240: 80 bytes on wire (640 bits), 80 bytes captured (640 bits)
⊞ Ethernet II, Src: HewlettP_d8:05:8c (18:a9:05:d8:05:8c), Dst: Hangzhou_df:b8:9e (00:0f:e2:df:b8:9e)
⊞ Internet Protocol Version 4, Src: 10.101.31.231 (10.101.31.231), Dst: 202.102.224.68 (202.102.224.68)
⊟ User Datagram Protocol, Src Port: 57136 (57136), Dst Port: domain (53)
    Source port: 57136 (57136)
    Destination port: domain (53)
    Length: 46
  ⊞ Checksum: 0x9853 [validation disabled]
⊟ Domain Name System (query)
    [Response In: 241]
    Transaction ID: 0x5cd5
  ⊞ Flags: 0x0100 (Standard query)
    Questions: 1
    Answer RRs: 0
    Authority RRs: 0
    Additional RRs: 0
  ⊟ Queries
    ⊟ static.atm.youku.com: type A, class IN
        Name: static.atm.youku.com
        Type: A (Host address)
        Class: IN (0x0001)

0000  00 0f e2 df b8 9e 18 a9  05 d8 05 8c 08 00 45 00   ........ ......E.
0010  00 42 9d d0 00 00 40 11  00 00 0a 65 1f e7 ca 66   .B....@. ...e...f
0020  e0 44 df 30 00 35 00 2e  98 53 5c d5 01 00 00 01   .D.0.5.. .S\.....
0030  00 00 00 00 00 00 06 73  74 61 74 69 63 03 61 74   .......s tatic.at
0040  6d 05 79 6f 75 6b 75 03  63 6f 6d 00 00 01 00 01   m.youku. com.....
```

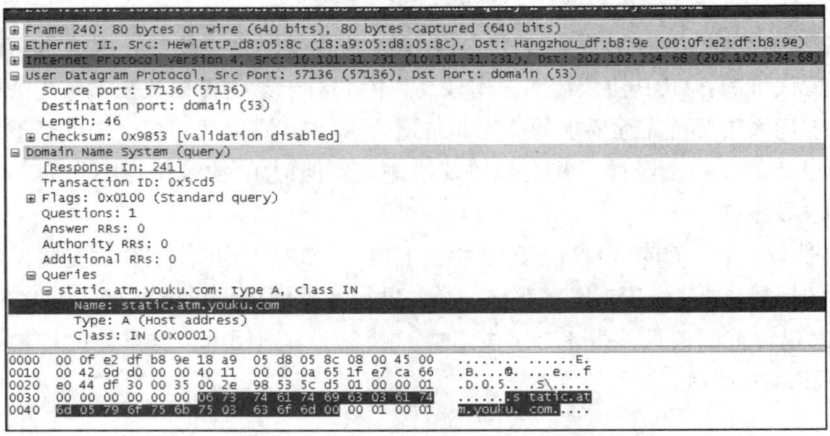

图 3-78　捕获到 DNS 中的 UDP 分组

思考题目

1. 能否将同一个端口号分配给两个进程使用，设计实验来验证你的结论。
2. 通常情况下 DNS 是使用 UDP 的，在什么情况下会使用 TCP？
3. 从实验中，如何判断远程机器上的某 UDP 端口是否开放？

3.10　RIP 协议

实验目的

通过观察 RIP 协议实际运行过程，加深对该协议的理解。

实验要点

RIP（Routing　Information　Protocols，路由信息协议）是由施乐（Xerox）在 20 世纪 70 年代开发的。RIP 协议最大的特点是，实现原理和配置方法都非常简单。

RIP 协议采用分布式的距离矢量算法，因此其度量是基于跳数的，每经过一台路由器，路径的跳数加 1，跳数越多，路径就越长，RIP 运行算法会优先选择跳数少的路径。RIP 协议支持的最大跳数是 15，跳数为 16 的网络被认为不可达。

RIP 协议中路由更新是通过定时广播实现的。默认情况下，路由器每隔 30 秒向与它相连的网络广播自己的路由表，接到广播的路由器将收到的信息添加至自身的路由表中。每个路由器都如此广播，最终网络上所有的路由器都会得知全部的路由信息。正常情况下，路由器每 30 秒就可以收到一次路由信息确认，如果经过 180 秒，即 6 个更新周期，一个路由项都没有得到确认，路由器就认为它已失效。如果经过 240 秒，即 8 个更新周期，路由项仍没有得到确认，就将它从路由表中删除。上面的 30 秒、180 秒和 240 秒的延时是由更新计时器、无效计时器和刷新计时器分别控制的。

距离向量类算法容易产生路由循环，所以 RIP 协议也存在这个问题。如果网络上有路由循环，信息就会循环传递，永远不能到达目的地。为了避免这个问题，采用了下面 4 种机制。

- 水平分割（split horizon）：水平分割保证路由器记住每一条路由信息的来源，并且不在收到这条信息的端口上再次发送它。这是保证不产生路由循环的基本措施。
- 毒性逆转（poison reverse）：当一条路径信息变为无效之后，路由器并不立即将它从路由表中删除，而是将跳数置为 16，即将不可达的度量值广播出去。这样做虽然增加了路由表的大小，但对消除路由循环很有帮助，它可以立即清除相邻路由器之间的任何环路。
- 触发更新（trigger update）：当路由表发生变化时，更新报文立即广播给相邻的所有路由器，而不是等待 30 秒的更新周期。同样，当一个路由器刚启动 RIP 协议时，它广播请求报文。收到此广播的相邻路由器立即应答一个更新报文，而不必等到下一个更新周期。这样，网络拓扑的变化会以最快速度在网络上传播，减少了路由循环产生的可能性。
- 抑制计时（holddown timer）：一条路由信息无效之后，这条路由在一段时间内都处于抑制状态，即在一定时间内不再接收关于同一目的地址的路由更新。如果路由器从一个网段上得知一条路径失效，然后会立即在另一个网段上又得知这个路由有效，但这个有效的信息往往是不正确的，而抑制计时避免了这个问题。而且，当一条链路频繁起停时，抑制计时减少了路由的浮动，增加了网络的稳定性。

即便采用了上述 4 种方法，路由循环的问题也不能完全解决，只是最大程度得到了降低。一旦出现路由循环，路由项的度量值就会出现计数到无穷大的情况。这是因为路由信息被循环传递，每传过一个路由器，度量值就加 1，一直加到 16，路径就成为不可达了。RIP 协议选择 16 作为不可达的度量值是很巧妙的，它既足够大，从而保证多数网络能够正常运行；同时它又足够小，使得计数到无穷大花费的时间最短。

RIP 协议虽然简单易行，并且久经考验，但也存在一些重要缺陷，表现在以下几个方面：过于简单，以跳数为依据计算度量值，经常得出非最优路由；度量值以 16 为限，不适合大的网络；安全性差，接受来自任何设备的路由更新；不支持无类 IP 地址和 VLSM（Variable Length Subnet Mask，变长子网掩码）；收敛缓慢，时间经常大于 5 分钟；消耗带宽很大。

RIPv2 的报文格式如图 3-79 所示。与 RIPv1 相比，它有以下变化：1）增加了子网掩码字段，支持 VLSM、CIDR 编址；2）增加了下一站地址，防止选路循环和慢收敛；3）增加了路由标记，可传送自治系统号、路由起点等；4）增加了验证（鉴别）机制。

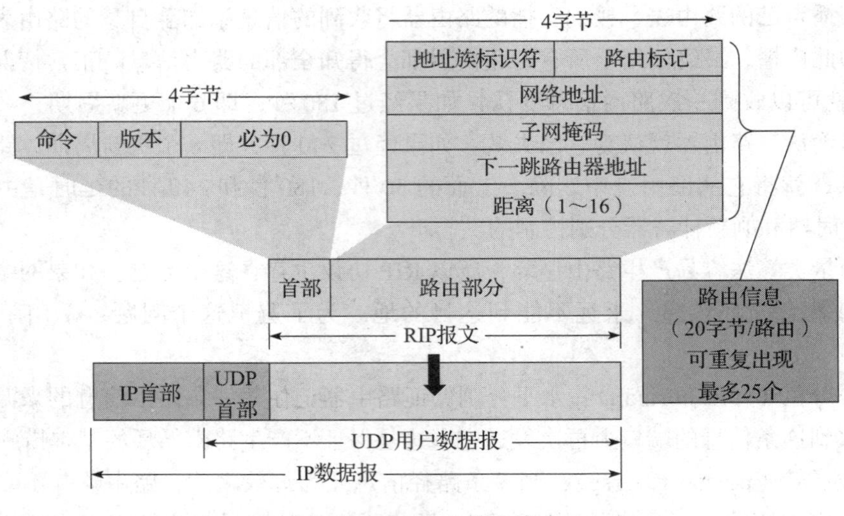

图 3-79　RIPv2 报文格式

实验内容

本实验可采用两种方式进行 RIPv2 报文格式和交互过程分析，一种方法是通过安装路由软件 Quagga，并配置 RIP 协议，运行 Wireshark 抓包，捕获 RIPv2 报文格式并分析交互过程；另一种方法是在 Packet tracer 下进行简单组网并进行 RIP 协议配置后，分析 RIPv2 报文格式和交互过程。本实验主要以第二种方法进行说明。

在 Packet Tracer 下自行设计网络拓扑结构并进行 RIPv2 路由协议配置，如图 3-80 所示。假设有 4 台路由器互连了 4 台主机，路由器之间运行 RIPv2 路由协议。首先对主机和路由器各个接口进行 IP 地址配置，然后对路由器进行 RIPv2 路由协议配置。具体配置方法详见本书第 2 章。

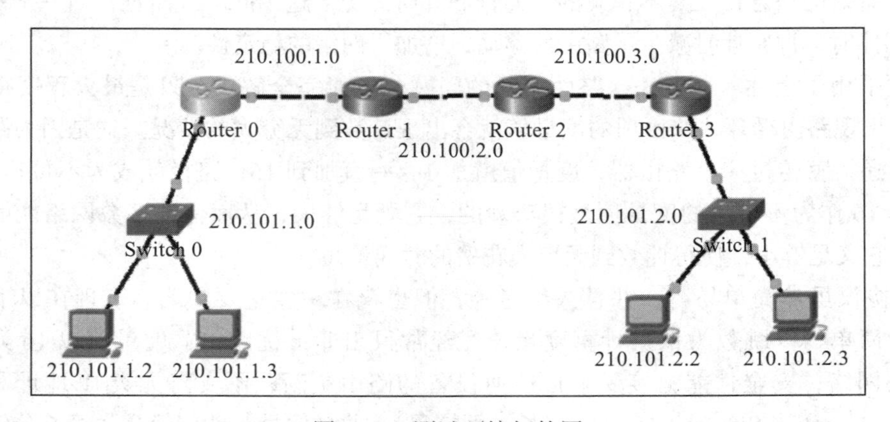

图 3-80　测试环境拓扑图

路由配置成功后，是无法直接截获到 RIPv2 报文的，需要通过让某个路由器的某个端口关闭（或再次打开）才能捕获到此报文。其中，关闭时可以捕获到响应报文，再次打开时可以捕获到请求报文。如图 3-81 ～图 3-84 所示。

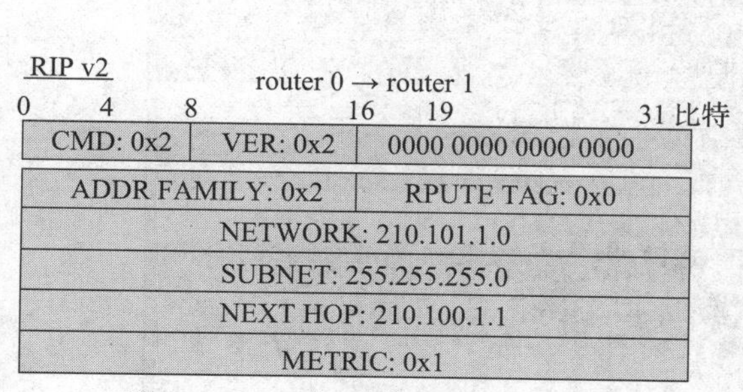

图 3-81 R0 发送给 R1 的 RIP 报文

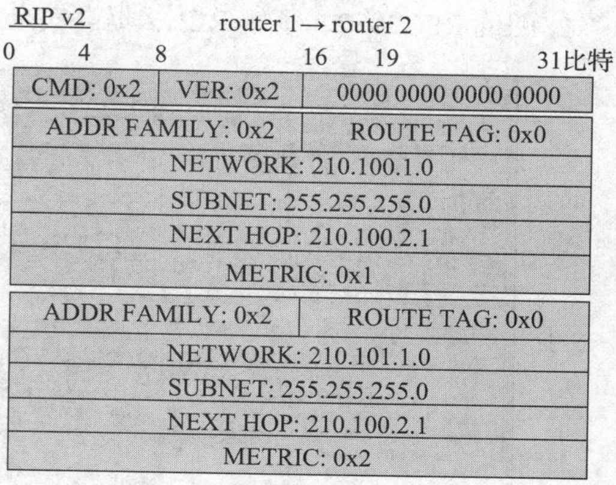

RIP v2　router 1→ router 2

0 4 8 16 19 31比特

CMD: 0x2	VER: 0x2	0000 0000 0000 0000
ADDR FAMILY: 0x2		ROUTE TAG: 0x0
NETWORK: 210.100.1.0		
SUBNET: 255.255.255.0		
NEXT HOP: 210.100.2.1		
METRIC: 0x1		
ADDR FAMILY: 0x2		ROUTE TAG: 0x0
NETWORK: 210.101.1.0		
SUBNET: 255.255.255.0		
NEXT HOP: 210.100.2.1		
METRIC: 0x2		

图 3-82 R1 发送给 R2 的 RIP 报文

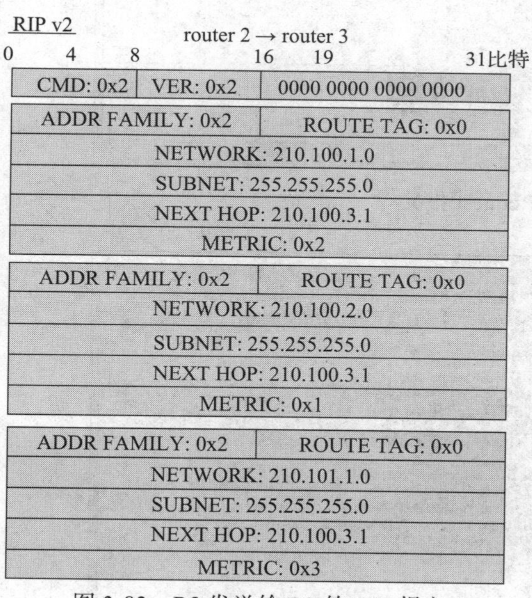

图 3-83 R2 发送给 R3 的 RIP 报文

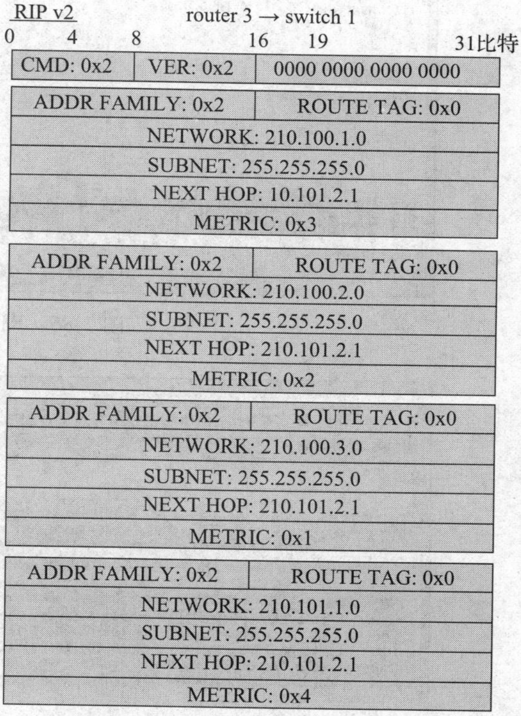

RIP v2　router 3 → switch 1

0 4 8 16 19 31比特

CMD: 0x2	VER: 0x2	0000 0000 0000 0000
ADDR FAMILY: 0x2		ROUTE TAG: 0x0
NETWORK: 210.100.1.0		
SUBNET: 255.255.255.0		
NEXT HOP: 10.101.2.1		
METRIC: 0x3		
ADDR FAMILY: 0x2		ROUTE TAG: 0x0
NETWORK: 210.100.2.0		
SUBNET: 255.255.255.0		
NEXT HOP: 210.101.2.1		
METRIC: 0x2		
ADDR FAMILY: 0x2		ROUTE TAG: 0x0
NETWORK: 210.100.3.0		
SUBNET: 255.255.255.0		
NEXT HOP: 210.101.2.1		
METRIC: 0x1		
ADDR FAMILY: 0x2		ROUTE TAG: 0x0
NETWORK: 210.101.1.0		
SUBNET: 255.255.255.0		
NEXT HOP: 210.101.2.1		
METRIC: 0x4		

图 3-84 R3 发送给 R1 的 RIP 报文

观察实验结果，回答以下问题：

1）分析 RIPv2 报文中各个字段信息。

2）分析 RIPv2 在进行路由信息配置时的交互过程。

如果采用第一种方法，在进行配置后，运行 Wireshark，可以捕获到的请求和应答分组如图 3-85 和图 3-86 所示。

请自行捕获并分析报文格式和交互过程。

思考题目

1. RIPv2 目前只支持简单的口令认证，是否需要更复杂的认证机制呢？

2. 阅读 RFC2082，了解 RIPv2 提高安全性的一些措施和建议。

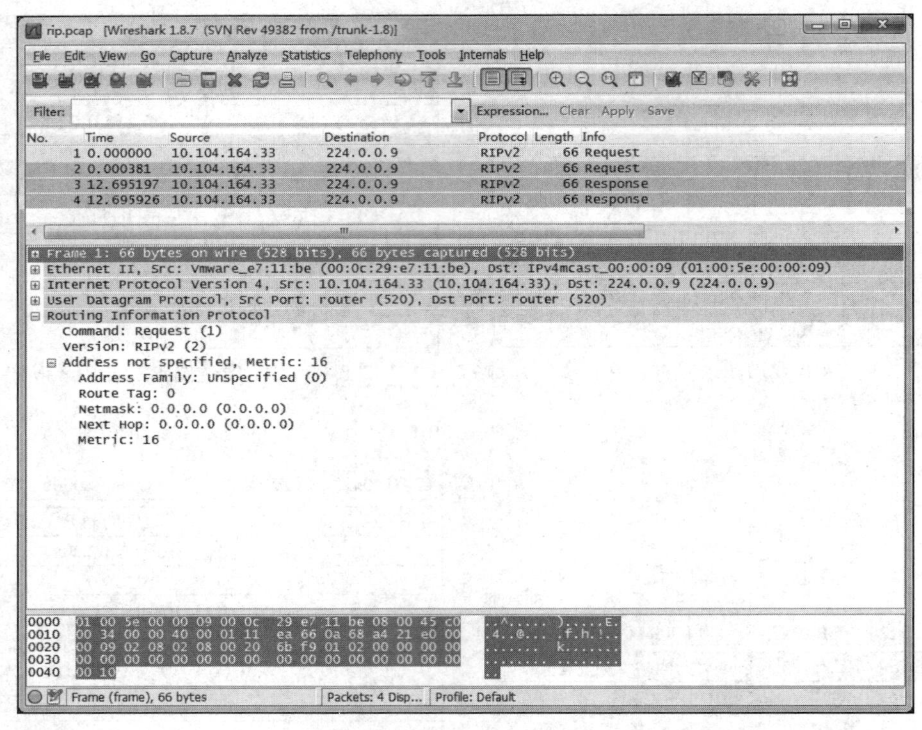

图 3-85　RIP Request 报文

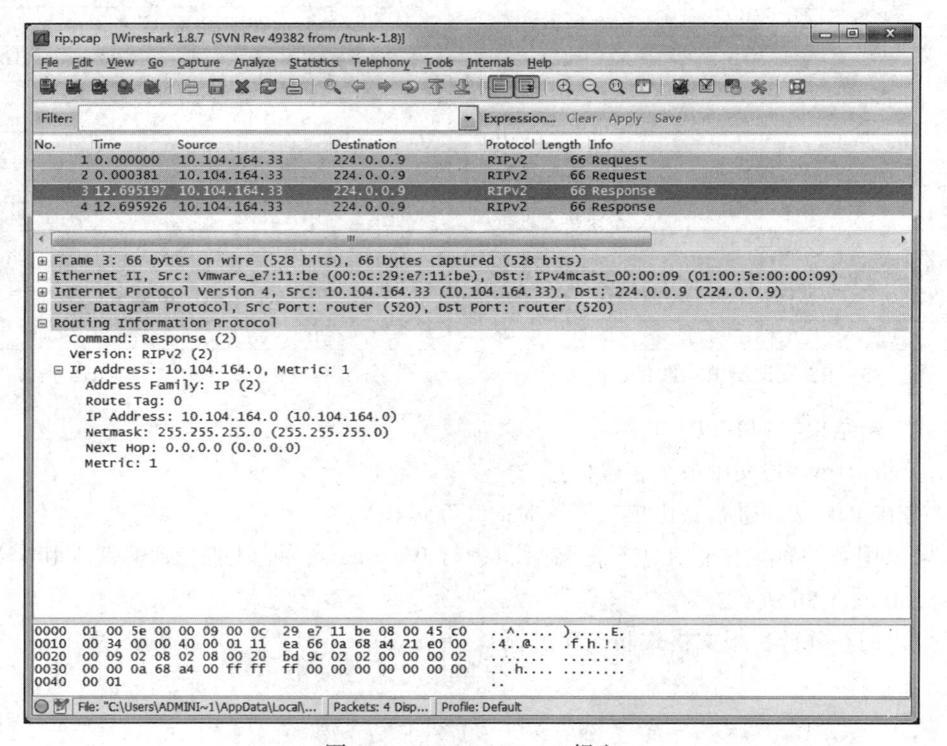

图 3-86　RIP Response 报文

3.11 OSPF 协议

实验目的

观察 OSPF 协议运行过程，加深对该协议的理解。

实验要点

OSPF（Open Shortest Path First，开放式最短路径优先）是一个内部网关协议（Interior Gateway Protocol，IGP），用于在单一自治系统（Autonomous System，AS）内决策路由。OSPF 分为 OSPFv2 和 OSPFv3 两个版本，其中 OSPFv2 用于 IPv4 网络，OSPFv3 用于 IPv6 网络。

OSPF 是一个链路状态路由协议，每个 OSPF 路由器都维护一个链路状态数据库（Link State Database，LSD）。相邻 OSPF 路由器之间会相互通告各自的链路状态。当路由器收到其他路由器传入的链路状态更新报文后，便对自己的链路状态数据库进行更新，并使用著名的 Dijkstra 算法计算最短路径树。该树显示了路由器到自治系统内所有目的地的最佳路径。

OSPF 的思想及功能主要通过各种报文之间的相互协作来实现。OSPF 报文类型分为 5 类：

- 类型 1，问候（Hello）分组。
- 类型 2，数据库描述（Database Description）分组。
- 类型 3，链路状态请求（Link State Request）分组。
- 类型 4，链路状态更新（Link State Update）分组，用洪泛法对全网更新链路状态。
- 类型 5，链路状态确认（Link State Acknowledgment）分组。

其报文格式如图 3-87 所示。

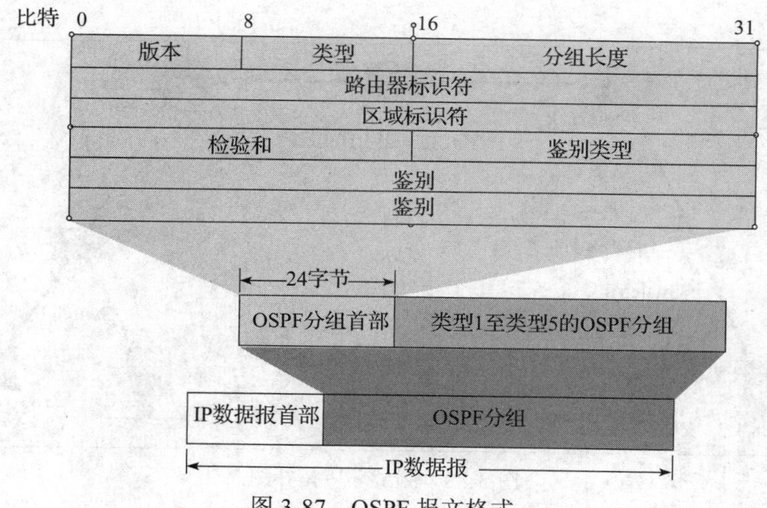

图 3-87 OSPF 报文格式

- 版本：占 1 个字节，指出所采用的 OSPF 协议版本号。
- 类型：占 1 个字节，标识对应报文的类型。分别是：Hello 报文、DD 报文、LSR 报文、LSU 报文、LSAck 报文。
- 分组长度：占 2 个字节。它是指整个报文（包括 OSPF 报头部分和后面各报文内容部分）的字节长度。

- 路由器 ID：占 4 个字节，指定发送报文的源路由器 ID。
- 区域 ID：占 4 个字节，指定发送报文的路由器所对应的 OSPF 区域号。
- 校验和：占 2 个字节，是对整个报文（包括 OSPF 报头和各报文具体内容，但不包括下面的 Authentication 字段）的校验和，用于对端路由器校验报文的完整性和正确性。
- 鉴别类型：占 2 个字节，指定所采用的认证类型，0 为不认证，1 为进行简单认证，2 采用 MD5 方式认证。
- 鉴别：占 8 个字节，具体值视不同认证类型而定。认证类型为不认证时，此字段没有数据；认证类型为简单认证时，此字段为认证密码；认证类型为 MD5 认证时，此字段为 MD5 摘要消息。

实验内容

在本实验中，可采用两种方式进行 OSPF 报文格式和交互过程分析，一种方法是通过安装路由软件 Quagga，并配置 OSPF 协议，运行 Wireshark 抓包，捕获 OSPF 报文格式并分析交互过程；另一种方法是在 Packet Tracer 下进行简单组网并进行 OSPF 协议配置后，分析 OSPF 报文格式和交互过程。本实验主要以第二种方法进行说明。

1. 利用 Cisco Packet Tracert 搭建 OSPF 协议网络环境

假定局域网 192.168.1.0/24 和 192.168.2.0/24 之间建立经过 3 个路由器的链路，路由器间网络为 210.100.1.0/24 和 210.100.2.0/24。具体物理连接与端口设置不再赘述，完成配置后如图 3-88 所示。

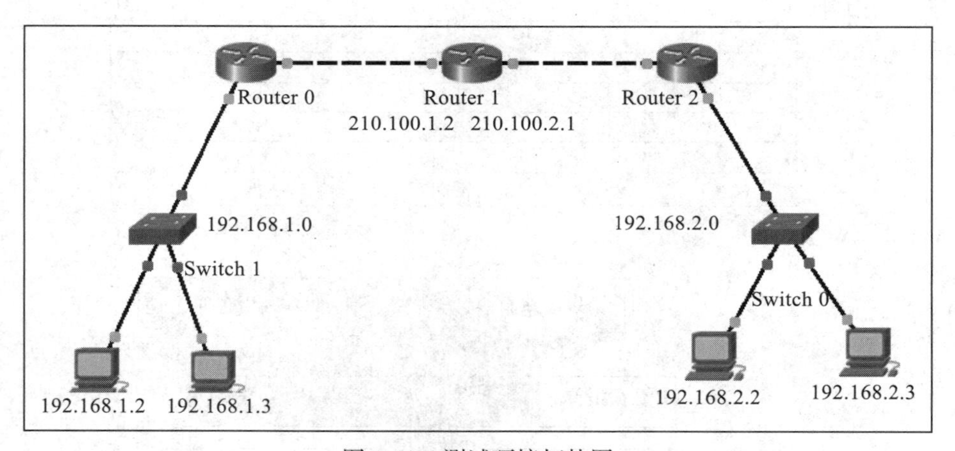

图 3-88　测试环境拓扑图

配置好 IP 地址后，再使用路由器 IOS 命令行配置 OSPF 协议，具体配置过程及命令详见本书第 2 章。配置成功后，捕获 OSPF 数据包并分析。

2. 捕获 OSPF 数据包并分析 5 种类型报文

（1）观察 OSPF Hello 报文

Hello 报文用于相邻路由器建立邻接关系，捕获到的报文如图 3-89 和图 3-90 所示。

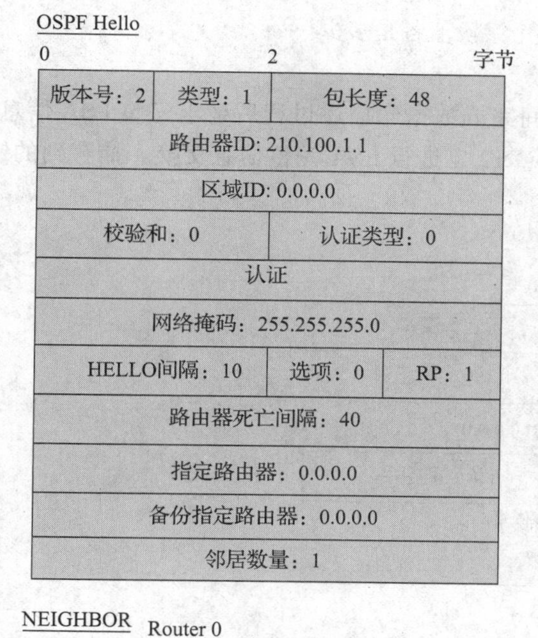

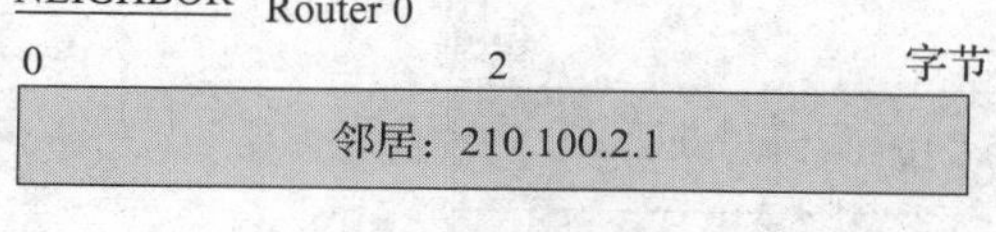

图 3-89　邻居发现报文一

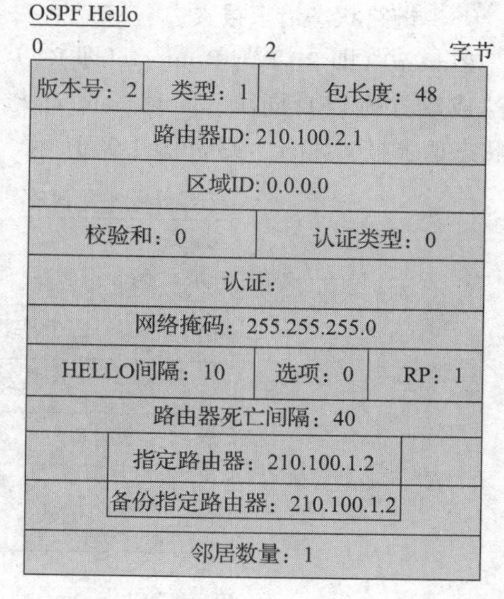

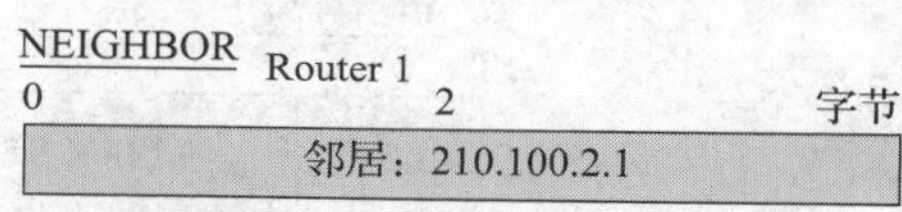

图 3-90　邻居发现报文二

观察实验结果，回答以下问题：

1）在此交互过程中，建立邻接关系的是哪两个相邻路由器？其 IP 地址分别是多少？

2）分析 Hello 报文中各个字段值各是多少？

3）分析路由器之间是如何确定指定路由器和备份路由器的？

（2）观察数据库描述报文

为初始链路状态做准备，两个建立 OSPF 关系的路由器之间进行数据库各 LSA 首部的交换，捕获到的分组首部和链路状态通告 LSA 如图 3-91 和图 3-92 所示。

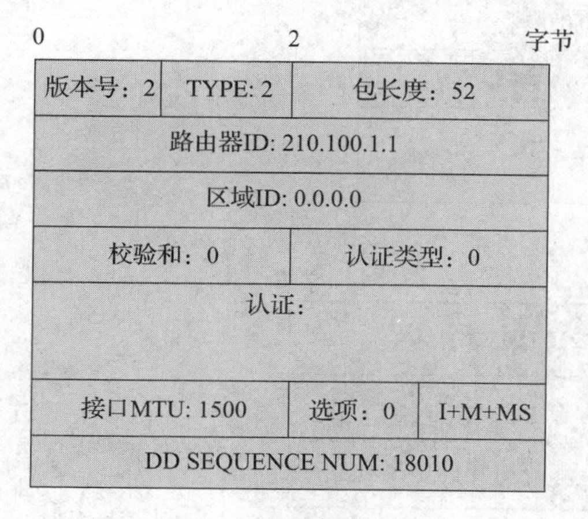

图 3-91　OSPF 数据库描述报文首部

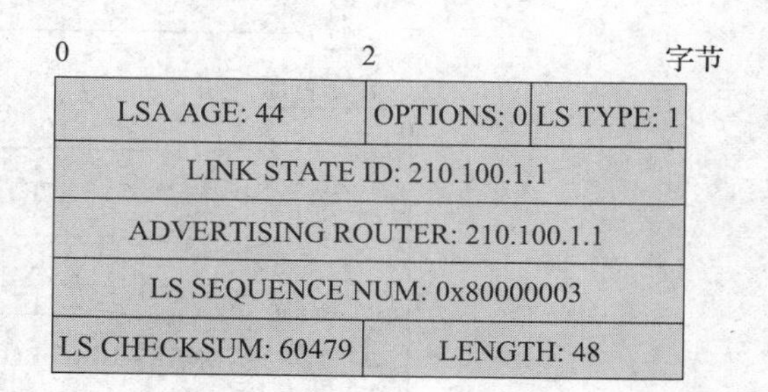

图 3-92　OSPF 链路状态通告首部

观察实验结果，分析数据库描述报文中各个字段值各是多少。

（3）链路状态请求报文

Router0（即 R0）与 Router1（即 R1）之间完成数据库描述过程后请求完整 LSA 信息，以达成双方的 LSD 同步，同时 Router1 与 Router2 也进行 LSA 完整信息交换。捕获到的链路状态请求报文如图 3-93 和图 3-94 所示。

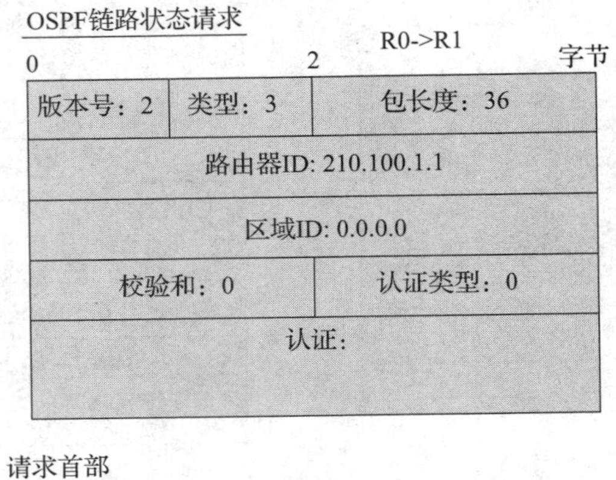

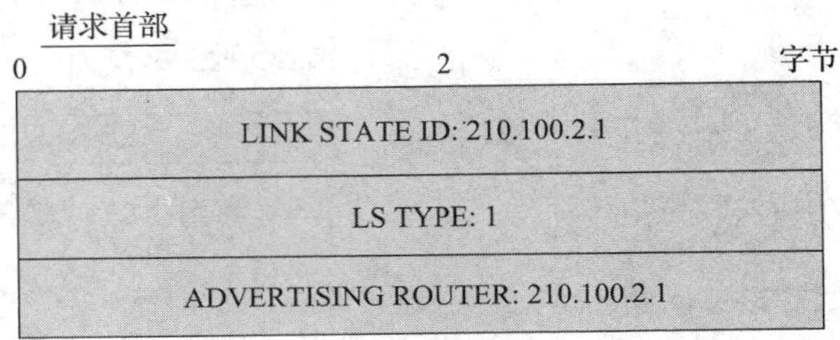

图 3-93　R0 发送给 R1 的 LSA

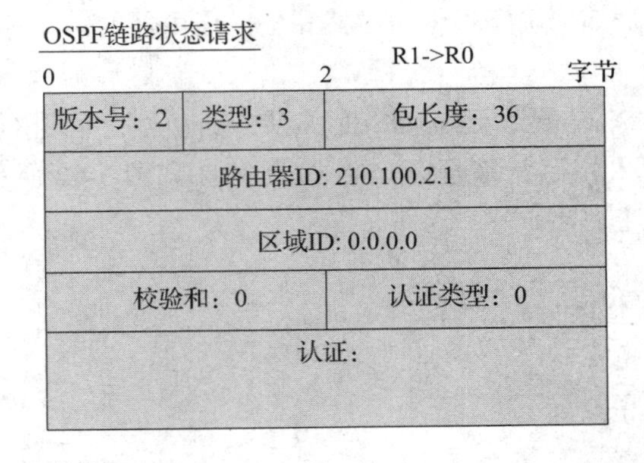

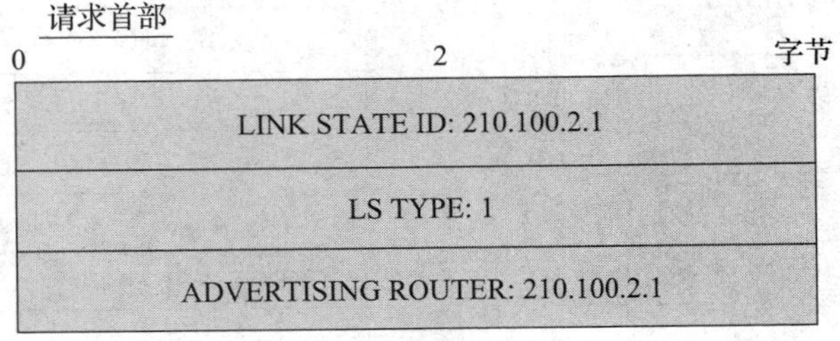

图 3-94　R1 发送给 R0 的 LSA

观察实验结果，分析链路状态请求报文中各个字段值各是多少？

请参考以上分析过程，自行捕获并分析链路状态更新报文和链路状态确认报文，分析报文中各个字段值各是多少。

思考题目

请查阅 RFC2740，了解 OSPFv3 标准的运行机制以及在 OSPFv2 基础上对报文所做的修改。

3.12　BGP 协议

实验目的

掌握 BGP 协议工作原理，理解其四种报文格式。

实验要点

边界网关协议（Border Gateway Protocal，BGP）是运行于 TCP 协议之上的用于交换自治系统间路由信息的一个路由协议。BGP 系统的主要功能是和其他的 BGP 系统交换网络可达信息，这些信息有效地构造了自治系统（AS）互联的拓扑图并由此清除了路由环路，同时在 AS 级别上可实施策略决策。目前，BGP 协议是唯一一个用来处理像因特网大小的网络的协议，也是唯一能够较好地处理不相关路由域间的多路连接协议。BGP 协议的发展经历了四个版本，其中第四个版本 BGP-4 是目前使用最为广泛的外部网关协议。

BGP 协议的基本原理是：通过相邻 AS 之间交换路由信息，使得每个 AS 都拥有一个 AS 级别的因特网连通图。两个相邻 AS 之间交换路由信息时，要选择相邻的 BGP 路由器作为发言人（speaker）。每个发言人向外通告经过聚类后的可达路由信息，以降低路由表规模和隐藏网络拓扑结构。这些信息可能是关于其 AS 内部的，也可能来自其他 AS。

BGP 协议有四种类型报文：

- 打开（Open）报文：用来与相邻的另一个 BGP 发言人建立关系。
- 更新（Update）报文：用来发送某一路由的信息，并列出要撤销的多条路由。
- 保活（Keepalive）报文：用来确认打开报文并周期性地证实邻居关系。
- 通知（Notificaton）报文：用来发送检测到的差错。

所有报文都有相同格式的报文头部，报文首部总长度为 19 字节，如图 3-95 所示。

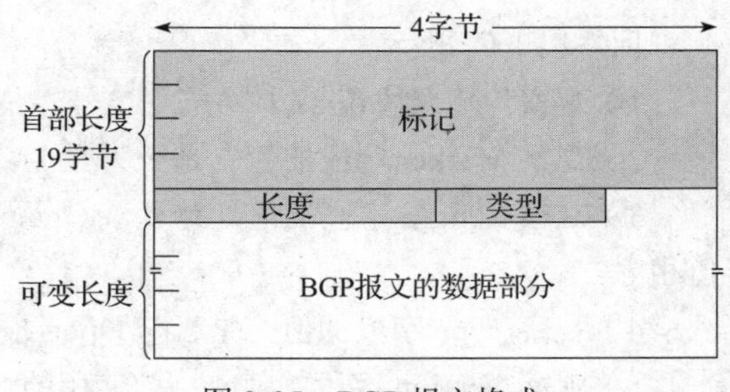

图 3-95　BGP 报文格式

实验内容

将两台运行 Linux 操作系统主机配置 BGP 对等体，并利用 Wireshark 捕获分组观察各种 BGP 报文。

1. 配置 BGP 对等体

在两台主机上分别安装 Linux 操作系统，再分别安装 Quagga 软件，将主机模拟成处于不同 AS 内的 BGP 路由器，并建立 EBGP 连接，从而观察 BGP 运行。具体配置过程请参考相关文献。

2. 观察各种 BGP 报文

（1）观察 Open 报文（如图 3-96 所示）

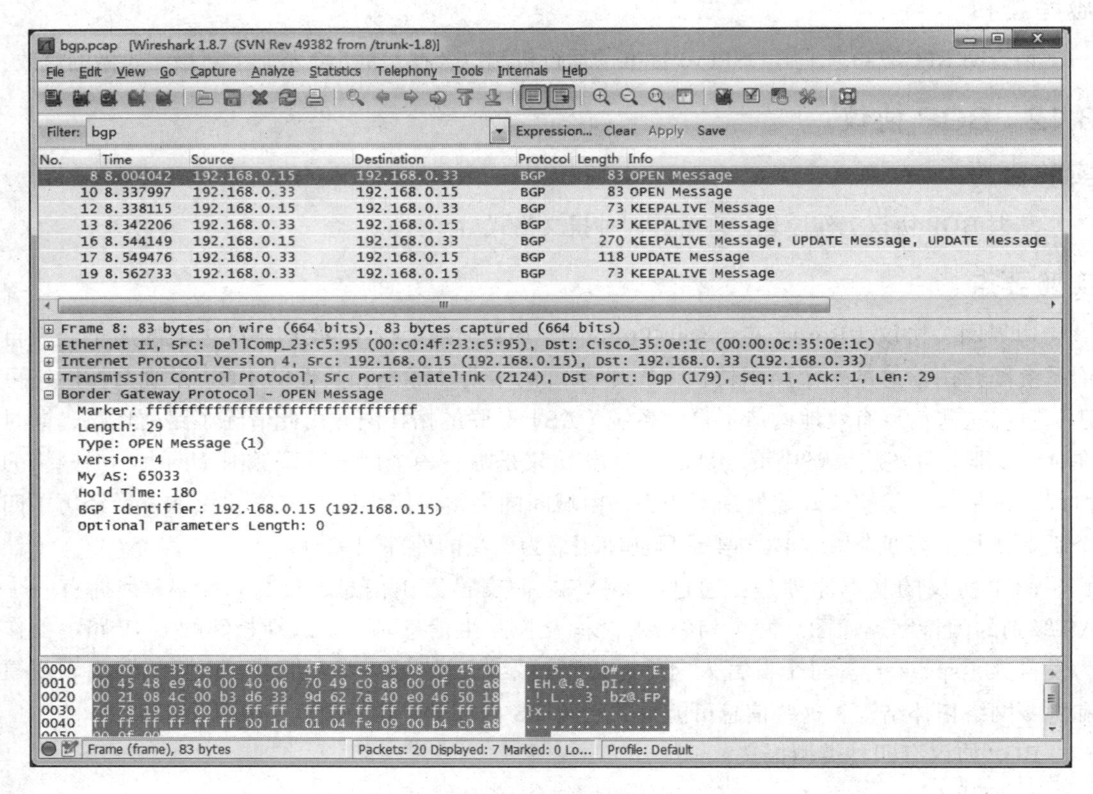

图 3-96　Open 报文

回答以下问题：

1）观察传输层协议 TCP 中的端口号，是否为 BGP 协议所对应的端口号？

2）观察 Marker 字段的值，是否为全 1？所观察到的值代表什么含义？

3）观察 Length 字段的值，计算该 Open 报文各个字段的总长度，是否与 Length 字段的值相等？

4）观察 Type 字段的值，是否与 Open 报文的类型值对应？

5）观察 Version 字段的值，当前使用的 BGP 是哪个版本？

6）观察 My AS 字段、Hold Time 字段、IP 地址字段的值，确认这个 Open 报文发送者所在的 AS 编号、建议的保持时间以及 IP 地址。

（2）观察 Keepalive 报文如图 3-97 所示

回答以下问题：

1）观察 Keepalive 报文，除了报文首部的 3 个字段，是否还携带了其他的字段？

2）观察 Length 字段的值，是否为报文首部的长度 19 个字节？

3）观察 Type 字段的值，该值所代表的报文类型是否与 Keepalive 报文相对应？

（3）观察 Update 报文（如图 3-98 所示）

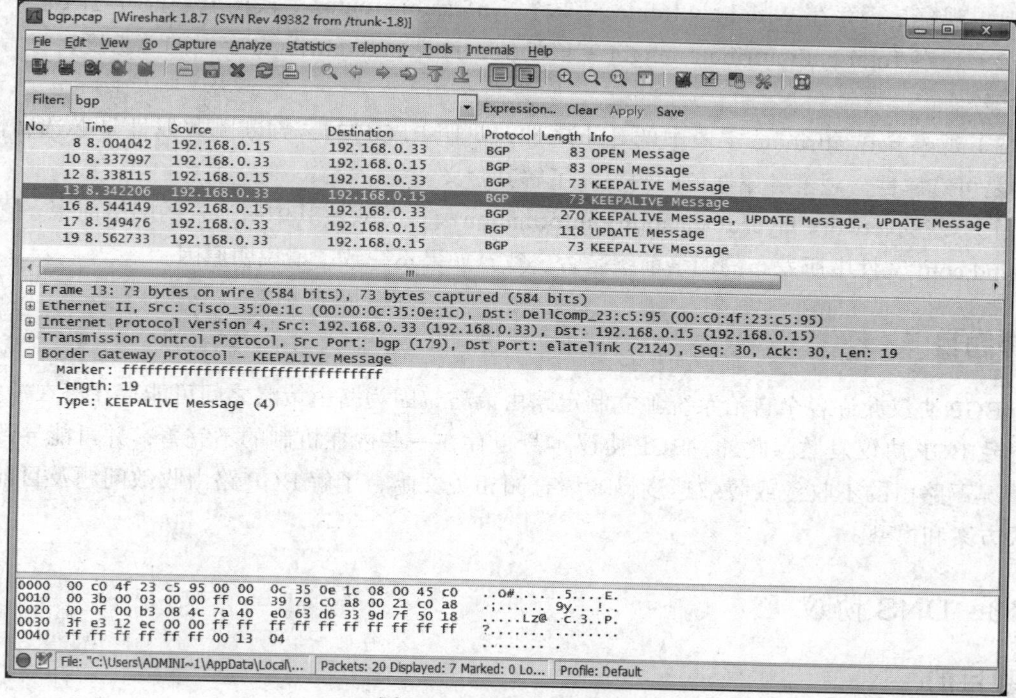

图 3-97 Keepalive 报文

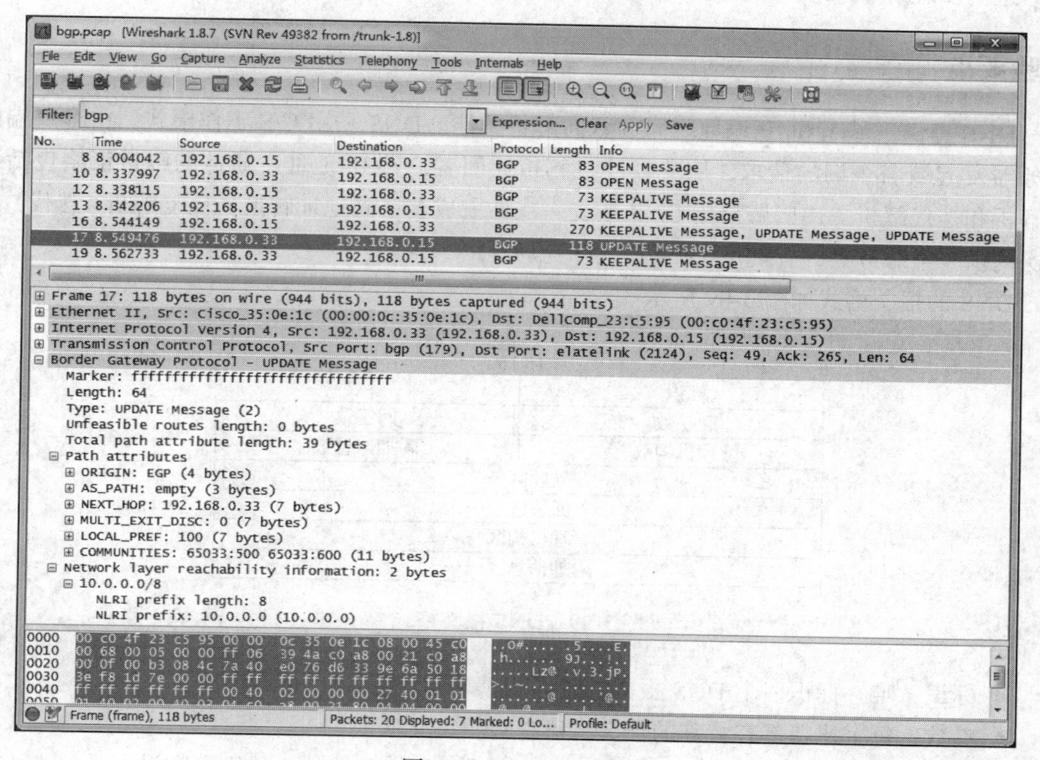

图 3-98 Update 报文

回答以下问题：

1）观察是否存在 Withdraw Routes 字段？ Unfeasible routes 字段的值是否与之匹配？

2）观察 Total path attribute length 字段的值，计算 path attribute 字段的总长度，二者是否相等？

3）观察 path attribute 字段中的几个属性，对照 RFC1771，判断哪些属性是必选属性，哪些是可选属性。观察各属性值的内容，了解其含义。

4）观察 Network layer reachability information 字段，观察其中所通告的网络前缀。它们与 bgpd.conf 文件中所发布的网络前缀是否一致？如果不一致，请说明原因。

思考题目

BGP 协议允许各个自治系统独立制定路由策略，因为路由策略之间可能存在潜在冲突，会导致 BGP 协议发散。此外，BGP 协议本身也存在一些内在机制的不完善，并可能导致某些情况下路由的不收敛或收敛速度慢。请查阅相关文献，了解 BGP 路由收敛问题及目前的解决方案和模型。

3.13 DNS 协议

实验目的

进一步理解 DNS 域名系统，掌握 DNS 查询的重要功能。

实验要点

DNS 提供了域名和 IP 地址之间的双向解析功能。DNS 采用 C/S 工作模式，由客户端向服务器发起域名查询的请求，服务器经过解析返回客户端 IP 地址。通常的解析策略包括递归解析和迭代解析。递归解析指 DNS 系统一次性完成名字到地址转换。反复解析（迭代）指每次请求一个服务器，查询不到再请求别的服务器。

DNS 的报文格式如图 3-99 所示。

0 … 15	16 … 31
标识	参数
问题数	回答数
管理机构数	附加信息数
问题区……	
回答区……	
管理机构区……	
附加信息区……	

图 3-99 DNS 报文格式

- 标识：唯一标识一个 DNS 报文，并匹配请求与应答。
- 参数：每个比特都有特殊的含义，请查阅相关文献。

随后的 4 个字段与下面的 4 个区域对应，指明了每个区域包含的记录数量。

- 问题区：包含客户请求的问题。客户可以一次提出多个问题，每个问题的格式如图 3-100 所示。其中，“查询名”字段指明要请求解析的域名，长度可变。“查询类型”指明需要得到哪些答案，在应用 DNS 时，虽然客户端最常使用的是查询域名对应的 IP 地址，但还可以查询域名对应的其他信息，有关内容将在 DNS 资源记录中给出。“查询类”体现了通用性原则，目前只使用一种查询类，即因特网，对应的值为 1，表示查询域名。DNS 请求和应答报文都包含问题区。
- 回答区：仅包含在应答报文中，域名服务器把解析的结果放在这个区域中返回给客户。回答区中包含多个答案，每个答案都会以资源记录的形式表示，如图 3-101 所示。其中，“域名”字段（不定长或 2 字节）指明当前记录涉及的域名，“类型”和“类”的含义与问题区的类型和类相同。“生存时间”字段表示资源记录的生命周期（以秒为单位），一般用于当地址解析程序取出资源记录后决定保存及使用缓存数据的时间。“资源数据长度”表示资源数据的长度（以字节为单位，如果资源数据为 IP 则长度为 0004），“资源数据”字段是可变长字段，表示按查询段要求返回的相关资源记录的数据。常用的 DNS 资源记录类型如图 3-102 所示。

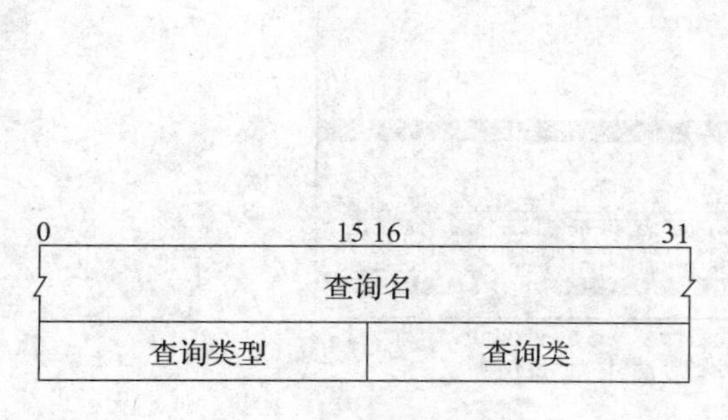

图 3-100　DNS 问题区

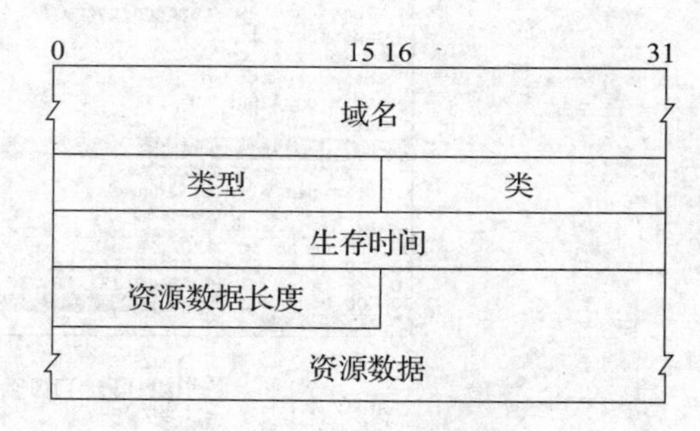

图 3-101　DNS 回答区

类型	助记符	说明
1	A	IPv4 地址
2	NS	名字服务器
5	CNAME	规范名称。定义主机的正式名字的别名
6	SOA	开始授权。标记一个区的开始
11	WKS	熟知服务。定义主机提供的网络服务
12	PTR	指针。把 IP 地址转化为域名
13	HINFO	主机信息。给出主机使用的硬件和操作系统的表述
15	MX	邮件交换。把邮件改变路由送到邮件服务器
28	AAAA	IPv6 地址
252	AXFR	传送整个区的请求
255	ANY	对所有记录的请求

图 3-102　DNS 资源记录类型

- 管理机构区：包含授权的域名服务器。如果客户请求的服务器没有被授权管理当前域名，它会返回相应的授权域名服务器。
- 附加信息区：提供了一种优化手段。

实验内容

1. 捕获客户端与 DNS 服务器之间的 A 记录的查询与应答分组，并分析过程

首先清空浏览器的缓存，然后在 cmd 中输入 ipconfig/flushdns，清除 DNS 缓存，之后通过浏览器输入某域名（如 www.g.cn），运行 Wireshark 抓包，捕获到的 DNS 分组如图 3-103 所示。

```
1349 4.91302000 10.104.113.39    114.114.114.114 DNS  68 Standard query 0xef38  A www.g.cn
1351 4.93252800 114.114.114.114  10.104.113.39   DNS 148 Standard query response 0xef38  A 203.208.46.208 A 203.208.46.212 A 203.208.46.211 A 203.208
1421 5.12658800 10.104.113.39    114.114.114.114 DNS  73 Standard query 0x7a70  A www.google.cn
1442 5.15221600 114.114.114.114  10.104.113.39   DNS 153 Standard query response 0x7a70  A 203.208.46.209 A 203.208.46.210 A 203.208.46.211 A 203.208
1511 5.31606000 10.104.113.39    114.114.114.114 DNS  79 Standard query 0xf9ed  A translate.google.cn
1512 5.31649600 10.104.113.39    114.114.114.114 DNS  77 Standard query 0x2f50  A www.google.com.hk
1513 5.31888000 10.104.113.39    114.114.114.114 DNS  79 Standard query 0x8869  A www.miibeian.gov.cn
1517 5.33854700 114.114.114.114  10.104.113.39   DNS 177 Standard query response 0xf9ed  CNAME www.google.cn A 203.208.46.211 A 203.208.46.212 A 203.
1518 5.34155000 114.114.114.114  10.104.113.39   DNS 125 Standard query response 0x2f50  A 173.194.127.31 A 173.194.127.23 A 173.194.127.24
1519 5.34454900 114.114.114.114  10.104.113.39   DNS 111 Standard query response 0x8869  A 219.143.225.36 A 114.255.183.2
```

图 3-103　捕获到的 DNS 分组

分析其中的第一对请求与应答分组，如图 3-104 和图 3-105 所示。

```
Domain Name System (query)
  [Response In: 1351]
  Transaction ID: 0xef38
⊞ Flags: 0x0100 Standard query
  Questions: 1
  Answer RRs: 0
  Authority RRs: 0
  Additional RRs: 0
⊟ Queries
  ⊟ www.g.cn: type A, class IN
      Name: www.g.cn
      Type: A (Host address)
      Class: IN (0x0001)

00   3c e5 a6 5d 04 07 78 e4  00 65 95 c3 08 00 45 00   <..]..x. .e....E.
10   00 36 5c 81 00 00 40 11  bd c2 0a 68 71 27 72 72   .6\...@. ...hq'rr
20   72 72 cb c8 00 35 00 22  f6 43 ef 38 01 00 00 01   rr...5." .C.8....
30   00 00 00 00 00 00 03 77  77 77 01 67 02 63 6e 00   .......w ww.g.cn.
40   00 01 00 01                                        ....
```

图 3-104　DNS A 类型请求数据包

```
Domain Name System (response)
  [Request In: 1349]
  [Time: 0.019508000 seconds]
  Transaction ID: 0xef38
⊞ Flags: 0x8180 Standard query response, No error
  Questions: 1
  Answer RRs: 5
  Authority RRs: 0
  Additional RRs: 0
⊟ Queries
  ⊟ www.g.cn: type A, class IN
      Name: www.g.cn
      Type: A (Host address)
      Class: IN (0x0001)
⊟ Answers
  ⊟ www.g.cn: type A, class IN, addr 203.208.46.208
      Name: www.g.cn
      Type: A (Host address)
      Class: IN (0x0001)
      Time to live: 30 seconds
      Data length: 4
      Addr: 203.208.46.208 (203.208.46.208)
  ⊞ www.g.cn: type A, class IN, addr 203.208.46.212
  ⊞ www.g.cn: type A, class IN, addr 203.208.46.211
  ⊞ www.g.cn: type A, class IN, addr 203.208.46.210
  ⊞ www.g.cn: type A, class IN, addr 203.208.46.209

00   78 e4 00 65 95 c3 00 23  89 42 71 00 08 00 45 00   x..e...# .B....E.
10   00 86 00 00 00 00 97 11  c2 f3 72 72 72 72 0a 68   ........ ..rrrr.h
20   71 27 00 35 cb c8 00 72  ce fb ef 38 81 80 00 01   q'.5...r ...8....
30   00 05 00 00 00 00 03 77  77 77 01 67 02 63 6e 00   .......w ww.g.cn.
40   00 01 00 01 c0 0c 00 01  00 01 00 00 00 1e 00 04   ........ ........
50   cb d0 2e d0 c0 0c 00 01  00 01 00 00 00 1e 00 04   ........ ........
60   cb d0 2e d4 c0 0c 00 01  00 01 00 00 00 1e 00 04   ........ ........
70   cb d0 2e d3 c0 0c 00 01  00 01 00 00 00 1e 00 04   ........ ........
80   cb d0 2e d2 c0 0c 00 01  00 01 00 00 00 1e 00 04   ........ ........
90   cb d0 2e d1                                        ....
```

图 3-105　DNS A 类型应答数据包

观察实验结果，回答以下问题：

1）分析 DNS 请求和应答报文中各个字段的信息。

2）此交互过程中，请求类型是什么？请求解析的域名是什么？

3）应答报文中给出的解析结果是什么？其中有几个应答，应答的内容分别是什么？

4）对同一域名再做一次或多次同样的查询请求，观察每次应答记录的内容和顺序是否相同？分析原因。

2. 捕获客户端与 DNS 服务器之间的 MX 记录的查询与应答分组，并分析过程

对 MX 记录类型报文的分析可借助 nslookup 命令完成。nslookup 是连接 DNS 服务器及查询域名信息的一个非常有用的命令，可以指定查询的类型，可以查询 DNS 记录的生存时间，还可以指定使用哪个 DNS 服务器进行解释，有关该命令详细使用说明，可参见本书 1.4 节。

如图 3-106 所示，在 cmd 中输入 nslookup，然后输入 set type=MX，查询 pop3.sohu.net 的 MX 记录，运行 Wireshark 抓包，捕获 DNS 分组。

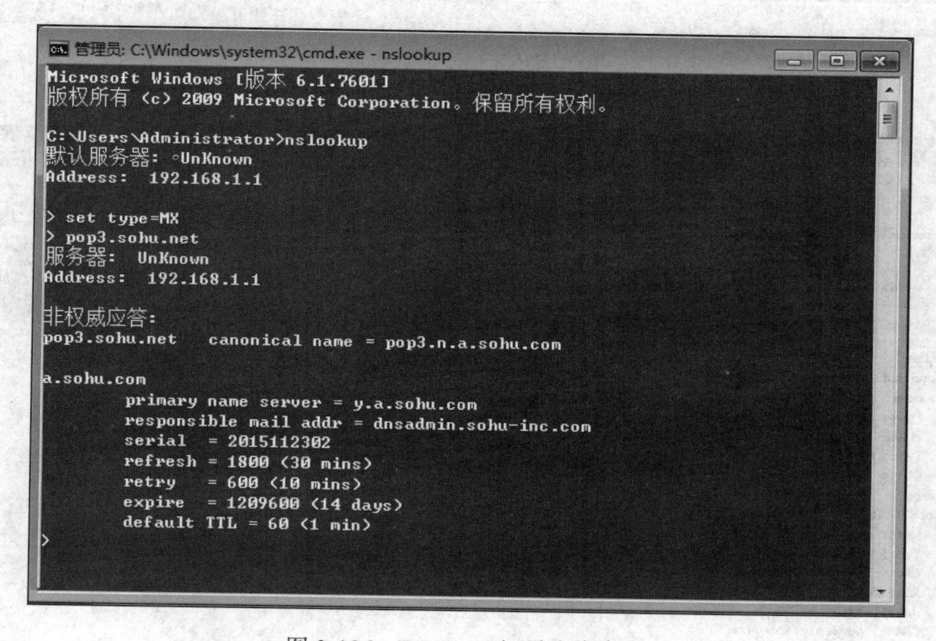

图 3-106 DNS MX 记录查询命令

在此过程中，捕获到的 DNS MX 记录查询和应答分组，如图 3-107 和图 3-108 所示。

观察实验结果，回答以下问题：

1）分析 DNS 请求和应答报文中各个字段信息。

2）此交互过程中，请求类型是什么？

3）应答报文中给出的结果是什么？

3. 捕获客户端与 DNS 服务器之间的正向域名解析分组，并分析过程

清除 IE 缓存和 DNS 缓存，然后用 Nslookup.exe 进行正向、逆向域名解析。在 cmd 中，首先输入 nslookup www.g.cn 进行正向域名解析，如图 3-109 所示。

```
*本地连接
文件(F) 编辑(E) 视图(V) 跳转(G) 捕获(C) 分析(A) 统计(S) 电话(Y) 无线(W) 工具(T) 帮助(H)
dns
No.  Time      Source         Destination    Protocol Length Info
128 2.583036  192.168.1.104  192.168.1.1    DNS   73 Standard query 0x0002 MX pop3.sohu.net
129 2.638006  192.168.1.1    192.168.1.104  DNS  160 Standard query response 0x0002 MX pop3.sohu.net CNAME pop3.n.a.sohu.com SOA …
130 2.684543  192.168.1.104  192.168.1.1    DNS   73 Standard query 0x9118 A pop3.sohu.net
135 2.719283  192.168.1.1    192.168.1.104  DNS  344 Standard query response 0x9118 A pop3.sohu.net CNAME pop3.n.a.sohu.com A 123…

Domain Name System (query)
    [Response In: 129]
    Transaction ID: 0x0002
  ▷ Flags: 0x0100 Standard query
    Questions: 1
    Answer RRs: 0
    Authority RRs: 0
    Additional RRs: 0
  ◢ Queries
    ▷ pop3.sohu.net: type MX, class IN

0000  1c fa 68 c3 d5 ce 94 de  80 3c c9 fb 08 00 45 00   ..h..... .<....E.
0010  00 3b 0d 57 00 00 40 11  00 00 c0 a8 01 68 c0 a8   .;.W..@. .....h..
0020  01 01 d1 7f 00 35 00 27  83 f2 00 02 01 00 00 01   .....5.' ........
0030  00 00 00 00 00 00 04 70  6f 70 33 04 73 6f 68 75   .......p op3.sohu
0040  03 6e 65 74 00 00 0f 00  01                        .net.... .

Text item (text), 19 字节    分组: 393 · 已显示: 4 (1.0%) · 已丢弃: 0 (0.0%)    配置文件: Default
```

图 3-107　DNS MX 记录查询分组

```
*本地连接
文件(F) 编辑(E) 视图(V) 跳转(G) 捕获(C) 分析(A) 统计(S) 电话(Y) 无线(W) 工具(T) 帮助(H)
dns
No.  Time      Source         Destination    Protocol Length Info
128 2.583036  192.168.1.104  192.168.1.1    DNS   73 Standard query 0x0002 MX pop3.sohu.net
129 2.638006  192.168.1.1    192.168.1.104  DNS  160 Standard query response 0x0002 MX pop3.sohu.net CNAME pop3.n.a.sohu.com S…
130 2.684543  192.168.1.104  192.168.1.1    DNS   73 Standard query 0x9118 A pop3.sohu.net
135 2.719283  192.168.1.1    192.168.1.104  DNS  344 Standard query response 0x9118 A pop3.sohu.net CNAME pop3.n.a.sohu.com A …

◢ Queries
  ◢ pop3.sohu.net: type MX, class IN
      Name: pop3.sohu.net
      [Name Length: 13]
      [Label Count: 3]
      Type: MX (Mail eXchange) (15)
      Class: IN (0x0001)
◢ Answers
  ◢ pop3.sohu.net: type CNAME, class IN, cname pop3.n.a.sohu.com
      Name: pop3.sohu.net
      Type: CNAME (Canonical NAME for an alias) (5)
      Class: IN (0x0001)
      Time to live: 600
      Data length: 19
      CNAME: pop3.n.a.sohu.com
▷ Authoritative nameservers
```

图 3-108　DNS MX 记录应答分组

```
C:\Users\joshua>nslookup www.g.cn
服务器:  public1.114dns.com
Address:  114.114.114.114

非权威应答:
名称:    www.g.cn
Addresses:  2404:6800:4005:c00::a0
          203.208.46.211
          203.208.46.212
          203.208.46.208
          203.208.46.210
          203.208.46.209
```

图 3-109　nslookup 命令

运行 Wireshark 抓包，捕获到的 DNS 分组如图 3-110 所示。

```
1211 6.08466900 10.104.113.39    114.114.114.114  DNS   88 Standard query 0x0001  PTR 114.114.114.114.in-addr.arpa
1212 6.11565200 114.114.114.114  10.104.113.39    DNS  120 Standard query response 0x0001  PTR public1.114dns.com
1213 6.11860300 10.104.113.39    114.114.114.114  DNS   68 Standard query 0x0002  A www.g.cn
1245 6.15826500 114.114.114.114  10.104.113.39    DNS  148 Standard query response 0x0002  A 203.208.46.211 A 203.208.46
1246 6.15973900 10.104.113.39    114.114.114.114  DNS   68 Standard query 0x0003  AAAA www.g.cn
1247 6.18123300 114.114.114.114  10.104.113.39    DNS   96 Standard query response 0x0003  AAAA 2404:6800:4005:c00::a0
```

图 3-110　捕获得到的 DNS 分组

DNS 请求解析默认域名服务器的域名，如图 3-111 所示。

```
Queries
⊟ 114.114.114.114.in-addr.arpa: type PTR, class IN
    Name: 114.114.114.114.in-addr.arpa
    Type: PTR (Domain name pointer)
    Class: IN (0x0001)

3c e5 a6 5d 04 07 78 e4  00 65 95 c3 08 00 45 00   <..]..x. .e....E.
00 4a 03 b3 00 00 40 11  16 7d 0a 68 71 27 72 72   .J....@. .}.hq'rr
72 72 f6 60 00 35 00 36  c2 95 00 01 01 00 00 01   rr.`.5.6 ........
00 00 00 00 00 00 03 31  31 34 03 31 31 34 03 31   .......1 14.114.1
31 34 03 31 31 34 07 69  6e 2d 61 64 64 72 04 61   14.114.i n-addr.a
72 70 61 00 00 0c 00 01                            rpa.....
```

图 3-111　DNS 请求报文

服务器给出的响应如图 3-112 所示。

```
Answers
⊟ 114.114.114.114.in-addr.arpa: type PTR, class IN, public1.114dns.com
    Name: 114.114.114.114.in-addr.arpa
    Type: PTR (Domain name pointer)
    Class: IN (0x0001)
    Time to live: 1 minute, 33 seconds
    Data length: 20
    Domain name: public1.114dns.com

78 e4 00 65 95 c3 00 23  89 42 7f 00 08 00 45 00   x..e...# .B....E.
00 6a 00 00 00 00 97 11  c3 0f 72 72 72 72 0a 68   .j...... ..rrrr.h
71 27 00 35 f6 60 00 56  55 95 00 01 81 80 00 01   q'.5.`.V U.......
00 01 00 00 00 00 03 31  31 34 03 31 31 34 03 31   .......1 14.114.1
31 34 03 31 31 34 07 69  6e 2d 61 64 64 72 04 61   14.114.i n-addr.a
72 70 61 00 00 0c 00 01  c0 0c 00 0c 00 01 00 00   rpa..... ........
00 5d 00 14 07 70 75 62  6c 69 63 31 06 31 31 34   .]...pub lic1.114
64 6e 73 03 63 6f 6d 00                            dns.com.
```

图 3-112　DNS 响应报文

观察实验结果，回答以下问题：

1）分析 DNS 请求和应答报文中各个字段的信息。

2）此交互过程中，请求类型是什么？

3）应答报文中给出的结果是什么？

4. 捕获客户端与 DNS 服务器之间的逆向域名解析分组，并分析过程

在实验 1 中，如图 3-105 所示，www.g.cn 的一个 IP 地址为 203.208.46.210，清除 IE 缓存和 DNS 缓存，然后用 Nslookup.exe 进行逆向域名解析。在 cmd 中输入 nslookup 203.208.46.208，如图 3-113 所示。

```
C:\Users\joshua>nslookup 203.208.46.208
服务器:  public1.114dns.com
Address:  114.114.114.114

*** public1.114dns.com 找不到 203.208.46.208: Non-existent domain
```

图 3-113　nslookup 命令

运行 Wireshark 抓包，请自行捕获相应的 DNS 分组，观察实验结果，回答以下问题：

1）分析 DNS 请求和应答报文中各个字段信息。

2）此交互过程中，请求类型是什么？

3）应答报文中给出的结果是什么？能否找到 IP 地址对应的域名？

4）如果没有给出 IP 地址对应的域名，应答报文中给出的信息是什么？这说明什么问题？

思考题目

1. 是否可以通过捕获的 DNS 分组分析出该 DNS 是否为缓存记录？

2. 阅读相关文档，尝试采用 Socket 编程获取本机的域名。

3.14　HTTP 协议

实验目的

加强对 HTTP 交互报文的理解，提升基于 Web 应用的能力。

实验要点

HTTP 是一个属于应用层的面向对象的协议，是浏览器和 Web 服务器之间的通信协议。由于其具有简捷、快速的优点，该协议适用于分布式超媒体信息系统。HTTP 协议于 1990 年提出，在长期的使用与发展中得到不断的完善和扩展。HTTP 协议的主要特点可概括如下：

1）支持客户 / 服务器模式。

2）简单快速：客户向服务器请求服务时，只需传送请求方法和路径。常用的请求方法有 GET、HEAD、POST。每种方法规定了客户与服务器联系的类型不同。由于 HTTP 协议简单，使得 HTTP 服务器的程序规模小，因而通信速度很快。

3）灵活：HTTP 允许传输任意类型的数据对象。正在传输的类型由 Content-Type 加以标记。

4）无连接：无连接的含义是限制每次连接只处理一个请求。服务器处理完客户的请求，并收到客户的应答后，即断开连接。采用这种方式可以节省传输时间。

5）无状态：HTTP 协议是无状态协议。无状态是指协议对于事务处理没有记忆能力。缺少状态意味着如果后续处理需要前面的信息，则它必须重传，这样可能导致每次连接传送的数量增大。

6）双向传输：大多数情况下，客户端向服务器请求 Web 页面，但是 HTTP 也允许客户端向服务器传输数据。

7）协商能力：HTTP 允许客户端和服务器协商一些细节，比如数据使用的编码方式等。

8）支持高速缓存：为了减少响应时间，浏览器会把收到的每个 Web 页面副本都存放在高速缓存中，如果用户再次请求该页，浏览器可以直接从缓存中获取。

9）支持中介：HTTP 允许客户端和服务器之间加入代理服务器。代理服务器可以转发客户端请求，也可以设置高速缓存存放 Web 页面。

HTTP 请求报文由三个部分组成，即开始行、首部行和实体主体，如图 3-114 所示。

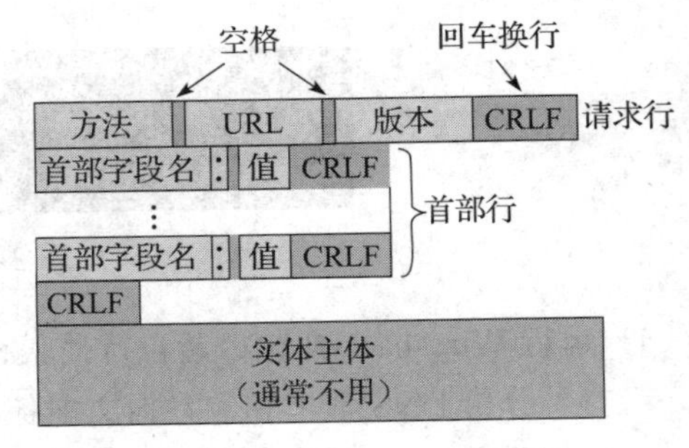

图 3-114　HTTP 请求报文

HTTP 应答报文由三个部分组成，即状态行、首部行和实体主体，如图 3-115 所示。

HTTP 定义了 7 种请求方式，既可以读某个页面，也可以上载页面，这 7 种方式的名称和操作对应关系如图 3-116 所示。

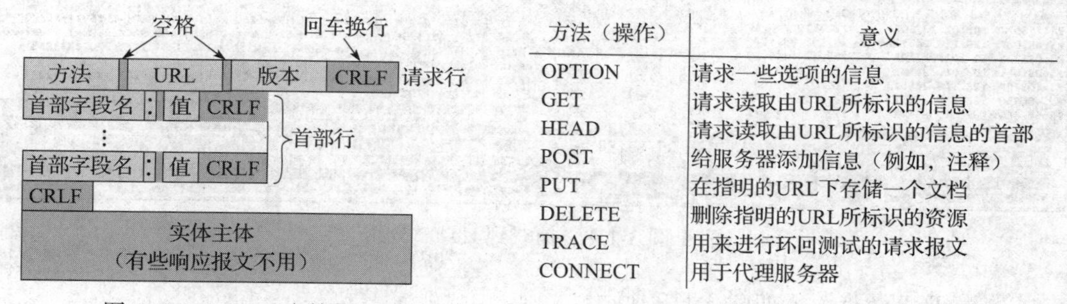

方法（操作）	意义
OPTION	请求一些选项的信息
GET	请求读取由URL所标识的信息
HEAD	请求读取由URL所标识的信息的首部
POST	给服务器添加信息（例如，注释）
PUT	在指明的URL下存储一个文档
DELETE	删除指明的URL所标识的资源
TRACE	用来进行环回测试的请求报文
CONNECT	用于代理服务器

图 3-115　HTTP 应答报文

图 3-116　HTTP 的 7 种请求方式

HTTP 提供了如下几种机制：1）流水线机制，使用这种机制时要在数据传输其长度；2）选项协商机制，客户端和服务器可以把选项告诉对方；3）条件请求机制，客户端可以把条件发送给对方；4）高速缓存控制机制，客户端可以把缓存寿命设为 0 以获取最新的页面。这些内容均放在 HTTP 报文的首部行部分。HTTP 常用的首部名称及含义如图 3-117 所示。

首部名称	类型	含义
User-Agent	Request	浏览器及其平台的信息
Accept	Request	客户端可以处理的负面类型
Accept-Charset	Request	客户端可以接受的字符集
Accept-Encoding	Request	客户端可以处理的负面编码
Accept-Language	Request	客户端可以处理的自然语言
Host	Request	服务器的DNS名字
Authorization	Request	客户凭证列表
Cookie	Request	将以前的集合cookie发送回服务器
Date	Both	已发送的数据和时间消息
Upgrade	Both	发送方想要切换到的协议
Server	Response	服务器的信息
Content-Encoding	Response	内容的编码方式（如gzip）
Content-Language	Response	页面使用的自然语言
Content-Length	Response	页面的长度（字节）
Content-Type	Response	页面的MIME类型
Last-Modified	Response	页面上一次改变的时间和日期
Location	Response	客户端发送其请求的命令
Accept-Ranges	Response	服务器接受的字节范围请求
Set-Cookie	Response	服务器希望客户端保存cookie

图 3-117　HTTP 常用的首部名称及含义

实验内容

1. 观察 HTTP GET/RESPONSE 交互

启动浏览器，然后运行 Wireshark，开始捕获分组。在浏览器地址栏中输入 URL：
http://gaia.cs.umass.edu/wireshark-labs/HTTP-wireshark-file1.html

此时浏览器会显示出一个非常简短的、只有一行的 HTML 文档，停止捕获分组，得到的 HTTP 分组如图 3-118 所示。

Filter: ip.addr eq 10.101.33.102 and ip.addr eq 128.119.245.12　Expression...　Clear　Apply

Time	Source	Destination	Protocol	Frame	Info
24.758677	10.101.33.102	128.119.245.12	TCP	Yes	49214 > http [SYN] Seq=0 Win=8192 Len=0 MSS=1460 WS=4 SACK_PERM=1 TSval=123202 TSecr
25.081067	128.119.245.12	10.101.33.102	TCP	Yes	http > 49214 [SYN, ACK] Seq=0 Ack=1 Win=5792 Len=0 MSS=1460 SACK_PERM=1 TSval=207683
25.081225	10.101.33.102	128.119.245.12	TCP	Yes	49214 > http [ACK] Seq=1 Ack=1 Win=66608 Len=0 TSval=123234 TSecr=2076833863
25.081651	10.101.33.102	128.119.245.12	HTTP	Yes	GET /wireshark-labs/HTTP-wireshark-file1.html HTTP/1.1
25.405762	128.119.245.12	10.101.33.102	TCP	Yes	http > 49214 [ACK] Seq=1 Ack=628 Win=7048 Len=0 TSval=2076834187 TSecr=123235
25.406450	128.119.245.12	10.101.33.102	HTTP	Yes	HTTP/1.1 200 OK (text/html)
25.612480	10.101.33.102	128.119.245.12	TCP	Yes	49214 > http [ACK] Seq=628 Ack=434 Win=66172 Len=0 TSval=123288 TSecr=2076834187

```
⊞ Frame 187: 66 bytes on wire (528 bits), 66 bytes captured (528 bits)
⊞ Ethernet II, Src: HewlettP_bf:db:96 (00:26:55:bf:db:96), Dst: Hangzhou_df:b8:9e (00:0f:e2:df:b8:9e)
⊞ Internet Protocol, Src: 10.101.33.102 (10.101.33.102), Dst: 128.119.245.12 (128.119.245.12)
⊞ Transmission Control Protocol, Src Port: 49214 (49214), Dst Port: http (80), Seq: 628, Ack: 434, Len: 0
```

图 3-118　捕获到 HTTP 分组

跟踪 TCP 数据流，如图 3-119 所示。

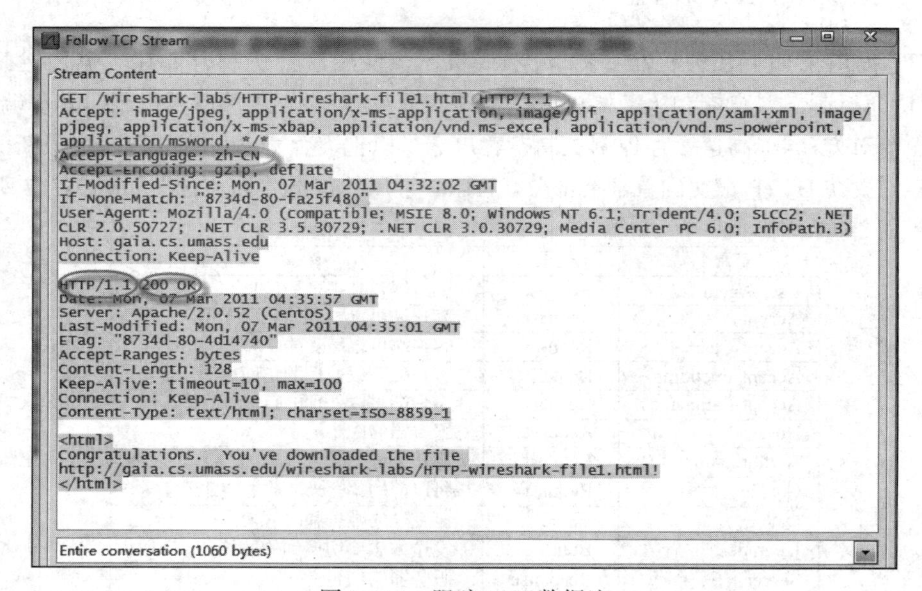

图 3-119　跟踪 TCP 数据流

观察实验结果，回答以下问题：

1）浏览器运行的是 HTTP/1.0 还是 HTTP/1.1？

2）所访问的服务器运行的 HTTP 版本号为多少？

3）浏览器向服务器指出能接收何种语言版本对象？

4）从服务器向浏览器返回的状态代码是什么？这说明什么问题？

2. 观察 HTTP GET/RESPONSE 的条件交互

启动浏览器，在浏览器因特网选项中清空浏览器缓存，然后运行 Wireshark，开始捕获分组。在浏览器地址栏中输入 URL：

http://gaia.cs.umass.edu/wireshark-labs/HTTP-wireshark-file2.html

此时浏览器会显示出一个非常简短的、只有 5 行的 HTML 文档，停止捕获分组，得到的 HTTP 分组如图 3-120 所示。

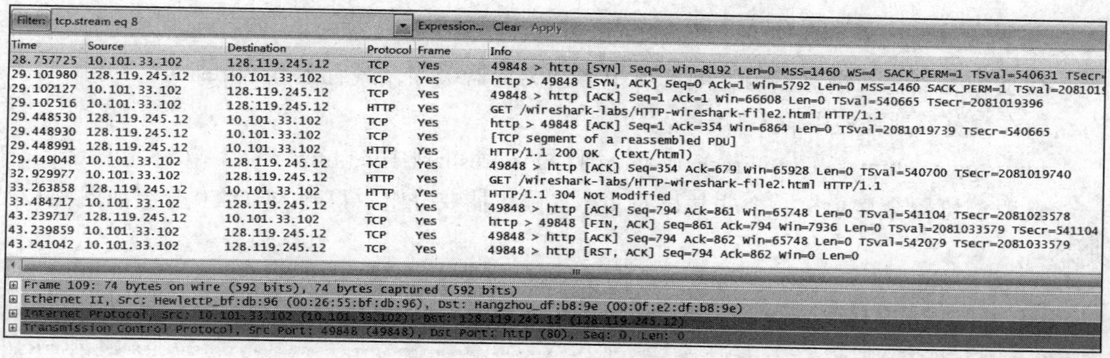

Filter: tcp.stream eq 8　Expression... Clear Apply

Time	Source	Destination	Protocol	Frame	Info
28.757725	10.101.33.102	128.119.245.12	TCP	Yes	49848 > http [SYN] Seq=0 Win=8192 Len=0 MSS=1460 WS=4 SACK_PERM=1 TSval=540631 TSecr
29.101980	128.119.245.12	10.101.33.102	TCP	Yes	http > 49848 [SYN, ACK] Seq=0 Ack=1 Win=5792 Len=0 MSS=1460 SACK_PERM=1 TSval=208101
29.102127	10.101.33.102	128.119.245.12	TCP	Yes	49848 > http [ACK] Seq=1 Ack=1 Win=66608 Len=0 TSval=540665 TSecr=2081019396
29.102516	10.101.33.102	128.119.245.12	HTTP	Yes	GET /wireshark-labs/HTTP-wireshark-file2.html HTTP/1.1
29.448530	128.119.245.12	10.101.33.102	TCP	Yes	http > 49848 [ACK] Seq=1 Ack=354 Win=6864 Len=0 TSval=2081019739 TSecr=540665
29.448930	128.119.245.12	10.101.33.102	TCP	Yes	[TCP segment of a reassembled PDU]
29.448991	128.119.245.12	10.101.33.102	HTTP	Yes	HTTP/1.1 200 OK (text/html)
29.449048	10.101.33.102	128.119.245.12	TCP	Yes	49848 > http [ACK] Seq=354 Ack=679 Win=65928 Len=0 TSval=540700 TSecr=2081019740
32.929977	10.101.33.102	128.119.245.12	HTTP	Yes	GET /wireshark-labs/HTTP-wireshark-file2.html HTTP/1.1
33.263858	128.119.245.12	10.101.33.102	HTTP	Yes	HTTP/1.1 304 Not Modified
33.484717	10.101.33.102	128.119.245.12	TCP	Yes	49848 > http [ACK] Seq=794 Ack=861 Win=65748 Len=0 TSval=541104 TSecr=2081023578
43.239717	128.119.245.12	10.101.33.102	TCP	Yes	http > 49848 [FIN, ACK] Seq=861 Ack=794 Win=7936 Len=0 TSval=2081033579 TSecr=541104
43.239859	10.101.33.102	128.119.245.12	TCP	Yes	49848 > http [ACK] Seq=794 Ack=862 Win=65748 Len=0 TSval=542079 TSecr=2081033579
43.241042	10.101.33.102	128.119.245.12	TCP	Yes	49848 > http [RST, ACK] Seq=794 Ack=862 Win=0 Len=0

```
⊞ Frame 109: 74 bytes on wire (592 bits), 74 bytes captured (592 bits)
⊞ Ethernet II, Src: HewlettP_bf:db:96 (00:26:55:bf:db:96), Dst: Hangzhou_df:b8:9e (00:0f:e2:df:b8:9e)
⊞ Internet Protocol, Src: 10.101.33.102 (10.101.33.102), Dst: 128.119.245.12 (128.119.245.12)
⊞ Transmission Control Protocol, Src Port: 49848 (49848), Dst Port: http (80), Seq: 0, Len: 0
```

图 3-120　捕获到 HTTP 分组

跟踪 TCP 数据流，如图 3-121 所示。

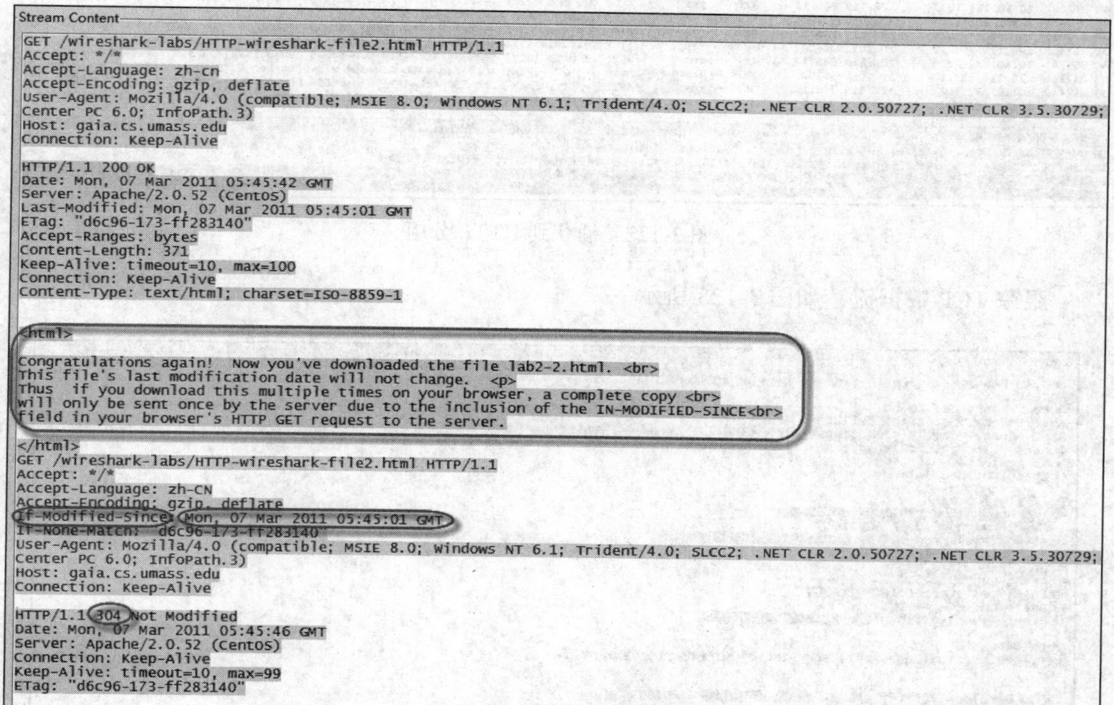

Stream Content

```
GET /wireshark-labs/HTTP-wireshark-file2.html HTTP/1.1
Accept: */*
Accept-Language: zh-cn
Accept-Encoding: gzip, deflate
User-Agent: Mozilla/4.0 (compatible; MSIE 8.0; Windows NT 6.1; Trident/4.0; SLCC2; .NET CLR 2.0.50727; .NET CLR 3.5.30729;
Center PC 6.0; InfoPath.3)
Host: gaia.cs.umass.edu
Connection: Keep-Alive

HTTP/1.1 200 OK
Date: Mon, 07 Mar 2011 05:45:42 GMT
Server: Apache/2.0.52 (CentOS)
Last-Modified: Mon, 07 Mar 2011 05:45:01 GMT
ETag: "d6c96-173-ff283140"
Accept-Ranges: bytes
Content-Length: 371
Keep-Alive: timeout=10, max=100
Connection: Keep-Alive
Content-Type: text/html; charset=ISO-8859-1


<html>

Congratulations again!  Now you've downloaded the file lab2-2.html. <br>
This file's last modification date will not change.  <p>
Thus  if you download this multiple times on your browser, a complete copy <br>
will only be sent once by the server due to the inclusion of the IN-MODIFIED-SINCE<br>
field in your browser's HTTP GET request to the server.

</html>
GET /wireshark-labs/HTTP-wireshark-file2.html HTTP/1.1
Accept: */*
Accept-Language: zh-CN
Accept-Encoding: gzip, deflate
If-Modified-Since: Mon, 07 Mar 2011 05:45:01 GMT
If-None-Match: "d6c96-173-ff283140"
User-Agent: Mozilla/4.0 (compatible; MSIE 8.0; Windows NT 6.1; Trident/4.0; SLCC2; .NET CLR 2.0.50727; .NET CLR 3.5.30729;
Center PC 6.0; InfoPath.3)
Host: gaia.cs.umass.edu
Connection: Keep-Alive

HTTP/1.1 304 Not Modified
Date: Mon, 07 Mar 2011 05:45:46 GMT
Server: Apache/2.0.52 (CentOS)
Connection: Keep-Alive
Keep-Alive: timeout=10, max=99
ETag: "d6c96-173-ff283140"
```

图 3-121　跟踪 TCP 数据流

观察实验结果，回答以下问题：

1）分析浏览器向服务器发出的第一个 HTTP GET 请求报文的内容，在该请求报文中，是否有一行为 IF-MODIFIED-SINCE？

2）分析服务器应答报文内容，服务器是否明确返回了文件内容？你是如何知道的？

3）分析浏览器向服务器发出的第二个 HTTP GET 请求报文内容，在该请求报文中，是否有一行是 IF-MODIFIED-SINCE？如果有，在该首部行后面的信息是什么？

4）服务器对第二个 HTTP GET 请求的应答中 HTTP 状态码是什么？服务器是否明确返回文件内容？为什么？

3. 观察带有长文件的 HTML 文档

启动浏览器，在浏览器因特网选项中清空浏览器缓存，然后运行 Wireshark，开始捕获分组。在浏览器地址栏中输入 URL：

http://gaia.cs.umass.edu/wireshark-labs/HTTP-wireshark-file3.html

此时浏览器会显示出一个非常长的文档，停止捕获分组，得到的 HTTP 分组如图 3-122 所示。

```
Filter: ip.addr eq 10.101.33.102 and ip.addr eq 128.119.245.12    Expression... Clear Apply
Time      Source          Destination     Protocol Frame Info
48.387328 10.101.33.102   128.119.245.12  TCP      Yes   49227 > http [SYN] Seq=0 Win=8192 Len=0 MSS=1460 WS=4 SACK_PERM=1 TSval=207401 TSecr=0
48.715513 128.119.245.12  10.101.33.102   TCP      Yes   http > 49227 [SYN, ACK] Seq=0 Ack=1 Win=5792 Len=0 MSS=1460 SACK_PERM=1 TSval=20776781
48.715669 10.101.33.102   128.119.245.12  TCP      Yes   49227 > http [ACK] Seq=1 Ack=1 Win=66608 Len=0 TSval=207434 TSecr=2077678118
48.716101 10.101.33.102   128.119.245.12  HTTP     Yes   GET /wireshark-labs/HTTP-wireshark-file3.html HTTP/1.1
49.043572 128.119.245.12  10.101.33.102   TCP      Yes   http > 49227 [ACK] Seq=1 Ack=354 Win=6864 Len=0 TSval=2077678447 TSecr=207434
49.044665 128.119.245.12  10.101.33.102   TCP      Yes   [TCP segment of a reassembled PDU]
49.045370 128.119.245.12  10.101.33.102   TCP      Yes   [TCP segment of a reassembled PDU]
49.045445 10.101.33.102   128.119.245.12  TCP      Yes   49227 > http [ACK] Seq=354 Ack=1758 Win=66608 Len=0 TSval=207467 TSecr=2077678448
49.372782 128.119.245.12  10.101.33.102   TCP      Yes   [TCP Previous segment lost] [TCP segment of a reassembled PDU]
49.372882 10.101.33.102   128.119.245.12  TCP      Yes   [TCP Dup ACK 372#1] 49227 > http [ACK] Seq=354 Ack=1758 Win=66608 Len=0 TSval=207500 T
49.372924 128.119.245.12  10.101.33.102   TCP      Yes   [TCP segment of a reassembled PDU]
49.372952 10.101.33.102   128.119.245.12  TCP      Yes   [TCP Dup ACK 372#2] 49227 > http [ACK] Seq=354 Ack=1758 Win=66608 Len=0 TSval=207500 T
50.355566 128.119.245.12  10.101.33.102   HTTP     Yes   [TCP Retransmission] HTTP/1.1 200 OK  (text/html)
50.355746 10.101.33.102   128.119.245.12  TCP      Yes   49227 > http [ACK] Seq=354 Ack=4810 Win=66608 Len=0 TSval=207598 TSecr=2077679766
59.012266 128.119.245.12  10.101.33.102   TCP      Yes   http > 49227 [FIN, ACK] Seq=4810 Ack=354 Win=6864 Len=0 TSval=2077688449 TSecr=207598
59.012410 10.101.33.102   128.119.245.12  TCP      Yes   49227 > http [ACK] Seq=354 Ack=4811 Win=66608 Len=0 TSval=208464 TSecr=2077688449
60.330479 10.101.33.102   128.119.245.12  TCP      Yes   49227 > http [RST, ACK] Seq=354 Ack=4811 Win=0 Len=0

⊞ Frame 349: 74 bytes on wire (592 bits), 74 bytes captured (592 bits)
⊞ Ethernet II, Src: HewlettP_bf:db:96 (00:26:55:bf:db:96), Dst: Hangzhou_df:b8:9e (00:0f:e2:df:b8:9e)
⊞ Internet Protocol, Src: 10.101.33.102 (10.101.33.102), Dst: 128.119.245.12 (128.119.245.12)
⊞ Transmission Control Protocol, Src Port: 49227 (49227), Dst Port: http (80), Seq: 0, Len: 0
```

图 3-122　捕获到 HTTP 分组

跟踪 TCP 数据流，如图 3-123 所示。

```
Stream Content
GET /wireshark-labs/HTTP-wireshark-file3.html HTTP/1.1
Accept: */*
Accept-Language: zh-cn
Accept-Encoding: gzip, deflate
User-Agent: Mozilla/4.0 (compatible; MSIE 8.0; Windows NT 6.1; Trident/4.0; SLCC2; .NET CLR 2.0.50727; .NET CLR 3.5.30729; .
Center PC 6.0; InfoPath.3)
Host: gaia.cs.umass.edu
Connection: Keep-Alive

HTTP/1.1 200 OK
Date: Mon, 07 Mar 2011 04:50:01 GMT
Server: Apache/2.0.52 (CentOS)
Last-Modified: Mon, 07 Mar 2011 04:49:01 GMT
ETag: "d6c97-1194-36e2a940"
Accept-Ranges: bytes
Content-Length: 4500
Keep-Alive: timeout=10, max=100
Connection: Keep-Alive
Content-Type: text/html; charset=ISO-8859-1

<html><head>
<title>Historical Documents:THE BILL OF RIGHTS</title></head>


<body bgcolor="#ffffff" link="#330000" vlink="#666633">
<p><br>
</p>
<p></p><center><b>THE BILL OF RIGHTS</b><br>
  <em>Amendments 1-10 of the Constitution</em>
</center>

<p>The Conventions of a number of the States having, at the time of adopting
the Constitution, expressed a desire, in order to prevent misconstruction
or abuse of its powers, that further declaratory and restrictive clauses
should be added, and as extending the ground of public confidence in the
Government will best insure the beneficent ends of its institution; </p><p>  Resolved, by the Senate and House of Representa
States of America, in Congress assembled, two-thirds of both Houses concurring,
that the following articles be proposed to the Legislatures of the several
States, as amendments to the Constitution of the United States; all or any
of which articles, when ratified by three-fourths of the said Legislatures,
to be valid to all intents and purposes as part of the said Constitution,
namely:    </p><p><a name="1"><strong><h3>Amendment I</h3></strong></a>

<p></p><p>Congress shall make no law respecting an establishment of
religion, or prohibiting the free exercise thereof; or
abridging the freedom of speech, or of the press; or the
right of the people peaceably to assemble, and to petition
the government for a redress of grievances.
```

图 3-123　跟踪 TCP 数据流

观察实验结果，回答以下问题：

1）浏览器一共发出了多少个 HTTP GET 请求？

2）承载这个 HTTP 应答报文共需要多少个 data-containing TCP 段？

3）与这个 HTTP GET 请求相应的应答报文的状态代码和状态短语是什么？

4）在被传送数据中一共有多少个 HTTP 状态行与 TCP-include “continuation” 有关？

4. 观察嵌有对象（图片）的 HTML 文档

启动浏览器，在浏览器因特网选项中清空浏览器缓存，然后运行 Wireshark，开始捕获分组。在浏览器地址栏中输入 URL：

http://gaia.cs.umass.edu/wireshark-labs/HTTP-wireshark-file4.html

此时浏览器会显示出一个包含两张图片的简短文档，停止捕获分组，得到的 HTTP 分组如图 3-124 所示。

```
Filter: ip.addr eq 10.101.33.102 and ip.addr eq 128.119.245.12    Expression...  Clear  Apply
Time       Source          Destination     Protocol Frame Info
40.874075  10.101.33.102   128.119.245.12  TCP      Yes   49229 > http [SYN] Seq=0 Win=8192 Len=0 MSS=1460 WS=4 SACK_PERM=1 TSval=215212 TSecr=0
41.216307  128.119.245.12  10.101.33.102   TCP      Yes   http > 49229 [SYN, ACK] Seq=0 Ack=1 Win=5792 Len=0 MSS=1460 SACK_PERM=1 TSval=207775644
41.216439  10.101.33.102   128.119.245.12  TCP      Yes   49229 > http [ACK] Seq=1 Ack=1 Win=66608 Len=0 TSval=215247 TSecr=2077756442
41.216828  10.101.33.102   128.119.245.12  HTTP     Yes   GET /wireshark-labs/HTTP-wireshark-file4.html HTTP/1.1
41.557064  128.119.245.12  10.101.33.102   TCP      Yes   http > 49229 [ACK] Seq=1 Ack=354 Win=6864 Len=0 TSval=2077756787 TSecr=215247
41.558052  128.119.245.12  10.101.33.102   TCP      Yes   [TCP segment of a reassembled PDU]
41.558683  128.119.245.12  10.101.33.102   HTTP     Yes   HTTP/1.1 200 OK  (text/html)
41.558754  10.101.33.102   128.119.245.12  TCP      Yes   49229 > http [ACK] Seq=354 Ack=1049 Win=65560 Len=0 TSval=215281 TSecr=2077756787
51.528567  128.119.245.12  10.101.33.102   TCP      Yes   http > 49229 [FIN, ACK] Seq=1049 Ack=354 Win=6864 Len=0 TSval=2077766788 TSecr=215281
51.528711  10.101.33.102   128.119.245.12  TCP      Yes   49229 > http [ACK] Seq=354 Ack=1050 Win=65560 Len=0 TSval=216278 TSecr=2077766788
55.352107  10.101.33.102   128.119.245.12  TCP      Yes   49229 > http [RST, ACK] Seq=354 Ack=1050 Win=0 Len=0

⊞ Frame 195: 74 bytes on wire (592 bits), 74 bytes captured (592 bits)
⊞ Ethernet II, Src: HewlettP_bf:db:96 (00:26:55:bf:db:96), Dst: Hangzhou_df:b8:9e (00:0f:e2:df:b8:9e)
⊞ Internet Protocol, Src: 10.101.33.102 (10.101.33.102), Dst: 128.119.245.12 (128.119.245.12)
⊞ Transmission Control Protocol, Src Port: 49229 (49229), Dst Port: http (80), Seq: 0, Len: 0
```

图 3-124　捕获到 HTTP 分组

跟踪 TCP 数据流，如图 3-125 所示。

```
Stream Content
GET /wireshark-labs/HTTP-wireshark-file4.html HTTP/1.1
Accept: */*
Accept-Language: zh-cn
Accept-Encoding: gzip, deflate
User-Agent: Mozilla/4.0 (compatible; MSIE 8.0; Windows NT 6.1; Trident/4.0; SLCC2; .NET CLR 2.0.50727; .NET CLR 3.5.30729; .NET CLR 3.
Center PC 6.0; InfoPath.3)
Host: gaia.cs.umass.edu
Connection: Keep-Alive

HTTP/1.1 200 OK
Date: Mon, 07 Mar 2011 04:51:20 GMT
Server: Apache/2.0.52 (CentOS)
Last-Modified: Mon, 07 Mar 2011 04:51:01 GMT
ETag: "d6d13-2e5-3e09b740"
Accept-Ranges: bytes
Content-Length: 741
Keep-Alive: timeout=10, max=100
Connection: Keep-Alive
Content-Type: text/html; charset=ISO-8859-1

<html>
<head>
<title>Lab2-4 file: Embedded URLs</title>
<meta http-equiv="Content-Type" content="text/html; charset=iso-8859-1">
</head>

<body bgcolor="#FFFFFF" text="#000000">

<p>
<img src="http://www.pearsonhighered.com/assets/hip/us/hip_us_pearsonhighered/images/pearson_logo.gif" WIDTH="70" HEIGHT="41" > </p>
<p>This little HTML file is being served by gaia.cs.umass.edu. <br>
It contains two embedded images. The image above, from the web site of <br>
our publisher, is served by the server www.pearsoned.com.  The image of our <br>
book(5th edition) below is stored at the www server manic.cs.umass.edu:</p>
<p align="left"><img src="http://manic.cs.umass.edu/~kurose/cover_5th_ed.jpg" width="168" height="220"></p>
</body>
</html>
```

图 3-125　跟踪 TCP 数据流

观察实验结果，回答以下问题：

1）浏览器一共发出了多少个 HTTP GET 请求？

2）浏览器在下载两个图片时，是以串行的方式下载还是以并行方式下载？为什么？

5. 观察 HTTP 身份认证

启动浏览器，在浏览器因特网选项中清空浏览器缓存，然后运行 Wireshark，开始捕获分组。在浏览器地址栏中输入 URL：

http://gaia.cs.umass.edu/wireshark-labs/HTTP-wireshark-file5.html

此时浏览器会提示输入用户名和密码，请输入用户名“wireshark-students”，密码“network”，按回车键进行登录认证，然后停止捕获分组。请自行捕获此时的 HTTP 身份认证分组，得到实验结果，回答以下问题：

1）对浏览器发出的第一个 HTTP GET 请求，服务器给出的应答报文中的状态代码和状态短语是什么？

2）对浏览器发出的第二个 HTTP GET 请求，在此请求报文中包含了哪些新的信息？

思考题目

1. 根据捕获的 HTTP 分组，尝试采用 Telnet 登录 HTTP 站点。

2. HTTP 客户端程序实现有哪些方法？试比较分析并尝试采用一种方法实现。

3. 浏览器是根据文件名还是根据文件内容来解释一个文档？请用浏览器读取某个文档进行实验，并验证你的结论。

3.15 FTP 协议

实验目的

加强对 FTP 服务器配置和 FTP 交互的理解，提升文件共享的应用能力。

实验要点

文件传输协议（File Transfer Protocol，FTP）是因特网上使用最广泛的文件传送协议。该协议是因特网文件传送的基础，它由一系列规格说明文档组成，目标是提高文件的共享性，减少或消除在不同操作系统下处理文件的不兼容性。简单来说，FTP 协议完成两台计算机之间的拷贝。从远程计算机拷贝文件至自己的计算机上称为下载（download）文件；从自己的计算机中拷贝至远程计算机上，则称为上载（upload）文件。

FTP 协议基于 TCP 传输，采用客户端 / 服务器模型，服务器端打开 21 号端口，等待客户端的服务请求，并允许多个客户端并发访问。FTP 通信模型包含三类进程和两类连接。其中，FTP 服务器进程包括：①主服务器进程，等待客户端连接，并为每个连接请求建立控制从进程。②控制连接从进程，接收和处理来自客户的控制连接。③数据传输从进程，有一个或多个，用于处理数据传输。FTP 客户端进程包括：①控制连接进程，②数据传输进程。因此，FTP 运行中有两类连接：①控制连接，使用 TCP，传输控制命令，在整个会话期间保持不变。②数据连接，使用 TCP，传输所有数据，可临时动态创建。其工作模型如图 3-126 所示。

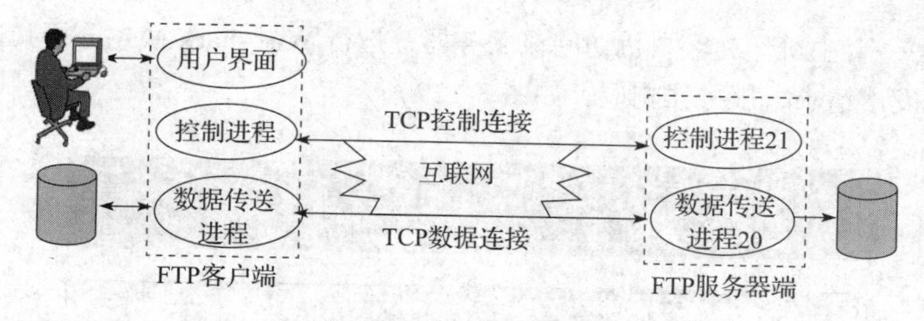

图 3-126　FTP 工作模型

FTP 的特点就是为用户提供了很多交互命令。在 Windows DOS 命令提示符下输入“ftp”命令，就进入了 ftp 操作模式。之后输入“?”，系统会给出所有可以使用的命令，如图 3-127 所示。

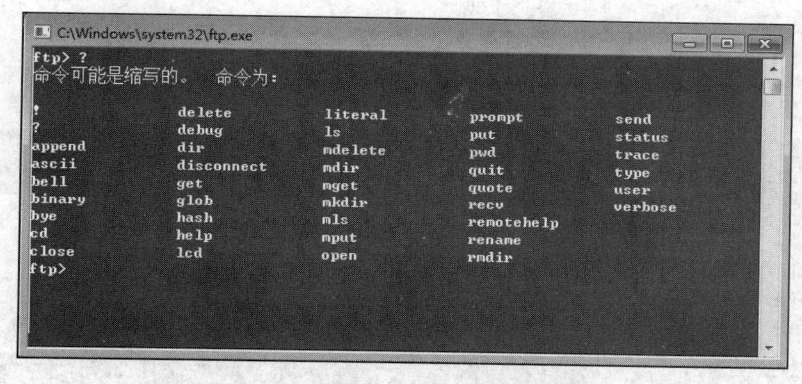

图 3-127　FTP 命令

每个命令的使用及对应的代码请自行查阅相关文献资料。

实验内容

1）在一台主机上安装 Serv-U，并建立 FTP 服务器，设置好可交互的文件信息以及用户，设置用户权限为可读可写，其中服务器的 IP 为 10.104.112.231，如图 3-128 所示。

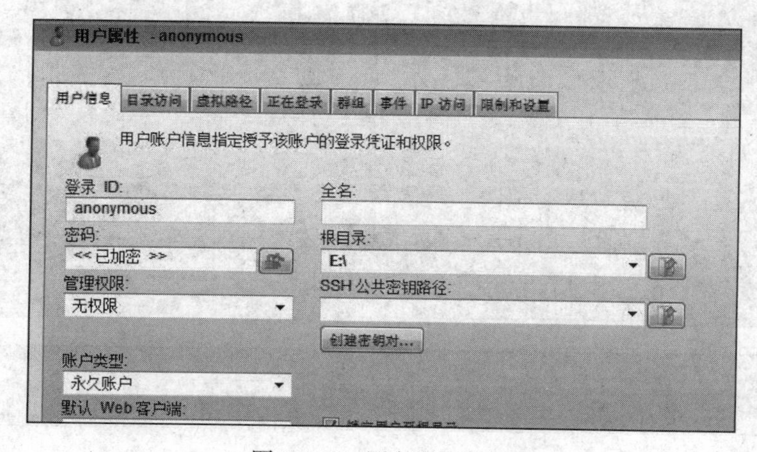

图 3-128　用户账户设置

2）使用另一台主机作为客户机访问该服务器，运行 Wireshark 截包分析其通信过程。

①客户机发出请求，服务器响应，如图 3-129 所示。

```
C:\Users\sky647>ftp 10.104.112.231
连接到 10.104.112.231。
220 Serv-U FTP Server v12.1 ready...
```

```
⊟ File Transfer Protocol (FTP)
  ⊟ 220 Serv-U FTP Server v12.1 ready...\r\n
      Response code: Service ready for new user (220)
      Response arg: Serv-U FTP Server v12.1 ready...
```

图 3-129　客户请求与服务器回应

②身份信息验证，用户登录，如图 3-130 所示。

```
用户(10.104.112.231:(none)): anonymous
331 User name okay, please send complete E-mail address as password.
密码:
230 User logged in, proceed.
```

```
10.104.112.58    10.104.112.231   FTP    70 Request: USER anonymous
10.104.112.231   10.104.112.58    FTP   124 Response: 331 User name okay, please send complete E-mail address as password.
10.104.112.58    10.104.112.231   FTP    61 Request: PASS
10.104.112.231   10.104.112.58    FTP    84 Response: 230 User logged in, proceed.
```

图 3-130　身份验证

③查看可交互的文件并确定好数据连接的端口号，如图 3-131 所示。

```
ftp> dir
200 PORT command successful.
150 Opening ASCII mode data connection for /bin/ls.
d--x--x--x   1 user     group           0 May 14 10:10 $RECYCLE.BIN
drwxrwxrwx   1 user     group           0 Sep 18 14:49 03e8107bdc9238a0a1628843
drwxrwxrwx   1 user     group           0 May 30 18:56 3DMGAME
drwxrwxrwx   1 user     group           0 Jun  5 17:49 11Download
drwxrwxrwx   1 user     group           0 Jun  3 22:18 17fbd6aafe93dc7e4867d8628
697f714
-rw-rw-rw-   1 user     group           0 Oct  8 08:11 647.txt
drwxrwxrwx   1 user     group           0 May 11 19:04 c4ef43f4f59d193525725d049
b
drwxrwxrwx   1 user     group           0 Aug 10  2011 CounterStrike 1.6
d--x--x--x   1 user     group           0 Sep 29 08:27 KuGouCache
drwxrwxrwx   1 user     group           0 Aug 13 20:05 LOL
-r--r--r--   1 user     group         528 Oct 30  2011 MediaID.bin
-rw-rw-rw-   1 user     group    15044440 Apr  9  2009 msyh.ttf
drwxrwxrwx   1 user     group           0 Sep 15 09:59 Program Files (x86)
d--x--x--x   1 user     group           0 Oct 30  2011 System Volume Information

drwxrwxrwx   1 user     group           0 May  1 12:31 World of Warcraft
drwxrwxrwx   1 user     group           0 Mar 24  2012 wow淪巻
drwxrwxrwx   1 user     group           0 Oct  6  2011 瀵规垬骞冲彴
drwxrwxrwx   1 user     group           0 May 23 11:30 鐢ゆ埛鐩綍
drwxrwxrwx   1 user     group           0 Jul  4 19:31 琛楀ご闇哥帇4
drwxrwxrwx   1 user     group           0 Oct  7 08:58 姊﹀够瑗挎父
drwxrwxrwx   1 user     group           0 Apr 14 07:23 椋斿吔
drwxrwxrwx   1 user     group           0 May 18 14:39 涓夊浗鏃犲弻6
drwxrwxrwx   1 user     group           0 Jul 12 01:50 鏆戝亣
drwxrwxrwx   1 user     group           0 Mar 18  2012 浠欏墤5
226 Transfer complete. 1,686 bytes transferred. 102.91 KB/sec.
ftp: 收到 1686 字节，用时 0.01秒 112.40千字节/秒。
```

```
10.104.112.58    10.104.112.231   FTP    82 Request: PORT 10,104,112,58,202,161
10.104.112.231   10.104.112.58    FTP    84 Response: 200 PORT command successful.
10.104.112.58    10.104.112.231   FTP    60 Request: LIST
10.104.112.231   10.104.112.58    FTP   107 Response: 150 Opening ASCII mode data connection for /bin/ls.
10.104.112.231   10.104.112.58    FTP   118 Response: 226 Transfer complete. 1,686 bytes transferred. 102.91 KB/sec.
```

图 3-131　查看可交互的文件

④下载文件，如图 3-132 所示。

```
ftp> get 647.txt
200 PORT command successful.
150 Opening BINARY mode data connection for 647.txt (0 Bytes).
226 Transfer complete. 0 bytes transferred. 0.00 KB/sec.
```

```
10.104.112.58    10.104.112.231   FTP    68 Request: RETR 647.txt
10.104.112.231   10.104.112.58    FTP   118 Response: 150 Opening BINARY mode data connection for 647.txt (0 Bytes).
10.104.112.231   10.104.112.58    FTP   112 Response: 226 Transfer complete. 0 bytes transferred. 0.00 KB/sec.
```

图 3-132 文件下载

⑤上传文件，如图 3-133 所示。

```
ftp> put 123.txt
200 PORT command successful.
150 Opening BINARY mode data connection for 123.txt.
226 Transfer complete. 0 bytes transferred. 0.00 KB/sec.
```

```
10.104.112.58    10.104.112.231   FTP    68 Request: STOR 123.txt
10.104.112.231   10.104.112.58    FTP   108 Response: 150 Opening BINARY mode data connection for 123.txt.
10.104.112.231   10.104.112.58    FTP   112 Response: 226 Transfer complete. 0 bytes transferred. 0.00 KB/sec.
```

图 3-133 文件上传

⑥客户机退出登录，如图 3-134 所示。

```
ftp> quit
221 Goodbye, closing session.
```

```
10.104.112.58    10.104.112.231   FTP   60 Request: QUIT
10.104.112.231   10.104.112.58    FTP   85 Response: 221 Goodbye, closing session.
```

图 3-134 退出登录

思考题目

PAT 会给 FTP PORT 命令的使用带来什么问题？查阅相关文献，寻找解决的办法。

3.16 SMTP/POP 协议

实验目的

加强对邮件服务器系统的理解，提升网络邮件系统的应用能力。

实验要点

在电子邮件系统中，涉及的协议主要有以下几种：

- SMTP(Simple Mail Transfer Protocol，简单邮件传送协议)——RFC821，用于邮件发送。
- POP3（Post Office Protocol，邮局协议）——RFC1225，用于邮件读取。
- IMAP(Interactive Mail Access，交互式电子邮件访问协议)——RFC1064，用于邮件读取。

一封电子邮件的发送和接收过程如图 3-135 所示。

1）发信人调用用户代理来编辑要发送的邮件。

2）用户代理用 SMTP 将邮件传送给发送端邮件服务器。

3）发送端邮件服务器将邮件放入邮件缓存队列中，等待发送。

4）运行在发送端邮件服务器的 SMTP 客户进程发现在邮件缓存中有待发送的邮件，就向运行在接收邮件服务器的 SMTP 服务器进程发起 TCP 连接。

5）TCP 连接一旦建立，SMTP 客户进程就向远程 SMTP 进程发送邮件。

6）运行在接收端邮件服务器中的 SMTP 服务器进程收到邮件后，将邮件放入收信人的用户邮箱中，等待收信人在其方便时读取。

7）收信人在打算收信时，调用用户代理，使用 POP3（或 IMAP）协议将自己的邮件从接收端邮件服务器的用户邮箱中取回。

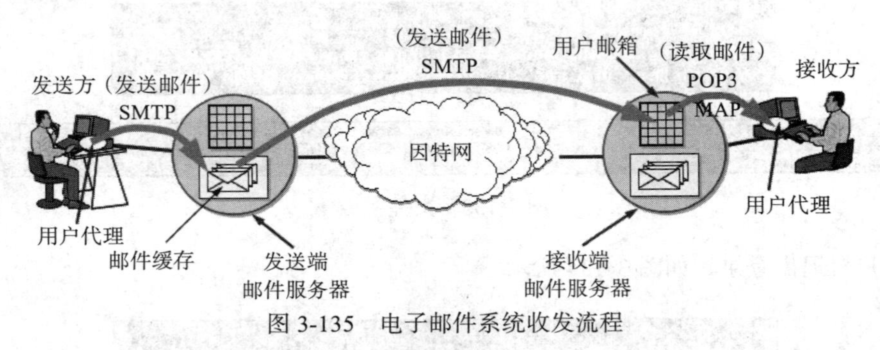

图 3-135　电子邮件系统收发流程

1. SMTP 协议的要点

1）传输层协议：TCP。

2）知名端口：25。

3）模型：客户机 / 服务器。

4）规定：两个相互通信的 SMTP 进程之间如何交换信息。

5）没有规定的内容：邮件内部的格式、邮件如何存储、邮件系统应该以多快的速度来发送邮件。

6）主要内容：14 条命令 + 21 种应答信息。

7）命令格式：4 字母开始 + 参数。

8）应答格式：3 位数字开始 + 简单文字说明。

9）连接建立过程如下：

① SMTP 定期扫描邮件缓存，若有邮件，则与目的主机 SMTP 服务器 25 号端口建立 TCP 连接。

②连接建立后，SMTP 服务器发出“220 Service ready”信息。

③ SMTP 客户向 SMTP 服务器发送“HELO”命令。

④若服务器可用，则回答“250 OK”；若服务器不可用，则回答“421 Service not available”。

10）邮件传送过程如下：

①客户端发送 MAIL 命令，加入发信人地址。

②若 SMTP 服务器已经准备好接收邮件，则回答“250 OK”，否则返回错误代码。

③客户端发送一个或多个 RCPT 命令，加入收件人邮件地址。

④若目标无误，则服务器返回“250 OK”，否则返回“550 No such user here”。

⑤客户端发送一个 DATA 命令，表示要开始传送邮件的内容了。

⑥服务器端返回信息“354 Start mail input;end with <CRLF>.<CRLF>”。

⑦若服务器不能接收邮件，则返回“421 服务不可用”，否则返回“500 命令无法识别”。

⑧客户邮件发送完毕后，发送 <CRLF>.<CRLF>，表示邮件结束。

⑨若服务器收到邮件，则服务器返回“250 OK”。

11）连接释放过程：

① SMTP 客户发送 QUIT 命令。

② SMTP 服务器返回“221 服务关闭”。

③ TCP 连接释放。

2. POP3 协议的要点

1）传输层协议：TCP。

2）知名端口：110。

3）工作模型：客户机 / 服务器。

4）交互方式：命令 + 应答。

5）命令格式：命令 + 参数 + <CR><LF><CR><LF>。

6）应答格式：状态码 + 简单文字说明 + <CR><LF><CR><LF>。

7）状态码：“+OK”或“-ERR”。

8）特点：用户只要从 POP 服务器读取了邮件，POP 服务器就将该邮件删除。

9）状态：认可态、处理态、更新态。

10）POP3 命令与响应：

- USER username　用户名
- PASS password　口令
- APOP Name，Digest　用户名和摘要
- STAT　请求邮箱的统计资料
- UIDL [Msg#]　返回邮件的唯一标识
- LIST [Msg#]　返回邮件数量和每个邮件的大小
- RETR [Msg#]　返回由参数标识的邮件的全部文本
- DELE [Msg#]　服务器将由参数标识的邮件标记为删除
- RSET　服务器将重置所有标记为删除的邮件
- TOP [Msg#]　服务器将返回由参数标识的邮件前 n 行内容
- NOOP　服务器返回一个肯定的响应
- QUIT　退出

3. IMAP 协议要点

1）传输层协议：TCP。

2）知名端口：143。

3）模型：客户机/服务器。

4）优点：提供摘要浏览功能、选择性下载附件服务、邮件存储功能，支持服务器邮箱文件夹远程管理。

实验内容

1）使用 Tomcat 软件将自身所在的机器作为 Web 服务器，如图 3-136 所示。

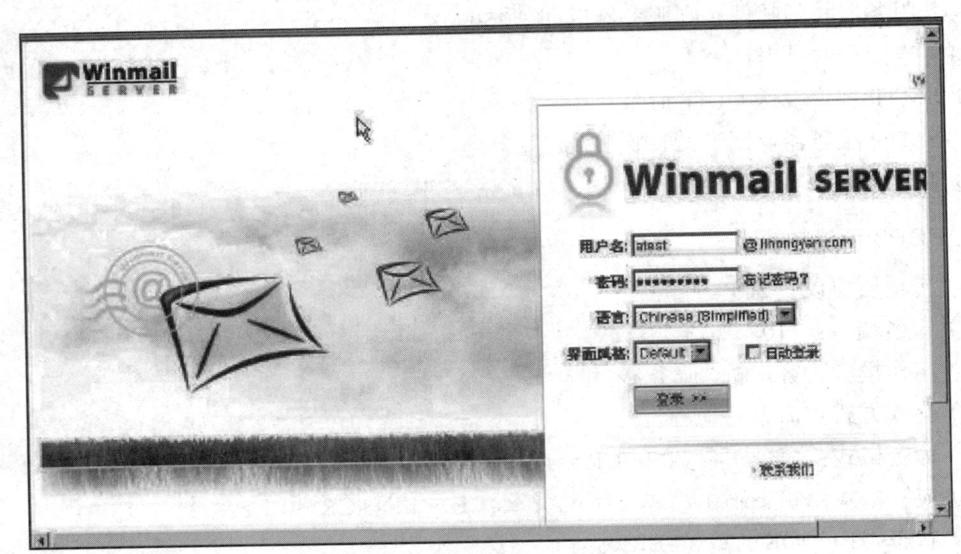

图 3-136　本机登录自身邮件服务器

2）对发送邮件的过程，使用 Wireshark 软件进行截包分析，捕获到的分组如图 3-137 所示。对 SMTP 的连接和断开过程进行数据包分析。

80	6.157646	123.125.50.132	10.104.164.224	SMTP	119	119
81	6.158608	10.104.164.224	123.125.50.132	SMTP	70	70
83	6.178583	123.125.50.132	10.104.164.224	SMTP	239	239
84	6.178920	10.104.164.224	123.125.50.132	SMTP	66	66
85	6.201171	123.125.50.132	10.104.164.224	SMTP	72	72
86	6.204994	10.104.164.224	123.125.50.132	SMTP	80	80
87	6.228123	123.125.50.132	10.104.164.224	SMTP	72	72
88	6.228402	10.104.164.224	123.125.50.132	SMTP	68	68
89	6.255871	123.125.50.132	10.104.164.224	SMTP	85	85
90	6.259795	10.104.164.224	123.125.50.132	SMTP	86	86
91	6.286150	123.125.50.132	10.104.164.224	SMTP	67	67
92	6.286568	10.104.164.224	123.125.50.132	SMTP	85	85
94	6.307588	123.125.50.132	10.104.164.224	SMTP	67	67
95	6.308279	10.104.164.224	123.125.50.132	SMTP	60	60
96	6.329113	123.125.50.132	10.104.164.224	SMTP	91	91
97	6.329418	10.104.164.224	123.125.50.132	SMTP	425	425
99	6.388904	10.104.164.224	123.125.50.132	IMF	1218	1218
101	6.443871	123.125.50.132	10.104.164.224	SMTP	127	127

图 3-137　邮箱发信息时 Wireshark 截包结果

第一个数据报文如图 3-138 所示。此报文状态码为 220，说明邮件服务器已经准备好接收。

```
⊟ Simple Mail Transfer Protocol
  ⊟ Response: 220 163.com Anti-spam GT for Coremail System (163com[20121016])\r\n
      Response code: <domain> Service ready (220)
      Response parameter: 163.com Anti-spam GT for Coremail System (163com[20121016])
```

图 3-138　SMTP 连接第一个报文

第二个报文如图 3-139 所示。客户端向服务器发送 EHLO 报文。

```
⊟ Simple Mail Transfer Protocol
  ⊟ Command: EHLO lenovo-PC\r\n
      Command: EHLO
      Request parameter: lenovo-PC
```

图 3-139　SMTP EHLO 报文

服务器返回给客户端状态码为 250，说明准备完毕，如图 3-140 所示。

```
⊟ Simple Mail Transfer Protocol
  ⊟ Response: 250-mail\r\n
      Response code: Requested mail action okay, completed (250)
      Response parameter: mail
```

图 3-140　服务器准备完毕

发送用户名，如图 3-141 所示。

```
⊟ Simple Mail Transfer Protocol
  ⊟ Command: cHB5aXNmb29sQDE2My5jb20=\r\n
      Command: cHB5
      Request parameter: XNmb29sQDE2My5jb20=
```

图 3-141　发送用户名

服务器返回客户端 334 状态码，如图 3-142 所示。

```
⊟ Simple Mail Transfer Protocol
  ⊟ Response: 334 UGFzc3dvcmQ6\r\n
      Response code: Unknown (334)
      Response parameter: UGFzc3dvcmQ6
```

图 3-142　服务器返回 334

客户端给服务器发送密码，如图 3-143 所示。

```
⊟ Simple Mail Transfer Protocol
  ⊟ Command: NDkwODM4ODcw\r\n
      Command: NDkw
```

图 3-143　发送密码

服务器返回状态码为 235，说明验证成功，如图 3-144 所示。

```
⊟ Simple Mail Transfer Protocol
  ⊟ Response: 235 Authentication successful\r\n
      Response code: Unknown (235)
      Response parameter: Authentication successful
```

图 3-144　验证成功

客户端发送 mail 命令，指明发送源邮箱为 ppyisfool@163.com，如图 3-145 所示。

```
⊟ Simple Mail Transfer Protocol
  ⊟ Command: MAIL FROM: <ppyisfool@163.com>\r\n
      Command: MAIL
      Request parameter: FROM: <ppyisfool@163.com>
```

图 3-145　发送 mail 命令

服务端返回 250，说明发送成功，如图 3-146 所示。

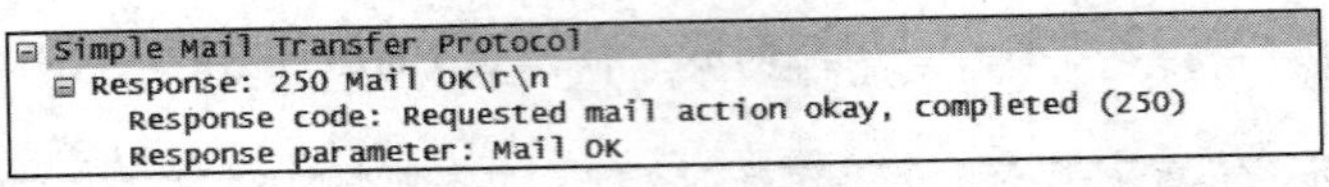

```
⊟ Simple Mail Transfer Protocol
  ⊟ Response: 250 Mail OK\r\n
      Response code: Requested mail action okay, completed (250)
      Response parameter: Mail OK
```

图 3-146 成功

客户端发送 RCPT 指明要发送到的邮箱为 shuaiccs@gmail.com，如图 3-147 所示。

```
⊟ Simple Mail Transfer Protocol
  ⊟ Command: RCPT TO: <shuaiccs@gmail.com>\r\n
      Command: RCPT
```

图 3-147 RCPT 报文

服务端发送状态码为 250，说明已经接收，如图 3-148 所示。

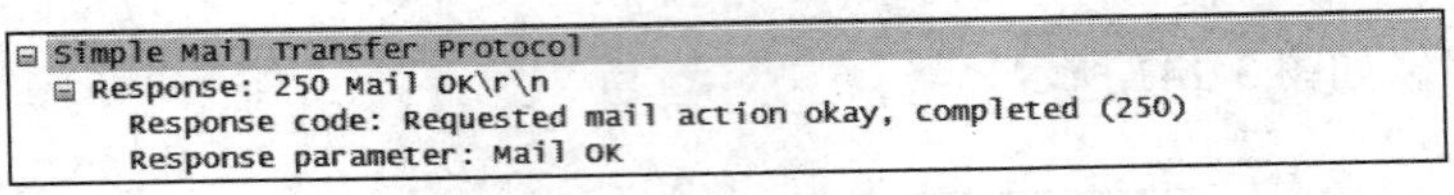

```
⊟ Simple Mail Transfer Protocol
  ⊟ Response: 250 Mail OK\r\n
      Response code: Requested mail action okay, completed (250)
      Response parameter: Mail OK
```

图 3-148 成功接收

客户端发送命令 DATA 说明开始发送数据，如图 3-149 所示。

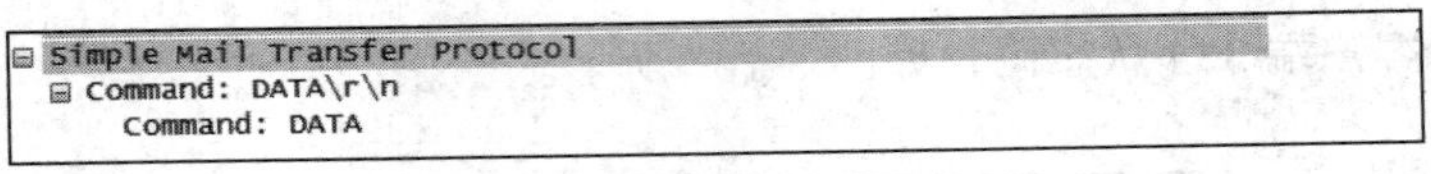

```
⊟ Simple Mail Transfer Protocol
  ⊟ Command: DATA\r\n
      Command: DATA
```

图 3-149 DATA 报文

服务端返回状态码为 354，约定最终数据以 <CR><CF>.<CR><LF> 结束，如图 3-150 所示。

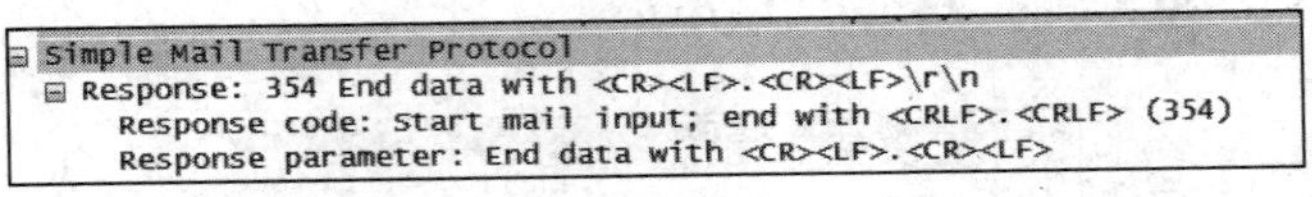

```
⊟ Simple Mail Transfer Protocol
  ⊟ Response: 354 End data with <CR><LF>.<CR><LF>\r\n
      Response code: Start mail input; end with <CRLF>.<CRLF> (354)
      Response parameter: End data with <CR><LF>.<CR><LF>
```

图 3-150 服务器返回 354

客户端传送完毕后发送指令 QUIT，申请连接结束，如图 3-151 所示。

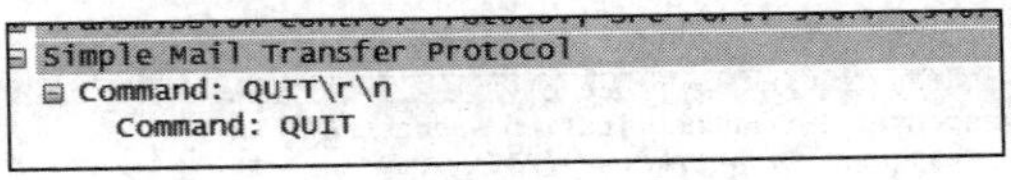

```
⊟ Simple Mail Transfer Protocol
  ⊟ Command: QUIT\r\n
      Command: QUIT
```

图 3-151 QUIT 报文

服务端发送状态码为 221，此过程结束，如图 3-152 所示。

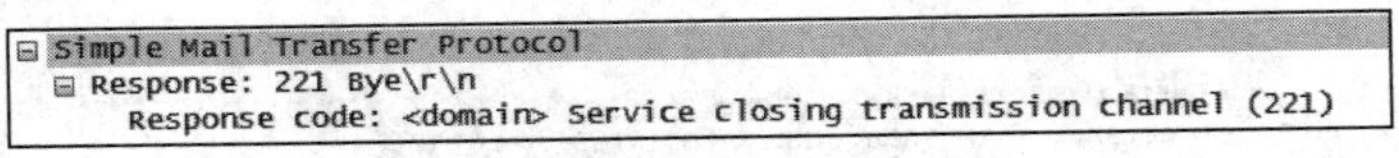

```
⊟ Simple Mail Transfer Protocol
  ⊟ Response: 221 Bye\r\n
      Response code: <domain> Service closing transmission channel (221)
```

图 3-152 服务器返回 221

3）对 POP 协议进行截包分析，在此过程中，捕获到的 POP 报文的交互过程如图 3-153 所示。

817	5.497474	123.125.50.29	10.104.164.224	POP	141	141
818	5.497958	10.104.164.224	123.125.50.29	POP	78	78
820	5.549115	123.125.50.29	10.104.164.224	POP	69	69
821	5.549490	10.104.164.224	123.125.50.29	POP	70	70
823	5.591279	123.125.50.29	10.104.164.224	POP	88	88
824	5.591827	10.104.164.224	123.125.50.29	POP	60	60
825	5.628654	123.125.50.29	10.104.164.224	POP	67	67
826	5.629102	10.104.164.224	123.125.50.29	POP	60	60
860	5.665903	123.125.50.29	10.104.164.224	POP	96	96
861	5.666273	10.104.164.224	123.125.50.29	POP	60	60
862	5.702263	123.125.50.29	10.104.164.224	POP	148	148
864	5.705751	10.104.164.224	123.125.50.29	POP	62	62
866	5.743384	123.125.50.29	10.104.164.224	POP	71	71
867	5.743994	123.125.50.29	10.104.164.224	IMF	1449	1449
871	5.779758	123.125.50.29	10.104.164.224	IMF	60	60
876	6.017277	123.125.50.29	10.104.164.224	IMF	60	60
911	6.318181	10.104.164.224	123.125.50.29	POP	60	60
914	6.353814	123.125.50.29	10.104.164.224	POP	69	69

图 3-153　POP 报文交互过程

首先，服务器发送给客户端相应状态码为 OK，说明运行正常，如图 3-154 所示。

```
⊟ Post Office Protocol
  ⊟ +OK Welcome to coremail Mail Pop3 Server (163coms[8db726ec93e9d4e3e9a2fd3d31b05251s])\r\n
      Response indicator: +OK
      Response description: Welcome to coremail Mail Pop3 Server (163coms[8db726ec93e9d4e3e9a2fd3d31b05251s])
```

图 3-154　运行正常

客户端给服务器发送邮箱名进行验证，如图 3-155 所示。

```
⊟ Post Office Protocol
  ⊟ USER ppyisfool@163.com\r\n
      Request command: USER
      Request parameter: ppyisfool@163.com
```

图 3-155　验证邮箱名

服务器返回给状态码为 OK，说明已经验证好了，如图 3-156 所示。

```
⊟ Post Office Protocol
  ⊟ +OK core mail\r\n
      Response indicator: +OK
      Response description: core mail
```

图 3-156　验证成功

发送状态码为 PASS，输入邮箱密码为 490838870，如图 3-157 所示。

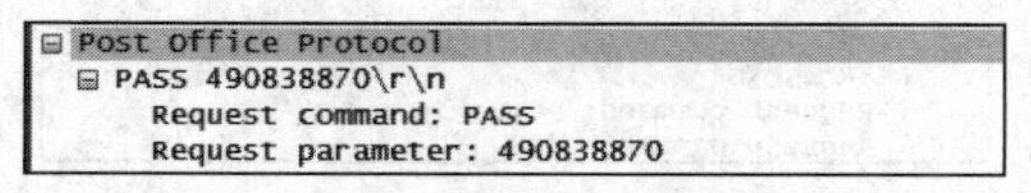

```
⊟ Post Office Protocol
  ⊟ PASS 490838870\r\n
      Request command: PASS
      Request parameter: 490838870
```

图 3-157　发送邮箱密码

服务器返回状态码为 OK 说明已经成功，如图 3-158 所示。

```
⊟ Post Office Protocol
  ⊟ +OK 3 message(s) [27160 byte(s)]\r\n
      Response indicator: +OK
      Response description: 3 message(s) [27160 byte(s)]
```

图 3-158　验证成功

客户端发送状态码为 STAT 说明开始接收，如图 3-159 所示。

```
⊟ Post Office Protocol
  ⊟ STAT\r\n
      Request command: STAT
```

图 3-159　开始接收邮件

服务器返回 OK，如图 3-160 所示。

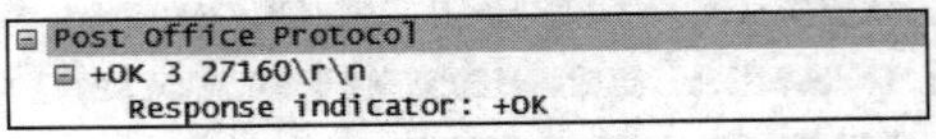

```
⊟ Post Office Protocol
  ⊟ +OK 3 27160\r\n
      Response indicator: +OK
```

图 3-160　服务器 OK

客户端发送 LIST 指令，如图 3-161 所示。

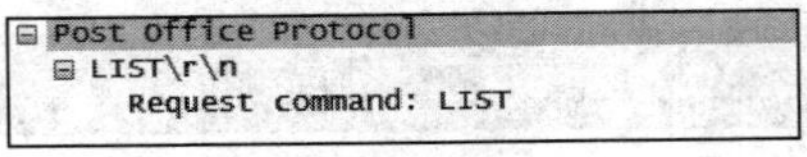

```
⊟ Post Office Protocol
  ⊟ LIST\r\n
      Request command: LIST
```

图 3-161　发送 LIST 指令

服务器返回 OK，如图 3-162 所示。

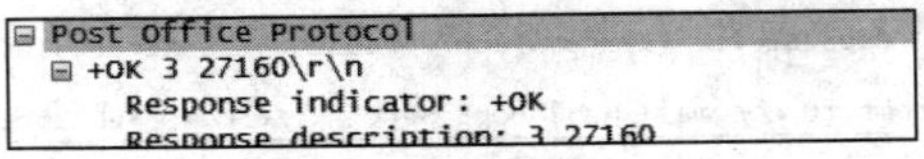

```
⊟ Post Office Protocol
  ⊟ +OK 3 27160\r\n
      Response indicator: +OK
      Response description: 3 27160
```

图 3-162　服务器 OK

客户端发送 UIDL 指令，如图 3-163 所示。

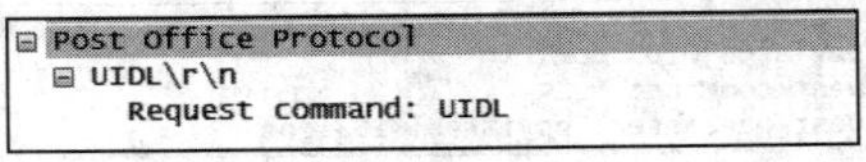

```
⊟ Post Office Protocol
  ⊟ UIDL\r\n
      Request command: UIDL
```

图 3-163　发送 UIDL 指令

服务器返回 OK，如图 3-164 所示。

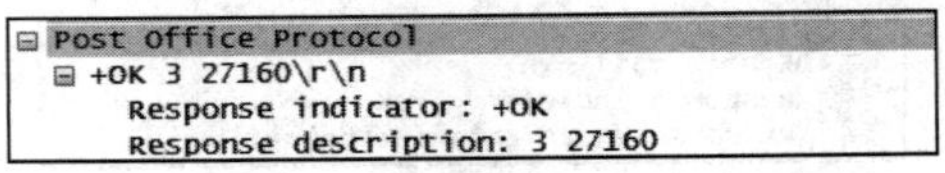

```
⊟ Post Office Protocol
  ⊟ +OK 3 27160\r\n
      Response indicator: +OK
      Response description: 3 27160
```

图 3-164　服务器 OK

客户端发送 RETR 指令，如图 3-165 所示。

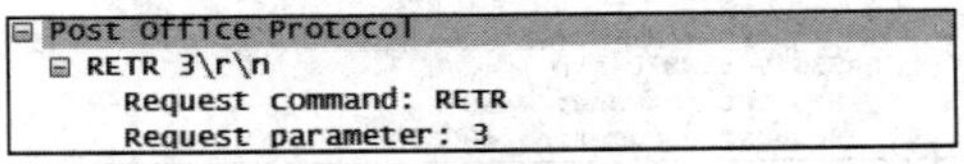

```
⊟ Post Office Protocol
  ⊟ RETR 3\r\n
      Request command: RETR
      Request parameter: 3
```

图 3-165　发送 RETR 指令

服务器返回 OK 指令，如图 3-166 所示。

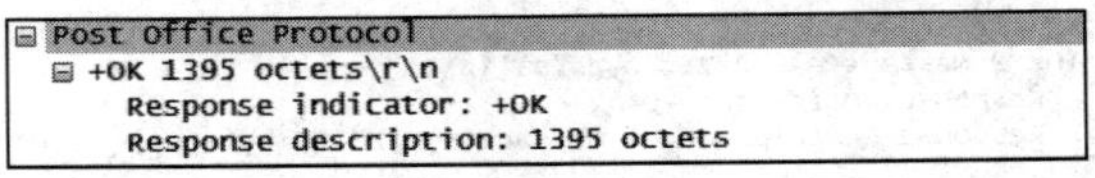

```
⊟ Post Office Protocol
  ⊟ +OK 1395 octets\r\n
      Response indicator: +OK
      Response description: 1395 octets
```

图 3-166　服务器 OK

客户端发送 RETR 指令，如图 3-167 所示。

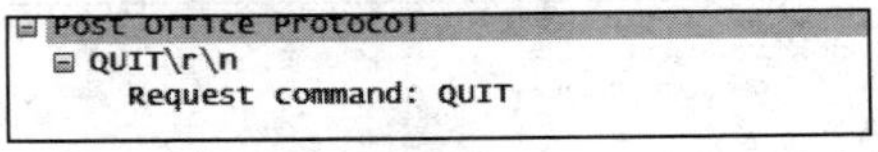

```
⊟ Post Office Protocol
  ⊟ QUIT\r\n
      Request command: QUIT
```

图 3-167　发送 RETR 指令

服务器返回 OK 指令，如图 3-168 所示。

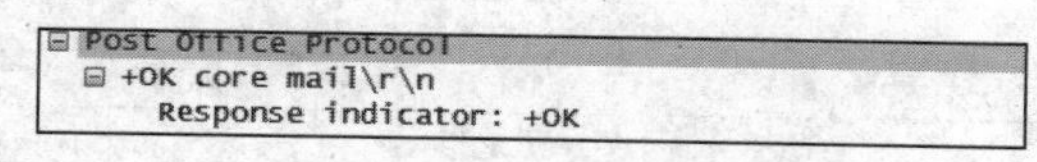

图 3-168　服务器 OK

4）对 IMAP 协议进行截包分析。

在此过程中，捕获到的 IMAP 报文交互过程如图 3-169 所示。请参考上述分析过程，自行分析 IMAP 报文交互过程。

lo.	Time	Source	Destination	Protocol	Length	Info	length
110	2.990796	10.104.164.224	123.125.50.47	IMAP	63	63	
111	3.025116	123.125.50.47	10.104.164.224	IMAP	76	76	
112	3.025780	10.104.164.224	123.125.50.47	IMAP	68	68	
113	3.050611	123.125.50.47	10.104.164.224	IMAP	271	271	
114	3.051634	10.104.164.224	123.125.50.47	IMAP	68	68	
115	3.074960	123.125.50.47	10.104.164.224	IMAP	76	76	
116	3.076928	10.104.164.224	123.125.50.47	IMAP	64	64	
119	3.100736	123.125.50.47	10.104.164.224	IMAP	77	77	
120	3.101202	10.104.164.224	123.125.50.47	IMAP	104	104	
122	3.127087	123.125.50.47	10.104.164.224	IMAP	133	133	
123	3.127675	10.104.164.224	123.125.50.47	IMAP	109	109	
125	3.435390	10.104.164.224	123.125.50.47	IMAP	109	109	
126	3.439955	123.125.50.47	10.104.164.224	IMAP	133	133	
128	3.459520	123.125.50.47	10.104.164.224	IMAP	138	138	
129	3.460022	10.104.164.224	123.125.50.47	IMAP	109	109	
130	3.480258	123.125.50.47	10.104.164.224	IMAP	138	138	
131	3.480785	10.104.164.224	123.125.50.47	IMAP	109	109	
132	3.511281	123.125.50.47	10.104.164.224	IMAP	138	138	

图 3-169　IMAP 报文交互过程

思考题目

1. 捕获到的 POP3 分组中的用户名和口令是否加密？
2. 为什么很多垃圾邮件找不到真实的发件人地址？试分析原因。
3. 采用“暗送”方式发送邮件时，对方收到的邮件和普通邮件有何不同？

3.17　DHCP 协议

实验目的

理解 DHCP 协议运行过程，加强对 DHCP 协议的理解，提升网络应用能力。

实验要点

动态主机配置协议（Dynamic Host Configuration Protocol，DHCP）是一个局域网的网络协议，使用 UDP 协议工作，它提供了一种称为即插即用连网（plug-and-play networking）机制，允许一台新入网的计算机可以自动获取 IP 地址等配置信息而无须人工参与。

DHCP 采用客户端 / 服务器工作模式，在运行 DHCP 时，要求必须至少有一台 DHCP 服务器工作在网络上面，用于监听和处理来自客户端的 DHCP 请求。所有的网络设置数据都由 DHCP 服务器集中管理，通过发送 DHCP 提供报文（DHCPOFFER），与客户端磋商 TCP/IP 的设定环境；而客户端通过向服务器发送 DHCP 发现报文（DHCPDISCOVER），从服务器获取 IP 地址、子网掩码、默认网关、DNS 服务器及其他配置信息。DHCP 在交互过程中，客户和服务器分别使用知名 UDP 端口号 68 和 67。DHCP 的报文结构如图 3-170 所示。

0　　　　　　　7	8　　　　　　　15	16　　　　　　　23	24　　　　　　　31
操作	硬件类型	物理地址长度	跳数
事务标识符			
秒数		标志	
客户IP地址			
你的IP地址			
服务器IP地址			
路由器IP地址			
客户硬件地址（16字节）			
服务器主机名（64字节）			
自举文件名（128字节）			
选项（不定长）			

图 3-170　DHCP 报文结构

- 操作：用于指明报文是请求还是应答，1 表示请求报文，2 表示应答报文。
- 硬件类型：硬件地址类型，1 表示 10Mbit/s 的以太网的硬件地址。
- 物理地址长度：以太网中该值为 6。
- 跳数：客户端设置为 0，也能被一个代理服务器设置。
- 事务标识符：该值是由客户端选择的一个随机数，被服务器和客户端用来在它们之间交流请求和响应，客户端用它对请求和应答进行匹配。该 ID 由客户端设置并由服务器返回，为 32 位整数。
- 秒数：由客户端填充，表示从客户端开始获得 IP 地址或 IP 地址续借后所使用了的秒数。
- 标志：16 比特的字段，目前只有最左边的一个比特有用，该位为 0，表示单播，为 1 表示广播。
- 客户端 IP 地址：只有客户端是 Bound、Renew、Rebinding 状态，并且能响应 ARP 请求时，才能被填充。
- 你的 IP 地址："你自己的"或客户端的 IP 地址。
- 服务器 IP 地址：表明 DHCP 协议流程的下一个阶段要使用的服务器的 IP 地址。
- 路由器 IP 地址：DHCP 中继器的 IP 地址。
- 客户端硬件地址：客户端必须设置它的"chaddr"字段。UDP 数据包中的以太网帧首部也有该字段，但通常要通过查看 UDP 数据包来确定以太网帧首部中的该字段，获取该值是比较困难的甚至不可能获取，而在 UDP 协议承载的 DHCP 报文中设置该字段，用户进程就可以很容易地获取该值。
- 服务器主机名：该字段是空结尾的字符串，由服务器填写。
- 自举文件名：一个空结尾的字符串。DHCP Discover 报文中是"generic"名字或空字符，DHCP Offer 报文中提供有效的目录路径全名。
- 选项：可选参数域，格式为"代码 + 长度 + 数据"。

实验内容

1. 采用 Cisco Packet Tracer 模拟软件进行配置并观察 DHCP 交互过程

（1）配置服务器和客户端

本实验采用基本的组网方式，即只设置一个 DHCP 服务器和一个待配置地址的客户机。

网络拓扑如图 3-171 所示，一个 Server-PT 充当 DHCP 服务器、一个 PC-PT 充当客户机。

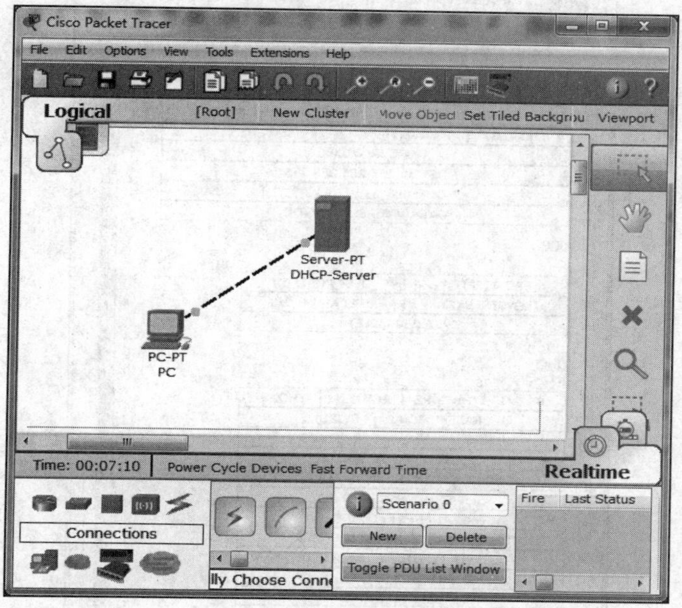

图 3-171　测试环境

在 Packet Tracer 中进行 DHCP 服务器和客户端的配置。在本实验中，配置服务器网关为 192.168.0.1，IP 地址为 192.168.0.2，子网掩码为 255.255.255.0，开始 IP 地址为 192.168.0.3，最大用户数为 50，点击保存（Save），完成服务器配置。对客户端配置只需在 IP 配置项中，选择 DHCP 即可。

（2）DHCP 配置过程报文分析

当完成 DHCP 配置后，可以捕获此过程中客户端和服务器之间交互的 DHCP 报文，其主要交互过程如下：

1）客户机 PC 向网络发送 DHCPDISCOVER 报文，如图 3-172 所示。此包由客户机发出，是请求报文，客户机将自己的 CLIENT ADDRESS 设为 0.0.0.0，将自己的 MAC 地址放入 CLIENT HARDWARE ADDRESS 中，此时报文为 DHCPDISCOVER。

2）服务器向网络发送 ARP 请求报文，自行分析此过程及 ARP 报文格式。

3）服务器向客户机发送 DHCPOFFER 报文，如图 3-173 所示。可以看出，此报文为响应报文，服务器将欲分配给客户机的 IP 放在 YOUR CLIENT ADDRESS 中，为 192.168.0.3。服务器的 IP 地址为 192.168.1.1，此时报文类型为 DHCPOFFER。

4）客户机向服务器发送 DHCPREQUEST 报文，如图 3-174 所示。从操作数来看，此报文的类型为 3，且为客户机发送给服务器的报文，此报文为请求报文 DHCPREQUST 类型，所请求要分配的地址为 192.168.0.3。

5）服务器向客户机发送 DHCPACK 报文，如图 3-175 所示。可观察到操作数变为 5，为 DHCP 服务器的确认报文，经过此报文后，客户机正式获取了 IP 地址，此时报文类型为 DHCPACK。

6）客户机向网络发送 ARP 请求报文。自行分析此时客户端为什么发送 ARP 请求报文，该请求报文请求的 IP 地址是多少？查看客户端 IP 地址配置，确定 DHCP 服务器分配给客户机的 IP 地址是多少？

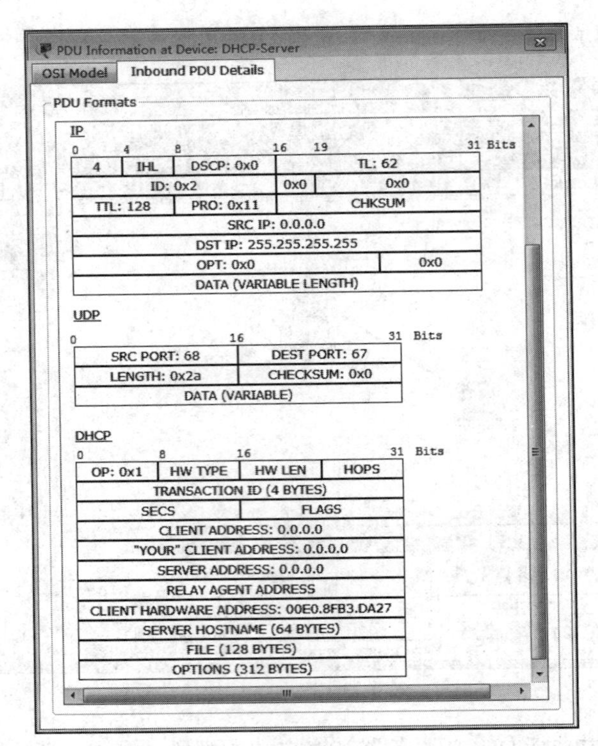

图 3-172　客户机（PC）向网络发送 DHCPDISCOVER 报文

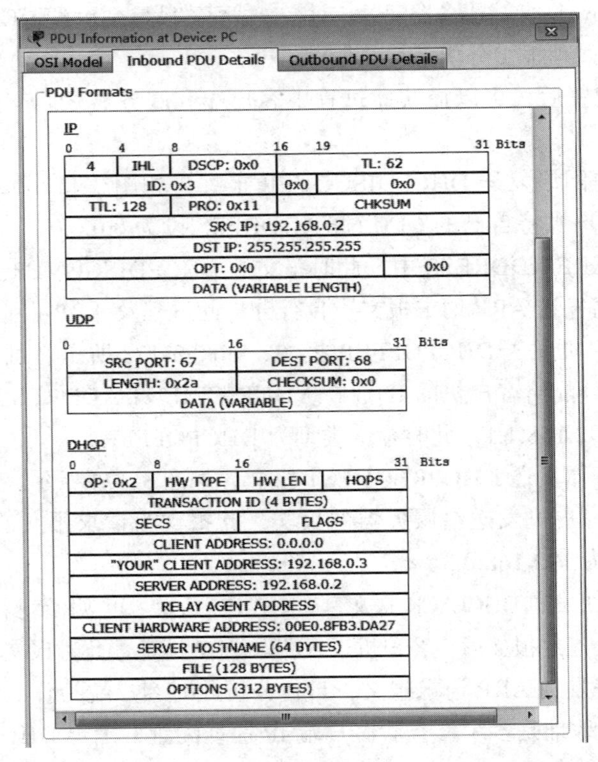

图 3-173　服务器（DHCP-Server）向客户机（PC）发送 DHCPOFFER 报文

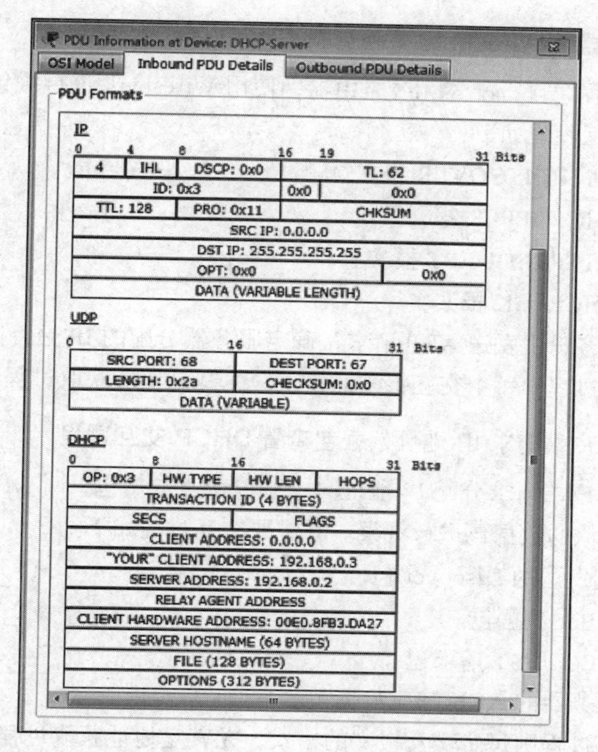

图 3-174 客户机（PC）向服务器（DHCP-Server）发送 DHCPREQUEST 报文

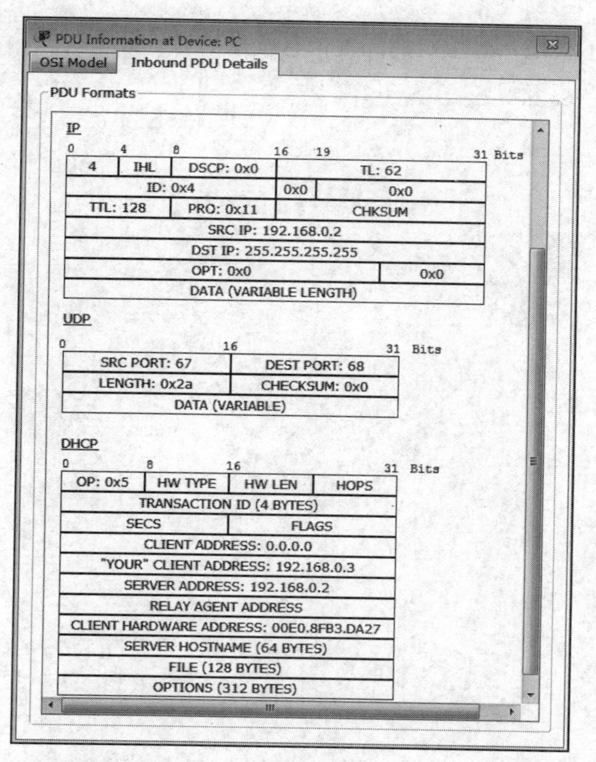

图 3-175 服务器（DHCP-Server）向客户机（PC）发送 DHCPACK 报文

2. 配置无线路由器用 Wireshark 截包分析 DHCP 运行过程

参照以上分析过程，自行配置无线路由器，使用 Wireshark 进行截包分析，分析 IP 地址获取过程。其主要交互过程如下：

①客户机发送 DHCPDISCOVER 报文。

②服务器响应 DHCPOFFER 报文。

③客户机发送 DHCPREQUEST 报文。

④服务器发送 DHCPACK 报文。

⑤请求成功后，客户机发送 ARP 请求，确定服务器分配的 IP 是否被占用。

请自行分析以上过程中每个交互报文的格式，尤其是地址获取过程中关键字段的值。

3. 使用校园网客户端请求 IP 地址，截包查看 DHCP 交互过程

在使用校园网客户端请求分配 IP 地址时，截取交互数据包，对 DHCP 动态分配 IP 地址时客户机与服务器通信的数据包进行观察。其主要交互过程如下：

① DHCP 客户端发送的 Discover 包。

②服务器响应 Offer 数据包。

③客户端发送 REQUEST 请求包。

④客户端收到服务器的 ACK 响应数据包。

请自行分析以上过程中每个交互报文的格式，尤其是地址获取过程中关键字段的值。

思考题目

DHCP 能否确保不会把一台主机的配置信息发送给另一台主机?

第 4 章　实现网络协议

编程实现网络协议是深入理解协议运行机理的一个重要阶段，也是对计算机类专业的学生和专业人员的基本要求。本章将带领读者实现经典网络协议核心功能，进一步加深对计算机网络原理和协议的理解和认识。

如何更好地开展网络协议编程实验，是高校计算机网络实验教学要不断研究和改革的一个课题。一方面，开展这类实验可能需要购置大量的路由器、交换机等设备，搭建复杂的实验环境，增加了开销和成本；另一方面，即使采用了一些设备厂商搭建的网络实验环境，实验内容也大多停留在网络工程实践类层面，更多的只是涉及了高层协议的开发和应用，而对于底层协议的开发，由于受到很多因素的影响，在实际教学过程中很难实施和开展。这就可能导致学生“只会做，而不知道为什么要这样做”的局面，不利于学生对网络协议尤其是底层经典协议的理解和认识。为此，本章将基于网络协议开发系统 SimplePAD-NetRiver2000 开展实践。

4.1　网络协议开发系统：SimplePAD-NetRiver2000

4.1.1　系统简介

网络协议开发系统（SimplePAD-NetRiver2000）是由西普科技与清华大学网络实验室共同研制的一款实验教学产品，它是以培养实用性网络人才为目标，专门针对高校计算机网络课程教学开发的集成化协议开发平台。通过该实验平台，可实现网络协议分析、协议开发及协议应用实验，其支持的实验体系及实验内容如图 4-1 所示。

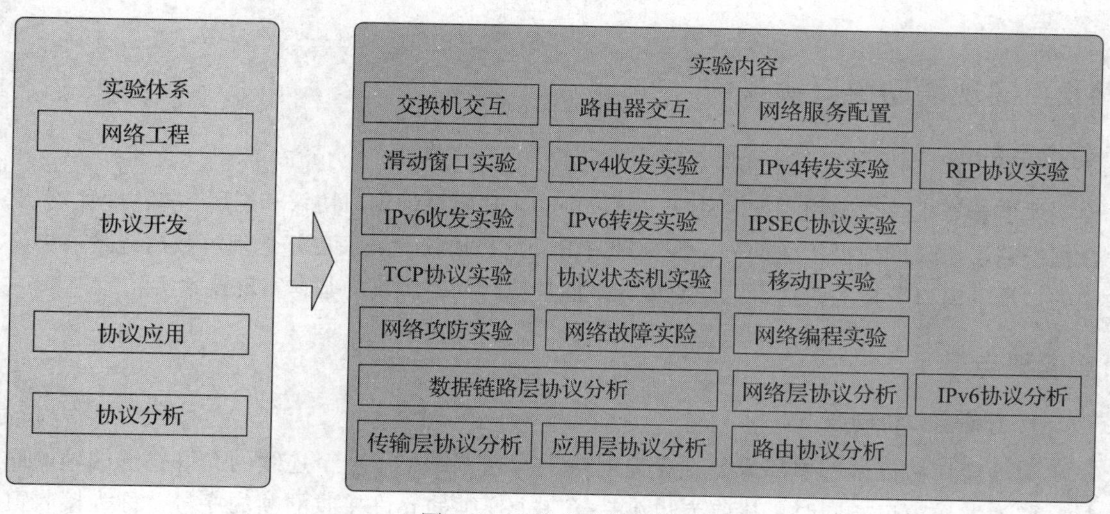

图 4-1　系统实验体系图

该实验系统的优点是支持网络协议开发，特别是底层协议开发。该实验系统集成了支持程序编辑、编译、调试、可视化执行、自动测试、用户管理和在线教程等一体化实验环境。一方面，通过该系统，可以开展网络协议的分析及应用实验，使学生可以通过可视化的组包及分析界面了解各种协议的分层结构；另一方面，该系统支持各层协议开发的编程接口和辅助函数，使学生能够通过编写代码进行网络协议核心功能模块的开发，而无需关注其他外围性的工作，更加高效的开展实验。

4.1.2　系统结构

SimplePAD-NetRiver2000 网络协议开发系统采用学生以 C/S 模式实验，教师以 B/S 模式管理的轻便式结构设计，部署简便，在实验室原有网络环境中，只需从实验室主交换机上引出一根网线接入该系统实验机柜（内含各种硬件设备），即可完成网络协议开发实验系统的搭建。之后，学生在实验主机上安装客户端并连接系统即可进行实验。实验系统客户端提供了一整套开发调试解决方案，学生可在客户端上完成包括登录、实验选择、测试例选择、代码编写、编译、调试和测试在内的完整过程。该系统还提供了功能丰富的实验管理平台以及自动化的实验结果评判等功能，方便老师及学生对实验过程及结果进行管理和维护。同时，配合路由器、交换机等网络设备，依托该系统还可以搭建出复杂多样的网络实验环境，开展多种大型复杂网络实验。系统的软硬件结构如图 4-2 所示。

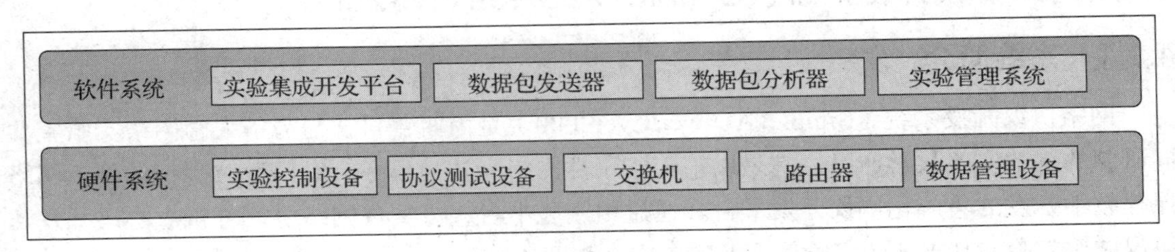

图 4-2　系统结构图

4.2　实现滑动窗口协议

实验目的

本实验要求学生编程实现滑动窗口协议中的 1 比特滑动窗口协议和退后 N 帧协议，实现数据链路层协议的数据传送部分，深刻理解滑动窗口协议，从而更好地理解数据链路层协议中的“滑动窗口”技术的基本工作原理，掌握计算机网络协议的基本实现技术。

实验要点

1. 滑动窗口机制要点

滑动窗口协议的基本原理是在任意时刻，发送方维持了一个连续的允许发送的帧的序号，称为发送窗口，同时，接收方也维持了一个连续的允许接收的帧的序号，称为接收窗口。发送窗口和接收窗口的序号的上下界不一定一样，甚至大小也可以不同。不同的滑动窗口协议的窗口大小一般不同。发送方窗口内的序号代表了那些已经被发送但是还没有被确认的帧，或者是那些可以被发送的帧。

以图4-3为例说明滑动窗口机制（假设发送窗口大小为2，接收窗口大小为1）。

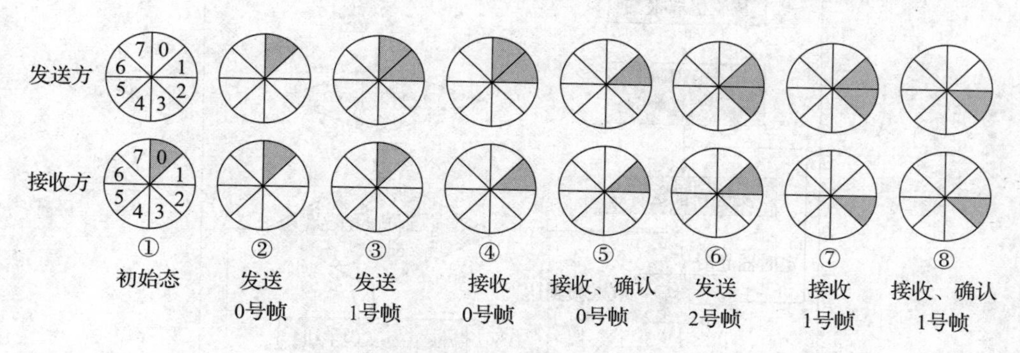

图4-3　滑动窗口机制示意图

①初始态，发送方没有帧发出，发送窗口前后沿相重合。接收方0号窗口打开，等待接收0号帧。

②发送方打开0号窗口，表示已发出0号帧但尚未确认返回信息，此时接收窗口状态不变。

③发送方打开0、1号窗口，表示0、1号帧均在等待确认之列。至此，发送方打开的窗口数已达规定限度，在未收到新的确认返回帧之前，发送方将暂停发送新的数据帧。接收窗口此时状态仍未变。

④接收方已收到0号帧，0号窗口关闭，1号窗口打开，表示准备接收1号帧。此时发送窗口状态不变。

⑤发送方收到接收方发来的0号帧确认返回信息，关闭0号窗口，表示从重发表中删除0号帧。此时接收窗口状态仍不变。

⑥发送方继续发送2号帧，2号窗口打开，表示2号帧也纳入待确认之列。至此，发送方打开的窗口又已达规定限度，在未收到新的确认返回帧之前，发送方将暂停发送新的数据帧，此时接收窗口状态仍不变。

⑦接收方已收到1号帧，1号窗口关闭，2号窗口打开，表示准备接收2号帧。此时发送窗口状态不变。

⑧发送方收到接收方发来的1号帧确认返回信息，关闭1号窗口，表示从重发表中删除1号帧。此时接收窗口状态仍不变。

2.1比特滑动窗口协议

当发送窗口和接收窗口的大小固定为1时，滑动窗口协议退化为停等协议。该协议规定发送方每发送一帧后就要停下来，等待接收方已正确接收的确认，确认返回后才能继续发送下一帧。由于接收方需要判断接收到的帧是新发的帧还是重新发送的帧，因此发送方要为每一个帧加一个序号。由于停等协议规定只有一帧完全发送成功后才能发送新的帧，因而只用一个比特来编号就够了。协议流程图如图4-4所示。

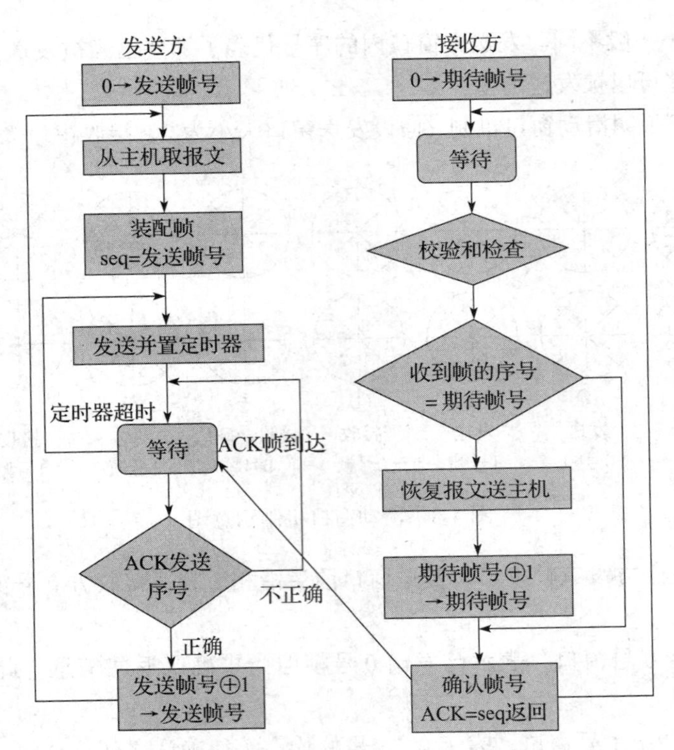

图 4-4　1 比特滑动窗口协议流程图

3. 退后 N 帧协议

由于停等协议要为每一个帧进行确认后才能继续发送下一帧，大大降低了信道利用率，因此又提出了退后 N 帧协议。退后 N 帧协议中，发送方在发完一个数据帧后，不必停下来等待应答帧，而是可以连续发送若干个数据帧，且发送方在每发送完一个数据帧时都要设置超时定时器。只要在所设置的超时时间内仍没有收到确认帧，就要重发相应的数据帧。这里，发送窗口大小为 *n*，接收窗口大小仍为 1。协议示意图如图 4-5 所示。假设此时发送窗口 *n* 为 9，发送方连续发送 9 个数据帧，0 号帧和 1 号帧成功接收并返回确认，2 号帧出错，这时发送方被迫重新发送 2 ～ 8 号帧，接收方也必须丢弃之前接收到的 3 ～ 8 号帧。

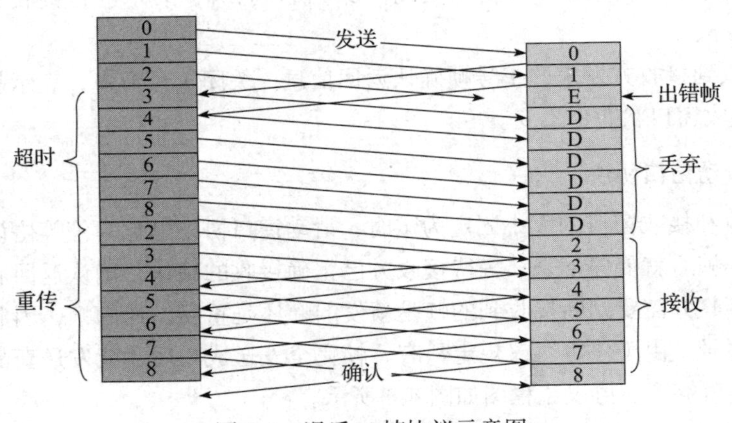

图 4-5　退后 N 帧协议示意图

实验内容

1. 实验要求

本实验要求在 NetRiver 实验系统环境中，用 C 语言实现 1 比特滑动窗口协议和退后 N 帧协议。根据滑动窗口协议原理，仅实现滑动窗口协议中的发送方的功能（接收方功能已由测试服务器完成），对发送方发出的帧进行缓存，等待确认，并在超时发生时对部分帧进行重传，同时能够响应系统的发送请求、接收帧消息以及超时消息，并根据滑动窗口协议进行相应的处理。

2. 实验流程

从滑动窗口角度来看，1 比特滑动窗口协议和退后 N 帧协议的差别仅在于窗口不同。1 比特滑动窗口协议发送窗口 =1，接收窗口 =1；退后 N 帧协议发送窗口 >1，接收窗口 =1。

本实验需要学生实现的函数如下：

1）1 比特滑动窗口协议测试函数 int stud_slide_window_stop_and_wait()。

2）退后 N 帧协议测试函数 int stud_slide_window_back_n_frame()。

在下列情况系统会调用学生的测试函数：

1）当发送端需要发送帧时，会调用学生测试函数，并置参数 messageType 为 MSG_TYPE_SEND，测试函数应该将该帧缓存，存入发送队列中。若发送窗口还未打开到规定限度，则打开一个窗口，并将调用 SendFRAMEPacket 函数发送该帧。若发送窗口已满，则直接返回，直接进入等待状态。

2）当发送端收到接收端的 ACK 后，会调用学生测试函数，并置参数 messageType 为 MSG_TYPE_RECEIVE，测试函数检查 ACK 值后，将该 ACK 对应的窗口关闭。由于关闭了窗口，等待发送的帧就可以进入窗口并发送。因此，若发送队列中存在等待发送的帧，应该将一个等待发送的帧发送并打开一个新的窗口。

3）发送端每发送一个帧，系统都会为它创建一个定时器，当被成功确认后，定时器会被取消，若某个帧在定时器超时时间内仍未被确认，系统则会调用测试函数，并置参数 messageType 为 MSG_TYPE_TIMEOUT，告知测试函数某帧超时，测试函数应该根据帧序号将该帧以及后面发送过的帧重新发送。

在实现中可采用队列形式记录发出的帧和确认帧，通过出队 / 入队操作表示窗口滑动过程。

3. 函数接口说明

本实验需要学生实现一些接口函数，同时系统也为学生提供了一些接口函数，供学生直接调用。下面分别对这两类函数进行说明。

（1）需要学生实现的接口函数说明

1）1 比特滑动窗口协议如下：

```
int stud_slide_window_stop_and_wait(char *pBuffer, int bufferSize, UINT8 messageType)
```

参数说明如下：

- pBuffer：指针，指向系统要发送或接收的帧内容，或者指向超时消息中超时帧的序列号内容。
- bufferSize：pBuffer 表示内容的长度（字节数）。

- messageType：传入的消息类型，有以下几种情况：

  MSG_TYPE_TIMEOUT　某个帧超时

  MSG_TYPE_SEND　　系统发送一个帧

  MSG_TYPE_RECEIVE　系统接收到一个帧的 ACK

对于 MSG_TYPE_TIMEOUT 消息，pBuffer 指向数据的前四个字节为超时帧的序列号，以 UINT32 类型存储，在与帧中的序列号比较时，请注意字节序，并进行必要的转换。

对于 MSG_TYPE_SEND 和 MSG_TYPE_RECEIVE 类型消息，pBuffer 指向的数据的结构如以下代码中 frame 结构的定义。

```
typedef enum {data,ack,nak} frame_kind;
typedef struct frame_head
    {
        frame_kind kind;                    //帧类型
        unsigned int seq;                   //序列号
        unsigned int ack;                   //确认号
        unsigned char data[100];            //数据
    };
    typedef struct frame
    {
        frame_head head;                    //帧头
        unsigned int size;                  //数据的大小
    };
```

函数返回值：0 为成功，-1 为失败。

2）退后 N 帧协议测试函数如下：

```
int stud_slide_window_back_n_frame(char *pBuffer, int bufferSize, UINT8 messageType)
```

参数定义与返回值参照 1 比特滑动窗口协议测试函数说明。

（2）系统提供的接口函数说明

发送帧函数如下：

```
extern void SendFRAMEPacket(unsigned char* pData, unsigned int len);
```

参数说明如下：

- pData：指向要发送帧的内容的指针。
- len：要发送帧的长度。

除以上函数外，学生可根据需要自行编写一些实验需要的函数和数据结构。

思考题目

1. 滑动窗口过程以及帧的发送与确认可以采用哪几种数据结构进行描述？进行对比。
2. 退后 N 帧协议与停等协议在实现上有何异同？

4.3　实现 IPv4 收发

实验目的

IPv4 协议是互联网的核心协议，它保证了网络节点（包括网络设备和主机）在网络层能够按照标准协议互相通信。在任何网络节点的协议栈中，IPv4 协议必不可少，它能够接收网络中传送给本机的分组，同时根据上层协议的要求将报文封装为 IPv4 分组发送出去。

本实验通过设计、实现主机协议栈中的 IPv4 协议，让学生深入了解网络层协议的基本原理，学习 IPv4 协议基本的分组接收和发送流程。

实验要点

1. IPv4 分组收发处理流程

在两个主机端系统通信的环境中，网络的拓扑可以简化为两台主机直接相连，中间的具体连接方式可以抽象为一条简单的链路，如图 4-6 所示。IPv4 分组收发实验就是要在实验系统客户端的开发平台上，实现 IPv4 分组的接收和发送功能。

客户端接收到测试服务器发送来的 IPv4 分组后，调用接收接口函数 stud_ip_recv()（接口函数及参数说明见后）实现 IPv4 分组接收处理的功能。接收处理完成后，调用接口函数 ip_SendtoUp() 将需要上层协议进一步处理的信息提交给上层协议，或者调用函数 ip_DiscardPkt() 丢弃有错误的分组并报告错误类型。

在上层协议需要发送分组时，会调用发送接口函数 stud_ip_Upsend() 实现 IPv4 分组封装发送的功能。根据所传参数完成 IPv4 分组的封装，之后调用接口函数 ip_SendtoLower() 把分组交给下层完成发送。

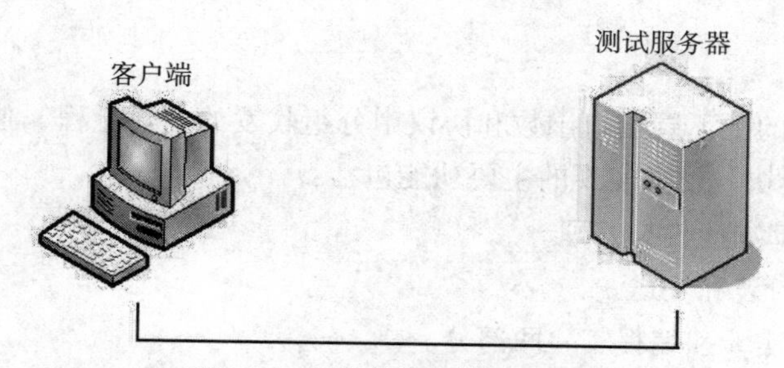

图 4-6　实验环境网络拓扑结构

2. 网络字节序转换

字节序指多字节数据在计算机内存中存储或者网络传输时各字节的存储顺序。不同的 CPU 上运行不同的操作系统，字节序也是不同的，其中，小端（Little Endian）是将低序字节存储在起始地址，大端（Big Endian）是将高序字节存储在起始地址。

如果网络上全部是相同字节序的计算机，那么不会出现任何问题，但由于实际有大量不同字节序的计算机，所以如果不对数据进行转换，数据收发就会出现大量的错误。

在使用 C/C++ 写通信程序时，发送数据前务必用 htonl 和 htons 对整型和短整型的数据进行从主机字节序到网络字节序的转换，而接收数据后对于整型和短整型数据则必须调用 ntohl 和 ntohs 实现从网络字节序到主机字节序的转换。这里涉及的函数说明如下：

- htons()　把 unsigned short 类型从主机序转换到网络序。
- htonl()　把 unsigned long 类型从主机序转换到网络序。
- ntohs()　把 unsigned short 类型从网络序转换到主机序。

● ntohl() 把 unsigned long 类型从网络序转换到主机序。

本实验在编程实现时要考虑字节序转换问题。

3. IPv4 首部校验和的实现

IPv4 首部校验和采用了简单计算方法：将 IPv4 首部每 16 位扩展为 32 位依次相加，然后将结果的高 16 位与低 16 位相加，直到高 16 位为 0，这时低 16 位的反码就是校验和值。实现参考代码如图 4-7 所示。

```
u_short
cksum(u_short *buf, int count)
{
    register u_long sum = 0;
    while (count--)
    {
        sum += *buf++;
        if (sum & 0xFFFF0000)
        {
            /* carry occurred, so wrap around */
            sum &= 0xFFFF;
            sum++;
        }
    }
    return ~(sum & 0xFFFF);
}
```

图 4-7 IPv4 首部校验和的实现

实验内容

1. 实验要求

根据系统所提供的上下层接口函数和协议中分组收发的主要流程，独立设计实现一个简单的 IPv4 分组收发模块。要求实现的主要功能包括：

1）IPv4 分组的基本接收与处理。

2）IPv4 分组的封装和发送。

本实验分为交互实验和编程实验两部分。

交互实验要求通过 SimplePAD-NetRiver2000 系统设置的特定情景，按照题目要求，检查、分析及构造相应的 IPv4 分组以完成交互实验。

编程实验要求在 SimplePAD-NetRiver2000 系统中，完成 IPv4 协议的收发处理流程的设计和编程实现。注意，此编程实验只涉及主机协议栈实现，至于路由器 IPv4 协议栈实现，放在 4.4 节中完成。同时，为简化处理流程，这里不要求实现 IPv4 协议中的选项和分片处理功能。

2. 交互实验

（1）实现 IPv4 分组的基本接收处理功能

对接收到的 IPv4 分组，检查目的地址是否为本地地址，并检查 IPv4 分组头部中某些字段的合法性。

在此交互实验中，主机会接收到系统给出的 IPv4 分组，如图 4-8 所示。该图为接收到的一个 IPv4 分组界面，最上方的文字叙述了当前交互的情景和要求，文字下方显示的是当前 IPv4 分组首部（不含选项）各个字段，分别以字段含义和十六进制显示出来。最下方有

6 个选项，需要读者检查首部各个字段，找出错误的字段在下方进行勾选，完成一次交互。需要注意的是，字段 Length Override 指的是分组格式中的总长度 Total Length 字段；Valid Checksum 用于检查校验和是否正确，在接收分组情况下，该值是自动计算的，读者可根据此校验和的值与分组中的 Checksum 值进行比较，从而判断校验和字段正确与否。

选择完毕后点击 Next 按钮，进入下一个 IPv4 分组接收界面，进行同样的判断选择过程，由于流程基本一致，此处不再赘述。

系统共给出 6 个 IPv4 分组接收报文，从 TTL、头部长度、版本号、校验和、目标地址这几个测试点来考察对报文格式的学习和理解。

（2）实现 IPv4 分组的封装发送

根据题干中给出的上下文环境，封装 IPv4 分组，使用系统提供的发送 IP 报文界面将分组发送出去。如图 4-9 所示，需要说明的是，Valid Checksum 的初始值为全 0，当勾选该字段后，它会做自动校验和计算，根据首部各字段值的变化，该校验和值也是不断变化的。

交互实验完成后，可进行报文分析，用鼠标点击“分析”按钮，即可进入报文显示及分析窗口，如图 4-10 所示。窗口左边主区域是一个报文列表，当前显示了 7 个交互报文，每一行显示的是一个报文摘要信息，包括报文的编号、收到或者发送的时间、源地址、目的地址、报文最后能够解析到的协议类型、报文最后解析到的协议域的摘要信息。读者可以选择某个报文，在下方的内容分析树区域和数据显示区域详细观察其中的每个字段。窗口右边是流程示意图，显示了每次交互数据的流向及注释。

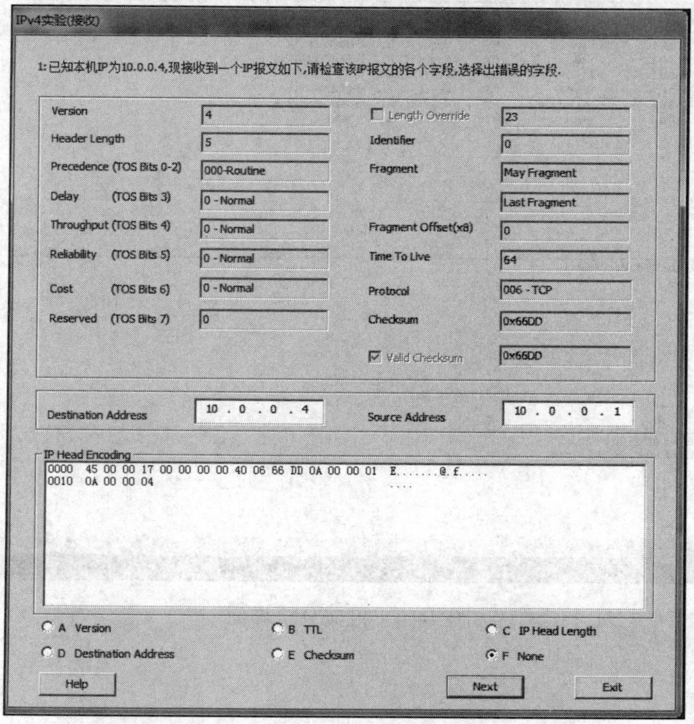

图 4-8　IPv4 交互实验界面

图 4-9 封装 IPv4 发送界面

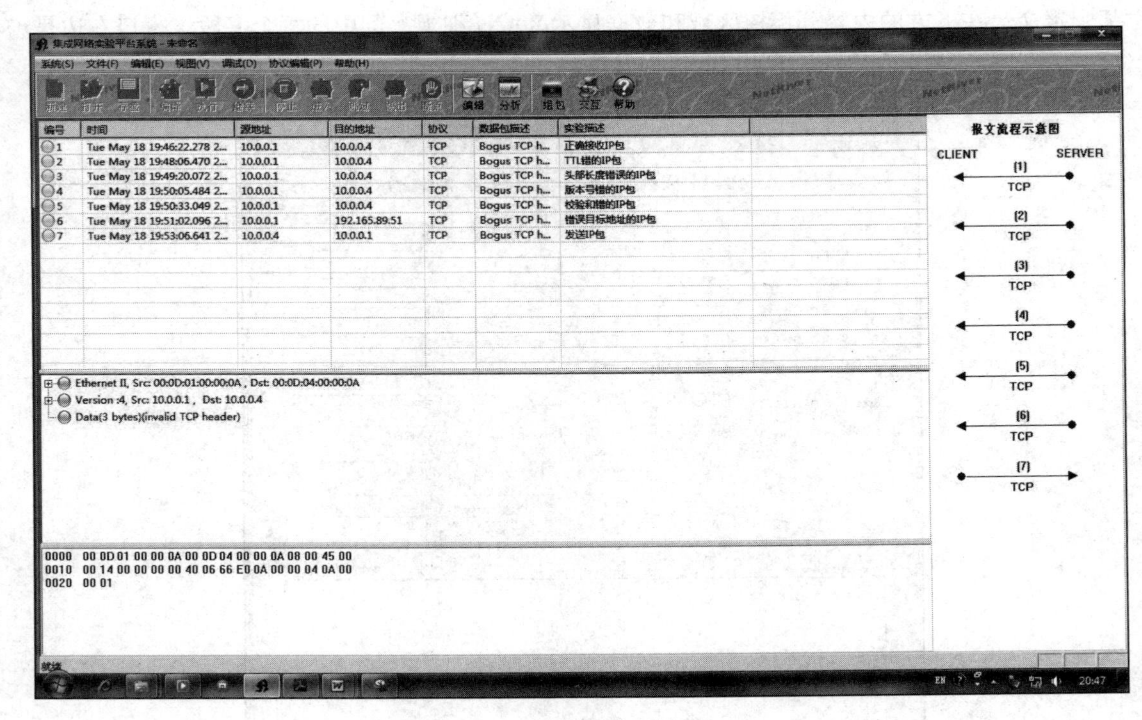

图 4-10 报文分析界面

3. 编程实验

（1）需要实现的接口函数

1）IPv4 分组接收接口函数如下：

```
int stud_ip_recv(char * pBuffer, unsigned short length)
```

参数说明如下：

- pBuffer：指向接收缓冲区的指针，指向 IPv4 分组首部。
- length：IPv4 分组长度。

返回值：成功接收 IP 分组并交给上层处理，返回 0；IP 分组接收失败，返回 1。

说明：IPv4 数据包接收函数主要是要求实现数据包合法性检查并根据检查结果选择向上递交或者丢弃的功能。在进行合法性检查时，逐字段对数据包的版本号、首部长等进行检查，若错误则返回错误值。

IPv4 分组的接收流程如下：

①检查版本号、首部长度、生存时间以及校验和。对于出错的包调用丢弃函数 ip_DiscardPkt 并说明错误类型。

②检查分组是否该由本机接收。如果分组的目的地址是本机的地址或者广播的地址，则本机调用 ip_SendtoUp()，接收分组；否则丢弃并说明原因。

2）IPv4 分组的发送接口函数如下：

```
int stud_ip_Upsend(char* pBuffer, unsigned short len, unsigned int srcAddr,
unsigned int dstAddr, byte protocol, byte ttl)
```

参数说明如下：

- pBuffer：指向发送缓冲区的指针，指向 IPv4 上层协议数据首部。
- len：IPv4 上层协议数据长度。
- srcAddr：源 IPv4 地址。
- dstAddr：目的 IPv4 地址。
- protocol：IPv4 上层协议号。
- ttl：生存时间。

返回值：成功发送 IP 分组，返回 0；发送 IP 分组失败，返回 1。

说明：

IPv4 数据包发送函数主要是对上层协议交付的数据段加上 IP 首部重新封装并发送。IPv4 分组发送流程如下：

①根据所传参数，确定并分配存储空间大小，并申请分组的存储空间。

②按照 IPv4 协议标准填写分组首部各字段，注意网络序与字节序的转换。

③封装后，调用相应接口函数 ip_SendtoLower() 进行发送。

（2）系统提供函数说明

1）丢弃分组函数：

```
void ip_DiscardPkt(char * pBuffer ,int type)
```

参数说明如下：

- pBuffer：指向被丢弃分组的指针。

- type：分组被丢弃的原因，可取以下值：

```
STUD_IP_TEST_CHECKSUM_ERROR          //IP 校验和出错
STUD_IP_TEST_TTL_ERROR               //TTL 值出错
STUD_IP_TEST_VERSION_ERROR           //IP 版本号错
STUD_IP_TEST_HEADLEN_ERROR           //头部长度错
STUD_IP_TEST_DESTINATION_ERROR       //目的地址错
```

2）发送分组函数：

```
void ip_SendtoLower(char *pBuffer ,int length)
```

参数说明如下：

- pBuffer：指向待发送的 IPv4 分组首部的指针。
- length：待发送的 IPv4 分组长度。

3）上层接收函数：

```
void ip_SendtoUp(char *pBuffer, int length)
```

参数说明如下：

- pBuffer：指向要上交的上层协议报文首部的指针。
- length：上交报文长度。

4）获取本机 IPv4 地址函数：

```
unsigned int getIpv4Address( )
```

除了以上函数以外，学生可根据需要自行编写实验需要的函数和数据结构。

思考题目

1. 如何定义 IPv4 分组首部格式以便于进行提取和操作？

2. 在接收和发送 IPv4 分组时，分别应该对 IPv4 分组首部的校验和做哪些操作？

3. 在接收和发送 IPv4 分组以及封装 IPv4 分组时，首部各个字段的字节序应该怎样处理？哪些字段需要转换字节序，哪些不需要？

4. 是否存在一类网络设备，能够接收并处理目的地址不是本机地址的分组？

4.4　实现 IPv4 转发

实验目的

通过上一节的实验，我们已深入了解 IPv4 协议的分组接收和发送处理流程。本节要将实验模块的角色定位从通信两端的主机转移到作为中间节点的路由器上，在 IPv4 分组收发处理的基础上，实现分组的路由转发功能。

网络层协议最关注的是如何将 IPv4 分组从源主机通过网络送到目的主机，这个任务是由路由器中的 IPv4 协议模块来完成。路由器根据自身所获得的路由信息，将收到的 IPv4 分组转发给正确的下一跳路由器。如此逐跳地对分组进行转发，直至该分组抵达目的主机。IPv4 分组转发是路由器最为重要的功能。

本实验设计模拟实现路由器中的IPv4协议，在4.3节IPv4分组收发实验的基础上，增加IPv4分组的转发功能。本实验对网络的观察视角由主机转移到路由器中，了解路由器是如何为分组选择路由，并逐跳地将分组发送到目的主机的。本实验中也会初步涉及路由表这一重要的数据结构，帮助读者认识路由器是如何根据路由表对分组进行转发的。

实验要点

1. 转发流程

分组转发是路由器最重要的功能。分组转发的依据是路由信息，以此将目的地址不同的分组发送到相应的接口上，逐跳转发，并最终到达目的主机。本实验要求按照路由器协议栈的IPv4协议功能进行设计实现，接收处理所有收到的分组（而不只是目的地址为本机地址的分组），并根据分组的IPv4目的地址结合相关的路由信息，对分组进行转发、接收或丢弃操作。

本实验的主要流程和系统接口函数与4.3节基本相同。在下层接收接口函数Stud_fwd_deal()中，实现分组接收处理。主要功能是根据分组中目的IPv4地址结合对应的路由信息对分组进行处理。分组需要上交，则调用接口函数Fwd_LocalRcv()；需要丢弃，则调用函数Fwd_DiscardPkt()；需要转发，则进行转发操作。转发操作的实现要点包括：首先，TTL值减1，然后重新计算头校验和，最后调用发送接口函数Fwd_SendtoLower()将分组发送出去。注意，接口函数Fwd_SendtoLower()比前面实验增加了一个参数pNxtHopAddr，要求在调用时传入下一跳的IPv4地址，此地址是通过查找路由表得到的。

另外，本实验增加了一个路由表配置的接口，要求能够根据系统所给信息来设定本机路由表。实验中只需要简单地设置静态路由信息，以作为分组接收和发送处理的判断依据，而路由信息的动态获取和交互，在有关路由协议的实验（RIP协议）中会重点涉及。

2. 路由表设计

与4.3节实验不同的是，本实验中的分组接收和发送过程都需要引入路由表的查找步骤。路由器的主要任务是进行分组转发，它所接收的多数分组都是需要进行转发的，而不像主机协议栈中IPv4模块只接收发送给本机的分组。此外，路由器也要接收、处理发送给本机的一些分组，如路由协议的分组（RIP实验中会涉及）、ICMP分组等。在实验中，如何确定对各种分组的处理操作类型，就需要根据分组的IPv4目的地址结合路由信息进行判断。

一般而言，路由信息包括地址段、距离、下一跳地址、操作类型等。在接收到IPv4分组后，要通过其目的地址匹配地址段来判断是否为本机地址，如果是则本机接收；如果不是，则通过其目的地址段查找路由表信息，从而得到进一步的操作类型，转发情况下还要获得下一跳的IPv4地址。发送IPv4分组时，也要通过目的地址来查找路由表，得到下一跳的IPv4地址，然后调用发送接口函数做进一步处理。在4.3节实验中，发送流程中没有查找路由表来确定下一跳地址的步骤，这项工作由系统来完成，在本实验中则作为实验内容要求读者自行实现。需要进一步说明的是，在转发路径中，本路由器可能是路径上的最后一跳，可以直接转发给目的主机，此时下一跳的地址就是IPv4分组的目的地址；如果本路由器不是最后一跳，那么下一跳的地址是从对应的路由信息中获取的。因此，在路由表中，转发类型要区分最后一跳和非最后一跳的情况。

路由表数据结构的设计是非常重要的，会极大影响路由表的查找速度，进而影响路由器的分组转发性能。本实验中虽然不会涉及大量分组的处理问题，但良好且高效的数据结构无疑会为后面的实验奠定良好的基础。链表结构是最简单的，但效率比较低；树型结构的查找效率会提高很多，但组织和维护有些复杂，读者可以根据自己的编程能力和习惯自主进行路由表数据结构的设计。

需要注意的是，路由查找遵循最长匹配原则，最长匹配原则要求在遍历路由表时，如果有多条符合条件的路由匹配，选择子网掩码最长的一个路由进行转发。本实验在进行路由查找时，要遵循该原则。

实验内容

1. 实验要求

本实验只涉及编程，在4.3节实验的基础上，增加分组转发功能。具体来说，对于每一个到达本机的IPv4分组，根据其目的IPv4地址决定分组的处理行为，对该分组进行如下的几类操作：

1）向上层协议上交目的地址为本机地址的分组。

2）根据路由查找结果，丢弃查不到路由的分组。

3）根据路由查找结果，向相应接口转发不是本机接收的分组。

2. 编程实验

（1）实验内容

1）设计路由表数据结构。

要求能够根据目的IPv4地址来确定分组处理行为（转发情况下需获得下一跳的IPv4地址）。路由表的数据结构和查找算法会极大影响路由器的转发性能，有兴趣的读者可深入思考和探索。

2）IPv4分组的接收和发送。

对4.3节实验中所完成的代码进行修改，在路由器协议栈的IPv4模块中能够正确完成分组的接收和发送处理。具体要求不做改变，参见4.3节。

3）IPv4分组的转发。

对于需要转发的分组进行处理，获得下一跳的IP地址，然后调用发送接口函数做进一步处理。

（2）实现函数接口说明

1）路由表初始化函数：

```
Void stud_Route_Init ( )
```

说明：路由表初始化函数，系统初始化的时候将调用此函数对路由表进行初始化操作。

2）路由信息添加函数：

```
Void stud_route_add(stud_route_msg *proute)
```

参数说明如下：

- Proute：指向需要添加路由信息的结构体头部，其数据结构 stud_route_msg 的定义如下：

```
typedef struct stud_route_msg
{
unsigned int dest;
unsigned int masklen;
unsigned int nexthop;
} stud_route_msg;
```

说明：路由信息添加本函数为路由表配置接口，系统在配置路由表时需要调用此接口。此函数功能为向路由表中添加一条IPv4路由信息，将参数所传递的路由信息添加到路由表中，完成路由的添加。注意，masklen是掩码长度，而非掩码地址。

3）转发处理函数：

```
int stud_fwd_deal(char * pBuffer, int length)
```

参数说明如下：

- pBuffer：指向接收到的IPv4分组头部。
- Length：IPv4分组的长度。
- 返回值：0为成功，1为失败。

说明：本函数是IPv4协议接收流程的下层接口函数，实验系统从网络中接收到分组后会调用本函数。调用该函数之前已完成IP报文的合法性检查，因此在本函数中应该实现如下功能：

①判定是否为本机接收的分组，如果是，调用系统提供的上交分组接口函数fwd_LocalRcv()。

②如果不是本机接收，按照最长匹配原则查找路由表，根据相应路由表项的类型来确定下一步操作。如果查找失败，则调用系统提供函数fwd_DiscardPkt()。

③如果查找成功，获取下一跳的IPv4地址，则调用系统提供函数fwd_SendtoLower()完成报文转发处理，此时应对IPv4首部中的TTL字段减1，并重新计算校验和。

④转发过程中应注意TTL的处理及校验和的变化。

（3）系统提供的函数接口说明

1）本地处理函数：

```
void fwd_LocalRcv(char *pBuffer, int length)
```

参数说明如下：

- pBuffer：指向分组的IP首部。
- length：表示分组的长度。

说明：本函数是IPv4协议接收流程的上层接口函数，在对IPv4的分组完成解析处理之后，如果分组的目的地址是本机的地址，则调用本函数将分组提交给上层相应协议模块进一步处理。

2）下层发送函数：

```
void fwd_SendtoLower(char *pBuffer, int length, unsigned int nexthop)
```

参数说明如下：

- pBuffer：指向所要发送的 IPv4 分组首部。
- length：分组长度（包括分组首部）。
- nexthop：转发时下一跳的地址。

说明：本函数是发送流程的下层接口函数，在 IPv4 协议模块完成发送封装工作后调用该接口函数进行后续发送处理。其中，后续的发送处理过程包括分片处理、IPv4 地址到 MAC 地址的映射（ARP 协议）、封装成 MAC 帧等工作，这部分内容由实验系统提供支持。

3）丢弃分组函数：

```
void fwd_DiscardPkt(char * pBuffer, int type)
```

参数说明如下：

- pBuffer：指向被丢弃的 IPv4 分组首部。
- type：表示错误类型，包括 TTL 错误和找不到路由两种错误，定义如下：

```
STUD_FORWARD_TEST_TTLERROR
STUD_FORWARD_TEST_NOROUTE
```

说明：本函数是丢弃分组的函数，在接收流程中检查到错误时调用此函数将分组丢弃。

4）获取本地地址函数：

```
UINT32 getIpv4Address( )
```

返回值：本机 IPv4 地址。

说明：本函数用于获取本机的 IPv4 地址，调用该函数即可返回本机的 IPv4 地址，可以用来判断 IPv4 分组是否为本机接收。

除以上的函数以外，学生可根据需要自行编写一些实验需要的函数和数据结构，包括路由表的数据结构，对路由表的搜索、初始化，遍历路由表匹配函数、计算校验和函数等操作函数。

思考题目

1. 转发处理中，先判断目的地址是否为本机地址，还是先对 TTL 进行处理，这在实现上有何不同？

2. 调研路由表的数据结构有哪几种实现方式，比较这些实现方式的优缺点，并进行查找效率分析。

3. 路由信息的存储可采用哪几种方式？哪种方式简单、便于管理？尝试采用不同的方式实现并进行对比。

4.5 实现 RIP 协议

实验目的

通过实现路由协议 RIP，深入了解 RIP 协议报文格式及路由转发原理，进而深入理解计算机网络中的核心技术——路由技术。

实验要点

1. 协议要点

RIP 协议使用 UDP 的 520 端口进行路由信息的交互，交互的 RIP 信息报文主要有两种类型：请求（request）报文和响应（response）报文。请求报文用来向相邻的运行 RIP 的路由器请求路由信息，响应报文用来发送本地路由器的路由信息。RIP 协议使用距离向量路由算法，因此发送的路由信息可以用序偶 <vector, distance> 来表示。在实际报文中，vector 用路由的目的地址 address 表示，而 distance 用该路由的距离度量值 metric 表示，metric 值规定了从本机到目的网络路径上经过的路由器数目，metric 的有效值为 1 ～ 16，其中 16 表示网络不可达，可见 RIP 协议运行的网络规模是有限的。

当系统启动时，RIP 协议处理模块在所有 RIP 配置运行的接口处发出 request 报文，然后 RIP 协议就进入了循环等待状态，等待外部 RIP 协议报文（包括请求报文和响应报文）的到来；而接收到 request 报文的路由器则应当发出包含它们路由表信息的 response 报文。

当发出请求的路由器接收到一个 response 报文后，它会逐一处理收到的路由表项内容。如果报文中的表项为新的路由表项，那么就会向路由表加入该表项。如果该报文表项已经在路由表中存在，则需要判断这个收到的路由更新信息是哪个路由器发送过来的。如果就是这个表项的源路由器（即当初发送相应路由信息的路由器），则无论该现有表项的距离度量值（metric）增大还是减小，都需要更新该表项；如果不是，那么只有当更新表项的 metric 值小于路由表中相应表项 metric 值时才需要替代原来的表项。

此外，为了保证路由的有效性，RIP 协议规定：每隔 30 秒重新广播一次路由信息；若连续三次没有收到 RIP 广播的路由信息，则相应的路由信息失效。

2. 水平分割

水平分割是一种避免出现路由环并加快路由汇聚的技术。由于 RIP 协议具有“好消息传播得快，坏消息传播得慢”的缺点，在实际运行中，RIP 协议采取水平分割方法来解决这一问题。该方法要求路由器记录从每个网络接口传入的路由信息，当路由器向一个接口发送路由更新报文时，不能包含从该接口获取的路径信息。

3. RIPv2 协议的报文结构

RIPv2 的报文结构如图 4-11 所示。每个报文都包括一个报文命令字段、一个报文版本字段、一个路由域字段、一个地址类字段、一个路由标记字段以及一些路由信息项（一个 RIP 报文中最多允许 25 个路由信息项），其中每个字段后括号中的数字表示该字段所占的字节数。RIP 报文的最大长度为 4+20 × 25=504 字节，加上 UDP 报文首部的 8 字节，一共是 512 字节。如果路由表的路由表项数目大于 25，那么就需要多个 RIP 报文来完成路由信息的传播过程。

- 命令：表示 RIP 报文的类型，目前 RIP 只支持两种报文类型，分别是请求报文（request）和响应（response）报文，取值分别为 1 和 2。
- 版本：表示 RIP 报文的版本信息，RIPv2 报文中此字段为 2。

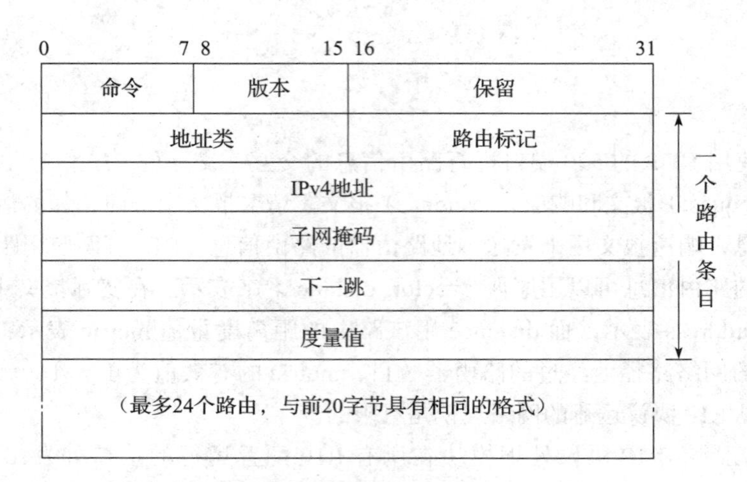

图 4-11 RIPv2 的报文结构

- 保留：RIPv2 不对此字段做任何处理，不要求字段必须为 0。
- 地址类：表示路由信息所属的地址族，目前 RIP 中规定此字段必须为 2，表示使用 IP 地址族，当该字段置为 0 时，表示向所有相邻路由器请求全部路由信息。
- 路由标记：用于标识一条路由。路由器间交换的路由信息，可能来自 RIP 路由域，也可能来自非 RIP 路由域。
- IPv4 地址：表示路由信息对应的目的地 IP 地址，可以是网络地址、子网地址以及主机地址。
- 子网掩码：表示路由信息对应的子网掩码。因此 RIPv2 支持 VLSM 和 CIDR。
- 下一跳：表示路由对应的下一跳路由器 IP 地址，该字段可以对使用多路由协议的网络环境下的路由进行优化。
- 度量值：表示从本路由器到目的地的距离，目前 RIP 将路径上经过的路由器个数作为距离度量值。

一般来说，RIP 发送的请求报文和响应报文都符合图 4-11 的报文结构格式，但是当需要发送请求对方路由器全部路由表信息的请求报文时，RIP 使用另一种报文结构，此报文结构中路由信息项的地址族标识符字段为 0，目的地址字段为 0，距离度量字段为 16。

实验内容

1. 实验要求

本实验分交互实验和编程实验两部分。交互实验要求通过系统设置的特定情景，按照题目要求，检查、分析及构造相应的 RIP 报文和转发表；编程实验要求在充分理解 RIP 协议报文格式及工作原理基础上，根据 RIP 协议的流程，设计实现 RIP 协议的报文处理和超时处理函数。

需要说明的是，客户端软件在本实验中模拟实现网络中一个路由器功能，RIP 协议运行在该路由器的其中 2 个接口上，编号为接口 1 和接口 2，而每个接口均与其他路由器通过网络模拟互连，路由器之间运行 RIP 协议进行路由信息交换。

2. 交互实验

交互实验主要考察对 RIPv2 协议报文格式及路由器之间进行路由信息交换过程的理解，在路由信息交换过程中，需要注意遵循水平分割原则。

根据系统上下文给定的情景，该实验完成以下 5 个功能：

1）对客户端接收到的 RIP 协议报文进行合法性检查，选出错误的字段并指出错误原因。

2）正确解析并处理 RIP 协议的 Request 报文，并能够根据报文的内容以及本地路由表组成相应的 Response 报文，回复给 Request 报文的发送者，并实现水平分割。

3）正确解析并处理 RIP 协议的 Response 报文，并根据报文中携带的路由信息更新本地路由表。

4）处理来自系统的路由表项超时消息，并能够删除指定的路由。

5）实现定时对本地的路由进行广播的功能，并实现水平分割。

在实验中，界面上最多会有 4 个标签页：点击“Rip 报文展示”标签可以查看接收到的 RIP 报文；点击“路由表”标签可以查看 / 编辑本地路由表；点击“发送 RIP（接口 1）”标签可以封装 RIP 报文并从接口 1 发送；点击“发送 RIP（接口 2）”标签可以封装 RIP 报文并从接口 2 发送。界面如图 4-12 所示。

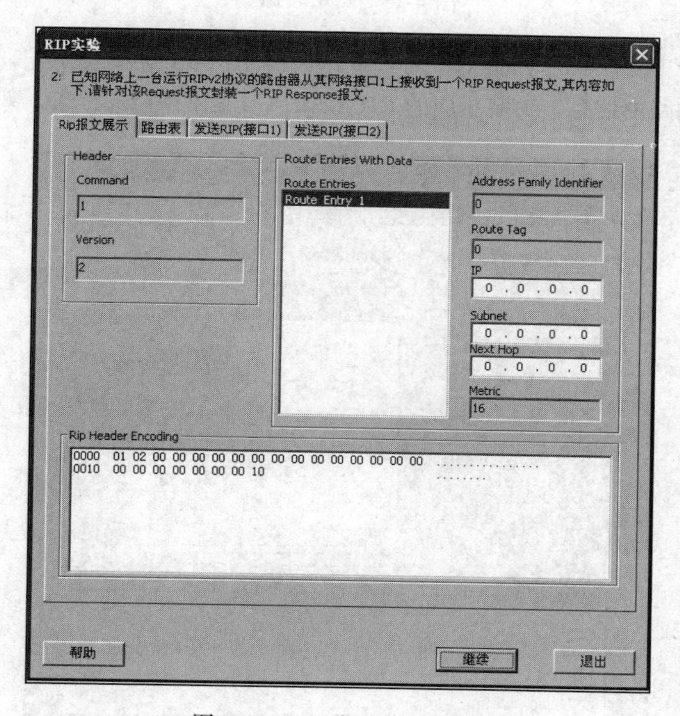

图 4-12 RIP 报文展示标签

在“路由表项”标签下，可以进行路由表的查看、添加、编辑、删除操作。需要注意的是，当某路由表项由于超时需要被删除时，路由器一般是先置该表项跳跃计数为 16，直到路由清空计时器超时才会将该表项删除，如图 4-13 所示。

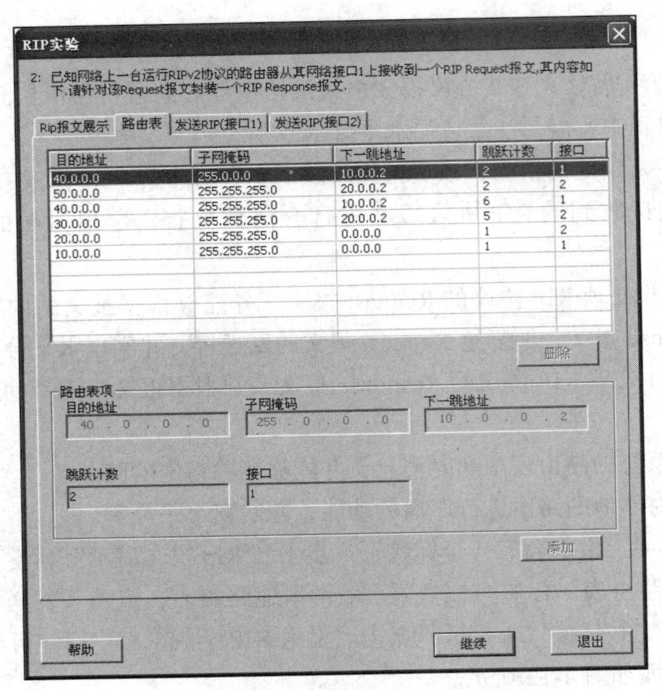

图 4-13　路由表标签

在“发送 RIP（接口 1）”标签下，需要根据当前路由表内容，通过“ Add”按钮在 RIP 报文中添加相应的路由信息，封装相应的 RIP 报文从对应的接口发出去，如图 4-14 所示。

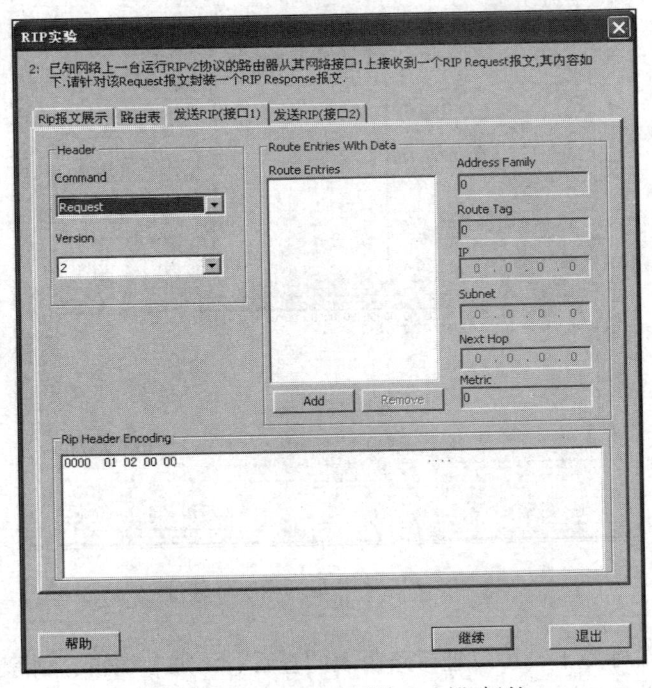

图 4-14　发送“RIP（接口 1）”标签

此项实验完成后，点击继续，可以进行后面的交互实验，由于界面及功能基本相同，此处不再赘述。

3. 编程实验

编程实验主要考察对 RIPv2 协议路由信息交换过程的理解。在路由信息交换过程中，仍需要注意遵循水平分割原则。该实验需完成的 5 个功能与交互实验完全相同，此处不再赘述。

（1）需要实现的函数及接口说明

1）RIP 报文处理函数：

```
int stud_rip_packet_recv(char *pBuffer, int bufferSize, UINT8 iNo, UINT32 srcAdd)
```

参数说明如下：

- pBuffer：指向接收到的 RIP 报文内容的指针。
- bufferSize：接收到的 RIP 报文的长度。
- iNo：接收该报文的接口号。
- srcAdd：接收到的报文的源 IP 地址。

返回值：成功为 0，失败为 -1。

说明：当系统收到 RIP 报文时，会调用此函数，该函数应实现如下功能：

①对 RIP 报文进行合法性检查，若报文存在错误，则调用 ip_DiscardPkt() 函数，并在 type 参数中传入错误编号。错误编号的宏定义如下：

```
#define STUD_RIP_TEST_VERSION_ERROR      RIP 版本错误
#define STUD_RIP_TEST_COMMAND_ERROR      RIP 命令错误
```

②根据报文的 command 域，判断报文类型，确定是 Request 类型分组还是 Response 类型分组。

③对于 Request 报文，应依据本地路由表信息封装 Response 报文，并通过 rip_sendIpPkt() 函数发送出去。注意，由于实现水平分割，封装 Response 报文时应该检查该 Request 报文的来源接口，Response 报文中的路由信息不包括来自该来源接口的路由。

④对于 Response 报文，应该提取出该报文中携带的路由信息，更新本地路由表。在更新过程中，应遵循 RIP 协议路由表更新策略。对于本地路由表中已存在的项，要判断该条路由信息的 metric 值，若为 16，则应置本地路由表中对应路由表项为无效，否则若更新表项的 metric 值小于路由表中相应表项 metric 值时，就替代原来的表项，此时要将 metric 值加 1。对于本地路由表中不存在的项，则将 metric 值加 1 后将该路由项加入本地路由表，注意，若 metric 值加 1 后为 16 说明路由已经失效，则不用添加。

2）RIP 超时处理函数：

```
void stud_rip_route_timeout(UINT32 destAdd, UINT32 mask, unsigned char msgType)
```

参数说明如下：

- destAdd：路由超时消息中路由的目标地址。
- mask：路由超时消息中路由的掩码。
- msgType：消息类型，包括以下两种定义：

```
#define RIP_MSG_SEND_ROUTE
#define RIP_MSG_DELE_ROUTE
```

说明：

RIP 协议每隔 30 秒，重新广播一次路由信息，系统调用该函数并置 msgType 为 RIP_MSG_SEND_ROUTE 来进行路由信息广播。该函数应该在每个接口上分别广播自己的 RIP 路由信息，即通过 rip_sendIpPkt() 函数发送 RIP Response 报文。由于实现水平分割，报文中的路由信息不包括来自该接口的路由信息。

RIP 协议的每个路由表项都有相关的路由超时计时器，当路由超时计时器过期时，该路径就标记为失效，但仍保存在路由表中，直到路由清空计时器过期才被清除。当超时定时器被触发时，系统会调用该函数并置 msgType 为 RIP_MSG_DELE_ROUTE，同时通过 destAdd 和 mask 参数传入超时的路由项。此时，该函数应该置本地路由的对应项为无效，即 metric 值置为 16。

（2）系统提供的函数说明

1）发送 RIP 报文函数：

```
void rip_sendIpPkt(unsigned char* pData, UINT16 len, unsigned short dstPort, UINT8 iNo);
```

参数说明如下：

- pData：指向要发送的 RIP 报文内容的指针。
- len：要发送的 RIP 报文的长度。
- dstPort：要发送的 RIP 报文的目的端口。
- iNo：发送该报文通过的接口的接口号。

（3）系统提供的全局变量。

1）RIP 路由表：

```
extern struct stud_rip_route_node *g_rip_route_table;
```

系统以单向链表存储 RIP 路由表，我们需要利用此表存储 RIP 路由，供客户端软件检查。该全局变量为系统中 RIP 路由表链表的头指针，其中，stud_rip_route_node 结构的定义如下：

```
typedef struct stud_rip_route_node
{
unsigned int dest;
unsigned int mask;
unsigned int nexthop;
unsigned int metric;
unsigned int if_no;
struct stud_rip_rou_node *next;
};
```

除了以上函数以外，学生可根据需要自行编写一些需要的函数和数据结构。

思考题目

RIP 协议在处理超时删除时，当某个路由表项无效后，为何要将 metric 值置为 16？如果不这样做会出现什么情况？

4.6　实现 TCP 协议

实验目的

传输层是互联网协议栈的核心层次之一，它的任务是在源节点和目的节点间提供端到端的、可靠的数据传输功能。TCP 协议是主要的传输层协议，它为两个任意处理速率的、使用不可靠 IP 连接的节点提供了可靠的、具有流量控制和拥塞控制的、端到端的数据传输服务。TCP 协议不同于 IP 协议，它是有状态的，这也使其成为互联网协议栈中最复杂的协议之一。网络上多数的应用程序都是基于 TCP 协议的，如 HTTP、FTP 等。本节实验的主要目的是学习和了解 TCP 协议的原理和设计实现的机制。

TCP 协议中的状态控制机制和拥塞控制算法是核心。TCP 协议的复杂性主要源于它是一个有状态的协议，需要进行状态的维护和变迁。有限状态机可以很好地从逻辑上表示 TCP 协议的处理过程，理解和实现 TCP 协议状态机是本节的重点内容。另外，由于网络层不能保证分组按序到达，因此在传输层还要处理分组的乱序问题。只有在某个序号之前的所有分组都收到了，才能够将它们一起提交给应用层协议做进一步的处理。

拥塞控制算法对于 TCP 协议及整个网络的性能有着重要的影响。目前，TCP 协议研究的一个重要方向就是对于拥塞控制算法的改进。通过学习、实现和改进 TCP 协议的拥塞控制算法，可以增强读者对计算机网络进行深入研究的兴趣。

另外，TCP 协议还要向应用层提供编程接口，即网络编程中普遍使用的 Socket 函数。通过实现这些接口函数，可以深入了解网络编程的原理，提高网络程序的设计和调试能力。

实验要点

1. 简化的客户端角色的 TCP 协议

从设计实现的角度出发，TCP 协议主要考虑以下几个因素：

1）状态控制。

2）滑动窗口机制。

3）拥塞控制算法。

4）性能问题（RTT 估计）。

5）Socket 接口。

将这些内容完全实现具有很大的难度，因此我们要对其进行简化。这里要求实现一个客户端角色的 TCP 协议，采用“停 – 等”模式，即发送窗口和接收窗口的大小都为 1，并向上层提供客户端所必需的 Socket 接口函数。

客户端角色的 TCP 协议只能够主动发起建立连接请求，而不能监听端口等待其他主机的连接。因而相比于标准 TCP 协议的状态控制，客户端角色的 TCP 协议的状态机得到简化，如图 4-15 所示。

从 CLOSED 状态开始，调用 Socket 函数 stud_tcp_connect() 发送建立连接请求（SYN 报文）后转入 SYN-SENT 状态，等待服务器端的应答和建立连接请求；收到服务器端的 SYN+ACK 后，以 ACK 应答，完成“三次握手”的过程，转为 ESTABLISHED 状态。在 ESTABLISHED 状态，客户端与服务器端可以通过函数 stud_tcp_recv() 和 stud_tcp_send() 进行数据交互。完成数据传输后，客户端通过 stud_tcp_close() 函数发送关闭连接请求（FIN 报文），转入 FIN-WAIT1 状态；收到应答 ACK 后进入 FIN-WAIT2 状态，此时状态为半关闭，等待服务器端关闭连接。收到服务器端的 FIN 报文后，需要发送确认 ACK，状态改变为 TIME-WAIT ；等待一段时间后，转为初始的 CLOSED 状态，连接完全断开。

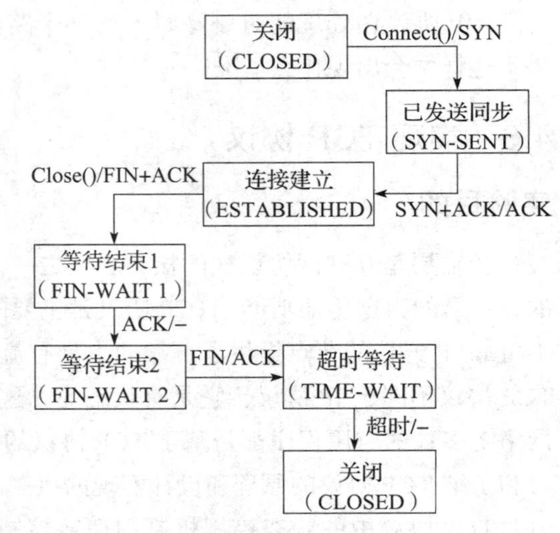

图 4-15　客户端角色的 TCP 协议状态机

上述流程是一个客户端 TCP 建立和释放连接的最简单的正常流程，然而实际的 TCP 协议要处理各种各样的异常情况，这也是 TCP 状态控制非常复杂的一个原因。本实验中对此不做复杂处理，对接收到的异常报文（如报文类型不符、序号错误等情况）调用系统所提供的函数 tcp_DiscardPkt() 将其丢弃即可。

对于“停 – 等”模式的 TCP 协议，其发送窗口和接收窗口大小都为 1。在接收到的报文中，只有序列号正确的报文才会被处理，并根据报文内容和长度对接收窗口进行滑动。发送一个报文后就不能继续发送，而要等待对方对此报文进行确认，收到确认后才能继续发送。如果一段时间后没有收到确认，则需要重传（本实验暂不涉及重传机制）。

要实现一个完整的 TCP 协议，还需要向应用层提供 Socket 接口函数。作为客户端角色的 TCP 协议，必须实现的 Socket 接口函数包括：stud_tcp_socket()、stud_tcp_connect()、stud_tcp_recv()、stud_tcp_send() 和 stud_tcp_close()。实现 Socket 接口函数的主要工作是将 Socket 接口函数和 TCP 报文的接收和发送流程结合起来，根据应用层需求发送或接收特定类型的报文。实验的接口如图 4-16 所示。

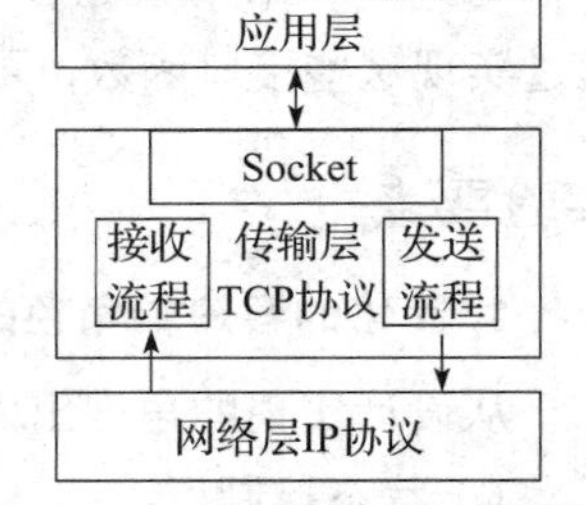

图 4-16　TCP 实验接口示意图

2. 数据结构设计

一般情况下，TCP 协议通过一个数据结构来控制每个 TCP 连接的发送和接收动作，该数据结构被称为传输控制块（Transmission Control Block，TCB）。TCP 为每个活动的连接维护一个 TCB 结构，所有 TCP 连接对应的 TCB 结构可以组织成一个 TCB 的链表结构进行管理。TCB 中包含有关 TCP 连接的所有信息，包括两端的 IP 地址和端口号、连接状态信息、发送和接收窗口信息等。

TCB 的数据结构由读者自行设计完成，本实验并不做具体规定，读者可根据设计实现的需要来具体定义 TCB 结构。

3. TCP 报文首部格式

TCP 报文首部格式如图 4-17 所示。

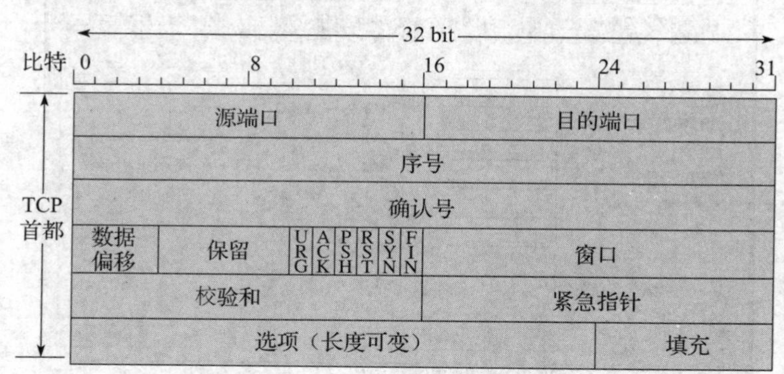

图 4-17　TCP 报文首部格式

具体字段的定义请参考相关教材。其中六个控制位为：

URG	ACK	PSH	RST	SYN	FIN

- URG：紧急标志。当紧急指针（urgent pointer）有效时，紧急标志置位。
- ACK：确认标志。该标志使确认编号（Acknowledgement Number）字段有效。大多数情况下，该标志位是置位的。TCP 报文首部内的确认编号栏内包含的确认编号为下一个预期的序列编号，同时提示远程系统已经成功接收所有数据。
- PSH：推标志。该标志置位时，接收端不将该数据进行队列处理，而是尽可能快地将数据交由应用进程处理。在处理 telnet 或 rlogin 等交互模式的连接时，该标志总是置位的。
- RST：复位标志。用于复位相应的 TCP 连接。
- SYN：同步标志。该标志使同步序列编号（Synchronize Sequence Numbers）字段有效。该标志仅在三次握手建立 TCP 连接时有效。它提示 TCP 连接的服务端检查序列编号，该序列编号为 TCP 连接初始端（一般是客户端）的初始序列编号。
- FIN：结束标志。带有该标志置位的数据包用来释放一个 TCP 连接。

实验内容

1. 实验要求

本实验分交互实验和编程实验两部分。

交互实验要求通过 SimplePAD-NetRiver2000 系统设置的特定情景，按照题目要求，检查、分析及构造相应的 TCP 报文段以完成交互实验。

编程实验要求在 SimplePAD-NetRiver2000 系统中，仅实现 TCP 客户端角色、“停 – 等”模式的 TCP 协议（其他复杂情况暂不作考虑），完成对接收和发送流程的设计和编程实现。

2. 交互实验

1）实现 TCP 三次握手建立连接。根据题目中给出的上下文，封装 TCP 段，与目的主机建立起 TCP 连接。

首先发起 TCP 连接，根据图中的提示信息填充报头，如图 4-18 所示。

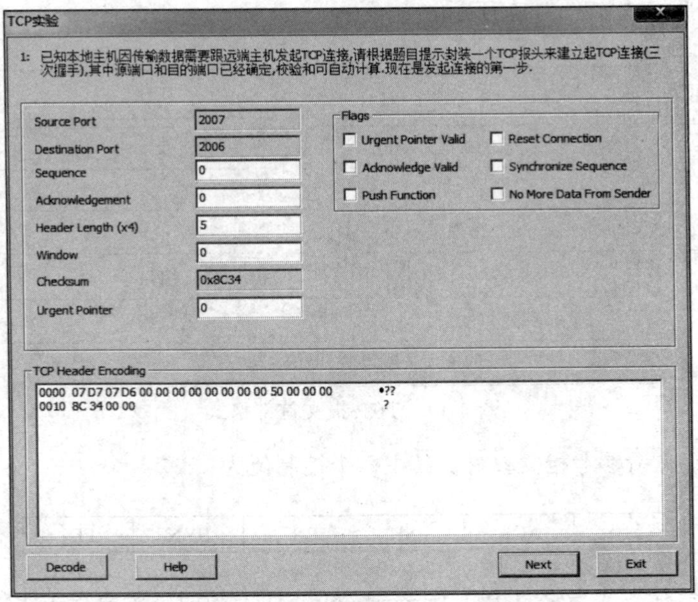

图 4-18　TCP 建立连接界面

图 4-18 显示的是建立连接第一步的界面，连接由实验主机一方发起，最上方的文字叙述了当前交互的情景，文字下方显示的是当前 TCP 报文段首部（不含选项）各个字段，分别以字段含义和十六进制显示出来。该界面中，源端口、目的端口和校验和是无法更改的，其他字段则需要读者根据情景进行相应设置和勾选，以完成 TCP 发送 SYN 报文段的构造。设置完毕后点击 Next 按钮，进入下一步，如图 4-19 所示。

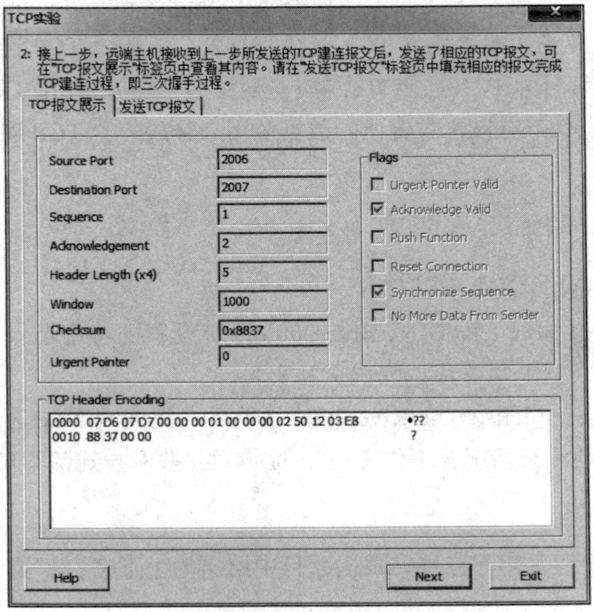

图 4-19　TCP 建立连接第二步

图 4-19 显示的是建立连接第二步界面，有 2 个选项卡：

① TCP 报文段展示：显示由远程主机发送过来的报文，只用于查看，不能编辑。

②发送 TCP 报文：根据接收报文，构造第三次握手 TCP 发送报文，以完成 TCP 的建立过程，如图 4-20 所示。在此选项卡中填充必要的字段，以完成三次握手建立连接。

2）实现 TCP 主动释放连接。根据题目中给出的上下文，释放在上一步建立起来的 TCP 连接。

在建立连接的基础上，假定数据传输已经完毕，由实验主机一方主动发起释放连接的请求。如图 4-21 所示，该图显示的是释放连接第一步的界面，通过设置字段和标志位，点击 Next 按钮，进入后续交互界面，直到连接被释放完毕。由于释放连接和建立连接的界面基本一致，此处不再赘述。

需要说明的是，在连接的建立和释放过程中，NetRiver2000 客户端软件模拟其中一方，与测试服务器模拟的远程主机进行交互。由于建立和释放连接具有前后时序关系，所以如果在实验过程中有一步出错就会直接显示最终实验结果错误，而不会在错误的基础上继续进行下一步，所以出错后需要重新进行本实验。

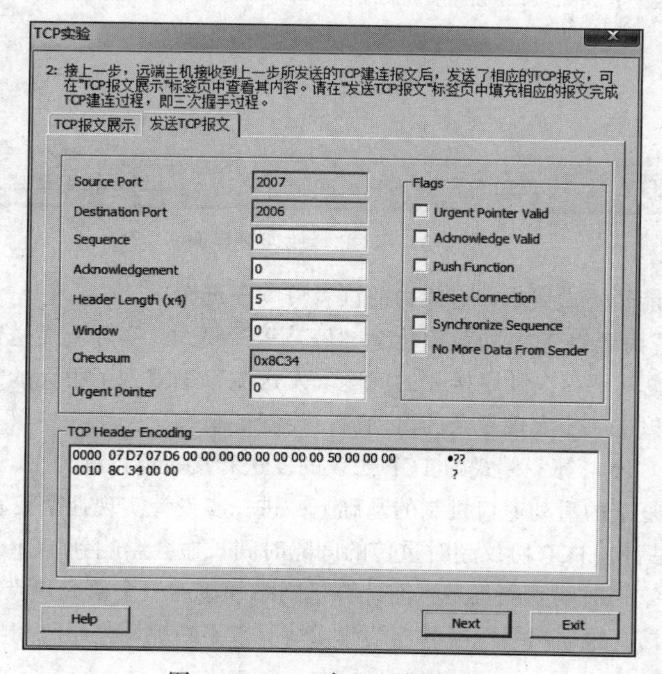

图 4-20　TCP 建立连接第三步

3. 编程实验

TCP 协议非常复杂，不可能在一个实验中完成所有的内容。出于工作量和实现复杂度的考虑，本实验对 TCP 协议进行适当的简化，只实现客户端角色的“停 – 等”模式的 TCP 协议，能够正确的建立和释放连接、接收和发送 TCP 报文，并向应用层提供客户端需要的 Socket 函数。

（1）实验要求

1）了解 TCP 协议的主要内容，并针对客户端角色的“停 – 等”模式的 TCP 协议，完成对接收和发送流程的设计。

2）实现 TCP 报文的接收流程，重点是报文接收的有限状态机。

3）实现 TCP 报文的发送流程，完成 TCP 报文的封装处理。

4）实现客户端 Socket 函数接口。

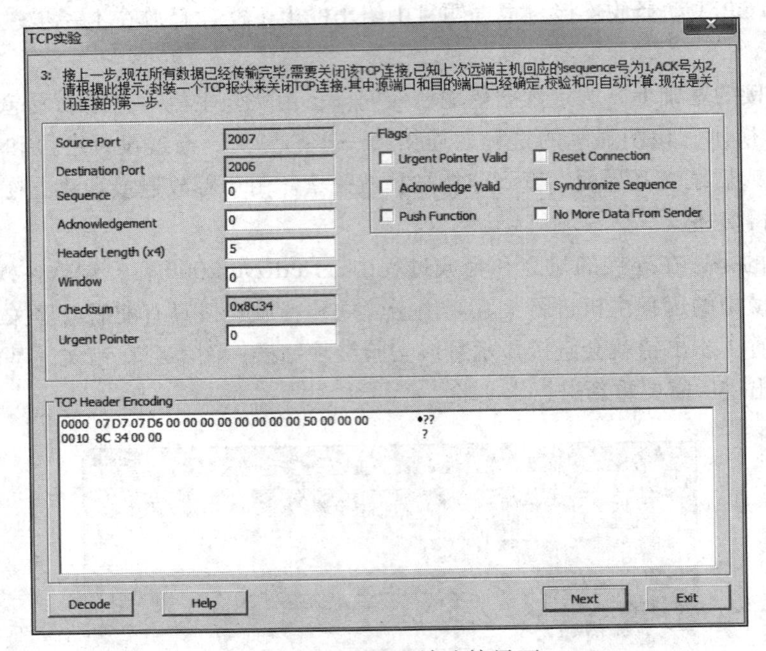

图 4-21 TCP 释放连接界面

注意，以下功能暂不做要求，有能力的读者可顺序选做。

1）滑动窗口。由于将 TCP 协议简化为“停 – 等”模式，实际上发送窗口和接收窗口的大小都为 1，因此也就不存在乱序接收的问题。发送流程也得到了很大的简化，不再需要复杂的状态控制。可以进一步实现复杂的滑动窗口控制机制。

2）拥塞控制。“停 – 等”模式的 TCP 协议的发送和接收窗口都为 1，不存在拥塞控制的问题。可以在实现复杂的滑动窗口机制的基础上，进一步设计实现拥塞控制算法。

3）往返时延估计。TCP 协议超时重传的间隔时间长短会影响到 TCP 协议甚至整个网络的性能，如何确定重传时间间隔也是当前计算机网络领域的一个研究热点。现在主要采用一种动态自适应的算法，根据网络性能的连续测量情况来不断地调整超时间隔。

（2）实验内容

1）设计保存 TCP 连接相关信息的数据结构（一般称为 TCB，即 Transmission Control Block）。

2）TCP 协议的接收处理。读者需要实现 stud_tcp_input() 函数，完成检查校验和、字节序转换功能（对首部中的选项不做处理），重点实现客户端角色的 TCP 报文接收的有限状态机。不采用捎带确认机制，收到数据后马上回复确认，以满足“停 – 等”模式的需求。

3）TCP 协议的封装发送。读者需要实现 stud_tcp_output() 函数，完成简单的 TCP 协议的封装发送功能。为保证可靠传输，要在收到对上一个报文的确认后才能够继续发送。

4）TCP 协议提供的 Socket 函数接口。读者需要实现与客户端角色的 TCP 协议相关的 5 个 Socket 接口函数，即 stud_tcp_socket()、stud_tcp_connect()、stud_tcp_recv()、stud_tcp_send() 和 stud_tcp_close()，将接口函数实现的内容与发送和接收流程有机地结合起来。

以上 7 个函数均是需要在实验中完成实现的，其函数及具体参数说明见下文。

实验内容 1）、2）和 3）完成后，其正确性用测试例 1（针对分组交互的测试）来验证；实验内容 4）的正确性用测试例 2（socket API 测试）来验证。

（3）函数接口及变量说明

下面介绍需要读者自行实现的接口函数。

1）TCP 段接收函数：

```
int stud_tcp_input( char *pBuff, unsigned short len, unsigned int srcAddr,
unsigned int dstAddr)
```

参数说明如下：

- char *pBuff：指向接收缓冲区的指针，从 TCP 首部开始。
- unsigned short len：缓冲区数据长度。
- unsigned int srcAddr：源 IP 地址。
- unsigned int dstAddr：目的 IP 地址。

返回值：如果成功则返回 0，否则返回 -1。

说明：所有接收到的 TCP 报文都将调用本函数将代码传递给客户端，客户端需要维护一个状态机，并根据状态机的变迁调用 stud_tcp_send() 向服务器发送对应的报文。如果出现异常，则需要调用 tcp_sendReport() 函数向服务器报告处理结果。

在该函数中，完成下列接收处理工作：

①检查校验和。关于 TCP 首部校验和算法请参考相关教材。

②字节序转换。

③检查序列号。如果序列号不正确，则调用 tcp_DiscardPkt()。

④将报文交由输入有限状态机处理。

⑤有限状态机对报文进行处理，转换状态。

⑥根据当前的状态并调用 stud_tcp_output() 函数完成 TCP 建立连接、数据传递时返回 ACK、TCP 释放连接等工作。

2）TCP 段发送函数：

```
void stud_tcp_output(char *pData, unsigned short len, unsigned char flag, unsigned
short srcPort, unsigned short dstPort, unsigned int srcAddr, unsigned int dstAddr)
```

参数说明如下：

- char *pData：数据指针。
- unsigned short len：数据长度。
- unsigned char flag：分组类型。
- unsigned short srcPort：源端口。
- unsigned short dstPort：目的端口。
- unsigned int srcAddr：源 IP 地址。

- unsigned int dstAddr：目的 IP 地址。

其中，分组类型 flag 有以下可能的取值：

```
PACKET_TYPE_DATA          //数据
PACKET_TYPE_SYN           //SYN 标志位开
PACKET_TYPE_SYN_ACK       //SYN、ACK 标志位开
PACKET_TYPE_ACK           //ACK 标志位
PACKET_TYPE_FIN           //FIN 标志位开
PACKET_TYPE_FIN_ACK       //FIN、ACK 标志位开
```

返回值：无。

说明：读者需要在此函数中自行申请一定的空间，并封装 TCP 首部和相关的数据，此函数可以由接收函数调用，也可以直接由解析器调用，此函数中将调用 tcp_sendIpPkt() 完成分组发送。在该函数中，主要实现以下要点：

①判断需要发送的报文类型，并针对特定类型做相应的处理。

②判断是否可以发送（发送窗口不为 0）。

③构造 TCP 数据报文并发送。

④填写 TCP 报文各字段的内容和数据，转换字节序，计算校验和，然后调用发送流程的下层接口函数 sendIpPkt() 发送。

3）获得 socket 描述符：

```
int stud_tcp_socket(int domain, int type, int protocol)
```

参数说明如下：

- int domain：套接字标识符，默认为 INET。
- int type：类型，默认为 SOCK_STREAM。
- int protocol：协议，默认为 IPPROTO_TCP。

返回值：如果正确建立连接则返回在系统调用中可能用到的 socket 值，否则返回 -1。

说明：在该函数中，主要实现以下要点：

①在此函数中要先创建新的 TCB 结构，并对成员变量进行初始化。

②为每个 TCB 结构分配唯一的套接字描述符。

4）TCP 建立连接函数：

```
int stud_tcp_connect(int sockfd, struct sockaddr_in* addr, int addrlen)
```

参数说明如下：

- int sockfd：套接字标识符。
- struct sockaddr_in* addr：socket 地址结构指针。
- int addrlen socket：地址结构的大小。

返回值：如果正确发送则返回 0，否则返回 -1。

说明：在本函数中要求发送 SYN 报文，并调用 waitIpPacket() 函数获得 SYN_ACK 报文，并发送 ACK 报文，直至建立 TCP 连接。

在该函数中，主要实现以下要点：

①设定目的 IPv4 地址和端口、源 IPv4 地址和端口。

②初始化 TCB 结构中的相关变量。

③设定 TCB 中的输入状态为 SYN-SENT，并设定其他相关变量，准备发送 SYN 报文。

④调用发送流程的下层接口函数 stud_tcp_output() 发送 SYN 报文（发送类型为 PACKET_TYPE_SYN）。

⑤等待“三次握手”完成后返回，建立连接成功，或者出错返回。

5）TCP 报文发送函数：

```
int stud_tcp_send(int sockfd, const unsigned char* pData, unsigned short datalen, int flags)
```

参数说明如下：

- int sockfd：套接字标识符。
- const unsigned char* pData：数据缓冲区指针。
- unsigned short datalen：数据长度。
- int flags：标志。

返回值：如果正确接收则返回 0，否则返回 -1。

说明：本函数向服务器发送数据“ this is a tcp test”，在本函数内要调用 waitIpPacket() 函数获得 ACK。

在该函数中，主要实现以下要点：

①判断是否处于 ESTABLISHED 状态。

②将应用层协议的数据拷贝到 TCB 的输入缓冲区。

③调用 stud_tcp_output() 发送 TCP 的数据报文（发送类型为 PACKET_TYPE_DATA）。

6）TCP 报文接收函数：

```
int stud_tcp_recv(int sockfd, const unsigned char* pData, unsigned short datalen, int flags)
```

参数说明如下：

- int sockfd：套接字标识。
- const uint8* pData：数据缓冲区指针。
- uint16 dataLen：数据长度。
- int flags：标志。

返回值：如果正确接收则返回 0，否则返回 -1。

说明：本函数接收从服务器发送的数据，并调用 sendIpPkt() 函数发送 ACK。

在该函数中，主要实现以下要点：

①判断是否处于 ESTABLISHED 状态。

②从 TCB 的输入缓冲区读出数据。

③将数据交给应用层协议。

7）TCP 关闭连接函数：

```
int stud_tcp_close( int sockfd )
```

参数说明如下：

- int sockfd：连接描述符。

返回值：如果正常关闭则返回 0，否则返回 -1。

说明：在本函数中要求发送 FIN 报文，并调用 waitIpPacket() 函数获得 FIN_ACK，并发送 ACK 报文，直至关闭 TCP 连接。

在该函数中，主要实现以下要点：

①在正常情况下（ESTABLISHED 状态），进行相应状态转换；非正常情况下（SYN-SENT 状态），直接删除 TCB 结构后退出。

②调用发送流程下层接口函数 stud_tcp_output() 发送 FIN 报文（发送类型为 PACKET_TYPE_FIN）。

③等待回应的 ACK 报文，收到后成功返回，或者出错返回。

除了以上的函数以外，读者可根据需要自行编写一些实验需要的函数和数据结构。

系统提供的函数如下：

1）TCP 丢弃报文函数：

```
void tcp_DiscardPkt(char * pBuffer, int type);
```

参数说明如下：

- char * pBuffer：指向被丢弃的报文。
- int type：报文丢弃的原因，有以下三种可能：

```
STUD_TCP_TEST_SEQNO_ERROR                    // 序列号错误
STUD_TCP_TEST_SRCPORT_ERROR                  // 源端口错误
STUD_TCP_TEST_DSTPORT_ERROR                  // 目的端口错误
```

返回值：无。

2）IP 报文发送函数：

```
void tcp_sendIpPkt(unsigned char* pData, uint16 len, unsigned int srcAddr,
unsigned int dstAddr, uint8 ttl)
```

参数说明如下：

- pData：IP 上层协议数据。
- len：IP 上层协议数据长度。
- srcAddr：源 IP 地址。
- dstAddr：目的 IP 地址。
- ttl：最大跳数。

返回值：无。

3）IP 数据报文主动接收函数：

```
int waitIpPacket(char *pBuffer, int timeout)
```

参数说明如下：

- char *pBuffer：接收缓冲区的指针。
- int timeout：等待时间。

返回值：如果正确接收，则返回接收到的数据长度，否则返回 -1。

说明：本函数用于从代码中主动接收 IP 分组，如果在设定时间内正确接收到分组，则将该分组内容复制到 pBuffer 中，否则返回 -1。

4）客户端获得本机 IPv4 地址：

```
UINT32 getIpv4Address( )
```

5）客户端获得服务器 IPv4 地址：

```
UINT32 getServerIpv4Address( )
```

本实验提供的全局变量定义如下：

```
int gSrcPort = 2005;        // 源端口号
int gDstPort = 2006;        // 目的端口号
int gSeqNum = 123;          // TCP 序号
int gAckNum = 0;            // TCP 确认号
```

这些变量的取值可以由读者自行定义，需要说明的是，TCP 序号不能从 0 开始定义，否则系统在调用时会报错。

思考题目

1. TCP 协议中采用什么机制来保证建立连接和释放连接的可靠性。
2. TCP 校验和算法与 IPv4 首部校验和算法在实现上有何异同。

4.7　实现 FTP 协议

实验目的

本节要求利用 Socket 接口设计并实现一个简单的 FTP 客户端和服务器程序，进一步理解 FTP 协议原理和通信机制，并初步掌握利用 Socket 进行简单的网络应用程序设计和开发方法。

实验要点

FTP 协议主要用于因特网上控制文件的双向传输。用户可以通过该协议将自己的 PC 与所有运行 FTP 协议的服务器相连，访问服务器上的大量程序和信息。FTP 的主要作用是让用户连接一个远程计算机（这些计算机上运行着 FTP 服务器程序），查看远程计算机有哪些文件，然后把文件从远程计算机拷贝到本地计算机，或把本地计算机的文件发送到远程计算机。

FTP 协议基于客户 / 服务器工作模式。用户通过客户端程序连接至远程计算机上运行的服务器程序。通常 Windows 自带 ftp 命令，这是一个命令行的 FTP 客户端程序，另外常用的 FTP 客户端程序还有 CuteFTP、Ws_FTP、Flashfxp、LeapFTP 等。

FTP 协议中，控制连接的各种指令均由客户端主动发起，而数据连接支持两种工作模式，一种是主动方式（PORT 方式），一种是被动方式（PASV 方式）。主动模式下，FTP 客户端发送 PORT 命令到 FTP 服务器；被动模式下，FTP 客户端发送 PASV 命令到 FTP 服务器。

主动模式下，FTP 客户端首先和 FTP 服务器的 21 号端口建立连接，通过这个通道发送命令，客户端需要接收数据的时候在这个通道上发送 PORT 命令。PORT 命令包含了客户端用什么端口接收数据的信息。在传送数据的时候，服务器端通过自己的 20 号端口连接至客户端的指定端口发送数据。在传输数据的时候，FTP 服务器必须和客户端建立一个新的连接。

被动模式下，建立控制通道的过程和主动模式类似，但建立连接后发送的不是 PORT 命令，而是 PASV 命令。FTP 服务器收到 PASV 命令后，随机打开一个临时端口（也叫自由端口，端口号大于 1023，但小于 65535），并且通知客户端在这个端口上传送数据。客户端连接 FTP 服务器上的此端口，之后 FTP 服务器便可通过这个端口进行数据传送。此时，FTP 服务器不需要再建立一个新的和客户端之间的连接。

有关更多的 FTP 协议规范及命令可参考 RFC959。

实验内容

1. 实验要求

本实验可在 Windows 或 Linux 操作系统下完成，要求读者具备基本的 Socket 编程能力，可采用控制台或图形用户界面两种方式完成。

2. 实验流程

本实验要求实现一个简单的 FTP 客户端和服务器程序，程序应实现以下功能：

1）FTP 客户端和 FTP 服务器建立 Socket 连接。

2）FTP 客户端向服务器发送 USER、PASS 命令登录 FTP 服务器。

3）FTP 客户端能够使用主动和被动两种方式连接 FTP 服务器，建立数据连接。

4）执行 FTP 基本操作，实现单线命令下载 / 上传单个文件、列出目录等。

5）FTP 客户端在下载完毕后断开数据连接并发送 QUIT 命令退出。

从 FTP 协议的实现角度来看，客户端和服务器的命令通道和数据通道需要分离，同时还应该支持以下 FTP 命令：

- get：从远程机传送指定文件到本地机。
- put：从本地机传送指定文件到远程机。
- pwd：显示远程机当前工作目录。
- dir：列出远程机当前工作目录。
- cd：改变远程机当前工作目录。
- ?：显示本地帮助信息。
- quit：断开与远程机的连接并退出 ftp。

思考题目

1. 如果网络连接突然中断，怎么处理断点续传？

2. 如果要禁止某个或者某一段 IP 地址客户端访问 FTP 服务器，应该如何设计并实现呢？（提示：某一段 IP 地址和子网掩码有关）

3. 比较主动和被动两种方式在编程实现上的差异，思考为什么要设计这两种方式？

第 5 章　网络编程基础

在信息化高速发展的今天，网络应用层出不穷，技术日新月异。越来越多的应用运行在网络环境下，这就要求程序员能够在广泛普及的 Windows 操作系统上开发网络应用程序。本章着眼于提高读者的网络实践能力，加强基本网络编程技能的训练，介绍网络编程的基础知识，分析网络应用程序实现与套接字实现和协议实现之间的关联，并通过三个范例实验，引领读者初步掌握 Windows 操作系统中网络编程的基本方法，了解网络数据处理的原理和技术，为将来进一步学习网络编程相关技术、从事网络技术研究、网络应用程序开发和网络管理打下基础。

5.1　网络编程基础知识

5.1.1　什么是 Socket

为了方便网络编程，20 世纪 90 年代初，Microsoft 联合几家公司共同制定了一套 Windows 下的网络编程接口，即 Windows Socket（简写为 WinSock）规范。它不是一种网络协议，而是一套开放的、支持多种协议的 Windows 下的网络编程接口，定义了如何使用 API 与因特网协议族（IPS，通常我们指的是 TCP/IP）连接。尤其要指出的是，所有的 Windows Socket 实现都支持流套接口和数据报套接口。

应用程序调用 Windows Socket 的 API 实现相互之间的通信。Windows Socket 又利用下层的网络通信协议功能和操作系统调用实现实际的通信工作。它们之间的关系如图 5-1 所示。

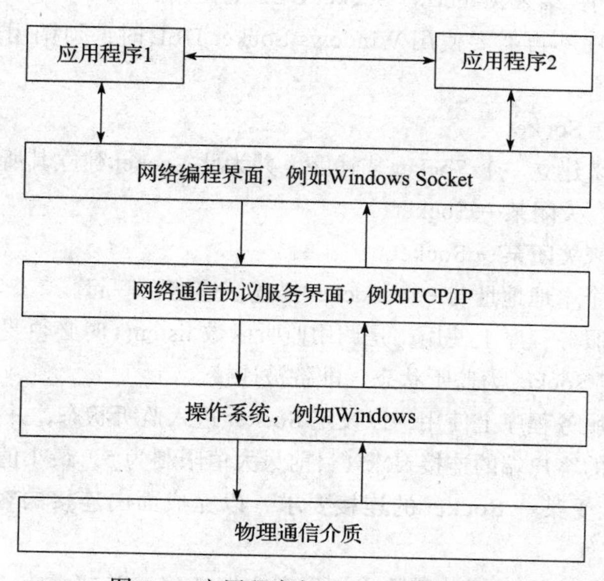

图 5-1　应用程序与 Winsock 时序图

Socket 实质上是在计算机中提供了一个通信端口，通过这个端口可以与任何一个具有 Socket 接口的计算机通信。应用程序在网络上传输、接收信息时都通过这个 Socket 接口来实现。Socket 类似于应用程序中的文件句柄，可以对 Socket 句柄进行读、写操作。

5.1.2 使用 Windows Socket 编程

WinSock API 是一套供 Microsoft Windows 操作系统使用的套接字程序库，它最初基于 Berkeley 套接字，Microsoft 加入了一些特殊改动。能够用于 WinSock 开发的编程语言很多，以 VC 最为常用，且 VC 与 Winsock 的结合最为紧密。VC 对原来的 Windows Socket 库函数进行了一系列的封装，如 CAsynSocket、CSocket、CSocketFile 等类，使得开发变得更为容易。为了加深对 Winsock 的理解，本章中的说明和实验程序都基于基本的 API 函数。

在 VC 环境下进行 WinSock 的 API 编程开发的时候，需要在项目中使用下面三个文件，否则会出现编译错误。

① WINSOCK.H：这是 WinSock API 的头文件，需要包含在项目中。

② WSOCK32.LIB ：WinSock API 连接库文件，在使用中，一定要把它作为项目的非默认的连接库包含到项目文件中去。

③ WINSOCK.DLL：WinSock 的动态连接库，位于 Windows 的安装目录下。

5.1.3 WinSock API 主要函数介绍

WinSock API 包括很多函数，本章只说明主要函数，具体规则、说明请参见 VC 帮助和 WinSock 规范。

1）WSAStartup()：连接应用程序与 Windows Socket DLL 的第一个函数。

说明：此函数是应用程序调用 Windows Socket DLL 函数中的第一个函数，唯有此函数呼叫成功后，才可以再调用其他 Windows Socket DLL 的函数。

2）WSACleanup()：结束 Windows Socket DLL 的使用。

说明：当应用程序不再需要使用 Windows Socket DLL 时，须调用此函数来注销使用，以便释放其占用的资源。

3）socket()：建立 Socket。

说明：此函数用来建立一个 Socket 描述字，并为此 Socket 建立其所使用的资源。

4）closesocket()：关闭某一 Socket。

说明：此函数用来关闭某一 Socket。

5）bind()：将一个本地地址与一个 Socket 描述字连接在一起。

说明：此函数在服务程序上使用，是调用监听函数 listen() 时必须要使用的函数。

6）listen()：设定 Socket 为监听状态，准备被连接。

说明：此函数在服务程序上使用，以设定 Socket 进入监听状态，并设定最多可有多少个在未真正完成连接前的客户端的连接要求（目前最大值限制为 5，最小值为 1）。

7）accept() ：接受某一 Socket 的连接要求，以完成面向连接的客户端 Socket 的连接请求。

说明：服务端应用程序调用此函数来接受客户端 Socket 连接请求，accept() 函数的返回值为一新的 Socket，新 Socket 用来在服务端和客户端之间进行信息的传递或接收，而原来的 Socket 仍然可以接收其他客户端的连接要求。

8）connect()：要求连接某一 Socket 到指定的网络的服务端。

说明：此函数用在客户端，用来向服务端要求建立连接。当连接建立完成后，客户端即可利用此 Socket 来与服务端进行信息传递。

9）recv()：从面向连接的 Socket 接收信息。

说明：此函数用来从面向连接的 Socket 接收信息。

10）send()：使用面向连接的 Socket 发送信息。

说明：此函数用来从面向连接的 Socket 发送信息。

5.1.4　Socket 编程原理

目前，常用的套接口有流式套接口和数据报套接口。流式套接口定义了一种可靠的面向连接的服务，实现了无差错、无重复的顺序数据传输；数据报套接口定义了一种无连接的服务，数据通过相互独立的报文进行传输，是无序的，并且不保证可靠，也不保证无差错。

面向连接的流式套接口工作过程如下：服务器首先启动，通过调用 socket() 建立一个套接口，然后调用 bind() 将该套接口和本地网络地址联系在一起，再调用 listen() 使套接口做好侦听的准备，并规定它的请求队列的长度，之后就调用 accept() 来接收连接。客户在建立套接口后就可调用 connect() 和服务器建立连接。连接一旦建立，客户机和服务器之间就可以通过调用 read() 和 write() 来发送和接收数据。最后，待数据传送结束后，双方调用 close() 关闭套接口。其应用程序时序图可以用图 5-2 表示。

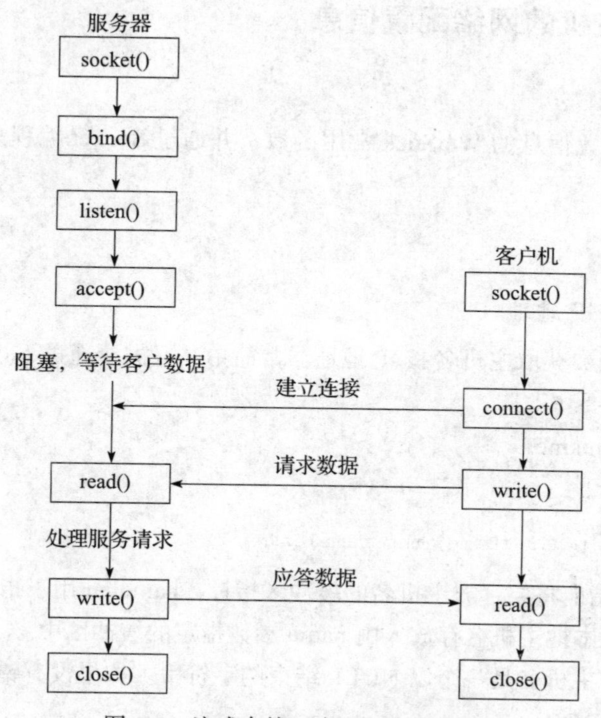

图 5-2　流式套接口应用程序时序图

数据报套接口应用程序一般是面向事务处理的，通过一个请求和一个应答就可以完成客户程序与服务程序之间的相互作用。若使用无连接的数据报套接口编程，应用程序时序图可以用图 5-3 表示。

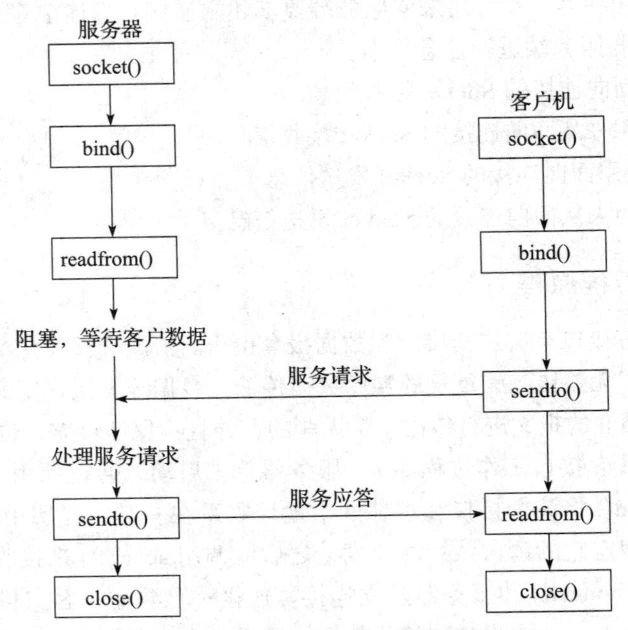

图 5-3 数据报套接口应用程序时序图

5.2 获取本地主机的网络配置信息

实验目的

获取主机网络配置信息的 WinSock 常用函数，并通过 Socket 编程来获取主机网络配置信息。

实验要点

1. 获取主机名和 IP 地址

利用 WinSock 函数获取主机名和 IP 地址非常简单，只需要通过下述两个函数即可完成，但这两个函数非常重要。

（1）函数 gethostname

该函数的格式如下：

```
int gethostname(char *name, int namelen);
```

参数：name 是指向将要存放主机名的缓冲区指针，namelen 用于指定缓冲区的长度。

功能：该函数把本地主机名存放入由 name 参数指定的缓冲区中。

返回值：返回的主机名是一个以 NULL 结束的字符串。如果没有错误发生，返回 0；否则返回 SOCKET_ERROR。

(2)函数 gethostbyname

该函数的格式如下:

```
struct hostent* gethostbyname(const char* addr)
```

参数:name 指向主机名的指针,它一般由函数 gethostname 返回。

功能:通过主机名获取主机信息。

返回值:成功则返回对应于给定主机名的包含主机名字和地址信息的 hostent 结构指针;否则返回 NULL 指针。

2. 获取域名、子网掩码、网卡类型等网卡配置信息

通过对注册表进行编程可以配置网卡信息(如主机名、IP 地址、DNS 序列、默认网关等)。注册表是 Windows 内部的一个巨大的树状分层的数据库,记录了用户安装在机器上的软件和每个程序的相互关联关系。

Windows 操作系统提供了一系列操作注册表的 API 函数:

- RegOpenKeyEx 函数:用于打开指定的键或子键,其返回值用于进一步访问。
- RegCloseKey 函数:关闭指定的注册表键,释放句柄。
- RegCreateKeyEx 函数:打开一个注册表键,若该键不存在,则该函数创建这个键。
- RegDeleteKey 函数:删除注册表中的一个键值。
- RegQueryValueEx 函数:用于获取指定键的数据和类型。

操作系统的版本不同,注册表中保存网卡信息的相应键的位置也不同。在 WindowsNT 以上版本的操作系统中,获取相关信息的步骤如下。

1)调用 RegOpenKeyEx 函数打开根键 HKEY_LOCAL_MACHINE 下的"System\\CurrentControlSet\\Services\\Tcpip\\Parameters"子键。

2)分别调用 RegQueryValueEx 函数获取该子键下的"Domain""HostName""EnableICMPRedirect"等数据和类型。

3)关闭相应的键句柄。

4)调用 RegOpenKeyEx 函数打开根键 HKEY_LOCAL_MACHINE 下的"System\\CurrentControlSet\\Services\\Tcpip\\Parameters\\Interfaces\\网卡名称"。

5)分别调用 RegQueryValueEx 函数获取该子键下的"IPAddress""NameServer""SubnetMask""DefaultGateway"等数据和类型。

6)关闭相应的键句柄。

3. 获取网卡的 MAC 地址

获取网卡的 MAC 地址有多种方法,其中 NetBIOS 是一个易于获取网卡信息的网络编程接口。用于 NetBIOS 编程的所有函数声明、常数等均在头文件 Nb30.h 中定义,进行 NetBIOS 应用时,需要加载 Netapi32.lib 库。

NetBIOS API 只有一个函数:UCHAR Netbios(PNCB,pNCB)。该函数中的 pNCB 参数指向某个网络控制块(NCB),NCB 是个重要的结构,其中包含执行一个 NetBIOS 命令时需要用到的全部信息。5.2.3 节中的实例完整地展现了利用该函数获取网卡 MAC 地址的全过程。

实验内容

综合实例源程序清单如下：

```
#include <stdio.h>
#include <stdlib.h>
#include <iostream.h>
#include <winsock2.h>
#include <tchar.h>
#include "nb30.h"
#include "GetBaseInfo.h"
#pragma comment(lib,"ws2_32.lib")
#pragma pack(1)
//定义两个存放返回网卡信息的变量
typedef struct _ASTAT_
{
    ADAPTER_STATUS adapt;
    NAME_BUFFER    NameBuff [30];
}ASTAT, * PASTAT;
//操作系统类型
enum Win32Type{
    Unknow,
    Win32s,
    Windows9X,
    WinNT3,
    WinNT4orHigher
};
#pragma pack()
//内部函数
void GetOneMac(int AdapterIndex);
void GetSystemSetting();
Win32Type GetSystemType();
void GetSettingOfWin9X();
void GetSettingOfWinNT();
//格式转换函数
void ProcessMultiString(LPTSTR lpszString, DWORD dwSize);
//主函数
void main()
{
    WSADATA wsaData;
    WORD wVersionRequested = MAKEWORD(2,2);
    int nRet;
    //初始化并创建socket
    nRet = WSAStartup(wVersionRequested, &wsaData);
    if (nRet)
    {
        cout<< endl << "Winsock调用失败！" << endl;
        return;
    }
    cout<<"欢迎使用主机基本配置信息获取程序。"<<endl<<"本程序的部分函数及参考资料均来
自于互联网，本人不对使用后果负任何责任。"<<endl;
    cout<<"**********************************************************************
******
*****"<<endl;
    cout<<"主机名和IP地址信息："<<endl;
    //获取主机名
```

```
    char szhostname[128];
    memset(szhostname,0,128);
    if (gethostname(szhostname,128)==0)
    {
        cout<<"  主机名为:"<<szhostname<<endl;
        //获得主机 IP 地址
        struct hostent *phost;
        phost = gethostbyname(szhostname);
        int i;
        for( i=0; phost!=NULL && phost->h_addr_list[i]!=NULL; i++ )
        {
            LPCSTR psz=inet_ntoa (*(struct in_addr *)phost->h_addr_list[i]);
            cout<<"  主机 IP 地址为: "<<psz<<endl;
        }
    }
    //获取网卡 MAC 地址信息
    NCB Ncb;
    UCHAR uRetCode;
    LANA_ENUM lenum;
    int i = 0;
    memset(&Ncb, 0, sizeof(Ncb));
    Ncb.ncb_command = NCBENUM;
    Ncb.ncb_buffer = (UCHAR *)&lenum;
    Ncb.ncb_length = sizeof(lenum);
    //向网卡发送 NCBENUM 命令，以获取当前机器的网卡信息，如有多少个网卡、每张网卡的编号等
    uRetCode = Netbios( &Ncb );
    //获得所有网卡信息
    for(i=0; i < lenum.length ;i++)
    {
        GetOneMac(lenum.lana[i]);
    }
    //获取其他配置信息
    GetSystemSetting();
    cout<<"***********************************************************************
*******
    *****"<<endl;
    //释放 winsock
    WSACleanup();
}
//获得指定网卡序号的 MAC 地址
void GetOneMac(int AdapterIndex)
{
    cout<<" 主机 MAC 信息: "<<endl;
    NCB ncb;
    UCHAR uRetCode;
    ASTAT Adapter;
    memset( &ncb, 0, sizeof(ncb) );
    ncb.ncb_command = NCBRESET;
    ncb.ncb_lana_num = AdapterIndex;    //指定网卡号
    //首先对选定的网卡发送一个 NCBRESET 命令，以便进行初始化
    uRetCode = Netbios( &ncb );
    memset( &ncb, 0, sizeof(ncb) );
    ncb.ncb_command = NCBASTAT;
    ncb.ncb_lana_num = AdapterIndex;       //指定网卡号
    strcpy( (char *)ncb.ncb_callname,"*" );
```

```
    //指定返回的信息存放的变量
    ncb.ncb_buffer = (unsigned char *) &Adapter;
    ncb.ncb_length = sizeof(Adapter);
    //发送 NCBASTAT 命令以获取网卡的信息
    uRetCode = Netbios( &ncb );
    if ( uRetCode == 0 )
    {
        //把网卡 MAC 地址格式化成常用的十六进制形式，如 00-10-A4E4-58-02
        cout<<"  当前网卡序号为："; 
        char cNum[4];
        memset(cNum,0,4);
        sprintf(cNum,"%d",AdapterIndex);
        cout<<cNum<<endl;
        cout<<"  MAC 地址为：";
        char cTemp[10];
        memset(cTemp,0,10);
        sprintf(cTemp,"%02X",Adapter.adapt.adapter_address[0]);
        cout<<cTemp<<"-";
        sprintf(cTemp,"%02X",Adapter.adapt.adapter_address[1]);
        cout<<cTemp<<"-";
        sprintf(cTemp,"%02X",Adapter.adapt.adapter_address[2]);
        cout<<cTemp<<"-";
        sprintf(cTemp,"%02X",Adapter.adapt.adapter_address[3]);
        cout<<cTemp<<"-";
        sprintf(cTemp,"%02X",Adapter.adapt.adapter_address[4]);
        cout<<cTemp<<endl;
    }
}
Win32Type GetSystemType()
{
    Win32Type  SystemType;
    DWORD winVer;
    OSVERSIONINFO *osvi;
    winVer = GetVersion();
    if(winVer < 0x80000000)
    {
        /*NT */
        SystemType = WinNT3;
        osvi = (OSVERSIONINFO *)malloc(sizeof(OSVERSIONINFO));
        if (osvi != NULL)
        {
            memset(osvi,0,sizeof(OSVERSIONINFO));
            osvi->dwOSVersionInfoSize = sizeof(OSVERSIONINFO);
            GetVersionEx(osvi);
            if (osvi->dwMajorVersion >= 4L)
                SystemType = WinNT4orHigher;//yup, it is NT 4 or higher!
            free(osvi);
        }
    }
    else if  (LOBYTE(LOWORD(winVer)) < 4)
        SystemType=Win32s;/*Win32s*/
    else
        SystemType=Windows9X;/*Windows9X*/
    return SystemType;
}
void GetSystemSetting()
```

```
{
    Win32Type m_SystemType = GetSystemType();

    if (m_SystemType == Windows9X)
        GetSettingOfWin9X();
    else if(m_SystemType == WinNT4orHigher)
        GetSettingOfWinNT();
    else// 不支持老旧的操作系统
        cout<<" 不支持的操作系统版本 "<<endl;
}
void GetSettingOfWin9X()
{
    cout<<" 主机网络配置信息: "<<endl;
    LONG    lRet;
    HKEY    hMainKey;
    CHAR    szNameServer[256];
    CHAR    chDomain[16];// 域名
    int    iEnableDNS;// 是否允许 DNS 解析，0- 不允许，1- 允许，2- 未知
    // 得到域名、网关和 DNS 的设置
    lRet = ::RegOpenKeyEx(HKEY_LOCAL_MACHINE,_T("System\\CurrentControlSet\\Services\\
VxD\\MSTCP"),
    0,KEY_READ,&hMainKey);
    if(lRet == ERROR_SUCCESS)
    {
        DWORD dwType,dwDataSize = 256;
        ::RegQueryValueEx(hMainKey,_T("Domain"),NULL,&dwType,(LPBYTE)chDomain,
&dwDataSize);
        ProcessMultiString(chDomain,dwDataSize);
        cout<<"  主机域名为: "<<chDomain<<endl;
        dwDataSize = 256;
        ::RegQueryValueEx(hMainKey,_T("EnableDNS"),NULL,&dwType,(LPBYTE)&iEnab
leDNS,&dwDataSize);
        dwDataSize = 256;
        ::RegQueryValueEx(hMainKey,_T("NameServer"),NULL,&dwType,(LPBYTE)szNameServer,
&dwDataSize);
        ProcessMultiString(szNameServer,dwDataSize);
        cout<<"  DNS 服务器为: "<<chDomain<<endl;
    }
    ::RegCloseKey(hMainKey);

    HKEY hNetCard = NULL;
    lRet = ::RegOpenKeyEx(HKEY_LOCAL_MACHINE,_T("System\\CurrentControlSet\\Services\\
Class\\Net"),0,KEY_READ,&hNetCard);
    if(lRet != ERROR_SUCCESS)// 此处失败就返回
    {
        if(hNetCard != NULL)
            ::RegCloseKey(hNetCard);
        cout<<" 注册表打开失败 "<<endl;
    }
    DWORD dwSubKeyNum = 0,dwSubKeyLen = 256;
    char szDescription[256];
    CHAR szGateWay[128];
    CHAR szIpAddress[128];
    CHAR szIpMask[128];
    // 得到子键的个数，通常与网卡个数相等
    lRet = ::RegQueryInfoKey(hNetCard,NULL,NULL,NULL,&dwSubKeyNum,&dwSubKeyLen,
```

```
            NULL,NULL,NULL,NULL,NULL,NULL);
        if(lRet == ERROR_SUCCESS)
        {
            LPTSTR lpszKeyName = new TCHAR[dwSubKeyLen + 1];
            DWORD dwSize;
            for(int i = 0; i <(int)dwSubKeyNum; i++)
            {
                TCHAR szNewKey[256];
                HKEY hNewKey;
                DWORD dwType = REG_SZ,dwDataSize = 256;
                dwSize = dwSubKeyLen + 1;
                lRet = ::RegEnumKeyEx(hNetCard,i,lpszKeyName,&dwSize,NULL,NULL,NULL,
NULL);
                if(lRet == ERROR_SUCCESS)
                {
                        lRet  =  ::RegOpenKeyEx(hNetCard,lpszKeyName,0,KEY_
READ,&hNewKey);
                    if(lRet == ERROR_SUCCESS)
                        ::RegQueryValueEx(hNewKey,_T("DriverDesc"),NULL,&dwType,(L
PBYTE)szDescription,&dwDataSize);
                    ::RegCloseKey(hNewKey);
                    wsprintf(szNewKey,_T("System\\CurrentControlSet\\Services\\Class\\
NetTrans\\%s"),lpszKeyName);
                    lRet = ::RegOpenKeyEx(HKEY_LOCAL_MACHINE,szNewKey,0,KEY_READ,&hNewKey);
                    if(lRet == ERROR_SUCCESS)
                    {
                        dwDataSize = 256;
                        ::RegQueryValueEx(hNewKey,_T("DefaultGateway"),NULL,&dwTyp
e,(LPBYTE)szGateWay,&dwDataSize);
                        ProcessMultiString(szGateWay,dwDataSize);
                        cout<<"  默认网关为: "<<szGateWay<<endl;
                        dwDataSize = 256;
                        ::RegQueryValueEx(hNewKey,_T("IPAddress"),NULL,&dwType,(LP
BYTE)szIpAddress,&dwDataSize);
                        ProcessMultiString(szIpAddress,dwDataSize);
                        cout<<"  IP 地址为: "<<szIpAddress<<endl;
                        dwDataSize = 256;
                        ::RegQueryValueEx(hNewKey,_T("IPMask"),NULL,&dwType,(LPBYT
E)szIpMask,&dwDataSize);
                        ProcessMultiString(szIpMask,dwDataSize);
                        cout<<"  对应的子网掩码为: "<<szIpMask<<endl;
                    }
                    ::RegCloseKey(hNewKey);
                }
            }
        }
        ::RegCloseKey(hNetCard);
    }
    void GetSettingOfWinNT()
    {
        cout<<"主机网络配置信息: "<<endl;
        LONG    lRtn;
        HKEY    hMainKey;
        TCHAR   szParameters[256];
        CHAR    chDomain[16];//域名
```

```
    int         iIPEnableRouter;//是否允许 IP 路由，0-不允许，1-允许，2-未知
    //获得域名和是否使用 IP 路由
    _tcscpy(szParameters,_T("SYSTEM\\ControlSet001\\Services\\Tcpip\\Parameters"));
    lRtn = ::RegOpenKeyEx(HKEY_LOCAL_MACHINE,szParameters,0,KEY_READ,&hMainKey);
    if(lRtn == ERROR_SUCCESS)
    {
        DWORD dwType,dwDataSize = 256;
    ::RegQueryValueEx(hMainKey,_T("Domain"),NULL,&dwType,(LPBYTE)chDomain,
&dwDataSize);
        cout<<"  主机域名信息为: ";
        if (chDomain[0]==NULL)
        {
            cout<<"空"<<endl;
        }
        else
            cout<<chDomain<<endl;
        dwDataSize = 256;
    ::RegQueryValueEx(hMainKey,_T("IPEnableRouter"),NULL,&dwType,(LPBYTE)&iIPE
nableRouter,&dwDataSize);
        cout<<"  启用 IP 路由: ";
        if (iIPEnableRouter==0)
        {
            cout<<"否"<<endl;
        }
        else
            cout<<"是"<<endl;
    }
    ::RegCloseKey(hMainKey);
    //获得 IP 地址和 DNS 解析等其他设置
    HKEY hNetCard = NULL;
    lRtn = ::RegOpenKeyEx(HKEY_LOCAL_MACHINE,_T("SOFTWARE\\Microsoft\\Windows NT\\
CurrentVersion\\NetworkCards"),0,KEY_READ,&hNetCard);
    if(lRtn != ERROR_SUCCESS)
    {
        if(hNetCard != NULL)
            ::RegCloseKey(hNetCard);
        cout<<"注册表打开失败"<<endl;
    }
    DWORD dwSubKeyNum = 0,dwSubKeyLen = 256;
    char szDescription[256];
    CHAR szGateWay[128];
    CHAR szIpAddress[128];
    CHAR szIpMask[128];
    CHAR szDNSNameServer[128];
    //得到网卡个数
    lRtn = ::RegQueryInfoKey(hNetCard,NULL,NULL,NULL,&dwSubKeyNum,&dwSubKeyLen,
        NULL,NULL,NULL,NULL,NULL,NULL);
    if(lRtn == ERROR_SUCCESS)
    {
        LPTSTR lpszKeyName = new TCHAR[dwSubKeyLen + 1];
        DWORD dwSize;
        for(int i = 0; i <(int)dwSubKeyNum; i++)
        {
            TCHAR szServiceName[256];
            HKEY hNewKey;
```

```
            DWORD dwType = REG_SZ,dwDataSize = 256;
            dwSize = dwSubKeyLen + 1;
            ::RegEnumKeyEx(hNetCard,i,lpszKeyName,&dwSize,NULL,NULL,NULL,NULL);
            lRtn = ::RegOpenKeyEx(hNetCard,lpszKeyName,0,KEY_READ,&hNewKey);
            if(lRtn == ERROR_SUCCESS)
            {
                lRtn = ::RegQueryValueEx(hNewKey,_T("Description"),NULL,&dwType,
(LPBYTE)szDescription,&dwDataSize);
                cout<<"  网卡描述信息为: "<<szDescription<<endl;
                dwDataSize = 256;
                lRtn = ::RegQueryValueEx(hNewKey,_T("ServiceName"),NULL,&dwType,
(LPBYTE)szServiceName,&dwDataSize);
                cout<<"  网卡服务名为: "<<szServiceName<<endl;
                if(lRtn == ERROR_SUCCESS)
                {
                    TCHAR szNewKey[256];
                    wsprintf(szNewKey,_T("%s\\Interfaces\\%s"),szParameters,sz
ServiceName);
                    HKEY hTcpKey;
                    lRtn = ::RegOpenKeyEx(HKEY_LOCAL_MACHINE,szNewKey,0,KEY_READ,
&hTcpKey);
                    if(lRtn == ERROR_SUCCESS)
                    {
                        dwDataSize = 256;
                        ::RegQueryValueEx(hTcpKey,_T("DefaultGateway"),NULL,&d
wType,(LPBYTE)szGateWay,&dwDataSize);
                        ProcessMultiString(szGateWay,dwDataSize);
                        cout<<"  默认网关为: "<<szGateWay<<endl;
                        dwDataSize = 256;
                        ::RegQueryValueEx(hTcpKey,_T("IPAddress"),NULL,&dwType
,(LPBYTE)szIpAddress,&dwDataSize);
                        ProcessMultiString(szIpAddress,dwDataSize);
                        cout<<"  IP地址为: "<<szIpAddress<<endl;
                        dwDataSize = 256;
                        ::RegQueryValueEx(hTcpKey,_T("SubnetMask"),NULL,&dwTyp
e,(LPBYTE)szIpMask,&dwDataSize);
                        ProcessMultiString(szIpMask,dwDataSize);
                        cout<<"  对应的子网掩码为: "<<szIpMask<<endl;
                        dwDataSize = 256;
                        ::RegQueryValueEx(hTcpKey,_T("NameServer"),NULL,&dwTyp
e,(LPBYTE)szDNSNameServer,&dwDataSize);
                        ProcessMultiString(szDNSNameServer,dwDataSize);
                        cout<<"  DNS服务器为: "<<szDNSNameServer<<endl;
                    }
                    ::RegCloseKey(hTcpKey);
                }
            }
            ::RegCloseKey(hNewKey);
        }
        delete[] lpszKeyName;
    }
    ::RegCloseKey(hNetCard);
}
//宽字符处理函数
void ProcessMultiString(LPTSTR lpszString, DWORD dwSize)
{
```

```
    for(int i = 0; i < int(dwSize - 2); i++)
    {
        if(lpszString[i] == _T('\0'))
            lpszString[i] = _T(',');
    }
}
```

思考题目

调用 Windows Socket 的 API 函数获得本地主机和远程域名的 IP 地址，如果一个主机名称对应多个 IP 地址，请依次打印。

5.3　Ping 程序

实验目的

掌握 Ping 程序实现原理，通过 Socket 编程实现 Ping 程序。

实验要点

Ping 程序的目的是测试另一台主机是否可达。该程序通过发送一份 ICMP 回应请求（Echo Request）报文给远程主机，远程主机会拦截这个请求，生成一个应答消息，回传给本地主机。若 Ping 成功，证明远程主机的网络层对该事件做出了响应；若远程主机没有做出响应，程序要进行超时检测。程序步骤如下：

1）创建类型为 SOCK_RAW 的原始套接字，同时设定协议 IPPROTO_ICMP。

2）创建并初始化 ICMP 首部。

3）调用 sendto，将 ICMP 请求发送给远程主机。

4）调用 recvfrom，以接收任何 ICMP 响应。

实验内容

Ping.h 源程序分析

```
#pragma pack(1)
#define ICMP_ECHOREPLY    0
#define ICMP_ECHOREQ    8
//IP 首部
typedef struct tagIPHDR
{
    u_char VerLen;          //版本和首部长度（Version and Total Length）
    u_char TOS;             //服务类型（Type Of Service）
    u_short Lenth;          //总长度
    u_short ID;             //标识（Identification）
    u_short FlagOff;        //标志和片偏移（Flags and Offset）
    u_char TTL;             //生存时间（Time To Live）
    u_char Protocol;        //协议
    u_short Checksum;       //首部检验和
    u_long IaSrc;           //源地址（Internet Address - Source）
    u_long IaDst;           //目的地址（Internet Address - Destination）
}IPHDR, *PIPHDR;
//ICMP 首部
```

```
typedef struct tagICMPHDR
{
    u_char Type;          //类型
    u_char Code;          //代码
    u_short Checksum;     //校验和
    u_short ID;           //标识(Identification)
    u_short Seq;          //序号(Sequence)
    char    Data;         //数据
}ICMPHDR, *PICMPHDR;
#define REQ_DATASIZE 32  //请求数据大小
//ICMP 回送请求报文
typedef struct tagECHOREQUEST
{
    ICMPHDR icmpHdr;
    DWORD    dwTime;     //时间戳
    char    cData[REQ_DATASIZE];        //数据部分
}ECHOREQUEST, *PECHOREQUEST;
//ICMP 回送应答报文
typedef struct tagECHOREPLY
{
    IPHDR    ipHdr;
    ECHOREQUEST    echoRequest;
    char    cFiller[256];
}ECHOREPLY, *PECHOREPLY;
#pragma pack()
```

Ping.cpp 源程序分析

```
#include <stdio.h>
#include <stdlib.h>
#include <iostream.h>
#include <winsock2.h>
#pragma comment(lib,"ws2_32.lib")
#include "ping32.h"
//网络用函数
void Ping(LPCSTR pstrHost);                  //ping的部分
int  WaitForEchoReply(SOCKET s);             //等待回送应答
u_short in_cksum(u_short *addr, int len);       //检验和
//ICMP 请求/应答报文函数
int        SendEchoRequest(SOCKET, LPSOCKADDR_IN);              //发送回送请求
DWORD    RecvEchoReply(SOCKET, LPSOCKADDR_IN, u_char *);       //接收回送应答
//主函数
void main(int argc, char **argv)
{
    WSADATA wsaData;
    WORD wVersionRequested = MAKEWORD(2,2);
    int nRet;
    //检查参数
    if (argc != 2)
    {
        cout<<"输入格式:ping32 主机IP" <<endl;
        return;
    }
    //初始化并创建socket
    nRet = WSAStartup(wVersionRequested, &wsaData);
```

```
    if (nRet)
    {
        cout<< endl << "Winsock调用失败！" << endl;
        return;
    }
    cout<<"欢迎使用简单ping程序。"<<endl<<"本程序的部分函数及
参考资料均来自于互联网，本人不对使用后果负任何责任。"<<endl;
    //开始ping
    Ping(argv[1]);
    //释放winsock
    WSACleanup();
}
//ping函数
//调用SendEchoRequest()和RecvEchoReply() 并且打印结果
void Ping(LPCSTR pstrHost)
{
    SOCKET      rawSocket;
    LPHOSTENT lpHost;
    struct    sockaddr_in saDest;
    struct    sockaddr_in saSrc;
    DWORD      dwTimeSent;
    DWORD      dwElapsed;
    u_char    cTTL;
    int       nLoop;
    int       nRet;
    //建立一个原始套接字rawSock
    rawSocket = socket(AF_INET, SOCK_RAW, IPPROTO_ICMP);
    //查找主机IP
    lpHost = gethostbyname(pstrHost);
    if (lpHost == NULL)
    {
        cout<<"没有找到主机:"<<pstrHost<<endl;
        return;
    }
    //设置地址
    saDest.sin_addr.s_addr = *((u_long FAR *) (lpHost->h_addr));
    saDest.sin_family = AF_INET;
    saDest.sin_port = 0;
    //开始ping
    cout<< endl <<"正在ping " << inet_ntoa(saDest.sin_addr) <<endl;
    for (nLoop = 0; nLoop < 4; nLoop++)
    {
        //发送ICMP回送请求
        SendEchoRequest(rawSocket, &saDest);
        //等待超时
        nRet = WaitForEchoReply(rawSocket);
        if (!nRet)
        {
            cout<<"超时!"<<endl;
            continue;
        }
        //收到回送应答
        dwTimeSent = RecvEchoReply(rawSocket, &saSrc, &cTTL);
        //检查时间
        dwElapsed = GetTickCount() - dwTimeSent;
```

```
            cout<<"收到从:"<<inet_ntoa(saSrc.sin_addr)<<",数据长度为32,所用时间为"<<dwElapsed<<"ms,
生存期为:"<<(int)cTTL<<endl;
        }
        nRet = closesocket(rawSocket);
    }
    // SendEchoRequest()
    // 填入回送请求报文头部并发送
    int SendEchoRequest(SOCKET s,LPSOCKADDR_IN lpstToAddr)
    {
        static ECHOREQUEST echoReq;
        static nId = 1;
        static nSeq = 1;
        int nRet;
        // 填入回送请求
        echoReq.icmpHdr.Type= ICMP_ECHOREQ;
        echoReq.icmpHdr.Code= 0;
        echoReq.icmpHdr.Checksum= 0;
        echoReq.icmpHdr.ID= nId++;
        echoReq.icmpHdr.Seq= nSeq++;
        // 填入发送数据
        for (nRet = 0; nRet < REQ_DATASIZE; nRet++)
            echoReq.cData[nRet] = ' '+nRet;
        // 获得时间戳
        echoReq.dwTime= GetTickCount();
        // 检验和
        echoReq.icmpHdr.Checksum = in_cksum((u_short *)&echoReq, sizeof(ECHOREQUEST));
        // 发送回送请求
        nRet = sendto(s,(LPSTR)&echoReq,sizeof(ECHOREQUEST),0,(LPSOCKADDR)lpstToAddr,
sizeof(SOCKADDR_IN));    /* address length */
        return (nRet);
    }
    // RecvEchoReply
    // 接收数据
    DWORD RecvEchoReply(SOCKET s, LPSOCKADDR_IN lpsaFrom, u_char *pTTL)
    {
        ECHOREPLY echoReply;
        int nRet;
        int nAddrLen = sizeof(struct sockaddr_in);
        // 收到回送回答
        nRet = recvfrom(s,(LPSTR)&echoReply,sizeof(ECHOREPLY),0,(LPSOCKADDR)lpsaFrom,
&nAddrLen);
        // 返回时间和生存期
        *pTTL = echoReply.ipHdr.TTL;
        return(echoReply.echoRequest.dwTime);
    }
    // 等待回送超时
    int WaitForEchoReply(SOCKET s)
    {
        struct timeval Timeout;
        fd_set readfds;
        readfds.fd_count = 1;
        readfds.fd_array[0] = s;
        Timeout.tv_sec = 2;
        Timeout.tv_usec = 0;
        return(select(1, &readfds, NULL, NULL, &Timeout));
```

```
}
//校验和
u_short in_cksum(u_short *addr, int len)
{
    register int nleft = len;
    register u_short *w = addr;
    register u_short answer;
    register int sum = 0;
    while( nleft > 1 )  {
        sum += *w++;
        nleft -= 2;
    }
    if( nleft == 1 ) {
        u_short    u = 0;

        *(u_char *)(&u) = *(u_char *)w ;
        sum += u;
    }
    sum = (sum >> 16) + (sum & 0xffff);
    sum += (sum >> 16);
    answer = ~sum;
    return (answer);
}
```

思考题目

原始套接字在处理数据发送和接收时与流式套接字、数据报套接字有哪些不同？

5.4　基于 TCP 的网络实时通信程序

实验目的

掌握客户机 / 服务器工作模式，通过 Socket 编程实现基于 TCP 的客户机 / 服务器工作模式。

实验要点

点对点网络实时通信程序基于客户机 / 服务器模式。客户机 / 服务器工作模式是 Socket 网络程序中的典型模式。为便于理解和学习，本例不涉及通信异步的概念，工作过程如下：服务器首先启动，创建好套接字之后等待客户的连接；客户端随后启动，创建套接字，和服务器建立连接；连接建立后，客户接收键盘输入，将消息发送给服务器，服务器收到数据后，接收输入并显示，回传消息给客户端；客户端收到消息后也显示在窗口中；如此循环，直到用户关闭窗口时关闭套接字，然后退出。

实验内容

server.cpp 源程序清单分析

```
#include <stdio.h>
#include "winsock2.h"
#define MAX_CLIENT 5
```

```
#define MAXLEN 100

int main(int argc, char* argv[])
{
    printf("欢迎使用简单聊天程序。本程序为服务器端。\n");
    printf("本程序的部分函数及参考资料均来自于互联网，本人不对使用后果负任何责任。\n");
    printf("*********************************************************************
*************\n");

    SOCKET listenfd,connfd;
    SOCKADDR_IN cliaddr,servaddr;
    //初始化
    WSADATA wsaData;
    int wsaret=WSAStartup(0x101,&wsaData);
    if(wsaret!=0)
    {
        return 0;
    }
    //创建套接字
    listenfd=socket(AF_INET,SOCK_STREAM,0);
    //绑定IP地址和端口
    servaddr.sin_family=AF_INET;
    servaddr.sin_addr.S_un.S_addr=inet_addr("127.0.0.1");
    servaddr.sin_port=htons(20000);
    bind(listenfd,(SOCKADDR *)&servaddr,sizeof(servaddr));
    //开始监听
    listen(listenfd,MAX_CLIENT);
    int clilen=sizeof(cliaddr);
    printf("waiting for connect..\n");
    //接收某一客户端请求，并输出其地址和端口号
    connfd=accept(listenfd,(SOCKADDR *)&cliaddr,&clilen);
    printf("connect from %s,port %d\n",inet_ntoa(cliaddr.sin_addr),ntohs(cliaddr.
sin_port));

    char buffer[MAXLEN]={0};
    int  recvbyte;
    int  i=1;
    printf("Please input \"ENTER\" to end when you send data!");
    while (true)
    {
        //接收来自客户端的消息，并输出
        memset(buffer,0,sizeof(buffer));
        recvbyte=recv(connfd,buffer,sizeof(buffer),0);
        if (recvbyte==0||recvbyte==WSAECONNRESET||buffer[0]=='\n')
            break ;
        printf("\nrecv data=");
        buffer[recvbyte]='\0';
        fputs(buffer,stdout);
        //向客户端返回消息
        printf("\nsend data=");
        memset(buffer,0,MAXLEN);
        fgets(buffer,MAXLEN,stdin);
        send(connfd,buffer,recvbyte,0);
    }
```

```
    printf("end \n");
    closesocket(connfd);

    //释放 Winsock
    closesocket(listenfd);
    return 0;
}
```

client.cpp

```
#include <stdio.h>
#include "winsock2.h"
#define MAXLEN 100

int main(int argc,char ** argv)
{
    printf(" 欢迎使用简单聊天程序。本程序为服务器端。\n");
    printf(" 本程序的部分函数及参考资料均来自于互联网，本人不对使用后果负任何责任。\n");
    printf("**************************************************
*************\n");

    SOCKET sockfd;
    SOCKADDR_IN servaddr;
    char sendline[MAXLEN]={0},recvline[MAXLEN]={0};
    //初始化
    WSADATA wsaData;
    int wsaret=WSAStartup(0x101,&wsaData);
    if(wsaret!=0)
    {
        return 0;
    }
    //创建套接字
    sockfd=socket(AF_INET,SOCK_STREAM,0);
    //定义服务器端地址和端口
    servaddr.sin_family=AF_INET;
    servaddr.sin_addr.S_un.S_addr=inet_addr("127.0.0.1");
    servaddr.sin_port=htons(20000);
    //请求连接
    connect(sockfd,(SOCKADDR *)&servaddr,sizeof(servaddr));
    printf("\nPlease input \"ENTER\" to end !\nsend data=");
    //当用户有输入时
    while (fgets(sendline,MAXLEN,stdin)!=NULL)
    {
        //发送消息给服务器端
        send(sockfd,sendline,strlen(sendline),0);
        //接收服务器端的消息返回，并输出
        if (recv(sockfd,recvline,sizeof(recvline),0)==0)
        {
            printf("End of file\n");
            exit(0);
        }
        printf("\nrecv data=");
        fputs(recvline,stdout);
        memset(sendline,0,sizeof(sendline));
```

```
        memset(recvline,0,sizeof(recvline));
        printf("\nsend data=");
    }
    //释放winsock
    closesocket(sockfd);
    return 0;
}
```

思考题目

基于本例，将通信方式改为异步方式，允许服务器接收多个客户端消息。

第 6 章　网络管理

随着网络规模不断扩大，设备类型越来越多，网络中各种实体间的关系越来越复杂，对网络管理系统的要求也越来越高。简单的管理工具和方法已不能适应大型网络和异构网络的管理需求。随着新的网络管理标准和网络管理工具的出现，网络管理技术越来越成熟，以其独特的优势和强大的功能成为一个专门的研究和开发的领域。本章将首先介绍一个网络管理软件，然后讲述网络管理的基础知识，包括网络管理的概念和它的功能。

6.1　网络管理软件：MIB Browser

MIB Browser 是一个操纵 SNMP 网络数据的工具集，它支持 snmpv1 和 snmpv2c 协议的各项操作，通过它可以有效、安全地对 MIB 数据进行读取、修改和监控，从而实现对网络的有效管理。

MIB Browser 主窗口

运行 MIB Browser 软件会出现如图 6-1 所示的主窗口，该窗口包含菜单、工具栏、查询结果，以及三个选项卡：Query、MIB 和 Ping。

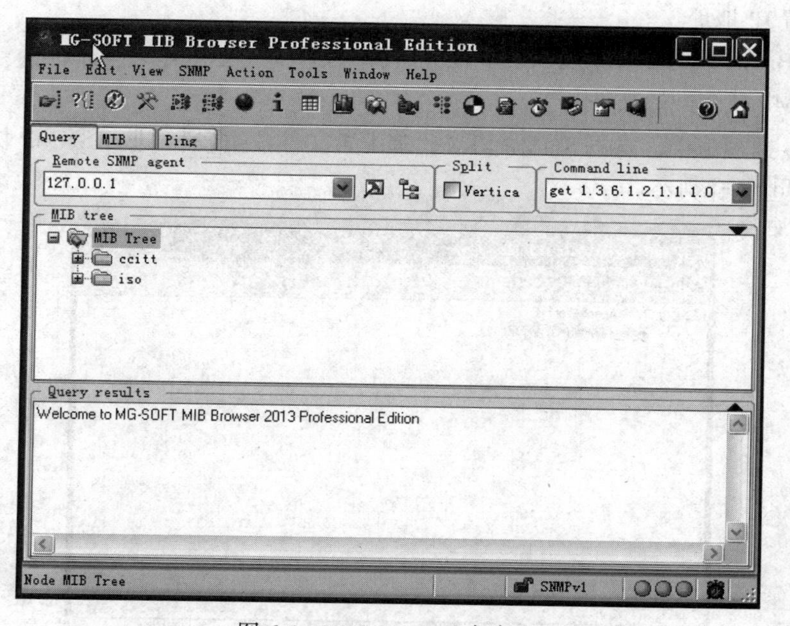

图 6-1　MIB browser 主窗口

1. Query 选项卡

Query 选项卡用于输入 SNMP 测试的一些参数，包括被测设备的 IP，SNMP 协议版本、测试端口，SNMP 测试超时时间、重试次数，SNMP 测试读、写共同体，SNMPv3 用户名、用户安全级别、鉴权协议、鉴权密码、加密协议、加密密码等。

MIB Tree 窗口显示目前载入的 MIB 树状图，可以通过 MIB 树状图来选择所要测试的 MIB 项。

查询结果窗口显示通过 SNMP 协议查询出来的 MIB 项对应的结果。

（1）设置 SNMP 协议信息

在 Query 窗口下，点击查询参数设置按钮，进入 SNMP 测试参数设置对话框。如图 6-2 所示。

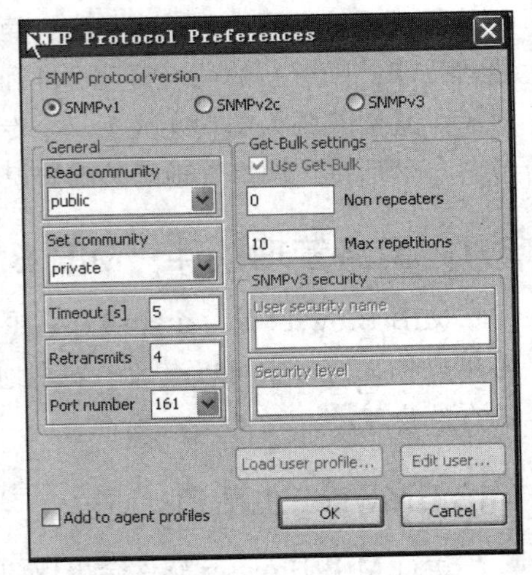

图 6-2 SNMP 协议参数设计

单击 OK 按钮。在 SNMP 协议参数对话框中，首先选择 SNMP 协议版本。MG-Soft 支持 SNMPv1、SNMPv2c、SNMPv3 三种协议，可在协议版本单选框中选择，不同的版本要求输入的参数也不同。Windows 用的是 SNMPv1，Port number 是 SNMP Agent 监听的端口，设置为 161。

选择 SNMPv1 或 SNMPv2c 协议版本时需要设置读共同体名、写共同体名，可在协议参数对话框中直接设置。

如果选择 SNMPv3 协议版本，则不需要设置读共同体名、写共同体名，但需要设置 SNMPv3 安全参数。

（2）设置 IP 地址

在 MIB Browser 的 Query 选项卡中，可以输入 SNMP Agent 的 IP 地址。

（3）SNMP 代理配置文件

在 Query 选项卡中，点击 SNMP 协议代理配置文件按钮，进入 SNMP 协议代理配置文件窗口，如图 6-3 所示。

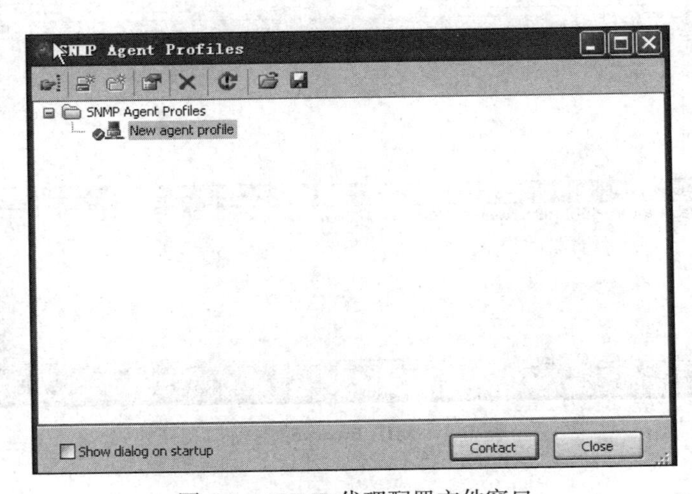

图 6-3 SNMP 代理配置文件窗口

在该窗口中，可以新建 SNMP 代理配置文件和文件夹。设置新建代理配置文件的名称、

IP 地址和端口号。将代理配置信息存储到一个文件或从文件中读出代理配置信息。

（4）MIB 查询

在 MIB Browser 的 Query 选项卡中选择 MIB 树窗口中的 MIB 树，右击显示快捷菜单，如图 6-4 所示。从快捷菜单里选择 Expand，展开 MIB 树。

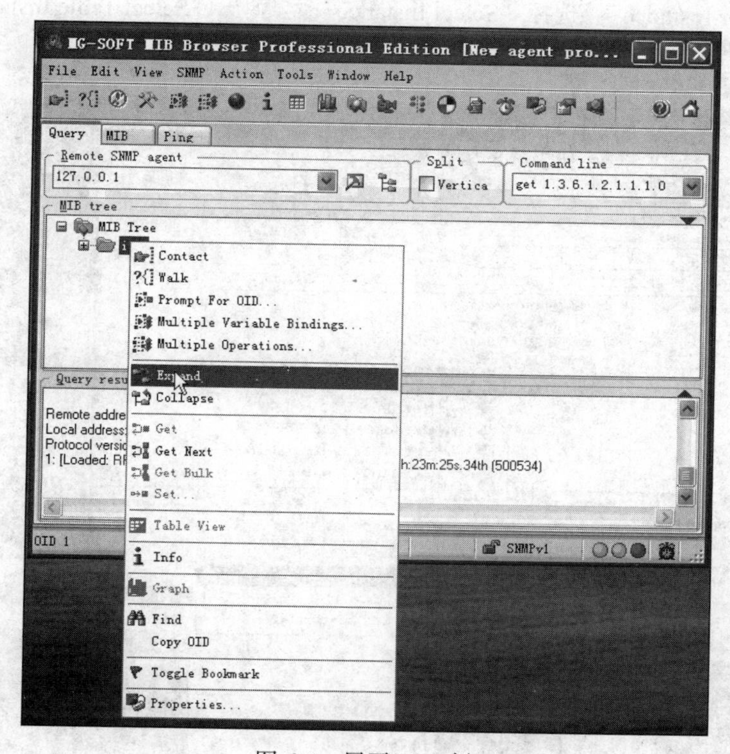

图 6-4　展开 MIB 树

右击 MIB 树中的叶子节点，弹出快捷菜单，如图 6-5 所示。

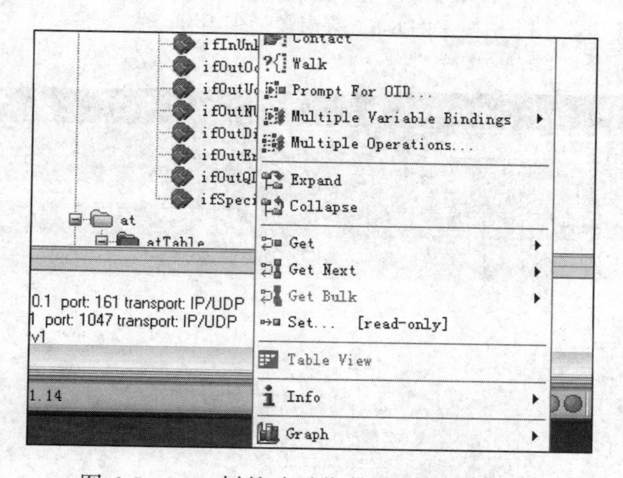

图 6-5　MIB 树的叶子节点的右键快捷菜单

在节点的右键快捷菜单里可以选择 Get、Get Next、Get Bulk、Set 等测试原语。在快捷菜单中选择测试原语，收到测试结果并解析后，就会在右端“Query result”中显示出来。

对于表对象，在进行测试的时候需要选择 index，所以在表对象的右键快捷菜单里，Get、Get Next、Get Bulk、Set 等选项右边有一个菜单，如图 6-6 所示。可以选择“Select Instance”或者“Prompt For Instance”。选择“Select Instance”，会弹出“Select Table Instance (s)”窗口，如图 6-7 所示。

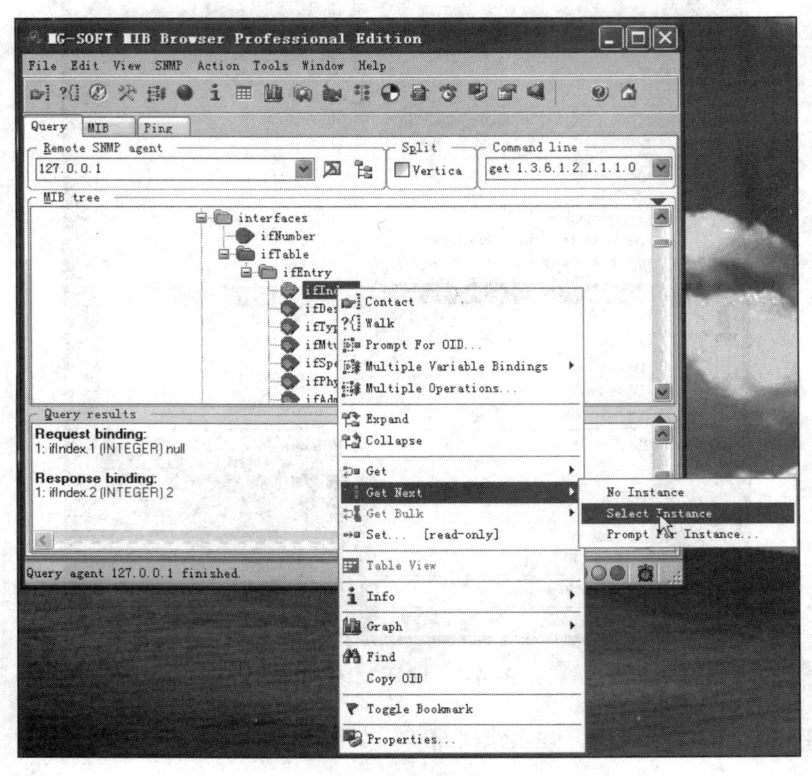

图 6-6　表对象的索引

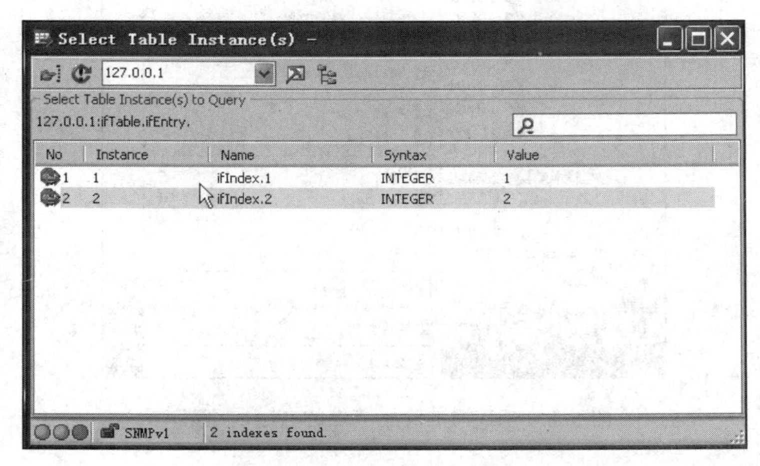

图 6-7　选择表实例窗口

在“Select Table Instance”对话框中列举出可以选择的 index 值，从中选择一个进行双击，即可对这个 index 进行操作。

在某些情况下，可能需要查看某个叶子节点或者表对象所对应的 OID，可以通过叶子节点或表对象的右键快捷菜单中的“Prompt For OID”来查看。

2. MIB 选项卡

在主窗口下选择 MIB 选项卡，会出现如图 6-8 所示的 MIB 窗口。

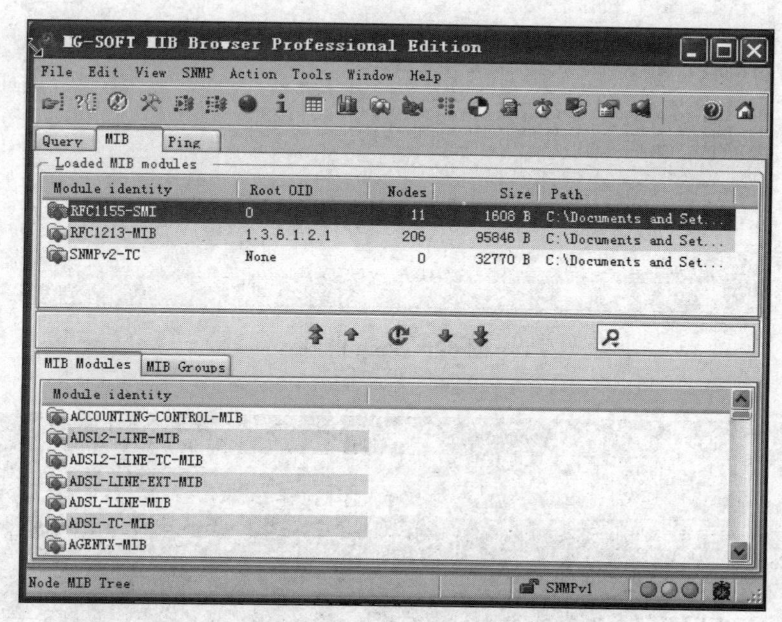

图 6-8　MIB 窗口

MIB Browser 在 MIB 窗口下分为两个窗口，上方窗口显示的是目前载入的 MIB 模块，下方窗口中显示的是可以选择载入的 MIB 模块或 MIB 组。如果要对某一个 MIB 模块进行测试，必须在这个地方把此 MIB 模块加载进来，才能够使用 MG-Soft 的 MIB Browser 进行测试。

3. Ping 选项卡

在主窗口下选择 Ping 选项卡，会出现如图 6-9 所示的 Ping 窗口。

MIB Browser 的 Ping 窗口主要用于在测试期间对被测设备进行 Ping 测试，确定网络是否连通。

4. 用 MIB Browser 进行 MIB 文件编译

SNMP 测试主要测试厂商的私有 MIB，这些 MIB 大部分在 MG-Soft 中是没有的，这就需要使用 MIB 编译器把厂商提供的 MIB 文件编译加载到 MG-Soft 中，之后才能够进行测试。MG-SOFT MIB Browser 是 MIB 测试常用的工具测试，使用该工具进行 MIB 测试前首先要正确编译所测试的 MIB 文件。对 MIB 的编译步骤如下：

（1）打开 MG-SOFT MIB Compiler

在 MIB Compiler 界面点击按钮，打开 MG-SOFT MIB Comiler，如图 6-10 所示。

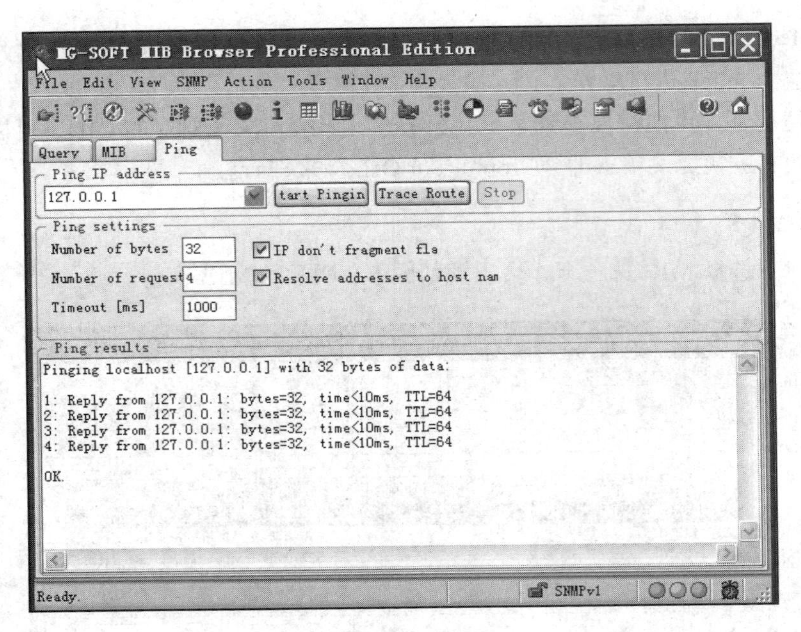

图 6-9　Ping 窗口

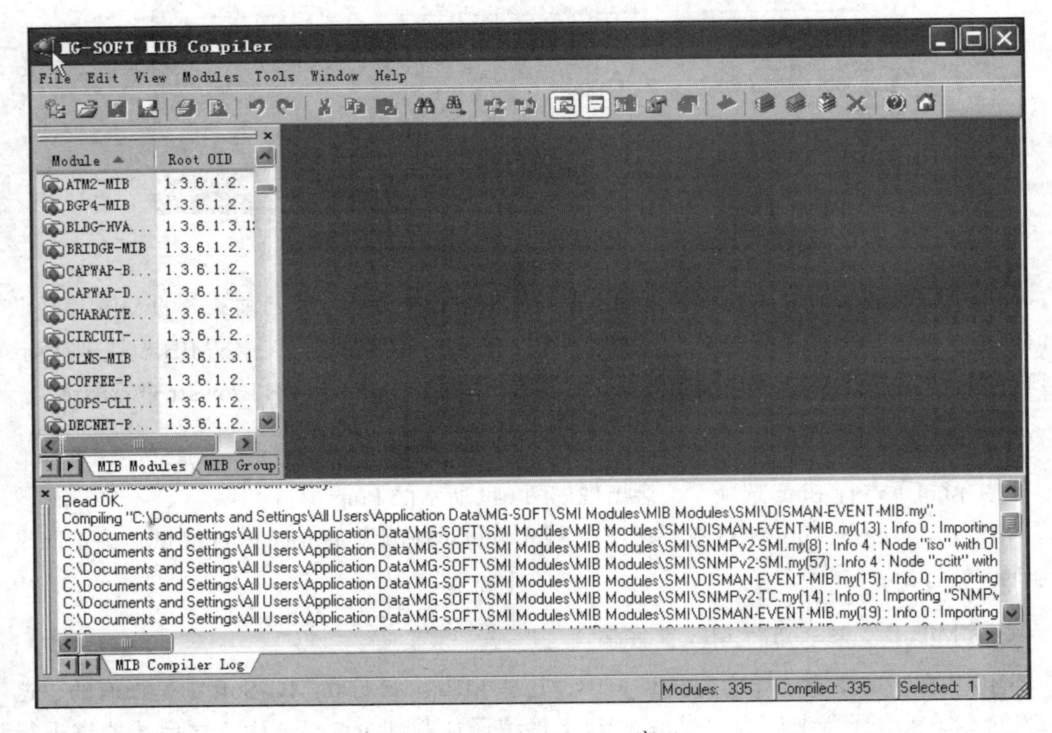

图 6-10　MIB compiler 窗口

（2）选择要编译的文件

在 MG-Soft MIB Compiler 窗口中打开需要编译的文件，如图 6-11 所示。选定要编译的 MIB 文件，双击即可。

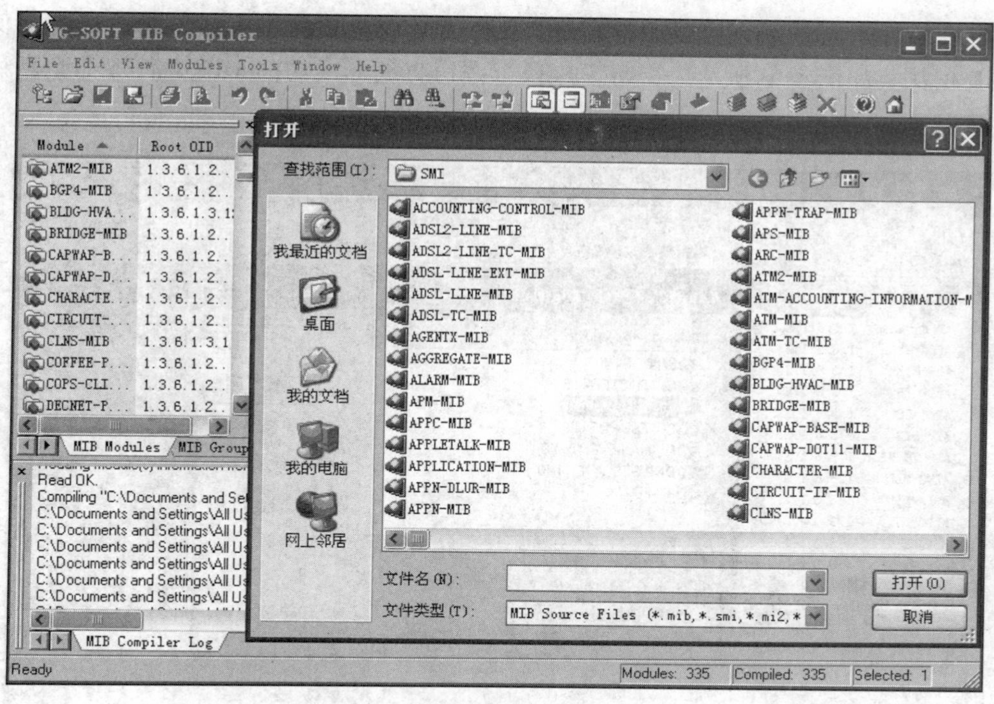

图 6-11　选择要编译的文件

在窗口中选择要编译的 MIB 模块，从右键快捷菜单中选择“Batch Compile”选项，开始编译，如图 6-12 所示。

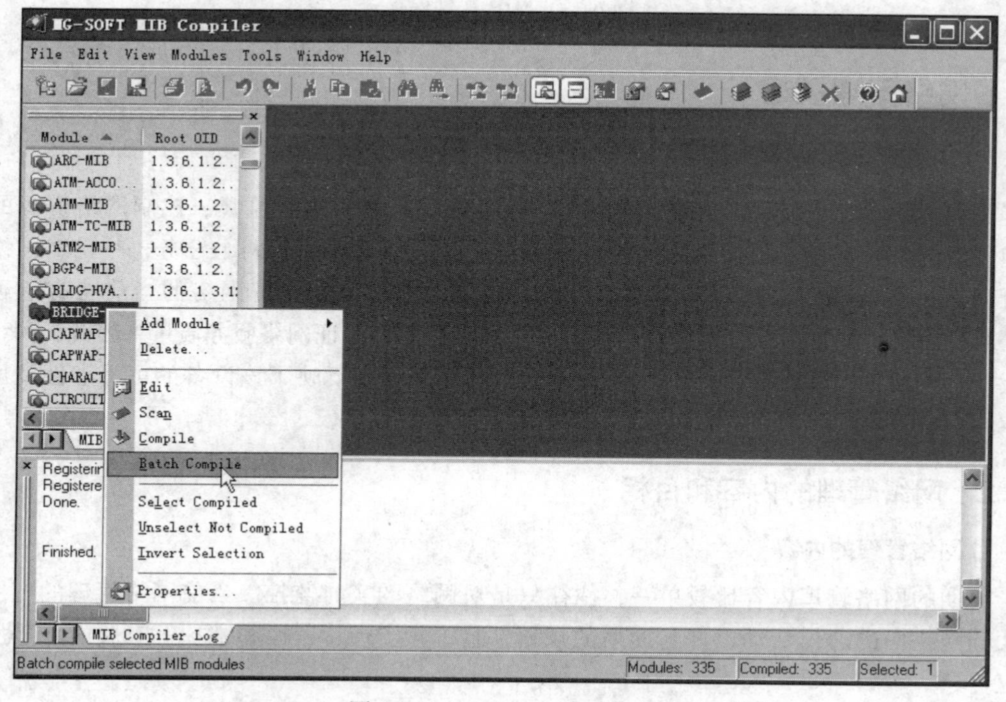

图 6-12　Batch Compile 命令

如果编译没有错误，会弹出“Compiled MIB Modules”对话框，选择需要保存的MIB模块，如图6-13所示。点击“Save”按钮将编译成功的MIB文件保存到默认路径下。

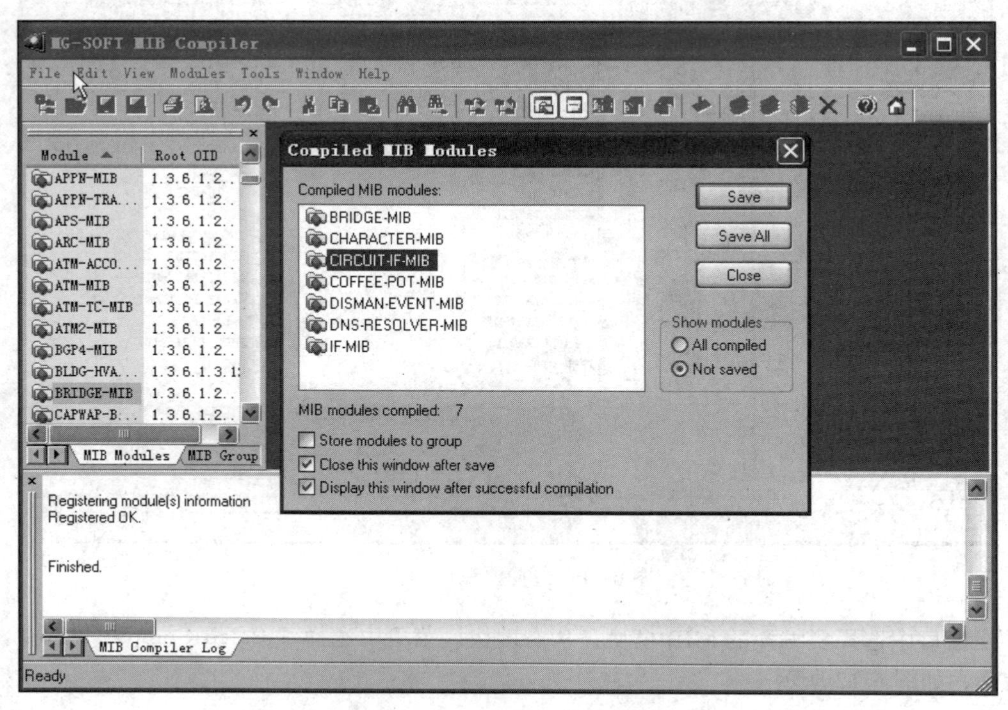

图6-13　MIB文件保存

6.2　网络管理概述

6.2.1　网络管理定义

按照国际标准化组织（ISO）的定义，网络管理是指规划、监督、控制网络资源的使用和网络的各种活动，以使网络的性能达到最优。网络管理完成两个任务，一是对网络的运行状态进行监测，二是对网络的运行进行控制。通过监测了解网络的当前状态是否正常；通过控制对网络资源进行合理分配，优化网络性能，保证网络服务质量。因此，网络管理就是对网络的监测和控制。一台设备所支持的管理程度反映了该设备的可管理性及可操作性。

6.2.2　网络管理的内容和目标

1. 网络管理的内容

早期的网络管理内容比较单一，往往只是对网络的实时监控。当前网络管理的范围已扩大到网络中的通信活动以及与网络的规划、组织、实现、营运和维护等有关的几乎所有过程。

现在网络管理的内容通常可以用OAM&P（Operation, Administration, Maintenance and

Provisioning，运行、管理、维护和提供）来概括。OAM&P 指的是一组系统或网络管理功能，其中包括故障指示、性能监控、安全管理、诊断功能、网络和用户配置等。

2. 网络管理的目标

网络管理的目的是确保计算机网络的持续正常运行，使其能够有效、可靠、安全、经济地提供服务，并在计算机网络系统运行出现异常时能及时响应和排除故障。主要包括以下几个方面：

1）网络应是有效的。

2）网络应是可靠的。

3）现代网络应具备开放性，即网络要能够接受多厂商生产的异种设备。

4）现代网络要有综合性，即网络业务不能单一化。

5）现代网络要有很高的安全性。

6）网络的经济性。

6.2.3　网络管理的发展历史

网络管理是不断发展的，从早期的人工方式、分散的管理发展到现在的集中管理和分布式管理，其管理的方法越来越科学、手段越来越合理、管理技术越来越先进。

在计算机网络发展初期并没有一个公认的网络管理方案，不同网络设备厂商往往使用针对自己产品的网络管理专用系统。

在这个时期，网络管理人员要学习、掌握各种品牌设备的管理方法，给网络管理工作带来极大不便。另外，由于管理系统之间的不兼容性，使得不同厂家网络设备的管理数据互访非常困难，很难对不同厂商的网络系统、通信设备和软件等进行统一管理，从而制约了异构网络互连的发展。

随着因特网的出现和发展，上述矛盾更显突出，制定一个通用的网络管理协议标准成为网络管理技术发展的必然趋势。为此，研发人员开始对网络管理技术进行研究，并提出了多种网络管理方案。其中，比较有代表性的有两种：

1）国际标准化组织（ISO）提出的 OSI/CMIP 管理技术。

2）因特网工程任务组（IETF）提出的因特网 /SNMP 管理技术。

最早的网络管理标准或框架是从 1979 年由国际标准化组织（ISO）开始着手研究的。它针对 OSI（开放系统互联）七层协议的传输环境进行设计，20 世纪 80 年代中期提出了公共管理信息服务（CMIS）和公共管理信息协议（CMIP）。

CMIS 支持管理进程和管理代理之间的通信要求，CMIP 提供管理信息传输服务的应用层协议。基于 CMIP 的网络管理框架经过精心设计，历经多年改进，具有庞大的功能和详尽的网络管理应用工具。

虽然 CIMP 在电信领域得到越来越广泛的应用。但由于实现代价高昂和过于复杂等原因，使得它在计算机网络管理上的应用实现起来步履缓慢，推广部署也不理想。

起初，因特网活动委员会（因特网 Activities Board，IAB）为了管理因特网，计划采用基于 OSI 的 CMIP 作为因特网的管理协议，并对它作了修改，修改后的协议被称作 CMOT（Common Management Over TCP/IP），但 CMOT 迟迟未能出台。

与此同时，IAB 的因特网工程任务组（Internet Engineering Task Force，IETF）决定修改已有的简单网关监控协议（SGMP）以作为临时解决方案。

由于该临时解决方案提出了远比 IETF 的 CMOT 更完整和更易实现的方案。1988 年 5 月，著名的简单网络管理协议（Simple Network management Protocol，SNMP）最终被定义并及时发布成为一个因特网的建议标准。1989 年 4 月，它被接受为草案标准。1990 年 5 月 IAB 最终接受它为因特网标准。首次公布的 SNMP 规范是 RFC 1067，后因有一些变动而重新发布为 RFC 1098。最后确定的标准于 1990 年 5 月作为 RFC 1157。

SNMP 主要是为基于 TCP/IP 的互联网而设计的，其最大的特点是简单，其可伸缩性、扩展性、健壮性也得到广泛的认可。

因此，尽管 SNMP 存在很多不足，但仍然取得了很大的商业成功，绝大多数网络设备厂家的产品都支持 SNMP，SNMP 成为一个事实上的计算机网络的网络管理标准。

近几年，IETF 为 SNMP 的第二（SNMPv2）、三版（SNMPv3）做了大量的工作，其中 SNMPv2 针对 SNMPv1 的缺陷进行了一定的改进，比如扩充了管理信息结构，新增了管理站之间的通信能力和协议操作，形成了现在的 SNMPv2 草案标准。1997 年 4 月，IETF 成立了 SNMPv3 工作组。SNMPv3 的重点是安全、可管理的体系结构和远程配置。

另外，基于 SNMP 的网络管理技术的一个新的趋势是使用 RMON（远程网络监控）。RMON 的目标是扩展 SNMP 的 MIB（管理信息库），使 SNMP 更为有效、积极主动地监控远程设备。RMON MIB 由一组统计数据、分析数据和诊断数据构成，利用许多供应商生产的标准工具都可以显示出这些数据，因而它具有独立于供应商的远程网络分析功能。RMON 探测器和 RMON 客户机软件结合在一起在网络环境中实施 RMON。

6.2.4　网络管理的新技术

目前，新一代网络管理技术已有多个研究和应用发展方向，其中比较有代表性的是基于 CORBA 技术的网络管理技术和基于 Web 的网络管理技术。

基于 Web 的网络管理模式有代理方式和嵌入方式两种。

6.3　网络管理功能

在 ISO/IEC7498-4 文档中定义了网络管理的五大功能：配置管理、性能管理、故障管理、安全管理和计费管理。

6.3.1　网络配置管理

网络配置管理就是初始化并且配置网络，通过设定、收集、监测和管理网络设备配置数据，使其能够提供网络服务，性能达到最优。被管理的网络资源包括物理设备（如服务器、工作站、路由器）和底层的逻辑对象。

配置管理负责监控和管理整个网络状态及其连接关系，收集和监控当前网络设备的配置信息；设置开放系统或管理对象的参数，提供远程修改设备配置的手段；存储数据、维护一个最新的设备清单并根据数据产生报告，供网络管理人员查询网络运行参数和配置状况；根据网络管理其他功能生成的事件或网络管理人员的命令自动调整网络设备配置，以保证整个网络的正常运行。网络配置管理功能同时要求与性能管理、故障管理、安全管理和计费管理等有很好的连接关系。其他管理功能发生的事件通过配置管理功能来显示，同时配置管理对这些事件的回溯处理完善了整个系统。

1. 网络配置信息

网络配置信息主要包括以下几种类型：

1）网络设备的拓扑关系，即存在性和连接关系。

2）网络设备的域名、IP 地址，即寻址信息。

3）网络设备的运行特性，即运行参数。

4）网络设备的备份操作参数，即是否备份、备份启用条件。

5）网络设备的配置更改条件。

2. 配置管理的主要功能

1）定义配置信息。配置信息描述网络资源的特征和属性。

2）设置、修改和获取管理对象的参数和属性。初始化、启动和关闭管理对象。

3）定义和修改网络元素间的互连关系。

4）启动和终止网络运行。

5）发行软件，即给系统装载指定的软件、更新软件版本和配置软件参数等功能。除了装载可执行的软件之外，这个功能还包括下载驱动设备工作的数据表。

6）检查参数值、互连关系和报告配置现状。管理站通过轮询随时访问代理保存的配置信息，或者代理通过事件报告及时向管理站通知配置参数改变的情况。

7）监视网络资源属性值、活动状态和关系的变化。

8）生成配置状态报告。

9）网络资源的自动查找和图示化表示。

10）配置一致性检查。

11）网络资源清单管理信息。

12）用户操作记录功能。

3. 网络配置管理案例

下面以 Cisco 路由器、交换机的配置为例来说明其网络配置的方式、操作系统与配置命令和配置实例。

（1）配置方式

对 Cisco 路由器和交换机进行配置，通常有以下五种方式：

- CON 方式，通过 Console 口相连的终端或者运行终端仿真软件的微机进行设置。
- Telnet 方式，通过运行 Telnet 软件连接交换机进行配置。
- TFTP 方式，通过 TFTP 服务器下载配置信息。
- SNMP 方式，通过网络管理软件来配置交换机。
- Web 方式，通过浏览器配置交换机。

第一种配置交换机通常需要通过 Console 口进行，将交换机随机自带的 Console 线与 PC 的 COM 口连接起来，然后运行“超级终端”软件，设置相关的连接属性和连接名称，如图 6-14 所示。

在弹出的设置连接使用端口界面中，选择 Console 线所连接的 COM 端口，然后在端口参数设置窗口中设置 COM 口的连接参数，如图 6-15 所示。

图 6-14　命名超级终端连接

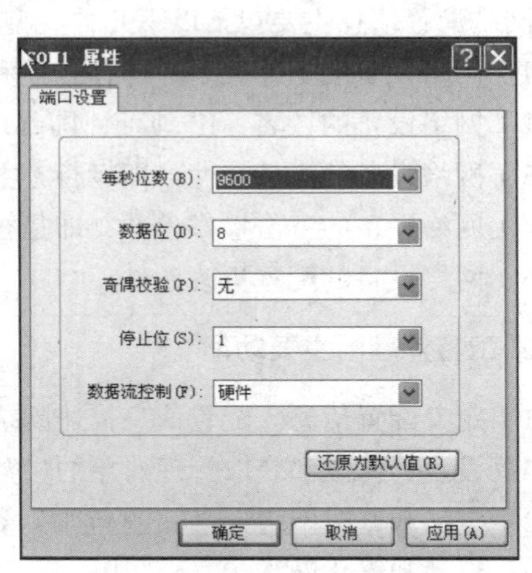

图 6-15　COM 口属性设置

经过正确的设置，如果交换机工作正常，在如图 6-16 所示的界面中按回车键将进入 Cisco 路由器和交换机的设置界面。

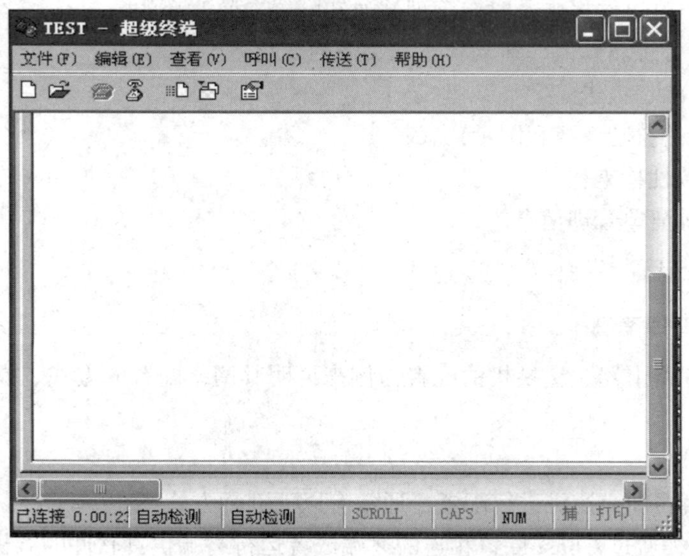

图 6-16　超级终端界面

（2）操作系统与配置命令

Cisco 路由器和交换机采用的操作系统是 iOS，iOS 的命令集为 IOS。

iOS 包括以下几种常用的命令状态：用户命令状态、特权命令状态、全局设置状态、端口子状态和 vlan 设置状态。

iOS 常用的命令包括：

- 帮助命令：在任何状态下键入“?”将显示在此状态下所有可用的命令和说明。
- 显示命令：用于查看系统的信息。
- 网络命令：用于检查、测试配置情况。如“ping”“telnet”和“trace”。
- 用户、密码设置命令：用于设置用户名和用户的密码或设置各种状态的命令。
- 端口设置命令：用于对端口进行设置、激活端口等。

（3）路由器路由协议及交换机 VLAN 的配置实例

关于路由器路由协议及交换机 VLAN 的配置在第 2 章已经讲过，这里不再重复。

6.3.2　网络性能管理

网络性能管理是维护网络可持续高效发展的必要条件，它直接决定了网络运行的服务质量，而怎样保证网络服务质量一直是互联网领域和电信领域的共同研究的热点和难点，是在网络上广泛发展多媒体通信业务时的最核心基础之一。网络性能管理是对网络运行情况进行监控，对历史记录进行分析统计，自动形成报表，根据历史记录预测网络性能的长期趋势，并根据分析和预测的结果，对网络拓扑结构、某些对象的配置和参数进行调整，逐步达到最佳。性能参数包括整体吞吐率、利用率、错误率、响应时间。监控网络设备和连接的当前使用情况对性能管理来说至关重要。

网络性能管理活动是持续地测评网络运行的主要性能指标，以检验网络服务是否达到了预定的水平，找出已经发生或潜在的网络瓶颈，报告网络性能的变化趋势，为网络管理决策提供依据。

1. 网络性能监测技术和网络性能管理的基本功能

网络性能监测技术主要涉及：

1）IP 网络性能的测量参数的选取。

2）测量指标的确定。

3）具体参数的测量方法。

4）网络性能的评测方法。

5）网络性能的控制与调整策略等内容。

利用网络性能监测技术可实现以下功能：

（1）实时采集与网络性能相关的数据

这部分功能包括跟踪系统、网络或业务情况，收集合适的数据，及时发现网络拥塞或性能不断恶化的状况；提供一系列数据采集工具，以便对网络设备和线路的流量、负载、丢包、温度、内存、延迟等性能进行实时监测并可随意设置数据的采集间隔。

（2）分析和统计数据

对实时数据进行分析，判断是否处于正常水平，从而对当前的网络状况做出评估，并自动形成管理报表，以图形方式直观地显示出网络的性能状况。分析和统计历史数据，绘出历史数据的图形。

（3）维护并检查系统的运行日志

对系统的运行日志进行维护和检查。

（4）性能预警

为每个重要的指标设定一个适当的阈值后，当性能指标超过该阈值时，就表明出现了值得怀疑的网络故障。

（5）生成性能分析报告

性能分析报告包括性能趋势曲线和性能统计分析报表。

2. 常用的网络性能测评指标

（1）吞吐量

网络吞吐量是指单位时间内通过网络设备的平均比特数，单位是 bit/s（比特 / 秒）。

（2）包延迟

包延迟是指从数据分组的最后一位到达输入端口的时刻到输出数据分组的第一位出现在输出端口上的时间间隔，即 LIFO（Last In First Out）延迟。对于交换机来说，延迟是衡量交换机性能的主要指标，延迟越大说明交换机处理帧的速度越慢。

（3）丢包率

数据在网络传输的过程中会发生丢失或出错的现象。另外，网络节点因为资源不足或其他原因，无法对输入的数据进行处理时，通常也会丢弃数据。丢包率是指在给定的期限内，数据分组数的丢弃数与总分组数的比率。丢包率的大小表示网络的稳定性及可靠性。丢包率可以用来描述过载状态下交换机的性能，也是衡量防火墙性能的一个重要参数。

（4）响应时间

响应时间是指数据包在网络上两个端点之间传输时花费的时间。有很多因素会影响到响应时间，如网段的负荷、网络主机的负荷、广播风暴、工作不正常的网络设备等。

（5）网络利用率

网络利用率是指在给定的期间内，网络被使用的时间占总时间的比例，它反映了在该期间内网络处于使用状态的时间百分比。它是网络资源使用频度的动态参数，提供的是现实运行环境下吞吐量的实际限制。网络管理系统通常给出各种网络部件的利用率，如线路、节点、节点处理机的利用率。

3. 网络性能的测评方法

（1）直接测量法

对网络的信道利用率、碰撞分布和吞吐率等参数进行动态数据统计，以得到测评结果。

（2）模拟法

给网络建立数学模型，运用仿真程序通过数学计算得出网络相关参数指标。同时也可以与实测结果进行比较，经过多次校正得到真实的测评结果。

（3）分析法

采用概率论、过程论和排队论等对各种网络进行模拟，其分析结果可用于对未来的网络进行优化设计。

4. 网络性能参数的采集方法

在确定了要监控哪些网络性能指标之后，可以使用网络性能管理工具访问这些指标的相关数据。从网络上获取网络性能指标数据的方法有如下几种：

1）查询网络设备获取与性能相关的信息。

2）观察网络上现有的流量。

3）生成测试流量发送到网络上，以测试网络性能。

4）直接使用现有路由器或交换机自身具备的流量测量功能，主要是利用路由器的 NETFLOW 软件来实现。

5）在路由器上采用 ISE 卡实现对重点链路的监控。

6）在 IP 传输链路中串入或并入流量分析设备来获得流量信息。

6.3.3 网络故障管理

网络故障管理是网络管理的基本内容之一，其目的是检测、记录日志、通知用户以及尽可能地自动修复网络故障，维持网络的有效运行。在网络出现故障时，故障管理系统必须及时进行故障定位、排除故障、恢复网络的正常运行。

1. 网络故障管理的内容

故障管理功能以监视网络设备和网络链路的工作状况为基础，包括对网络设备状态和报警数据的采集、存储，可以实现报警信息通知、故障定位、信息过滤、报警显示、报警统计等功能。故障管理可以统一不同网络设备的警报格式，并将其显示在图形界面上，通过对报警信息进行相关性处理，确定报警发生地的管理归属等。除此之外，故障管理还可根据用户需要保存所有报警信息，同时可产生各种故障统计、分析报告。

计算机网络的可靠性是实现网络系统功能的基础。当网络中某个组成部分失效时，网络管理员必须迅速查找到故障并能及时给予排除。通常网络故障产生的原因都比较复杂，特别是故障的产生是由多个网络共同引起时。因此，要求网络管理员必须具备较高的技术水平及业务素质，同时还应该积累丰富的实践经验。故障排除后必须认真分析网络故障产生的原因，以防止类似故障再次发生。网络故障管理包括故障检测、故障隔离、故障分析和排除等方面，主要包括以下内容。

（1）故障检测

发现故障是网络故障管理的首要任务。要发现网络故障，就要收集各种网络状态信息。收集网络状态信息一般有两种方法：一种是异步告警，即在发生故障时，由发生故障的网络设备或计算机主动向网络管理系统报告；另一种是主动轮询，即由网络管理系统定期查询各种网络设备和计算机的状态。一般的网络管理系统会同时使用这两种方法。

由发现故障的网络设备或计算机主动向网络管理系统报告网络故障是一种十分有效的故障发现机制，它能及时发现端口故障、连接失败、设备重新启动、服务进程异常等网络故障和重要事件，但异步告警不可靠，因此需要依赖由网络管理系统轮询设备的方法。轮询方法可以帮助故障管理系统可靠地发现网络故障。

故障检测是指通过执行监控过程和生成故障报告来检测故障。通常有以下两种方式：

1）网络维护及错误日志检查：

- 使用多种网络故障监控方式监控网络的整体运行情况。
- 对于网络中的重要机器、设备进行运行状态的重点监控。
- 检查网络设备的错误日志，分析错误原因。

2）网络故障报告：

- 通过各种途径报告网络故障，报告方式包括使用颜色、声音、日志、触发机制等。
- 网络故障自动报警，具有自动通知的手段，包括寻呼机、手机、电子邮件等方法。
- 根据网络故障的危害程度对报警指示分级管理，系统根据故障级别做出不同反应。

（2）故障隔离

接收错误检测报告并做出响应。

1）分析设备故障情况，制定排错方案。

2）启用备用线路或设备，进行故障隔离。

（3）故障分析与定位

1）跟踪、辨认故障：

- 进行故障追踪定位。
- 确认故障类型及性质。

2）执行诊断测试：使用各种故障诊断工具，分析故障性质。

（4）故障排除

1）错误纠正：根据故障分析结果，制定并实施解决方案。

2）故障分析预测：根据网络系统故障的类型及发作频度，分析故障产生的原因，预测将来网络故障的发作趋势。

3）历史报警查询统计：建立故障报警数据库，通过对历史故障警报资料的统计分析，寻找网络故障发生的规律，建立故障预防体系。

网络故障检测依据的是对网络组成部件状态的检测。不严重的简单故障通常被记录在错误日志中，并不做特别处理。严重的故障则需要通知网络管理员，即所谓的“故障报警”。一般情况下，网络管理员应根据有关信息对报警进行处理，排除故障。当故障比较复杂时，网络管理员应执行一些诊断测试来辨别故障原因。

2. 网络故障管理常用工具与资源

（1）网络测试工具

1）网络连通性测试仪。

2）网线性能测试仪。

（2）网络测试命令

通常操作系统都自带一些常用的网络测试命令，用于测试网络的连通性、协议配置参数、路由追踪等。常用的命令有 ping、arp、tracert、ipconfig、netstat、nslookup 等。

● 显示设置网络配置信息命令 ipconfig

ipconfig 命令通常用来检查计算机网络配置是否正确，当用户重新配置网络接口或发现某台计算机不能访问网络但其他计算机可以访问网络时，网络管理员可以使用该命令来检查用户的网络配置是否正确。

ipconfig 是 Windows 操作系统中显示网络配置的命令，该命令可以显示所有当前的 TCP/IP 网络配置值，刷新动态主机配置协议和域名系统设置。使用不带参数的 ipconfig 可以显示所有适配器的 IP 地址、子网掩码、默认网关。

ipconfig 命令的语法如下所示：

```
ipconfig[?][/all][/renew[Adapter]][/release[Adapter]][/flushdns][/displaydns][/reqisterdns][/showclassid Adapter][/setclassid Adapter[ClassID]]
```

ipconfig 命令中各参数的说明如图 6-17 所示。具体使用及参数说明详见本书第 1 章。

```
USAGE:
    ipconfig [/? | /all | /renew [adapter] | /release [adapter] |
              /flushdns | /displaydns | /registerdns |
              /showclassid adapter |
              /setclassid adapter [classid] ]

where
    adapter         Connection name
                   (wildcard characters * and ? allowed, see examples)

    Options:
       /?           Display this help message
       /all         Display full configuration information.
       /release     Release the IP address for the specified adapter.
       /renew       Renew the IP address for the specified adapter.
       /flushdns    Purges the DNS Resolver cache.
       /registerdns Refreshes all DHCP leases and re-registers DNS names
       /displaydns  Display the contents of the DNS Resolver Cache.
       /showclassid Displays all the dhcp class IDs allowed for adapter.
       /setclassid  Modifies the dhcp class id.

The default is to display only the IP address, subnet mask and
default gateway for each adapter bound to TCP/IP.

For Release and Renew, if no adapter name is specified, then the IP address
```

图 6-17　ipconfig 命令的参数说明

● 测试远程主机是否可达命令 ping

ping 命令的主要功能是测试两个主机的连通性，以确定本地主机与远程主机是否成功发送与接收数据包。ping 命令虽然功能简单，但在测试网络连接时非常有用，它能够帮助确定问题出在哪一层。ping 命令成功只保证当前主机与目的主机之间存在一条连通的路径，不一定代表网络可以正常使用。如果 ping 显示报文可到达远程主机并返回网络仍然无法使用，则可能是高层协议出了问题；如果报文不能完成往返过程，则可能是低层协议出错。它是网络中经常使用的测试连通工具。

在 Windows 操作系统中，ping 命令的语法如下所示：

```
ping [-t][-a][-n count][-1 size][-f][-i TTL][-v T08] [-r count][-s count][[-j host-list]|[-k host-list]][-w timeout] target_name
```

ping 命令中各参数的说明如图 6-18 所示。具体使用及参数说明详见本书第 1 章。

```
C:\WINDOWS\system32\cmd.exe

C:\Documents and Settings\Administrator>ping

Usage: ping [-t] [-a] [-n count] [-l size] [-f] [-i TTL] [-v TOS]
            [-r count] [-s count] [[-j host-list] | [-k host-list]]
            [-w timeout] target_name

Options:
    -t             Ping the specified host until stopped.
                   To see statistics and continue - type Control-Break;
                   To stop - type Control-C.
    -a             Resolve addresses to hostnames.
    -n count       Number of echo requests to send.
    -l size        Send buffer size.
    -f             Set Don't Fragment flag in packet.
    -i TTL         Time To Live.
    -v TOS         Type Of Service.
    -r count       Record route for count hops.
    -s count       Timestamp for count hops.
    -j host-list   Loose source route along host-list.
    -k host-list   Strict source route along host-list.
    -w timeout     Timeout in milliseconds to wait for each reply.

C:\Documents and Settings\Administrator>_
```

图 6-18　ping 命令的参数说明

- 路由跟踪命令 tracert

tracert 命令用于显示从本地系统到远程节点的每一跳的信息。它经常用来测试数据包从发送主机到目的主机所经过的网关，检查网络连接是否可达，分析网络在哪一跳发生了故障。

在 Windows 操作系统中，路由跟踪命令是 tracert。该命令的语法如下所示：

```
tracert[-d][-h maxium_hops][-j host-list][-w timeout] target_name
```

tracert 命令中各参数的说明如图 6-19 所示。具体使用及参数说明详见本书第 1 章。

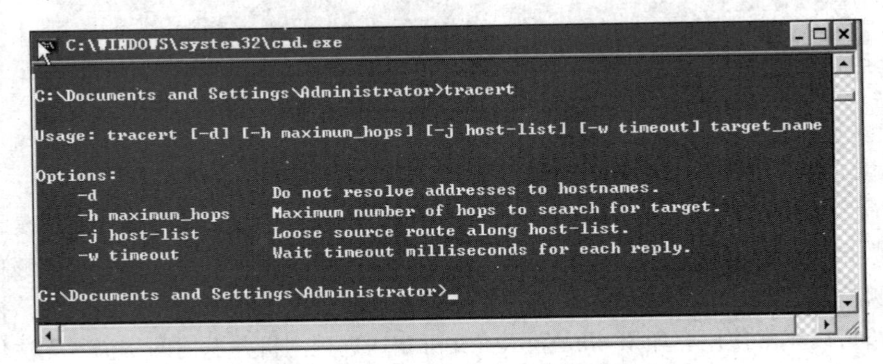

```
C:\WINDOWS\system32\cmd.exe

C:\Documents and Settings\Administrator>tracert

Usage: tracert [-d] [-h maximum_hops] [-j host-list] [-w timeout] target_name

Options:
    -d                 Do not resolve addresses to hostnames.
    -h maximum_hops    Maximum number of hops to search for target.
    -j host-list       Loose source route along host-list.
    -w timeout         Wait timeout milliseconds for each reply.

C:\Documents and Settings\Administrator>_
```

图 6-19　tracert 命令中各参数说明

- 显示修改地址解析协议缓存记录命令 arp

地址解析协议 ARP 的缓存中包含一个或多个表，这些表是 IP 地址和物理地址的映射表。arp 命令能够显示和修改地址解析协议缓存中的记录，该命令通常用来检测局域网 IP 地址配置错误。

arp 命令的语法如下所示：

```
arp [-a[inet_addr][-N if_addr]][-g[inet_addr][-N if_addr]][-d inet_addr [if_addr]][-s inet_addr eth_addr[if_addr]]
```

arp 命令中各参数的说明如图 6-20 所示。具体使用及参数说明详见本书第 1 章。

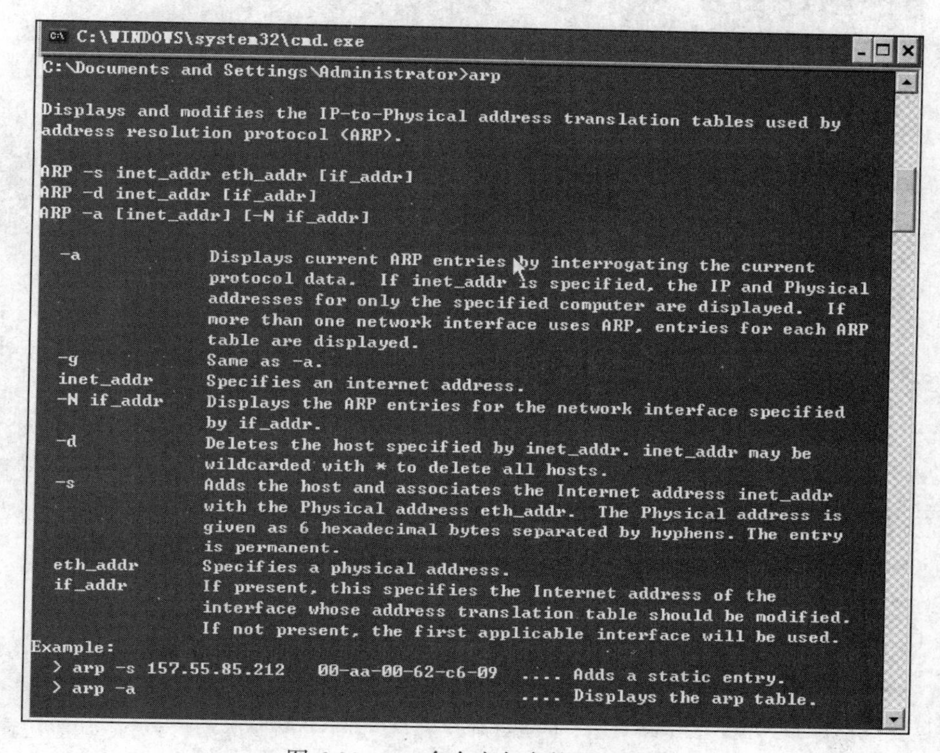

图 6-20　arp 命令中各参数的说明

- 显示网络连接状态命令 netstat

netstat 命令是一个检查网络活动、连接、路由表以及其他网络消息和统计数字的命令，用于显示活动的 TCP 连接、计算机侦听的端口、以太网的统计信息、IP 路由表、IPv4 统计信息以及 IPv6 统计信息。使用时不带参数显示活动的 TCP 连接。

netstae 命令的语法如下所示：

```
netstat [-a][-b][-e][-o][-p protocol][-r][-s][-v][interval]
```

netstat 命令中各参数的说明如图 6-21 所示。具体使用及参数说明详见本书第 1 章。

- 显示和修改路由表命令 route

route 命令用来显示和修改路由表中的路由条目，当计算机出现故障或者网络的设置发生变化时，网络管理员可以使用 route 命令来检查计算机的路由表是否正确，也可用于为计算机增加或删除路由条目。

route 命令的语法如下所示：

```
route [-f][-p][command [destination][MASK netmask][getway][METRIC metric][IF interface]
```

route 命令中各参数的说明如图 6-22 所示。具体使用及参数说明详见本书第 1 章。

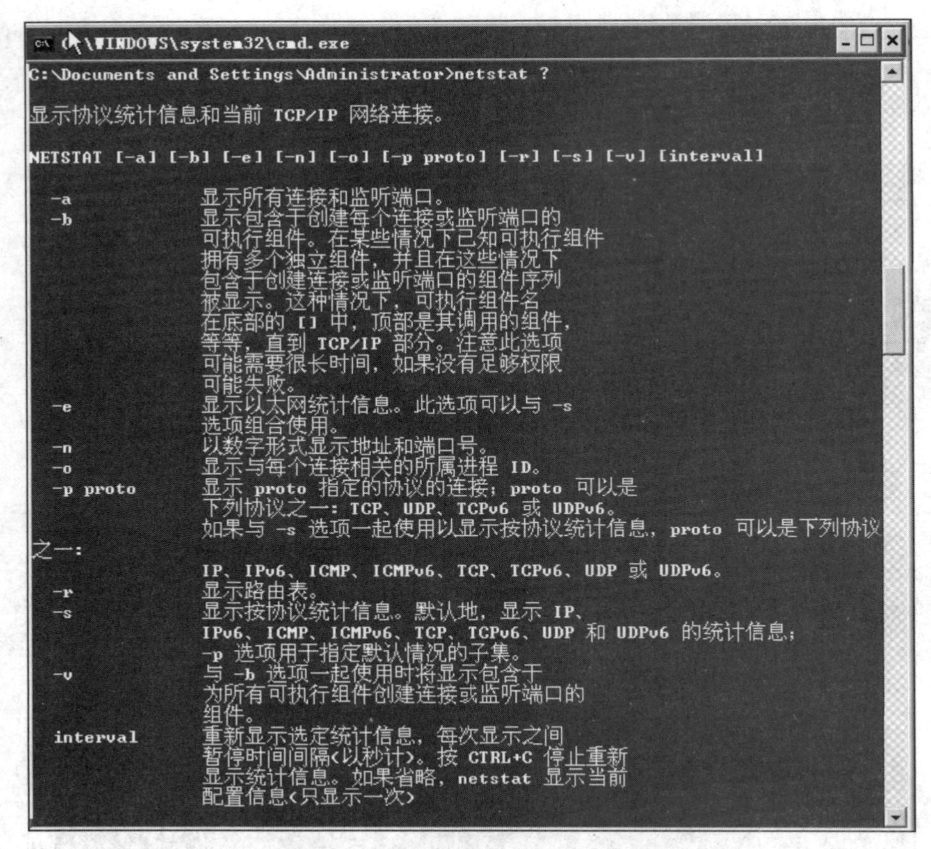

```
C:\WINDOWS\system32\cmd.exe
C:\Documents and Settings\Administrator>netstat ?

显示协议统计信息和当前 TCP/IP 网络连接。

NETSTAT [-a] [-b] [-e] [-n] [-o] [-p proto] [-r] [-s] [-v] [interval]

  -a            显示所有连接和监听端口。
  -b            显示包含于创建每个连接或监听端口的
                可执行组件。在某些情况下已知可执行组件
                拥有多个独立组件，并且在这些情况下
                包含于创建连接或监听端口的组件序列
                被显示。这种情况下，可执行组件名
                在底部的 [] 中，顶部是其调用的组件，
                等等，直到 TCP/IP 部分。注意此选项
                可能需要很长时间，如果没有足够权限
                可能失败。
  -e            显示以太网统计信息。此选项可以与 -s
                选项组合使用。
  -n            以数字形式显示地址和端口号。
  -o            显示与每个连接相关的所属进程 ID。
  -p proto      显示 proto 指定的协议的连接；proto 可以是
                下列协议之一：TCP、UDP、TCPv6 或 UDPv6。
                如果与 -s 选项一起使用以显示按协议统计信息，proto 可以是下列协议
之一：
                IP、IPv6、ICMP、ICMPv6、TCP、TCPv6、UDP 或 UDPv6。
  -r            显示路由表。
  -s            显示按协议统计信息。默认地，显示 IP、
                IPv6、ICMP、ICMPv6、TCP、TCPv6、UDP 和 UDPv6 的统计信息；
                -p 选项用于指定默认情况的子集。
  -v            与 -b 选项一起使用时将显示包含于
                为所有可执行组件创建连接或监听端口的
                组件。
  interval      重新显示选定统计信息，每次显示之间
                暂停时间间隔（以秒计）。按 CTRL+C 停止重新
                显示统计信息。如果省略，netstat 显示当前
                配置信息（只显示一次）
```

图 6-21　netstat 命令中各参数的说明

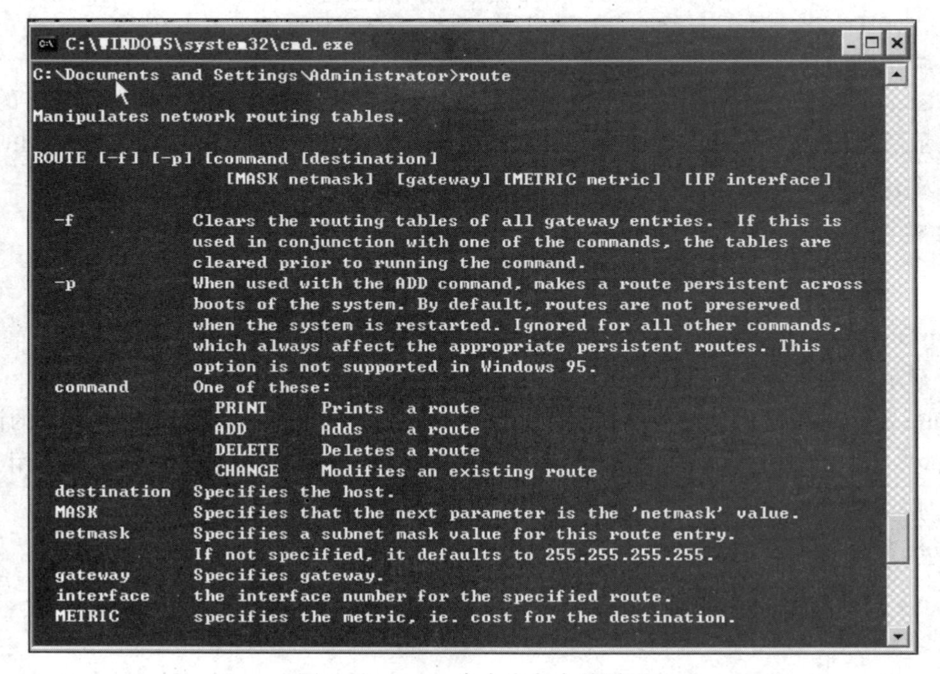

```
C:\WINDOWS\system32\cmd.exe
C:\Documents and Settings\Administrator>route

Manipulates network routing tables.

ROUTE [-f] [-p] [command [destination]
                  [MASK netmask]  [gateway] [METRIC metric]  [IF interface]

  -f           Clears the routing tables of all gateway entries.  If this is
               used in conjunction with one of the commands, the tables are
               cleared prior to running the command.
  -p           When used with the ADD command, makes a route persistent across
               boots of the system. By default, routes are not preserved
               when the system is restarted. Ignored for all other commands,
               which always affect the appropriate persistent routes. This
               option is not supported in Windows 95.
  command      One of these:
                 PRINT     Prints  a route
                 ADD       Adds    a route
                 DELETE    Deletes a route
                 CHANGE    Modifies an existing route
  destination  Specifies the host.
  MASK         Specifies that the next parameter is the 'netmask' value.
  netmask      Specifies a subnet mask value for this route entry.
               If not specified, it defaults to 255.255.255.255.
  gateway      Specifies gateway.
  interface    the interface number for the specified route.
  METRIC       specifies the metric, ie. cost for the destination.
```

图 6-22　route 命令中各参数说明

3. 网络故障管理案例

（1）查看网络接口设置信息

在 Windows 操作系统中查看网络接口设置信息的命令：

```
>ipconfig/all
```

（2）查看 IP 地址与物理地址的映射关系

在 Windows 操作系统中查看 arp 缓冲表的命令和输出结果：

```
>arp -a
```

（3）查看数据包传输的路径

在 Windows 操作系统中查看数据包传输路径的命令和输出结果：

```
>tracert www.163.com
```

（4）Cisco iOS show 命令

Cisco iOS 的 show 命令可以显示大量的网络设备信息，通过使用合适的命令来收集状态信息，为定位和排除故障提供帮助。关于常用的 Cisco iOS show 命令有：

- show arp：显示 arp 缓存表的命令。
- show buffer：显示设备缓冲区的统计信息。
- show ip route：显示 IP 路由表。
- show port：显示端口信息。
- show spanning-tree：显示生成树信息。
- show mac address-table：显示 MAC 地址表。
- show ip interface brief：显示交换机各端口的有关信息。

（5）使用 Telnet 测试传输层的连接情况

```
>telnet 202.196.48.1
```

（6）显示当前 TCP 协议的统计值及网络的连接信息

在 Windows 操作系统中显示当前 TCP 协议的统计值及网络的连接信息的命令和输出结果。

```
>netstat -s -p tcp
```

6.3.4　网络安全管理

1. 网络安全管理概念

网络安全管理（Security Management）是目前的热点问题，它直接影响网络系统的可信程度和网络应用的发展趋势，它也是网络管理的重要组成部分之一。网络管理安全是指通过一定的安全技术措施和管理手段，确保网络资源的保密性、可用性、完整性、可控制性、抗抵耐性，使网络设备、网络通信协议、网络服务、网络管理不因人为和自然因素的危害而导致网络中断、信息泄露或破坏。

网络安全管理的目的是确保网络资源不被非法使用，防止网络资源由于入侵者攻击而遭受破坏。网络安全管理的内容从技术层面上分析，包括风险评估、密码算法、身份认证、访问控制、安全审计、漏洞扫描、防火墙、入侵检测、应急响应等安全技术；从管理层面上分析包括安全组织架构、安全管理制度、安全操作流程、人员培训和考核等；从管理对象上分析包括网络物理环境、网络通信线路和设备、网络操作系统、网络应用服务、网络操作及人员等。

2. 网络安全管理的机制

（1）安全信息维护

网络管理中的安全管理是指保护管理站和代理之间信息交换的安全。

对安全信息的维护主要包括以下功能：

1）记录系统中出现的各类事件（如用户登录、退出系统、文件复制等）。

2）追踪安全设计试验，自动记录有关安全的重要事件，例如，非法用户持续试验不同口令文字企图登录等。

3）报告和接收侵犯安全的警示信号，在怀疑出现威胁安全的活动时采取防范措施，例如，封锁被入侵的用户账号或强行停止恶意程序的执行等。

4）经常维护和检查安全记录，进行安全风险分析，编制安全评价报告。

5）备份和保护敏感的文件。

6）研究每个正常用户的活动形象，预先设定敏感资源的使用形象，以便检测授权用户的异常活动和对敏感资源的滥用行为。

（2）资源访问控制

资源访问控制包括认证服务和授权服务，以及对敏感资源访问授权的决策过程。访问控制服务的目的是保护各种网络资源，这些资源中与网络管理有关的主要内容包括：安全编码、源路由和路由记录信息、路由表、目录表、报警门限、计费信息。

（3）网络安全技术

目前，网络安全管理使用的网络安全技术主要包括以下几种：

1）数据加密技术。

2）防火墙技术。

3）网络安全扫描技术。

4）网络入侵监测技术。

5）黑客诱骗技术。

6）认证技术。

3. 网络安全管理的功能

具体来说，网络安全管理应包含以下功能：

1）识别重要的网络资源数据，通常包括系统、文件和其他一些实体等。

2）确定重要的网络资源和用户之间的关系集合，控制和维护授权设施。

3）授权机制，控制对网络资源的访问权限。

4）加密机制，密钥分配与管理，确保数据的私有性，防止数据被非法获取。

5）防火墙机制，阻止外界入侵。

6）监视对重要网络资源的访问，防止非法用户的访问。

7）维护和检查安全日志，在日志中记录对重要资源不适当的访问情况。

8）审计和跟踪。

9）计算机病毒的防治。

10）支持身份鉴别，规定鉴别的过程。

6.3.5 网络计费管理

1. 网络计费管理功能

计费管理是网络管理的五大基本功能之一，它的主要任务是根据管理部门制定的计费策略，根据网络资源的使用情况收取相应的费用、分担网络成本，计费管理系统对于大型网络和中、小型网络来说都是不可缺少的重要组成部分。

计费管理负责监视和记录用户对网络资源的使用，并分配网络运行成本。为了给每个用户每次使用网络的服务确定合理的费用，网络计费管理首要的任务是确定收费政策，按照某些因素确定计费标准，如按网络建设及运营成本（包括设备、网络服务、人工费用等成本）、网络及其所包含的资源的利用率进行收费；其次是收集每一次服务中与收费有关的数据再进行资费分析、核算服务费用；最后计算用户账单、收取费用等。计费管理的功能包括：

1）计费政策的制定。

2）计费数据采集。

3）数据管理与数据维护。

4）数据分析与费用计算。

5）计费信息管理查询。

2. 计费管理的类型

根据网络资源的种类，目前的计费管理可分为3类：

1）基于网络流量计费：根据用户的网络或者用户的主机在一段时间内使用的网络流量收取用户费用，主要用于专线（如DDN、E1、X.25线路等）接入用户。

2）基于使用时间计费：根据用户使用网络的时间长短来收取用户费用。该方法主要用于用电话线或ISDN、ADSL接入网络的用户。

3）基于网络服务计费。

思考题目

1. 网络性能管理的基本功能有哪些？

2. 网络性能指标数据的采集方法有哪些？

附录　NAT 典型示例及分析

示例一：全部采用端口复用地址转换

当 ISP 分配的 IP 地址数量很少，网络又没有其他特殊需求，即无须为因特网提供网络服务时，可采用端口复用地址转换方式，使网络内的计算机采用同一 IP 地址访问因特网，在节约 IP 地址资源的同时，又可有效保护网络内部的计算机。

网络环境：

局域网采用 10Mbit/s 光纤，以城域网方式接入因特网。路由器选用拥有 2 个 10/100Mbit/s 自适应端口的 Cisco 2611。内部网络使用的 IP 地址段为 192.168.100.1 ～ 192.168.100.254，局域网端口 f0/0 的 IP 地址为 192.168.100.1，子网掩码为 255.255.0.0。网络分配的合法 IP 地址范围为 202.99.160.128 ～ 202.99.160.131，连接 ISP 的端口 f0/0 的 IP 地址为 202.99.160.129，子网掩码为 255.255.255.252。可用于转换的 IP 地址为 202.99.160.130。要求网络内部的所有计算机均可访问因特网。

案例分析：

由于只有一个可用的合法 IP 地址，同时处于局域网的服务器又只为局域网提供服务，而不允许因特网中的主机对其访问，因此完全可以采用端口复用地址转换方式实现 NAT，使得网络内的所有计算机均可独立访问因特网。

配置清单：

```
interface fastethernet0/0
ip address 192.168.100.1 255.255.0.0 //定义本地端口 IP 地址
duplex auto
speed auto
ip nat inside //定义为本地端口
!
interface fastethernet0/1
ip address 202.99.160.129 255.255.255.252
duplex auto
speed auto
ip nat outside
!
ip nat pool onlyone 202.99.160.130 202.99.160.130 netmask 255.255.255.252 //定义
合法 IP 地址池，名称为 onlyone
access-list 1 permit 192.168.100.0 0.0.0.255          //定义本地访问列表
ip nat inside source list1 pool onlyone overload      //采用端口复用动态地址转换
```

示例二：动态地址转换 + 端口复用地址转换

许多 FTP 网站考虑到服务器性能和因特网连接带宽的占用问题，都限制同一 IP 地址的多个进程访问。如果采用端口复用地址转换方式，则网络内的所有计算机都采用同一 IP 地址访问因特网，那么，将因此而被禁止对该网站的访问。所以，当提供的合法 IP 地址数量稍多时，可同时采用端口复用和动态地址转换方式，从而既保证所有用户都能够获得访问因特网的权利，同时，又不致某些计算机因使用同一 IP 地址而被限制权限。需要注意的是，由于所有计算机都采用动态地址转换方式，因此因特网中的所有计算机将无法实现对网络内部服务器的访问。

网络环境：

局域网以 2Mbit/s DDN 专线接入因特网，路由器选用安装了广域网模块的 Cisco 2611，内部网络使用的 IP 地址段为 172.16.100.1 ～ 172.16.102.254，局域网端口 Ethernet 0 的 IP 地址为 172.16.100.1，子网掩码为 255.255.0.0。网络分配的合法 IP 地址范围为 202.99.160.128 ～ 202.99.160.192，子网掩码为 255.255.255.192，可用于转换的 IP 地址范围为 202.99.160.130 ～ 202.99.160.190。要求内部网络的部分计算机可以不受任何限制地访问因特网，服务器无须提供因特网访问服务。

案例分析：

既然要求内部网络中的部分计算机可以不受任何限制地访问因特网，同时服务器无须提供因特网访问服务，那么只需采用动态地址转换 + 端口复用地址转换方式即可实现。部分有特殊需求的计算机采用动态地址转换的 NAT 方式，其他计算机则采用端口复用地址转换的 NAT 方式。因此，部分有特殊需求的计算机可采用内部网址 172.16.100.1 ～ 172.16.100.254，并动态转换为合法地址 202.99.160.130 ～ 202.99.160.189，其他计算机采用内部网址 172.16.101.1 ～ 172.16.102.254，全部转换为 202.99.160.190。

配置清单：

```
interface fastethernet0/1
ip address 172.16.100.1 255.255.0.0 //定义局域网端口 IP 地址
duplex auto
speed auto
ip nat inside //定义为局域端口
!
interface serial 0/0
ip address 202.99.160.129 255.255.255.192 //定义广域网端口 IP 地址
!
duplex auto
speed auto
ip nat outside //定义为广域端口
!
ip nat pool public 202.99.160.190 202.130.160.190 netmask 255.255.255.192 //定义合法 IP 地址池，名称为 public
ip nat pool super 202.99.160.130 202.130.160.189 netmask 255.255.255.192 //定义合法 IP 地址池，名称为 super
access-list1 permit 172.16.100.0 0.0.0.255 //定义本地访问列表 1
access-list2 permit 172.16.101.0 0.0.0.255 //定义本地访问列表 2
access-list2 permit 172.16.102.0 0.0.0.255
ip nat inside source list1 pool super //定义列表 1 采用动态地址转换
ip nat inside source list2 pool public overload //定义列表 2 采用端口复用地址转换
```

示例三：静态地址转换 + 端口复用地址转换

很多时候，网络中的服务器既为网络内部的客户提供网络服务，同时为因特网中的用户提供访问服务。因此，如果采用端口复用地址转换或动态地址转换，将由于无法确定服务器的 IP 地址，而导致因特网用户无法实现对网络内部服务器的访问。此时，就应当采用静态地址转换 + 端口复用地址转换的 NAT 方式。也就是说，对服务器采用静态地址转换，以确保服务器拥有固定的合法 IP 地址。而对普通的客户计算机则采用端口复用地址转换，使所有用户都享有访问因特网的权利。

网络环境：

局域网采用 10Mbit/s 光纤，以城域网方式接入因特网。路由器选用拥有 2 个 10/100Mbit/s 自适应端口的 Cisco 2611。内部网络使用的 IP 地址段为 10.18.100.1 ～ 10.18.104.254，局域网端口 Ethernet 0 的 IP 地址为 10.18.100.1，子网掩码为 255.255.0.0。网络分配的合法 IP 地址范围为 211.82.220.80 ～ 211.82.220.87，连接 ISP 的端口 Ethernet 1 的 IP 地址为 211.82.220.81，子网掩码为 255.255.255.248。要求网络内部的所有计算机均可访问因特网，并且在因特网中提供 Web、E-mail、FTP 和 Media 四种服务。

案例分析：

既然网络内的服务器要求能够被因特网访问到，那么这部分主机必须拥有合法的 IP 地址，也就是说，服务器必须采用静态地址转换。其他计算机由于没有任何限制，所以可采用端口复用地址转换的 NAT 方式。因此，服务器可采用内网址 10.18.100.1 ～ 10.18.100.254，并分别映射为一个合法的 IP 地址。其他计算机则采用内部网址 10.18.101.1 ～ 172.16.104.254，并全部转换为一个合法的 IP 地址。

配置清单：

```
interface fastethernet0/0
ip address 10.18.100.1 255.255.0.0 //定义局域网口 IP 地址
duplex auto
speed auto
ip nat inside //定义局域网口
!
interface fastethernet0/1
ip address 211.82.220.81 255.255.255.248 //定义广域网口 IP 地址
duplex auto
speed auto
ip nat outside //定义广域网口
!
ip nat pool every 211.82.220.86 211.82.220.86 netmask 255.255.255.248 //定义合法 IP
                                                                      //地址池
access-list 1 permit 10.18.101.0 0.0.0.255                     //定义本地访问列表 1
access-list 1 premit 10.18.102.0 0.0.0.255
access-list 1 premit 10.18.103.0 0.0.0.255
access-list 1 premit 10.18.104.0 0.0.0.255
ip nat inside source list1 pool every overload   //定义列表达 1 采用端口复用地址转换
ip nat inside source static 10.18.100.10 211.82.220.82         //定义静态地址转换
ip nat inside source static 10.18.100.11 211.82.220.83
ip nat inside source static 10.18.100.12 211.82.220.84
ip nat inside source static 10.18.100.13 211.82.220.85
```

示例四：TCP/UDP 端口 NAT 映射

如果 ISP 提供的合法 IP 地址的数量较多，我们可以采用静态地址转换 + 端口复用动态地址转换的方式得以完美实现。但如果ISP只提供4个IP地址，其中2个作为网络号和广播地址而不可使用，1个IP地址要用于路由器定义为默认网关，那么将只剩下1个IP地址可用。当然我们也可以利用这个仅存的一个IP地址采用端口复用地址转换技术，从而实现整个局域网的因特网接入。但是由于服务器也采用动态端口，因此，因特网中的计算机将无法访问到网络内部的服务器。有没有好的解决问题的方案呢？这就是TCP/UDP端口NAT映射。

我们知道，不同应用程序使用的TCP/UDP的端口是不同的，比如，Web服务使用80，FTP服务使用21，SMTP服务使用25，POP3服务使用110，等等。因此，可以将不同的TCP端口绑定至不同的内部IP地址，从而只使用一个合法的IP地址，即可在允许内部所有服务器被因特网访问的同时，实现内部所有主机对因特网访问。

网络环境：

局域网采用10Mbit/s光纤，以城域网方式接入因特网。路由器选用拥有2个10/100Mbit/s自适应端口的Cisco 2611。内部网络使用的IP地址段为192.168.1.1 ～ 192.168.1.254，局域网端口Ethernet 0的IP地址为192.168.1.1，子网掩码为255.255.255.0。网络分配的合法IP地址范围为211.82.220.128 ～ 211.82.220.130，连接ISP的端口Ethernet 1的IP地址为211.82.220.129，子网掩码为255.255.255.252，可用于转换的IP地址为211.82.220.129。要求网络内部的所有计算机均可访问因特网。

案例分析：

既然只有一个可用的合法IP地址，当然只能采用端口复用方式实现NAT。不过，由于同时又要求网络内部的服务器可以被因特网访问到，因此，必须使用PAT创建TCP/UDP端口的NAT映射。需要注意的是，也可以直接使用广域端口创建TCP/UDP端口的NAT映射，也就是说，即使只有一个IP地址，也可以完美实现端口复用。由于合法IP地址位于路由器端口上，所以不再需要定义NAT池，只使用inside source list语句即可。

需要注意的是，由于每种应用服务都有自己默认的端口，所以在这种NAT方式下，网络内部每种应用服务中只能各自有一台服务器成为因特网中的主机。例如，只能有一台Web服务器、一台E-mail服务、一台FTP服务器。尽管可以采用改变默认端口的方式创建多台应用服务器，但这种服务器在访问时比较困难，要求用户必须先了解某种服务采用的新TCP端口。

配置清单：

```
interface fastethernet0/0
ip address 192.168.1.1 255.255.255.0//指定局域网口的IP地址
duplex auto
speed auto
ip nat inside //指定局域网接口
!
interface fastethernet0/1
ip address 211.82.220.129 255.255.255.248 //指定广域网口的IP地址
access-list 1 permit 192.168.1.0 0.0.0.255
!
ip nat inside source list1 interface fastethernet0/1 overload //启用端口复用地址转换，并直接采用fastethernet0/1的IP地址
```

```
ip nat inside source static tcp 192.168.1.11 80 211.82.220.129 80
ip nat inside source static tcp 192.168.1.12 21 211.82.220.129 21
ip nat inside source static tcp 192.168.1.13 25 211.82.220.129 25
ip nat inside source static tcp 192.168.1.13 110 211.82.220.129 110
```

示例五：利用地址转换实现负载均衡

随着访问量的上升，当一台服务器难以胜任时，就必须采用负载均衡技术，将大量的访问合理地分配至多台服务器上。当然，实现负载均衡的手段有许多种，比如可以采用服务器群集负载均衡、交换机负载均衡、DNS 解析负载均衡等。

除此以外，也可以通过地址转换方式实现服务器的负载均衡。事实上，这些负载均衡大多是采用轮询方式实现的，使每台服务器都拥有平等的被访问机会。

网络环境：

局域网以 2Mbit/s DDN 专线拉入因特网，路由器选用安装了广域网模块的 Cisco 2611。内部网络使用的 IP 地址段为 10.1.1.1 ～ 10.1.3.254，局域网端口 Ethernet 0 的 IP 地址为 10.1.1.1，子网掩码为 255.255.252.0。网络分配的合法 IP 地址范围为 202.110.198.80 ～ 202.110.198.87，连接 ISP 的端口 Ethernet 1 的 IP 地址为 202.110.198.81，子网掩码为 255.255.255.248。要求网络内部的所有计算机均可访问因特网，并且在 3 台 Web 服务器和 2 台 FTP 服务器上实现负载均衡。

案例分析：

既然要求网络内所有计算机都可以接入因特网，而合法 IP 地址又只有 5 个可用，那么可采用端口复用地址转换方式。本来对服务器通过采用静态地址转换，赋予其合法 IP 地址即可。但是，由于服务器的访问量太大（或者是服务器的性能太差），不得不使用多台服务器做负载均衡，因此，必须将一个合法 IP 地址转换成多相内部 IP 地址，以轮询方式减轻每台服务器的访问压力。

配置文件：

```
interface fastethernet0/1
ip adderss 10.1.1.1 255.255.252.0 //定义局域网端口 IP 地址
duplex auto
speed auto
ip nat inside //定义为局域端口
!
interface serial 0/0
ip address 202.110.198.81 255.255.255.248 //定义广域网端口 IP 地址
duplex auto
speed auto
ip nat outside //定义为广域端口
!
access-list 1 permit 202.110.198.82 //定义轮询地址列表 1
access-list 2 permit 202.110.198.83 //定义轮询地址列表 2
access-list 3 permit 10.1.1.0 0.0.3.255 //定义本地访问列表 3
!
ip nat pool websev 10.1.1.2 10.1.1.4 255.255.255.248 type rotary //定义 Web 服务器的 IP 地址池，Rotary 关键字表示准备使用轮询策略从 NAT 池中取出相应的 IP 地址用于转换进来的 IP 报文，访问 202.110.198.82 的请求将依次发送给 web 服务器：10.1.1.2、10.1.1.3 和 10.1.1.4
```

ip nat pool ftpsev 10.1.1.8 10.1.1.9 255.255.255.248 type rotary //定义 ftp 服务器的 IP 地址池

ip nat pool normal 202.110.198.84 202.110.198.84 netmask 255.255.255.248 //定义合法 IP 地址池，名称为 normal

ip nat inside destination list 1 pool websev //inside destination list 语句定义与列表 1 匹配的 IP 地址的报文将使用轮询策略

ip nat inside destination list 2 pool ftpsev

参考文献

[1] Chris Sanders. Wireshark 数据包分析实战［M］. 诸葛建伟，译. 2 版. 北京：人民邮电出版社，2014.

[2] 寇晓蕤，罗军勇，蔡延荣. 网络协议分析［M］. 北京：机械工业出版社，2009.

[3] Emad Aboelela. 计算机网络实验教程［M］. 潘耕，译. 北京：机械工业出版社，2013.

[4] 王志文，陈妍，夏秦. 计算机网络原理［M］. 北京：机械工业出版社，2014.

[5] 徐明伟，崔勇，徐恪. 计算机网络原理实验教程［M］. 北京：机械工业出版社，2008.

[6] Andrew S Tanenbaum，David J Wetherall. 计算机网络［M］. 严伟，潘爱民，译. 5 版. 北京：清华大学出版社，2012.

[7] 曹雪峰. 计算机网络原理：基于实验的协议分析方法［M］. 北京：清华大学出版社，2014.

[8] 刘琰，王清贤，刘龙，陈熹. Windows 网络编程［M］. 北京：机械工业出版社，2014.

[9] 郭雅. 计算机网络实验指导书［M］. 北京：电子工业出版社，2013.

[10] 徐恪，吴建平，徐明伟. 高等计算机网络——体系结构、协议机制、算法设计与路由器技术 [M]. 2 版. 北京：机械工业出版社，2009.

[11] ISO/IEC 7498-4 Information Processing Systems: Open Systems Interconnection: Basic Reference Model (Part 4): Management Framework［S］，1989.

推荐阅读

计算机网络：自顶向下方法（原书第6版）

作者：James F. Kurose，Keith W. Ross　译者：陈鸣 等

ISBN：978-7-111-45378-9　定价：79.00元

本书是当前世界上最为流行的计算机网络教材之一，采用作者独创的自顶向下方法讲授计算机网络的原理及其协议，即从应用层协议开始沿协议栈向下讲解，让读者从实现、应用的角度明白各层的意义，强调应用层范例和应用编程接口，使读者尽快进入每天使用的应用程序之中进行学习和“创造”。

本书第1~6章适合作为高等院校计算机、电子工程等相关专业本科生“计算机网络”课程的教材，第7~9章可用于硕士研究生“高级计算机网络”教学。对计算机网络从业者、有一定网络基础的人员甚至专业网络研究人员，本书也是一本优秀的参考书。

计算机网络：系统方法（原书第5版）

作者：Larry L.Peterson, Bruce S.Davie　译者：王勇 等

ISBN：978-7-111-49907-7 定价：99.00元

本书是计算机网络领域的经典教科书，凝聚了两位顶尖网络专家几十年的理论研究、实践经验和大量第一手资料，自出版以来已经成为网络课程的主要教材之一，被美国哈佛大学、斯坦福大学、卡内基-梅隆大学、康奈尔大学、普林斯顿大学等众多名校采用。

本书采用“系统方法”来探讨计算机网络，把网络看作一个由相互关联的构造模块组成的系统，通过实际应用中的网络和协议设计实例，特别是因特网实例，讲解计算机网络的基本概念、协议和关键技术，为学生和专业人士理解现行的网络技术以及即将出现的新技术奠定了良好的理论基础。无论站在什么视角，无论是应用开发者、网络管理员还是网络设备或协议设计者，你都会对如何构建现代网络及其应用有“全景式”的理解。

推荐阅读

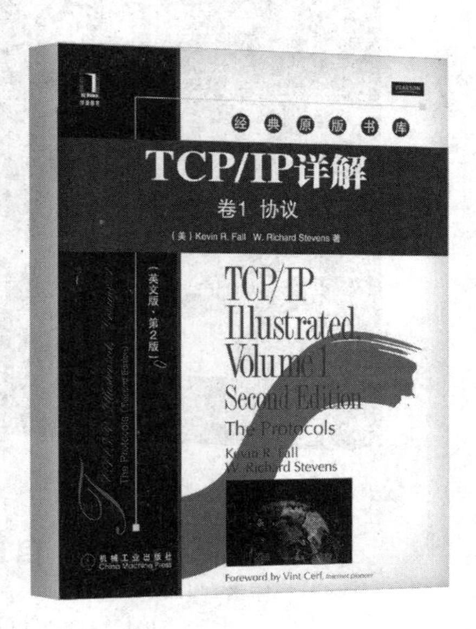

TCP/IP详解 卷1：协议（原书第2版）

作者：Kevin R. Fall 等 ISBN：978-7-111-45383-3 定价：129.00元

TCP/IP详解 卷1：协议（英文版·第2版）

作者：Kevin R. Fall, W. Richard Stevens ISBN：978-7-111-38228-7 定价：129.00元